천문학이 발견한

반 고흐의 시간

고흐의 별밤이
우리에게 닿기까지,

천문학자가 포착한
그림 속 빛의 순간들

천문학이 발견한 반 고흐의 시간

Van Gogh's Time
Discovered by Astronomy

김정현 지음

위즈덤하우스

여름밤이든 겨울밤이든

아름다운 밤의 달과 별은 잊을 수가 없지.

무슨 일이 생기든,

언제나 밤은 우리와 함께할 거야.

CONTENTS

6. 노란 집의 시간

7. 그림 속으로의 침잠

8. 생레미의 밤하늘 탐사

9. 1889년 7월 22일의 풍경

10. 오베르에서 진 별

| 책머리에 |

돌이켜보면 〈별이 빛나는 밤〉에 대한 궁금증으로 떠났던 두 번의 답사는 벌써 햇수로 6년 전의 일이었다. 답사를 다녀온 후 얼마 못 가 코로나19 팬데믹이라는 전례 없는 상황이 발생했고, 당시 벌여놓은 일이 워낙 많아서 이 주제는 조금씩 관심에서 멀어져갔다. 하지만 세상은 빈센트 반 고흐에 대한 이야기를 워낙 좋아하기에, 어디선가 그에 대한 소식이 들리면 심장이 철렁했다. 내가 알고 있는 그의 이야기를 밖으로 꺼내야 했기 때문이다.

내가 알던 빈센트는 미쳐서 귀를 자르고 얼마 못 가 자살한, 평생 1점의 그림밖에 팔지 못한 가난한 화가였다. 그의 작품을 처음 본 건 2007년 서울시립미술관이었다. 당시 나는 전시의 핵심이었던 작품에는 별 감흥을 받지 못했다. 하지만 그 옆 방에 있던 〈사이프러스와 별이 있는 길〉을 보고 상당한 충격을 받았다. 그 색채의 향연에 말이다. 이후 2011년 예술의 전당에서 열린 오르세미술관 특별전에서 〈론강의 별밤〉을 만날 수 있었고 밤을 표현한 절제된 색조에 의식 못 한 탄식이 흘렀다. 함께 전시된 동시대 작가들의 화사한 작품을 압도하는 힘이었다. 그렇게 나는 빈센트에게 마음을 뺏겼다. 그리고 다시 8년여가 지난 어느 날 모니터 너머로 바라본 〈별이 빛나는 밤〉은 내게 말을 걸어오고 있었다. 그렇게 그에 대한 연구가 시작되었다.

처음에는 의욕적으로 그가 생폴 드 무솔에 있던 1889년의 여름과 아를에서 지냈던 1888년 9월의 한 달만을 집중적으로 조사했다. 원래는 논문으로 쓸 계획이었기에 내용은 건조하게 채워지고 있었다. 그러다가 책으로 엮어보라는 회사 동료들의 제안에 빈센트가 그린 별을 천문학적으로 설명하는 책으로 기획이 되었으나 도리어 그때부터 진도는 전혀 나가지 못했다. 미술과 관련 없는 직업을 가진 사람이 빈센트를 논한다는 것도 부담스러웠다.

빈센트가 그린 별이 담긴 풍경 1점을 더 볼 기회는 2022년 상트페테르부르크의 예르미타시박물관에서였고 〈저녁의 하얀 집〉을 만났다. 하지만 아직도 〈별이 빛나는 밤〉은 실제로 본 적이 없다. 내일이라도 뉴욕현대미술관에 가서 이 작품을 보지 못할 이유가 무엇이겠냐마는, 나의 연구가 끝나기 전에는 그 작품을 마주할 수 없었다. '나는 이제야 너를 이해했어'라는 말을 스스로 할 수 있기 전까지는 말이다.

생각해보니 더 이상 글을 쓸 수 없었던 이유는 빈센트와의 거리감 때문이었다. 부분적으로 알고 있는 그의 삶은 전혀 도움이 되지 않았다. 게다가 단편적으로 편집된 그의 서간집은 도움보다는 오히려 편견을 심었다. 그래서 어느 순간부터 빈센트는 더 이상 자신의 이야기를 내게 꺼내놓지 않았다. 결국 나도 모르게 그의 생애 전체를 탐구하기 시작했다. 연구를 하면 할수록 빈센트의 성격이 성립된 유년 시절과, 화가로 늦깎이 데뷔를 한 이유에 대한 필수적인 이해가 필요했다.

빈센트가 주고받은 서신을 모두 읽을 수 있는 '반고흐레터스(vangoghletters.org)'가 가장 큰 도움이 되었다. 또한 테오의 아내 요한나가 서간집 완역본 권두에 쓴 빈센트의 생애에 대한 글이 내 마음을 크게 동요케 했다. 방향을 못 잡던 원고를 순식간에 써 내려가기 시작했다. 마치 나의 등 뒤에 앉은 빈센트가 '그때 말이야…' 하며 설명해주면 나는 그것을 받아 적는 듯한 느낌을 받기 시작했다.

내가 처음 별을 접한 건 핼리혜성이 저녁 하늘에서 보였던 1986년 초로, 초등학교 2학년으로 올라갈 무렵이었다. 당시 가족이 살던 망우리는 밤이 되면 그런대로 별이 보였고, 우리 집은 단층 주택이어서 옥상에 올라가서 혜성을 볼 수 있었다. 아버지가 뉴스를 보고 나를 이끄셨겠지만 그 기억은 상당히 흐릿하다. 하지만 밤하늘을 인식하고부터 저녁 무렵이면 옥상에 올라가 별을 쳐다봤다. 벌써 39년 전의 일이다.

그다음 해 집안 사정이 안 좋아져서 경기도 외곽으로 이사를 갔다. 완전한 시골은 아니었지만 뒷산에서 정말 깜깜한 밤하늘을 볼 수 있었다. 그때 그 광경에 넋이 나가 집에 있던 자동카메라로 플래시를 터뜨리며 사진을 찍었는데, 찍힐 리가 없었다. 그때 택시 기사이셨던 아버지는 그 모습을 보시고서 어딘가에서 별 사진을 찍는 법을 배워 오셨고 내게 알려주셨다. 지금이야 스마트폰 덕분에 누구나 별 사진을 찍을 수 있지만 당시로서는 만만치 않은 일이었다. 삼각대와 찰, 칵 하는 시간의 간격을 임의로 조절해주는 릴리스, 그리고 일반 필름보다 예민한 고감도필름이 필요했다.

그때 찍은 별 사진들은 나를 천문학자의 길로 이끌었다. 천문학과를 가면 굶는다는 장난 같은 말에 배포가 부족하여 바로 천문학과로 가지 않고 공과대학에 갔지만, 지금은 세상을 뜬 선배에 이끌려 2000년경 천문학 회사를 세웠고 그 이후 지금까지 끊임없이 망원경을 만들었다. 하지만 나는 너무나 오랫동안 한길만 보고 살았다. 벌써 내 회사가 25년이나 되었으니 말이다.

탈고하기 전, 약 석 달은 빈센트에 빠져 하던 일을 처음으로, 완전히 내려놓았다. 하지만 이 시간은 늘 똑같은 일만 하고 살던 내가 다른 방향을 바라볼 수 있도록, 멈춰 생각할 수 있는 기회가 되었기에 너무 소중했다. 작은 회사가 대표 없이 돌아간다는 것은 여간 어려운 일이 아님에도 불구하고 임직원들의 도움으로 이 작업을 무사히 마무리할 수 있었다. 이 자리를 빌려 큰 감사 인사를 전하고 싶다.

이 삶을 살면서 별을 보는 게 별 볼 일 있겠느냐는 실없는 농담을 항상 들어왔지만, 진로에 대한 고민 한번 없이, 별을 보는 사람으로 살아갈 수 있도록 이끌어주신 아버지와 어머니께 감사를 전한다. 두 번째 답사 때 동행했던 초등학교 6학년 아들이 책 쓰면 자기 이름 넣어주느냐고 했는데, 약속을 그 녀석이 고3이 되어서야 지킨다. 자신이 원하는 삶을 살아가는 김윤우가 되길!

이제 정말로 이 책이 내 손을 떠났다. 과거 시간 계산, 그 시간의 변환, 각도 계산 등 너무 많은 데이터의 자잘한 오류로 인해, 원고를 볼 때마다 교정이 반복되었다. 혹시나 해서 고증해보면 생각과 다른 것이 많았다. 늘 가장 큰 문제는 알고 있다고 여기는 것들이다. 분명히 오류가 있을 것이고 그것을 보면 부끄러울 것이다. 이에 웹사이트(starrynight.kr)를 통해 그 사실을 공지하고 책에 다 하지 못한 이야기를 전하려 한다.

2025년 2월

김정현

Van Gogh's Time
Discovered by Astronomy

1.

천문학으로
반 고흐를 만나기 위한
준비

⇡ 〈별이 빛나는 밤〉(1889년).

〈별이 빛나는 밤〉과 양자리

처음 이 그림을 본 게 언제였을까? 그 시점이 도무지 떠오르지 않을 만큼 오래전부터 내 마음속에 각인된 〈별이 빛나는 밤(Starry Night)〉은 우리나라를 비롯해 전 세계 사람들이 사랑하는 작품일 것이다. 밝은 별과 달이 푸른 밤하늘에 떠 있고 그 아래에는 독특한 형상을 한 높은 산이 왼편으로 갈수록 완만하게 낮아진다. 더 아래에는 뾰족한 첨탑이 있는 교회를 중심으로 마을이 펼쳐지는데, 창밖으로 새어 나오는 조명이 그 안에 있을 사람을 떠올리게 해서 더욱 정겹다. 마지막으로 화폭의 왼쪽에는 하늘을 찌를 것같이 솟은 사이프러스 나무가 근경을 지배하며 모든 풍경을 아우른다.

캔버스의 크기는 가로 92cm에 세로 73cm로, 중형에서 대형이라 할 수 있는 꽤 큰 그림이다. 전체의 약 3분의 2를 차지하는 밤하늘에는 11개의 별과 그믐달이 자리했다. 별들을 둘러싼 후광은 그 밝기를 나타내듯 각기 다른 크기로 표현되었으며, 특히 가장 큰 후광을 지닌 맨 아래쪽 별은 금성으로 추정된다. 날카롭게 휘어진 그믐달은 오른쪽 상단에 자리해 작품에 신비로움을 선사한다. 사실 작품 속에 천체*가 많지는 않지만, 그림의 강렬한 율동감은 훨씬 더 많은 별이 빛나고 있는 듯한 착시를 일으킨다. 밤

* 천체(天體)는 우주에 존재하는 물리적 실체를 의미한다. 대표적으로 별, 행성, 위성, 혜성, 소행성, 성운, 은하 등이 있다.

하늘을 가로지르는 파도 같은 패턴은 빈센트가 심어놓은 독특한 기법으로, 우리의 시각에 깊은 인상을 남긴다. 이 작품이 그려진 1889년 초여름 새벽의 풍경을 고려할 때, 이 패턴은 은하수일 수는 없고 빠르게 움직이는 구름을 형상화한 것이 아닐까 생각된다. 빈센트는 그 전부터 이미 몇몇 작품에서 별을 그려 넣는 다양한 시도를 했으며, 〈별이 빛나는 밤〉에 이르러 가장 완성도 높은 형태로 발전시켰다. 이는 그가 별을 표현하는 방식에 대해 오랜 시간 고민하고 탐구했기에 가능했던 결과일 것이다.

사실 많은 반 고흐 연구자 그리고 천문학을 직업으로 삼은 나 역시 같은 생각을 한다. 이 그림이 어떤 하늘을 보고 그린 것인지가 과연 중요하겠는가? 그렇기에 나는 이 그림을 밤하늘에 실제로 대입해볼 생각 자체를 하지 않았다. 그러던 어느 날, 〈별이 빛나는 밤〉을 연구한 몇몇 미술사학자와 천문학자의 연구를 인용한 신문 기사와 인터넷에 올라온 글을 보다가 작품 속 별이 양자리로 알려져 있다는 사실을 알게 되었다. 역시나 누군가는 이 작품이 어떤 하늘을 그린 건지 찾아본 것이다. 사실 별을 보고 저기가 어느 별자리 근처인지, 퍼즐을 맞추고 싶은 생각은 천문학자들이라면 자연스럽게 하게 된다. 단순한 호기심 같지만 고대에서부터 시작된 그 관심은 결국 우주를 날아다니는 수많은 인공위성과 우주탐사선에서 반드시 필요한 기술이 되었다.

대항해시대에 바다를 누비던 범선들이 밤하늘의 별을 보고 항해했던 것처럼, 우주 공간을 항행하기 위해 스스로의 위치를 정확히 파악하는 것은 인공위성과 우주선의 운용에서 가장 기본적인 요소다. 이를 위해 개발된 기술 중 하나가 바로 항성추적기(Star Tracker)다. 항성추적기는 우주 공간에서 관측 가능한 별의 위치를 기준으로 삼아 인공위성의 자세와 위치를 계산한다. 이 장치는 천체용 카메라와 이미지 처리 기술을 통해 관측된 별을 데이터베이스에 저장된 천체 지도와 비교함으로써 위성 또는 우주선의 방향과 위치를 추정한다. 특히 GPS를 사용할 수 없는 심우주에서 항성추적기는 독립적으로 위치 정보를 제공할 수 있기에, 우주항법에서 핵심 역할을 한다.

이 기술의 발전은 천문학의 한 분야인 위치천문학(Astrometry)에 뿌리를 두고 있다. 위치천문학은 천체의 정확한 위치와 이동을 측정하고 분석하는 학문으로, 천체의 고유운동, 시차, 궤도를 계산하여 우주 공간의 구조와 동역학을 이해하는 데 기여해왔다. 인공위성의 항성추적기가 활용하는 항성 지도는 바로 이러한 위치천문학 연구의 결과물이다. 대표적으로 히파르코스(Hipparcos)와 가이아(Gaia) 같은 위치천문학 프로젝트는 수백만에서 수십억 개의 항성 데이터를 정밀하게 측정해 현대 우주탐사에서 필수적인 좌표계를 제공했다.

따라서 항성추적기의 기술은 위치천문학의 오랜 연구와 축적된 데이터 없이는 불가능했을 것이다. 천문학자들이 쌓아온 천체 위치 측정 기술은 우주 공간에서 인공위성이나 탐사선이 독립적으로 항법을 수행할 수 있는 기반을 마련했다. 그렇기에 〈별이 빛나는 밤〉이 어떤 밤하늘을 그린 것인지 궁금해하는 누군가의 질문은 단순한 호기심으로 치부할 수 없다. 그러한 질문을 해결하는 과정은 현대 첨단 우주 기술을 가능하게 한 위치천문학 연구의 뿌리와 연결되기 때문이다.

갑자기 〈별이 빛나는 밤〉에서 우주탐사선으로 서사가 확장되니 어리둥절할 수 있다. 조금 더 설명을 이어가보자. 18쪽 사진은 몇 해 전 제작한 1.0m 망원경을 설치하던 중 작동이 잘되는지 테스트하기 위한 용도로 찍은 것이다. 10분간의 노출을 통해 많은 별을 촬영했다. 그렇다면 밑도 끝도 없이 이 사진에 담긴 별이 어떤 별인지 어떻게 알아낼 수 있을까?

사람이 어떤 이미지를 시각화하는 과정에 빗대어 이해해보자. 눈앞에 격자 패턴이 담긴 사진이 주어지면, 우리는 그 이미지를 어떤 과정을

1.0m 망원경으로 촬영한 이미지.

통해 인식할까? 먼저, 눈은 격자 형태의 선들을 시각적으로 받아들인다. 하지만 여기까지는 단순한 정보의 입력 단계일 뿐이다. 그다음, 우리의 뇌는 이 격자 패턴을 주변 환경과 기존의 경험을 바탕으로 분석하고 해석한다. 이처럼 시각으로 입력된 데이터를 분석하고 의미를 부여하는 과정을 패턴 인식이라 말할 수 있다. 이는 정보를 비교하며 맥락화하여 대상을 파악하는 데 핵심적인 역할을 한다.

예를 들어, 격자가 작고 창문 가까이에 있다면 이는 모기장으로 인식될 가능성이 크다. 이와 달리 격자가 규칙적으로 배열되었고 테이블 위에 있다면 이는 바둑판으로 판단될 것이다. 만약 격자가 거대하고 주변에 산이나 강 같은 지형적 특징이 보인다면, 이는 하늘에서 내려다본 지표면의 거대 농업 단지로 해석될 수 있다. 이 과정에서 뇌는 크기, 거리, 배열 등의 정보를 종합적으로 분석하며, 기존의 기억과 연관 지어 판단을 내린다.

패턴인식은 단순히 이미지를 받아들이는 수동적인 과정이 아니라, 시각적 정보를 능동적으로 분석하고 맥락화하는 뇌의 고차원적 작업이다. 이는 뇌의 시각 피질에서 이루어지며, 크기와 거리의 상대적 비교, 공간적 패턴인식 그리고 기억과 경험에 기반한 연상 작용을 포함한다. 덕분에 우리는 동일한 이미지를 보더라도 다양한 맥락에서 해석하는 유연성을 갖게 된다.

천문학에서 이와 유사한 과정이 바로 플레이트 솔빙(Plate Solving)이다. 이는 인간의 패턴인식 과정과 유사하게, 별 패턴을 분석하여 이미지의 위치를 파악하는 기술이다. 사람이 특정 격자를 보고 그것이 모기장인지 바둑판인지 또는 지표면의 모습인지 파악하듯 플레이트 솔빙은 천체 이미지에서 별들의 배열을 분석해 그것이 밤하늘의 어느 부분에 해당하는지 계산한다. 이 과정은 컴퓨터 알고리즘이 천문학 데이터와 관측된 이미지를 비교해 위치를 결정하는 일련의 과정으로 이루어진다.

먼저, 관측 장비로 촬영된 별 사진이 플레이트 솔빙 알고리즘에 입력된다. 이 이미지는 별의 위치, 밝기 그리고 패턴에 관한 정보를 포함하고 있다. 플레이트 솔빙은 이러한 정보를 활용해 이미지에 나타난 별의 배열을 데이터베이스에 저장된 천문학적 항성 지도와 대조한다. 이 과정에서 각각의 별은 고유의 위치를 기반으로 확인되며, 별들의 상대적 위치와 패턴은 마치 퍼즐 조각처럼 서로 맞춰진다.

다음으로, 플레이트 솔빙 알고리즘은 별들의 배열을 통해 촬영된 이미지의 중심 좌표를 계산한다. 그리고 이에 따라 망원경이나 카메라가 가리키고 있는 하늘의 정확한 위치가 확인된다. 예를 들어, 특정 배열의 별들이 북쪽 하늘의 작은곰자리 근처에 해당한다는 사실이 확인되면, 이 이미지는 그 영역을 찍었다고 결론지어진다. 20쪽 이미지가 플레이트 솔빙 소프트웨어를 통해 분석된 자료로, 앞선 사진과 내장된 데이터베이스를 매칭하면서 찾아낸 결론이라 할 수 있다.

플레이트 솔빙은 단순히 밤하늘을 인식하는 것을 넘어 망원경의 위치 정렬, 천체의 이동 추적, 과학적 데이터 분석 등 다양한 응용 분야에서 활용된다. 이를 가능하게 하는 핵심은 위치천문학에서 구축된 항성 카탈로그(데이터베이스)와 좌표 정보로, 오랜 연구의 결실이다. 이제 플레이

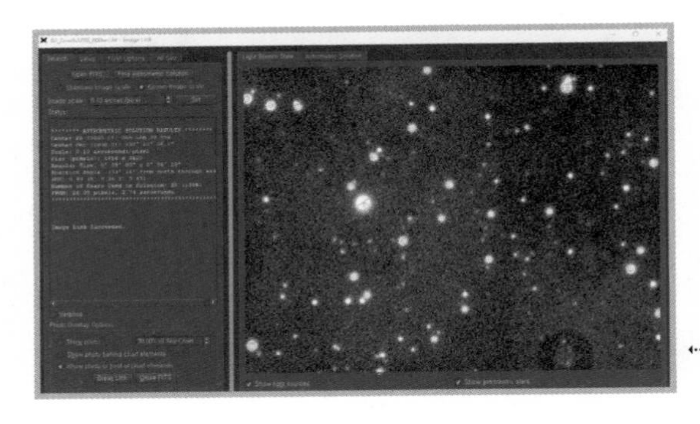

1.0m 망원경으로 촬영한 이미지의 플레이트 솔빙 결과.

트 솔빙은 별 패턴의 인식을 통해 밤하늘의 위치를 계산하는 천문학의 기본 기술이 되었고 취미로 별을 보는 사람들을 위한 스마트 망원경의 기본 구동 방식이 될 정도로 보편화되었다. 이는 인간이 시각적으로 이미지를 스케일링하고 맥락을 해석하는 방식과 본질적으로 유사하며, 이러한 과정을 컴퓨터 알고리즘으로 확장한 사례라 할 수 있다.

설명이 길었지만, 빈센트가 그린 밤하늘을 보고 그것을 실제 별과 연결 짓고 싶어 하는 천문학자들의 마음을 표현하려니 어쩔 수 없었다. 다시 빈센트의 그림으로 돌아가자. 〈별이 빛나는 밤〉이 양자리를 그린 것이라는 이야기를 접한 그때부터, 내 생각은 두 갈래로 확장되기 시작했다. 우선 만약 이 그림이 실제로 양자리를 그린 것이라면 제작 시기를 대략적으로 특정할 수 있겠다는 점이었다. 이를 통해 당시 빈센트가 무엇을 했는지, 나아가 다른 작품들과의 관계나 화풍의 변화를 더 깊이 이해할 수 있으리라 생각했다. 별자리, 행성, 달이 특정한 배열을 이루는 시점은 제한적이기 때문에, 이 정보를 활용하면 수년으로 범위를 압축하고, 마치 최대공약수를 구하듯 거의 정확한 날짜를 찾아낼 수 있을 것이다. 단순히 별자리를 식별하는 데서 그치지 않고, 의미 있는 조사가 될 수 있겠다는 생각으로 확장되었다.

인상적인 별자리의 조건

천문학자는 별을 직접 보지 않는다

그렇다면 왜 하필 양자리였을까? 이것이 내 두 번째 궁금증이었다. 이 의문은 어쩌면 내 직업이 만들어낸 것일지도 모른다. 그럼 먼저 천문학자라는 직업에 대해서 살펴보자.

천문학에는 여러 연구 분야가 있는데, 먼저 망원경을 이용해 실제로 별을 관측하는 천문학자가 있다. 관측천문학자들은 대개 소형 망원경보다는 거대 망원경이 설치된 연구 단지, 예를 들어 칠레의 아타카마사막 일대나 하와이의 마우나케아처럼 인공 광원으로 오염되지 않은 장소에서 관측을 한다. 물론 이들 역시 망원경으로 직접 별을 보는 것은 아니며, 컴퓨터와 연결된 망원경에 명령을 내리고 디지털카메라로 촬영한 천체의 정보를 전송받는 식이다.

지구 밖에서는 고전적인 우주망원경인 허블망원경이나, 2021년 말 발사된 제임스웹우주망원경이 적외선 관측에 특화되어 초기 우주의 형성, 외계 행성 대기 분석 등에서 고품질 데이터를 제공하고 있다. 한편, 전파망원경은 눈으로 관측할 수 없는 파장을 탐지하며, 엑스선이나 감마선처럼 지구 대기에서 차단되는 영역은 우주망원경을 통해서만 관측이 가능하다. 현재는 종료된 사업인 SOFIA 프로젝트의 경우 보잉747 항공기에 2.7m 망원경을 설치해 성층권에서 적외선 관측을 수행하기도 했다. 이렇게 열거한 막대한 예산을 들인 고성능의 망원경들로 관측을 하는데 눈으로 뭔가를 할 필요가 있을 리는 없지 않겠는가? 소형 망원경의 경우에도 자동화 기술이 널리 보편화되어 있으며, 1.0m 정도 크기의 작은 망원경들은 자동화가 더욱 정밀하게 이루어져 있다. 따라서 현대 관측천문학자들에게 망원경은 눈으로 관측하는 도구라기보다는 데이터를 수집하는 정밀 기계라 할 수 있다.

한편, 천체물리학자는 더더욱 별을 볼 일이 없다. 앞서 언급한 관측천문학자는 관측소에서 촬영 중 카메라에 대상이 찍히지 않으면 구름이 끼었는지 확인하기 위해서라도 하늘을 올려다보지만, 천체물리학자는 주로 습득된 데이터를 분석하고 이를 바탕으로 이론을 세우는 데 집중한다. 천체물리학자는 관측천문학자들이 수집한 데이터를 기반으로 별의 진화 과정, 은하의 형성과 구조, 우주의 확장과 같은 대규모 물리적 현상을 이해하려고 한다. 이러한 연구는 빛의 스펙트럼, 적외선, 엑스선, 전파 등 다양한 파장을 포함한 데이터를 활용하며, 관측 과정 자체보다는 데이터를 해석하고 물리법칙을 도출하는 데 중점을 둔다. 결국 천체물리학자는 우주의 근본적인 원리를 탐구하는 역할을 맡고 있으나 그들 역시 별은 안 봐도 괜찮은 것이다.

이와 달리 나는 별을 관측하는 사람들을 위해 망원경을 개발하고 제작하는 일을 하고 있다. 이 역시 약 95퍼센트는 설계와 분석, 제작과 조립 등의 과정이 주된 일이며 그 사이사이에 별을 볼 일은 그다지 많지 않다. 하지만 망원경을 실제로 천문대에 설치하는 초기 단계에서는 밤하늘의 별자리를 보고 기본적인 방향을 맞추어야 한다. 즉, 망원경이 마치 아기처럼 처음 걸음마를 하는 단계에서 제대로 망원경 구실을 하도록 이끌어야 하므로 망원경이 자동으로 어딘가를 찾아가게 하기보다는 수동으로 작동시켜야 하는 경우가 많다. 이 과정에서 망원경이 하늘과 처음으로 연동되며, 성능의 지표를 확인하기 위한 특정 대상을 망원경의 시야에 수동으로 맞추는 작업이 종종 필요하다. 따라서 별자리를 알면 그 과정이 좀 더 편해진다.

이 일을 오랜 시간 해오면서 자연스럽게 밤하늘의 별자리는 내 머릿속에 카탈로그화되었고 별이 들어간 어떤 이미지를 보든지 앞서 설명한 플레이트 솔빙이 머릿속에서 자동으로 작동하고 있었다(남반구 하늘은 작동이 안 된다). 그렇기에 〈별이 빛나는 밤〉이 양자리를 그린 것이라는 이야기는 아무리 생각해도 어색하게 느껴졌다. 양자리는 88개의 별자리 중에서도 비교적 어둡고 작아 눈에 잘 띄지 않기 때문이다.

뒤에서 자세히 언급할 〈론강의 별밤〉에는 북두칠성이 그려져 있다. 나는 이 작품을 2011년 예술의전당에서 자세히 본 적이 있는데, 보통 사람들의 눈에 먼저 들어왔을 북두칠성보다는 북두칠성 너머의 것들까지 플레이트 솔빙이 되기 시작했다. 큰곰자리(북두칠성은 사실은 큰곰자리의 일부다)를 구성하는 별의 무리, 머리와 몸통에 해당하는 별들의 위치를 보며 빈센트가 별을 묘사하는 방식이 매우 사실적임을 알 수 있었다. 그때부터 나는 심증을 굳혔던 것이 아닐까 한다. 빈센트가 그린 별들의 배치에는 분명히 어떤 의미가 있을 거라는 생각이었다. 〈론강의 별밤〉의 원화가 나의 기저에 남긴 감동은, 마치 〈별이 빛나는 밤〉을 더 조사해보라고 채근하는 것처럼 느껴졌다.

그림 속 별 무리에 대한 연구

〈별이 빛나는 밤〉은 미술사학자들에 의해 1889년 6월 하순경에 그린 것으로 알려져왔다. 그 덕분일까? 이 그림을 연구한 천문학자들은 그즈음에 관측 가능한 밤하늘만을 그림 속에 대입했다. 만약 〈별이 빛나는 밤〉이 그려진 시기가 완전히 불분명했다면 오히려 그림 속 별 무리를 더 다양한 범위의 날짜와 비교하며 조사했을 것이다. 양자리라는 생각의 출처는 미술사학자였던 앨버트 보임(Albert Boime) 교수가 1984년에 발표한 〈반 고흐의 별이 빛나는 밤(Van Gogh's Starry Night: A History of Matter and a Matter of History)〉이라는 논문에서 비롯되었다. 보임은 빈센트가 1889년 6월 18일에서 19일로 넘어가는 시점에 〈별이 빛나는 밤〉을 그렸을 것이라고 생각했는데, 그날 테오에게 쓴 편지에 이런 문구가 적혀 있기 때문이다.

> 마지막으로 올리브 나무가 있는 풍경과 별이 빛나는 하늘에 대한 새로운 연구가 있어.

이 문장을 바탕으로, 보임과 그의 논문에 자문을 해준 저명한 빈센트 연구가 얀 휠스케르(Jan Hulsker)는 빈센트가 〈별이 빛나는 밤〉을 그린 날이 6월 19일이라고 결론지었다. 다만 보임은 천문학적인 지식이 없었기 때문에 같은 UCLA의 동료 교수였던 천문학자 조지 아벨(George Abell)에게 도움을 받는다. 따라서 빈센트가 그린 하늘이 양자리라는 결론이 난 데는 아벨의 의견이 상당히 반영되었을 것으로 보인다. 나는 그의 생각을 짐작하기 위해 미국물리학연구소(American Institute of Physics)에 남아 있는 아벨의 인터뷰 기록을 확인해보았다. 그는 천문학에 매우 중요한 기여를 한 사람으로 그의 이름을 딴 아벨 은하단 카탈로그는 현대 우주론과 대규모 구조 연구의 기반이 되었다.

아벨이 여덟 살이던 1935년, 지금도 로스앤젤레스의 명소로 사랑받는 그리피스천문대가 개관했다. 그는 아버지와 함께 천문대를 방문하며 천문학에 대한 꿈을 키웠다고 한다. 고등학생 때도 매달 그리피스천문대를 찾았고, 학부 시절에는 천문대에서 반나절 가이드로 오랜 기간 일했다고 하니, 그리피스천문대와 깊은 인연을 맺은 인물이다. 캘리포니아 공과대학에서 학부 과정을 마친 그는 대학원 시절 팔로마천문대의 5.0m 헤일망원경 설치 과정을 지켜보았으며, 이후 팔로마천문대 연구원으로 오래 활동하며 천문학의 대중화를 위해 많은 노력을 기울였다. 어렸을 때부터 천문학의 길을 걸어온 아벨의 삶을 떠올리면, 실제로 그가 보임에게 눈으로 보는 밤하늘에 대한 깊은 조언을 했을 것이라 짐작할 수 있다. 결국 보임은 아벨과의 친분을 바탕으로, 그리피스천문대 플라네타륨의 시뮬레이션을 통해 빈센트가 바라봤던 별자리가 양자리라는 결론에 이르게 된다.

그렇다면 양자리는 어떤 별자리일까? 이를 살펴보기 앞서, 사람들에게 인상적인 별자리가 되려면 어떤 조건이 필요할지 생각해보자. 가장 먼저 필요한 것은 밝은 별이다. 이 책에서 말하는 별의 밝기는 겉보기등급이라고 하여, 별이 자체적으로 가진 절대 밝기를 말하는 것이 아니라 지구에서 보았을 때의 상대적인 밝기를 뜻한다. 부연하자면 별의 밝기는 숫자가 작을수록 더 밝아지므로 2등성, 1등성, 0등성의 순으로 밝아지며, 금성의 경우 가장 밝을 때는 -4.5등급 정도까지 빛나기도 한다(참고로 보름달은 약 -12.7등급, 태양은 약 -26.7등급의 겉보기 밝기를 가진다). 한편, 1등성이라 하면 0.5등급 이상 1.5등급 미만의 밝기를 가진 별을 총칭한다. 온 하늘에 1등성 또는 그보다 밝은 별은 21개가 있으며, 그중 우리나라나 프랑스 정도 위도에서는 약 15개를 볼 수 있다. 따라서 밝은 별을 포함한 별자리는 눈에 띌 수밖에 없다.

별자리는 여러 문명이 가진 문화와 관습에 따라 각기 다르게 발전했다. 88개로 결정된 현대 별자리의 경우 바빌로니아와 그리스 천문학을 기원으로 하는데, 핵심적인 별자리는 역시 밝은 별을 포함한 별 무리로부터 만들어졌다. 예를 들어 오리온자리는 1등성보다 더 밝은 0등성을 2개나 가졌다. 그러니 당연히 별자리로 선택받을 수밖에 없는 운명을 안고 있는 별의 패턴이다. 이 오리온자리 패턴은 메소포타미아, 이집트, 인도, 중국, 북아메리카, 마야 등 다른 문명에서도 각자의 별자리로 발전했다. 옛사람들은 밝은 별을 중심으로 여러 가지 패턴을 만들어 그중 가장 멋진 형상에 이름을 부여하고 신화에 연결하면서 별자리를 만들었을 것이기 때문이다. 〈론강의 별밤〉에 그려진 북두칠성 역시 매력적인 패턴을 가지고 있기에 중국에서는 사람의 운명을 좌우하는 별자리로, 그리스신화에서는 곰으로, 메소포타미아에서는 마차로 문화에 따라 다양한 신화와 연결되었다.

인간은 구름이나 지형 같은 모호한 형태에서 의미 있는 이미지를 찾아내려는 심리적인 경향을 가지고 있는데 이를 파레이돌리아(pareidolia)라고 부른다. 어린아이들이 구름 속에서 강아지를 발견하고, 화성 탐사선이 보내온 지표면 영상에서 사람 얼굴을 찾아내는 것이 바로 그 현상이다. 인간의 뇌는 패턴을 인식하는 데 탁월하여 무언가 의미를 부여하고자 하는 심리적인 기제가 작용한다고 알려져 있다. 별 무리를 보고서 패턴화한 것이 바로 별자리가 된 것이다.

밝은 별이 없어도 유명한 별자리가 되는 또 다른 방법이 있다. 하늘에서 태양이 지나는 길인 황도를 품는 것이다. 27쪽 그림을 보면, 지구의 관측자가 태양을 볼 때(노란색 화살표), 태양 너머로 태양과 겹쳐 보이는 영역이 생긴다. 이 관측자는 낮 시간에 태양을 보고 있으므로 별은 볼 수 없다. 그러나 태양은 일정한 궤적을 따라 별들 사이를 이동하며, 그 궤적이 바로 그림에 굵은 빨간 선으로 표시된 황도다.

사실, 인류는 지구가 공전한다는 원리를 알기 훨씬 전부터 태양이 별자리 사이를 일정한 주기로 이동한다는 사실을 관측하고, 그 주기를 기준으로 한 해의 시간을 정했다. 즉, 지구가 태양 주위를 공전하는 데 걸리

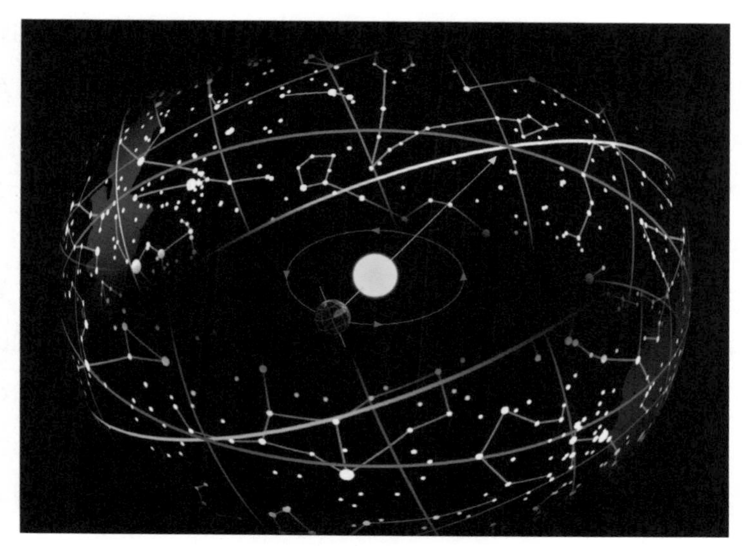

⇡ 황도십이궁(wikimedia commons).

는 시간을 1년으로 정한 것은 천문학적 관찰에 기반한 결과였다. 지동설이 정리되며 비로소 그 원리가 밝혀졌지만, 당시 사람들은 단순히 관찰을 통해 태양이 매년 같은 경로를 따라 이동한다는 사실을 알고 있었다. 지구는 위 그림의 가는 빨간 선을 따라 태양을 공전하며, 그로 인해 지구에서는 태양이 계절에 따라 별자리들 사이를 이동하는 것처럼 보인다. 지구가 태양을 한 바퀴 공전하는 데 걸리는 시간은 1년이며, 이 1년은 12개월로 나뉘기 때문에 황도 역시 12개의 별자리로 구분된다. 양자리, 황소자리, 쌍둥이자리, 게자리, 사자자리, 처녀자리, 천칭자리, 전갈자리, 궁수자리, 염소자리, 물병자리, 물고기자리로 이루어져 있으며, 이들을 합쳐 황도십이궁이라고 부른다.

옛사람들은 황도십이궁을 사용해 태양의 이동을 추적하고 인간의 운명과 연결 지었다. 특정 시기에 태어난 사람들이 속한 별자리가 그들의 성격과 운명에 영향을 미친다는 믿음이 만들어지면서 이는 점성술로 발전한다. 따라서 황도십이궁에 속하는 별자리는 밝은 별이 없거나 패턴이 멋지지 않아도 널리 알려져 있다. 그중 황소자리, 쌍둥이자리, 사자자리, 처녀자리는 1등성을 포함하고 있기 때문에 찾기 쉽지만 양자리, 게자리, 천칭자리, 염소자리, 물병자리, 물고기자리는 찾기 어렵다. 그중에서도 양자리는 황도십이궁 가운데 면적이 가장 작은 별자리다.

보통 양자리는 가장 밝은 별 3개 또는 4개를 선으로 연결해서 표현하는데, 가장 밝은 알파(α) 별은 2.0등급인 하멜(Hamal), 두 번째인 베타(β) 별은 2.6등급인 셰라탄(Sheratan)이고, 세 번째 감마(γ) 별은 메사르팀(Mesarthim)으로 3.9등급이다. 따라서 양자리는 2등급 별을 딱 하나 갖고 있을 뿐 3등급보다 어두운 별로 구성되어 있으므로 결코 눈에 잘 띄는 별자리가 아니다.

2등급의 밝기가 어느 정도인지 예를 들기에 가장 좋은 별은 북극성이다. 북극성이라면 꽤나 밝을 것이라 생각할 수 있지만 정확히 1.97등급으로 표준적인 2등성의 밝기다. 사실 북극성은 다른 별과 달리 뜨거나 지지 않고, (거의) 움직이지 않는 절대적인 위치에 있어 널리 알려진 것이지 밝아서 유명한 게 아니다. 따라서 밤하늘을 오랫동안 관측한 사람이 아니라면 한 번에 북극성을 찾는 것은 쉽지 않다.

1등급과 2등급 별의 밝기는 2.512배 차이가 나며, 1등급과 6등급 별의 밝기는 정확히 100배 차이가 난다($2.512^5=100$). 이는 촛불 1개와 100개를 모아놓은 밝기를 비교하는 것과 같다. 2등급 밝기면 맨눈으로도 잘 보이는 충분히 밝은 별이다. 현대 도시는 광공해로 인해 밤하늘의 별을 보기가 어려워서 그렇지, 인공 불빛이 없는 오지에서는 2등급 정도만 되어도 상당히 밝게 보인다. 2등급의 별은 온 하늘에서 약 71개이고, 한국과 프랑스의 위도라면 그중 약 40개를 볼 수 있다. 예를 들어 북두칠성을 이루는 7개 별 중 6개가 2등급이며, 카시오페이아자리를 이루는 주요 별 5개 중 3

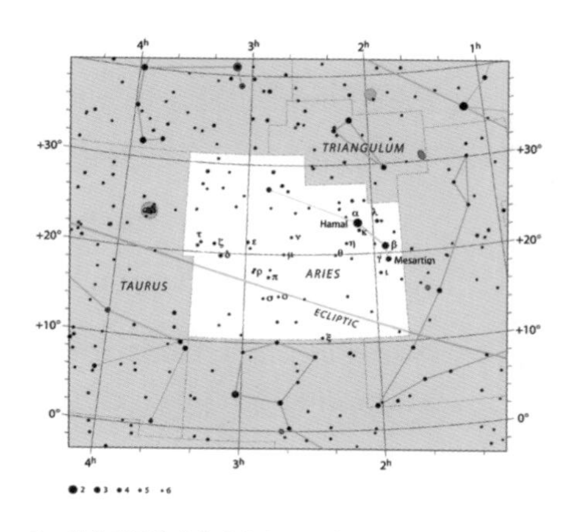

⇡ 현대 천문학에서 정의된 양자리(IAU, Sky & Telescope).

개가 2등급이다. 따라서 2등급 별들이 특이한 무리를 이루고 있다면 눈에 띄는 별자리가 된다. 그렇기에 북두칠성이나 카시오페이아자리는 찾기 쉬운 대상이며(심지어 도심에서도) 그것을 이용해서 북극성을 찾곤 하는 것이다.

지금까지 설명한 대로, 별자리 패턴에 별다른 특징이 없고 가장 밝은 별도 2등성에 불과한 양자리를 빈센트가 일부러 찾아 그렸다는 보임의 주장에는 강한 의구심을 품지 않을 수 없었다. 그는 자신의 가설을 뒷받침하기 위해서인지, 빈센트가 태어난 3월 30일의 탄생 별자리가 양자리라는 내용을 논문에 담았다. 또한 논문 전체 분량의 약 40퍼센트를 할애해 당대의 저명한 천문학자 카미유 플라마리옹(Camille Flammarion)을 소개하며, 빈센트와의 연관성을 강조한 점도 눈에 띈다. 미술사학자인 보임의 직업적 특성을 고려할 때, 당시 시대상을 함께 보여주려는 의도는 이해할 수 있다. 그러나 논문의 뒷부분은 과도할 정도로 플라마리옹에 대한 이야기로 채워져 있다는 인상을 준다.

보임의 논리는 플라마리옹이 당시 많은 천문학 저술을 남겨 빈센트에게 영향을 미쳤을 가능성이 크다는 것이다. 특히 플라마리옹이 발간한 천문학 저널《르 아스트로노미(L'Astronomie)》에 실린 나선은하나 혜성의 그림이 〈별이 빛나는 밤〉의 소용돌이와 연관이 있을 것이라는 추측을 제시한다. 그러나 빈센트가 남긴 수많은 서신 중 어디에도 플라마리옹에 대한 언급이나 나선은하에 대한 이야기는 나타나지 않는다. 보임은 직접 생

↑ 윌리엄 파슨스가 그린 M51 나선 성운.

레미를 방문해 빈센트가 〈별이 빛나는 밤〉을 그린 생폴 드 무솔의 바로 옆방에서 새벽 밤하늘을 관측하는 등 논문의 고증을 위해 많은 노력을 한다. 그러나 생레미에서 이 지역 특유의 현상으로 주황빛 달이 뜬다고 서술하는 등, 과학 지식의 부족에서 오는 한계도 분명히 드러낸다.

그로부터 2년 뒤 1986년, 또 다른 천문학자인 하버드대학교의 찰스 휘트니(Charles A. Whitney)가 〈별이 빛나는 밤〉 속 밤하늘에 대한 궁금증을 연구한 〈빈센트 반 고흐의 밤하늘(The Skies of Vincent Van Gogh)〉이라는 논문을 발표한다. 그는 작품의 소용돌이 패턴이 윌리엄 파슨스(William Parsons)가 1845년에 직접 제작한 리바이어던 망원경*을 이용해서 관측하고 스케치한 나선 성운**과 일치한다는 생각에 충격을 받았다고 서술한다. 이 스케치는 망원경이 제작된 다음 해인 1845년에 그려졌으며, 현대 사진과 비교해도 거의 다를 것이 없는 훌륭한 묘사로 기록되어 있다. 휘트니는 빈센트가 무의식중에 이 스케치를 자신의 그림에 인용했을 가능성에 주목했으며, 별이 담긴 빈센트의 다른 그림들을 함께 분석하면서 〈별이 빛나는 밤〉을 추적한다.

휘트니는 스미스소니언연구소의 플라네타륨을 활용해 1887년 당

* 윌리엄 파슨스는 영국-아일랜드계 천문학자이자 로스 백작이라는 작위의 3대째 계승자였기에 리바이어던 망원경을 로스 백작의 망원경 또는 로스 경의 망원경이라고 부른다.

** 실제로는 성운이 아니라 사냥개자리에 있는 M51 소용돌이 은하로, 더 작은 동반은하인 NGC 5195를 흡수하는 과정이다. 이 그림을 그리던 당시에는 은하에 대한 개념이 없었으며 1920년대가 되어서야 안드로메다은하의 관측을 통해 우리은하계 밖에 독립적인 은하가 있다는 것이 확인되었다.

시 아를의 밤하늘을 재현하며 〈론강의 별밤〉을 조사한 끝에, 빈센트가 그린 풍경이 실제 모습을 그대로 옮긴 것이 아니라는 사실을 확인한다. 이를 통해 그는 〈별이 빛나는 밤〉 속 하늘이 공간과 시간이 현실과 다르게, 빈센트의 상상력으로 재구성된 것이라고 주장한다. 휘트니 역시 그림을 그린 날짜에 대해 휠스케르의 견해인 6월 19일경을 따르며, 그 시기의 밤하늘을 기준으로 수수께끼를 풀어나간다. 그는 과학자로서의 능력을 발휘해 당시 기상 기록을 검토하며 빈센트가 밤하늘을 관측할 수 있었던 날짜를 16일에서 18일 사이로 제시한다.

그리고 〈별이 빛나는 밤〉 속 소용돌이가 여름철 은하수를 형상화한 것이며, 주변의 별들은 거문고자리와 돌고래자리를 묘사한 거라고 주장한다. 더 나아가, 그림 중앙 상단 가장자리에 있는 희미한 붓 자국 패턴은 화면 밖에 있는 베가(Vega)의 후광을 표현했을 가능성이 있다고 서술한다. 이 주장의 바탕에는 빈센트가 1888년에 은하수를 본 기록을 찾은 것이 있었다. 미술사에 문외한인 휘트니는 빈센트를 이해하기 위해 3권으로 출판된 방대한 서간집에 집중했다.

앞서 서술한 대로 양자리는 밤하늘 관측을 취미로 하는 아마추어 천체관측가라 할지라도 조금은 신경을 써야 찾을 수 있는 별자리다. (일반화할 수는 없지만 보통의 직업 천문학자보다 열성적인 아마추어 천체관측가가 훨씬 별을 잘 찾는다.) 별이 쏟아지는 밤하늘을 직접 본 사람이라면 알 수 있을 것이다. 별이 너무 잘 보이면 의외로 별자리를 찾기가 어려워진다. 오히려 인공조명이 적당히 있는 하늘이 별자리 찾기에 더 편리하다. 당시 생레미의 밤하늘은 인공 불빛이 전혀 없었을 것이므로, 현대 대한민국의 그 어떤 지역보다도 별이 선명하게 보였을 것이다.

그렇기에 나는 빈센트가 양자리를 보고 〈별이 빛나는 밤〉을 그렸다는 주장에 동의하기 어렵다. 현대 천문학에서 정의한 88개의 별자리는 서로 우열이 없고, 그럴 필요도 없다. 하지만 동서고금을 막론하고 사람들에게, 특히 예술가들에게 영감을 주는 별자리는 어느 정도 정해져 있다. 앞서 언급한 오리온자리나 북두칠성은 동양에서든 서양에서든 모두 별자리로 인식되어왔고, 그에 대한 다양한 신화가 여러 문화권에서 전해져 내려온다. 왜 빈센트가 〈론강의 별밤〉에 북두칠성을 그려 넣었겠는가? 이것만으로도 충분히 이해할 수 있는 일이다.

한편 휘트니는 빈센트가 여름철 별자리를 그렸을 것이라고 서술했다. 사실 빈센트가 상상의 하늘을 그렸다는 가설을 세우면 그 어느 별자리를 말해도 문제 될 건 없다. 하지만 6월 19일 언저리가 아닌 다른 날짜의 하늘을 생각해보면 어떨까? 보임과 휘트니가 휠스케르의 의견을 따랐기에 보지 못하고 지나친 부분을 추적해보면 어떨까?

나는 전문적인 빈센트 반 고흐의 연구자가 아니기에 선행 지식이 없던 관계로 〈별이 빛나는 밤〉이 6월 하순경에 그려졌다는 관념에서 자유로울 수 있었다. 북반구 지역의 6월 하순경은 하지가 막 지난, 1년 중 낮이 가장 긴 시기이며 특히 한국에 비해 위도가 높은 프랑스의 여름밤은 더더욱 짧다. 따라서 그 시기 여름철의 별자리들이 서편으로 사라진 새벽녘의 밤하늘에는 특별히 눈에 띄는 별이 없다. 그런데 〈별이 빛나는 밤〉에 보이는 비교적 큰 별 3개가 하필이면 양자리라니? 이 의아함은 내가 빈센트에 깊이 빠지게 된 원동력이었다.

각도의 이해

만약 천체관측, 토목이나 건축의 측량, 포병으로 복무한 경험이 없는 사람이라면 앞으로 다룰 각도의 의미를 감각적으로 이해하기 어려울 수 있으므로 각도에 대한 용어와 정의를 익히고 넘어가자.

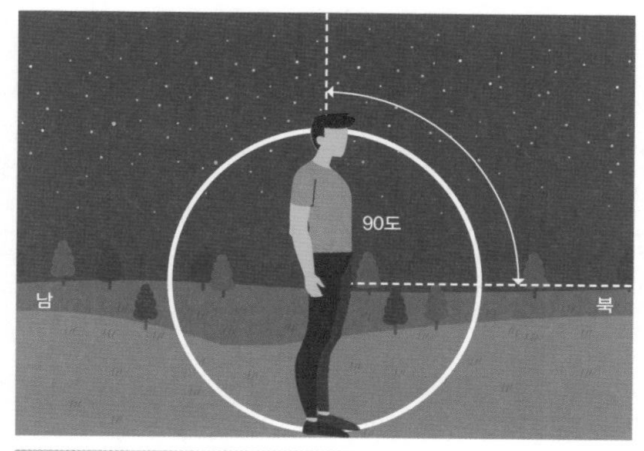

시야 각도의 예시.

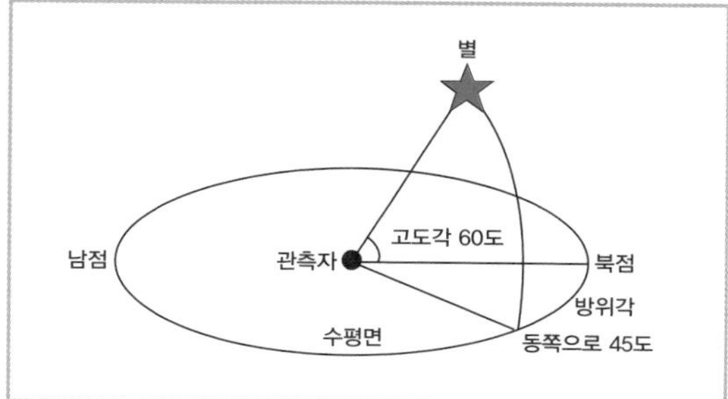

지평좌표계의 개념.

여러분이 위의 그림과 같이 정북 방향의 지평선을 바라본다고 하자. 그대로 시선을 위로 들어 올리면 하늘의 정점인 천정을 향하게 된다. 그렇게 바라본 정북에서 천정까지의 시야 각도는 90도가 된다. 이렇게 어떤 대상의 고도를 표기할 경우, 지평선은 0도, 천정은 90도가 된다. 다시 정북쪽의 지평선을 바라보자. 이번엔 고개는 전혀 꺾지 않고 시계 방향으로 몸을 돌려서 동쪽 지평선을 보고 더 돌아서 남쪽, 다시 서쪽을 지나 북쪽으로 돌아오면 360도를 회전하게 된다. 이것을 방위각이라고 하고, 동쪽이 90도, 남쪽이 180도, 서쪽이 270도가 된다. 이러한 방식으로 하늘의 태양이나 별, 비행기, 인공위성 등의 위치를 표현하는 것을 지평좌표계라고 하며, 이 좌표계는 어떤 대상의 위치를 표현하는 여러 가지 방식 중 하나다.

위 그림은 지평좌표계를 모식화하여 3차원적으로 보여준다. 만약

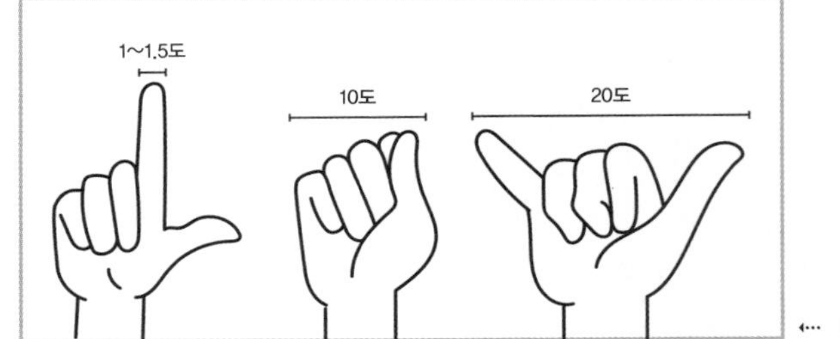

하늘에서 각도 재는 법.

별의 방위각이 동쪽으로 45도이고 지면과 별의 각도가 60도라면, 방위각 45도, 고도각 60도라고 표현한다. 보통 방위각을 먼저, 고도각을 나중에 표시한다. 방위각은 Azimuth의 'Az', 고도각은 Altitude의 'Alt'로 표현하는 경우도 많다.

1도라는 각도는 생각보다 매우 큰 값이므로 더 세분화해 표현할 수 있다. 각도에서 1도는 60분으로 정의되며, 각 분은 다시 60초로 나뉜다. 여기서 분(′)과 초(″)는 시간의 단위와 동일한 표기법을 사용하므로 혼동을 피하기 위해 각도를 나타낼 때는 각(arc)을 붙여서 분각(arcminute)과 초각(arcsecond)이라는 용어를 사용한다.

이제 간단히 익힌 지평좌표계와 분각, 초각이 실제로 어떻게 활용되는지 확인해보자. 이를 위해 2025년 서울 지역에서 하짓날과 동짓날 태양이 남중할 때의 시간과 위치를 살펴보려 한다. 6월 21일 태양의 고도가 가장 높이 올라가는 시각은 오후 12시 34분경이고, 12월 22일은 오후 12시 30분경이다. 하짓날 해당 시각 태양의 위치는 방위각 180° 00′ 00″, 고도각 75° 52′ 03″가 된다. 동짓날은 방위각 180° 00′ 00″, 고도각은 28도 59′ 38″가 된다. 생각보다 태양이 남중하는 고도각의 차이가 꽤 난다는 것을 확인할 수 있다. (〈빈센트의 방〉에서 비슷한 내용을 다시 살펴볼 것이다.)

이런 표현에 익숙하지 않은 사람이라면, 하늘을 바라보면서 이 각도를 어떻게 가늠하는 것이 좋을까? 추천하는 방법은 태양이나 달의 폭이 약 0.5도라는 기준으로 시작하는 것이다. 팔을 뻗어 손가락을 폈을 때 새끼손가락의 폭은 약 1도에 해당하며, 이 사이에 태양이나 달이 2개 들어갈 정도의 크기다. 여기서 시작해 34쪽 그림과 같이 손가락을 이용하면 대략의 각도를 기억할 수 있다. 이런 식으로 어떤 천체가 시야에서 차지하는 각도를 표현할 수 있으며, 이것을 시직경(視直徑)이라고 부른다.

태양이나 달의 시직경이 0.5도 정도이며 새끼손가락으로 가릴 수 있다는 것이 조금 의아할 수 있다. 보통은 그보다 훨씬 더 클 것이라 생각하기 때문이다. 이 '태양 착시', '달 착시'는 인간의 대표적인 착시로, 하늘 꼭대기에 있는 달과 지평선 근처의 달 크기를 비교해보라고 하면 대부분의 사람은 지평선 근처의 달을 훨씬 크게 인식한다. 하늘에는 크기를 비교할 대상이 없지만 지평선 근처에는 주변 환경과 비교가 이루어지므로, 인간의 뇌가 그 크기를 인식하는 데 있어 다른 해석을 한다는 근거로 생각될 수 있다. 다만 이런 착시의 기전은 명확하게 밝혀지지 않았다. 지평선 부근의 태양이나 달을 보려면 눈을 조금 더 아래쪽으로 돌려야 하고, 그 상태에서 시각적 초점 조절이나 안구 운동이 크기를 약간 부풀려 인식하게 만든다는 설명도 있지만 큰 지지를 받지는 못하고 있다.

우리 뇌는 물리적으로 입력되는 빛만 받아들이는 것이 아니라, 맥락과 주변 정보를 종합적으로 처리해 의미 있는 이미지로 구성한다. 물리적 실제와 다르게 인식하는 많은 착시 현상이 이러한 뇌의 해석 과정에서 비롯된다. 따라서 태양이나 달은 하늘에서 가장 눈에 띄는 천체라 인간의 뇌가 그것에 집중하면서 크기를 과장하는 것으로 추정하고 있다.

이는 빈센트를 비롯한 수많은 화가가 그린 많은 태양, 달 그림에도 나타나는 현상이다. 따라서 앞으로 우리가 이 책을 통해 살펴볼 많은 시뮬레이션에 달의 크기를 실제 그대로 구현할 경우 그 비례는 어색하게 느껴질 것이다. 따라서 달의 크기는 상황에 맞게 실제보다 더 크게 표현할 것이다.

↑ 오리온대성운, 플레이아데스성단, 안드로메다은하(©송정우).

지구에서 보이는 가장 밝은 별인 태양의 크기는 확인했고, 그렇다면 별의 크기는 어떻게 될까? 별의 실제 시직경은 맨눈에선 거의 0에 근접하고, 심지어 고성능 망원경으로도 원반보다는 1초각보다도 훨씬 작은 점광원에 가깝게 보인다. 다만 밝고 잘 보이는 별들은 대기가 일으키는 산란, 눈의 대비·빛 번짐, 심리적 효과 등으로 인해 실제보다 더 커 보이는 것이지, 별이 실제로 어떤 지름이 있는 원반체로 관측되는 것은 아니다.

하지만 밤하늘에는 성운, 성단, 은하처럼 실제 면적을 가진 천체도 존재한다. 이들은 별과 달리 하늘에서 일정한 각 넓이를 차지하고 있다. 그 대표적인 예가 오리온대성운, 플레이아데스성단, 안드로메다은하 같은 것으로 대부분 달보다 훨씬 시직경이 크다. 특히 안드로메다은하는 달을 4개 이상 늘어놓을 수 있을 정도로 크다. 이런 천체는 보통 장시간 노출 촬영 사진으로 접하므로 밝은 것 같아 보이지만 실제 밝기는 매우 어두워 눈으로는 그 크기를 체감하기 어렵다.

시간의 이해

이 책은 앞으로 빈센트가 그린 밤하늘을 다양하게 분석할 것이다. 그런데 빈센트가 살던 당시와 우리의 시간에 대한 정의는 약간 달라서 이에 대한 이해가 부족하면 분석 자체가 왜곡될 수 있다. 따라서 과거와 지금의 시간에 어떤 차이가 있는지 살펴보고, 빈센트의 시간과 지금 우리의 시간에 간극이 없도록 동기화를 해보자.

빈센트가 살았던 19세기 후반은 철도망이 급격하게 발전한 시기였다. 과거에는 지역 중심으로 공동체를 이루면서 살던 사람들이 일자리, 교육, 더 나은 삶을 찾아 도시로 이동하게 되면서 지역공동체가 약화되고 도시화가 가속화되었다. 사람들이 철도의 시간표에 맞추어 생활하게 되면서 지역마다 달랐던 시간이 점차 표준화되었고, 시간 관리와 계획이 일상화되기 시작했다. 즉 과거에는 자신이 사는 지역의 시간만 신경 쓰면 되었지만, 철도망의 확장으로 인해 다른 지역과 자신의 지역 간 시간 차이에 대해 이해할 필요가 생긴 것이다.

살짝 어렵게 느껴지지만 걱정 말고 조금만 더 들어가보자. 시간은 우리가 사는 어느 지역에서나 24시간제를 기본으로 사용하지만, 그 기준점은 태양이 하늘에서 가장 높은 위치에 도달하는 순간, 즉 정오(12시)다. 태양이 정오에 도달한다는 것은 자오선이라는 개념과 밀접한 관련이 있

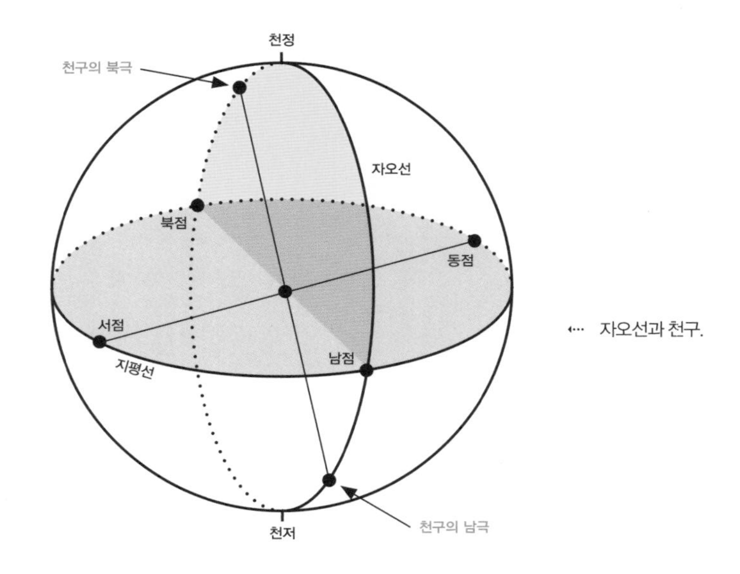

⋯ 자오선과 천구.

다. 먼저, 자오선이 무엇인지 위 그림과 함께 살펴보자.

자오선(meridian)이란 남극과 북극 그리고 관측자의 머리 위 지점인 천정(zenith)을 연결하는 가상의 선이다. 모든 천체는 지구의 자전에 의해 천구의 북극과 남극을 축으로 회전하며 동쪽에서 떠서 서쪽으로 지는 운동을 한다(지구가 서에서 동으로 자전하기 때문이다). 이때 천체가 자오선을 통과하는 순간, 하늘에서 가장 높은 고도에 도달하는데, 이를 천문학적으로는 '남중'한다고 표현한다. 따라서 남중하기 전에는 천체의 고도는 올라가기만 하고, 남중 후에는 내려가기만 한다. 한편 자오선은 천정을 기준으로 북쪽 부분과 남쪽 부분으로 나뉜다. 만약 어떤 천체가 남쪽 부분의 자오선을 통과하면 그때의 방위각은 180도가 되고, 북쪽 부분의 자오선을 통과할 경우 그 순간의 방위각은 0도가 된다. 하늘에서 가장 높은 위치에 도달한다는 말은 주관적으로 들리지만, 실제로는 매우 객관적인 표현이다.

태양 역시 천체이므로 동일한 운동을 하며, 태양의 중심 지점이 자오선과 만나는 순간이 바로 정오가 된다. 이 정오를 기준으로 하루를 24

시간으로 나눈 시간을 LMT(local mean time, 평균태양시)라고 한다. 앞으로 계속 나올 약어이므로 기억해두길 부탁한다. 19세기까지만 해도 사람들은 자신이 사는 지역의 평균태양시를 기준으로 생활했다. 이는 태양이 각 지역의 자오선을 통과하는 순간을 기준으로 설정한 것이기 때문에, 동네마다 시간이 다를 수밖에 없었다.

하지만 각각의 지역이 모두 다른 시간을 사용할 경우, 동서 지역을 걸쳐 이동할 때 문제가 생긴다. 동쪽 지역이 서쪽에 비해 더 일찍 태양을 맞이하기 때문이다. 몇 해 전 포항에서 망원경을 설치하는 작업을 했는데 그날 노을이 꽤나 멋있어서 회사 단체 대화방에 누군가가 포항의 하늘을 찍어 전송했다. 그러자 다른 지역에 있는 직원들도 자신이 근무하는 천문대에서 하늘을 찍어 올리기 시작했는데, 서산의 하늘과 포항의 하늘의 밝기 차이가 확연히 달라서 놀란 기억이 있다.

이를 계산으로 검증해보면, 포항의 동경은 약 129.35도이며, 서산의 동경은 약 126.45도로 약 2.9도의 경도 차이가 발생한다. 지구는 24시간에 360도를 회전하므로, 1시간에 15도씩, 즉 60분에 15도를 회전한다. 따라서 1도의 경도차는 약 4분의 시간차를 발생시킨다. 따라서 경도 차이 2.9도에 4분/도를 곱하면 약 11.6분이 된다. 다시 말하면 포항이 서산보다 약 11.6분 먼저 해가 뜨고 지는 것이다. 즉 시간은 살고 있는 지역의 경도차에 의해서 발생하며 대한민국같이 동서 폭이 짧은 나라에서도 차이가 발생한다. 좌우로 긴 나라는 그 차가 훨씬 커질 것은 뻔한 이치다.

이런 혼란을 막기 위해 시간 표준화의 필요성이 대두되었다. 특히 철도 회사들은 역마다 시간이 달라 기차 운행에 혼란이 생기자, 국가에서 표준 시간을 제정하기도 전에 자체적으로 표준 시간대를 도입하기도 했다. 주요 거점 도시의 기차역에 시계탑이 설치된 이유도 여기에 있는데, 여행자들은 이 시계탑의 시간을 기준으로 자신의 시계를 맞추며 다

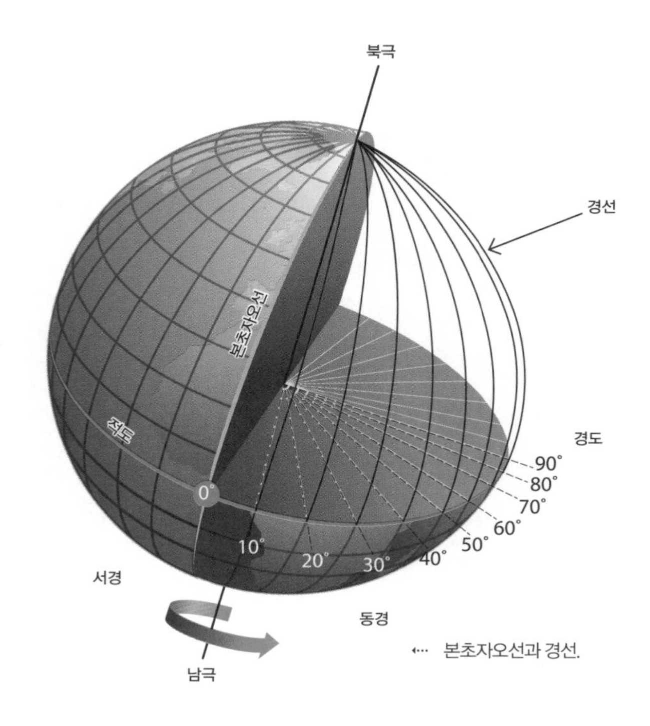

←··· 본초자오선과 경선.

녀야 했다.

마침내 1884년, 지역마다 시간이 달라 생기는 혼란을 해결하기 위해 국제 자오선 회의에서 통일된 시간 체계를 만들기 위한 논의가 이루어졌다. 그리하여 영국의 그리니치천문대를 지나는 자오선을 경도 0도로 설정하고, 이를 기준으로 동쪽과 서쪽으로 경도를 나누는 방식이 채택되었다. 이 선을 본초자오선(prime meridian)이라고 부르며, 전 세계 경도의 시작점이자 표준 시간대를 설정하는 기초가 되었다. 본초자오선이 그리니치천문대를 기준으로 정해진 것은 당시 영국이 세계 해양 지도 제작의 중심지였으며, 많은 해양 지도가 이미 그리니치 자오선을 기준으로 제작되어 있었기 때문이다. 영국의 해상력과 천문학 연구도 그리니치를 국제적으로 중요한 위치로 만들었기에 이를 본초자오선의 기준점으로 삼는 것은 당시로서는 자연스러운 선택이었다.

본초자오선은 지리적 경도를 나누는 기준일 뿐 아니라 시간 체계의 중심 역할을 한다. 본초자오선을 기준으로 한 시간이 GMT(Greenwich Mean Time, 그리니치평균시)이며, 이를 바탕으로 세계의 표준 시간대가 설정되었다. 본초자오선을 기준으로 동쪽은 시간이 빨라지고, 서쪽은 느려지며, 시간대의 차이가 나타난다. 예를 들어 우리나라의 시간대가 +9인 것은 국제 표준시보다 9시간이 빠르다는 것을 의미한다. 오늘날 비행기를 타고 다른 나라를 여행하는 일이 흔해지면서 시간대가 바뀌는 경험은 우리 모두에게 더 이상 낯설지 않은 일이 되었다.

1시간 단위로 구성된 국제 표준시는 전 세계적으로 시간을 통일하는 데 기여했지만, 일부 지역에서는 현실적인 문제가 발생하기도 한다. 우리나라처럼 태양의 남중 시각과 표준시가 일치하지 않는 경우가 대표적인 사례다. 대한민국에서 태양의 남중 시각은 평균적으로 약 12시 30분으로, 이는 우리가 현재 사용하는 표준시가 실제 태양의 움직임과 약간의 차이가 있음을 의미한다. 쉽게 말해, 대한민국 국민들은 태양 기준으로 볼 때 점심을 약 30분 일찍 먹기 시작하는 셈이다. 이와 더불어, 날짜변경선 인근에 위치한 국가들은 시간대와 날짜의 급격한 변화로 인해 다양한 불편을 겪는 경우도 있다. 오늘날 그리니치평균시는 원자시계를 기반으로 한 UTC(Coordinated Universal Time, 협정세계시)로 대체되었지만, 여전히 경도의 기준으로 남아 있는 본초자오선과 그리니치천문대는 해가 지지 않는 국가였던 영국의 화려한 세월이 남긴 흔적이라 할 수 있다. 참고로 UTC와 GMT의 시간 차이는 최대 0.9초이니 일반인은 무시해도 크게 상관이 없긴 하다.

시간대에 얽힌 재미난 이야기가 많다. 예를 들어 중국은 그렇게 큰 나라임에도 오직 하나의 시간대인 UTC+8:00:00(베이징 시간)을 사용한다.

이는 행정적 통일성을 위해 채택한 방식이지만, 서부 지역(신장, 티베트 등)에서는 불편함이 발생한다. 예를 들어, 태양 시간으로는 UTC+6~7:00:00에 가까운 서부 지역에서는 일출과 일몰이 2시간 이상 늦어진다. 이로 인해 아침이 늦게 밝고 저녁이 늦게 어두워져, 생활 리듬과 업무 시간의 불일치가 발생할 수 있다. 일부 지역에서는 비공식적으로 현지 시간을 따르기도 하지만, 공식 시간과의 차이로 혼란이 생기기도 한다. 한편, 이스라엘은 중동 대부분의 국가가 사용하는 UTC+3:00:00 대신 UTC+2:00:00를 표준 시간대로 채택하고 있다. 이는 유럽과의 경제적 연계를 강화하면서 중동 국가들과는 차별화된 정체성을 유지하려는 역사적, 정치적 이유에서 비롯된 결정이다.

다시 프랑스로 돌아와서, 그들의 시간의 역사에서 흥미로운 점은 1884년 국제적으로 시간 표준화가 이루어졌음에도 프랑스가 영국의 기준 시간을 따르지 않았다는 사실이다. 영국과 프랑스의 역사적 관계를 떠올리면 이해할 만한 일이기도 하다. 대신 프랑스는 파리를 기준으로 한 자체 시간을 사용했으며, 이를 PMT(Paris Mean Time)라고 불렀다. 당시 프랑스는 파리천문대를 중심으로 한 파리자오선(Paris meridian)을 기준으로 시간을 측정했다.

그리니치천문대와 파리천문대 사이의 경도차를 계산하면 약 2.33도 차이가 발생하며, 두 지점 간 시간차는 9분 19초 정도가 발생했다. 그러다가 1911년이 되어서야 파리자오선을 버리고 영국 시간과 동일한 GMT+0:00:00으로 통합되었다. 하지만 1940년 제2차 세계 대전 당시 독일이 프랑스를 점령하면서 행정적, 군사적 편의를 위해 자국의 표준 시간인 GMT+1:00:00, 즉 CET(Central European Time, 중앙유럽표준시)를 강제로 도입했으며, 이 시간 체계는 현재까지 이어지고 있다.

설명이 길었지만, 빈센트의 시간과 우리의 현재 시간을 맞추기 위해 반드시 필요한 과정이었다. 이제 거의 다 왔다. 서머타임까지만 알아두자. 세계 표준 시간대 체계가 정립되면서, 시간은 국제 기준에 따라 관리되기 시작했다. 그러나 이러한 표준 시간 체계에도 지역적 특성과 효율성을 고려한 조정이 필요할 때가 있었다. 대표적인 사례가 바로 서머타임이다. 서머타임은 낮이 길어지는 여름철에 표준 시간보다 시계를 1시간 앞당기는 제도로, 에너지 절약과 일조시간을 효율적으로 활용하기 위해 도입되었다. 이 제도는 20세기 초반, 제1차 세계 대전 당시 독일과 영국에서 처음 시행했는데, 석탄 같은 자원을 전쟁 물자로 우선 사용하기 위해 민간의 에너지 소비를 줄이려는 목적에서였다. 심지어 영국은 제2차 세계 대전 때 2시간을 당기는 이중 서머타임을 도입한 적도 있다.

서머타임은 낮이 길어지는 여름철 동안 더 많은 일조시간을 활용하도록 고안된 제도로, 야간의 전등 사용을 줄이고 주간의 야외 활동 시간을 늘리는 효과를 기대하고 도입했다. 특히 산업화 이후 에너지 소비가 급증하면서 여러 나라에서 이 제도를 채택하게 되었다. 예를 들어, 시계를 1시간 앞당기면 해가 지기 전에 업무가 끝나 더 오랜 시간 자연광을 사용할 수 있고, 저녁 시간대의 전력 소비를 줄일 수 있다. 프랑스는 현재도 이 제도를 운영하며, 매년 3월 마지막 일요일에 시작해 10월 마지막 일요일까지 CEST(Central European Summer Time, 중앙유럽여름시간)를 사용하는데, 이는 UTC보다 2시간 빠른 시간대(UTC+2:00:00)다.

이제 결론이다. 앞에서 확인한 내용을 바탕으로 빈센트의 시간과 현재의 시간을 동기화해보자. 과거 프랑스의 공식 시간인 PMT는 빈센트 사후인 1891년, 프랑스의 공식 표준 시간으로 채택되었으나 이후에도 한참을 지역별 LMT와 병행되다가 자리 잡는다. 즉, 빈센트가 아를과 생레미에 있을 때는 여전히 LMT를 사용했을 것이란 의미다. 이에 빈센트는 기차역이 있는 아를의 동경 4.63도 자오선에 따른 LMT 시간에 맞추어 생활했을 것이므로 그에 따라 시간을 계산해보자. 앞서 한국의 동서 지점 간 시간 차를 계산했던 것처럼 4.63에 경도차 1도가 4분의 시간 차이를 만드니 두 값을 곱하면 18.52분, 약 18분 31초의 차이가 발생한다.

고증을 위해 현지에서 촬영한 사진은 다음과 같은 방법으로 현지 시간을 빈센트의 시간으로 변환해야 한다. 먼저 촬영한 시기에 사용하는 시간 체계가 CET인지 CEST인지 확인한다. 〈밤의 카페테라스〉, 〈론강의 별밤〉, 〈별이 빛나는 밤〉은 모두 현대였다면 CEST가 시행될 시기에 그려졌을 것이다. 따라서 그 시기에 촬영한 사진이라면, 2시간을 빼고, 19분을 더하면 된다. 만약 CET 시기에 촬영한 사진이라면 1시간을 빼고, 19분을 더하면 된다.

이런 복잡함은 현대 프랑스가 시간을 이원화해서 사용하기 때문에 발생하는 것으로 CET인지 CEST인지 헷갈리면 그냥 카메라의 시간을 국제표준시인 UTC+0으로 설정하고 나중에 19분만 더하면 된다. 천문 소프트웨어에서 시뮬레이션을 해야 할 경우, 아를이나 생레미의 시간을 UTC+0:18:31로 설정하면 된다. 나는 즐겨 사용하는 소프트웨어에서 두 지역의 시간대를 UTC+0.31hour로, 일광 시간 절약제는 없음으로 설정했다.

앞으로 이 책에서 밤하늘에 대해 말하는 모든 시간은 빈센트의 것과 맞출 예정이기 때문에 촬영한 별 사진이나 시뮬레이션은 빈센트가 있던 지역의 LMT로 표현하려고 한다. 즉, '빈센트가 그린 〈론강의 별밤〉은 1888년 9월 27일 저녁 10시 정각의 하늘이다'라고 한다면 현대의 타임존을 기준으로 하는 것이 아닌, 아를의 LMT로 이야기한다는 뜻이다. 생레미의 경우는 아를과 매우 가까우므로 아를의 LMT를 기준으로 서술할 것이다. 답사 과정에서 촬영한 시간은 필요하면 병기하거나 설명을 추가할 예정이다.

달의 운동

생각보다 많은 사람이 달의 모습과 뜨고 지는 시간에 혼돈을 느끼는 듯하다. 초승달과 그믐달, 상현과 하현은 서로 거울 대칭의 형태로 생겼으니 그럴 법도 하다. 그러면 여기서 퀴즈를 하나 내볼까 한다. 우리가 생각하는 초승달이 남반구에서는 어떻게 보일까? 똑같을까, 아니면 그믐달처럼 보일까? 혹시 동쪽이 아니라 서쪽에서 뜰까? 이 질문에 답이 잘 떠오르지 않는다면 아직 지구와 달과 태양의 모습이 머릿속에서 제대로 시뮬레이션되지 않는 것이다. 당연하다, 굳이 할 필요가 없지 않은가.

달의 위상 변화와 각각의 명칭

나는 달이 차고 기우는 모양에 대한 학습을 일찌감치 초등학교 1학년 때 했다. 오래전 일을 어떻게 기억하는가 하면 아버지 덕분인데, "너는 오른손잡이니까 오른손부터 시작하는 거다" 하고 손을 구부정하게 C 자 형태로 만드시더니 "이게 초승달이다"라고 말씀하셨다. 지금 생각하면 아주 단순하면서 명쾌하다. 초승달이 헷갈리면 오른손을 구부정하게 만들고 그 모양을 생각하면 된다. (왼손잡이는 왼손을 C 자로 만들고 '이것이 그믐달이다' 하고 외우면 된다.) 이것만 기억하고 달을 이해해보자.

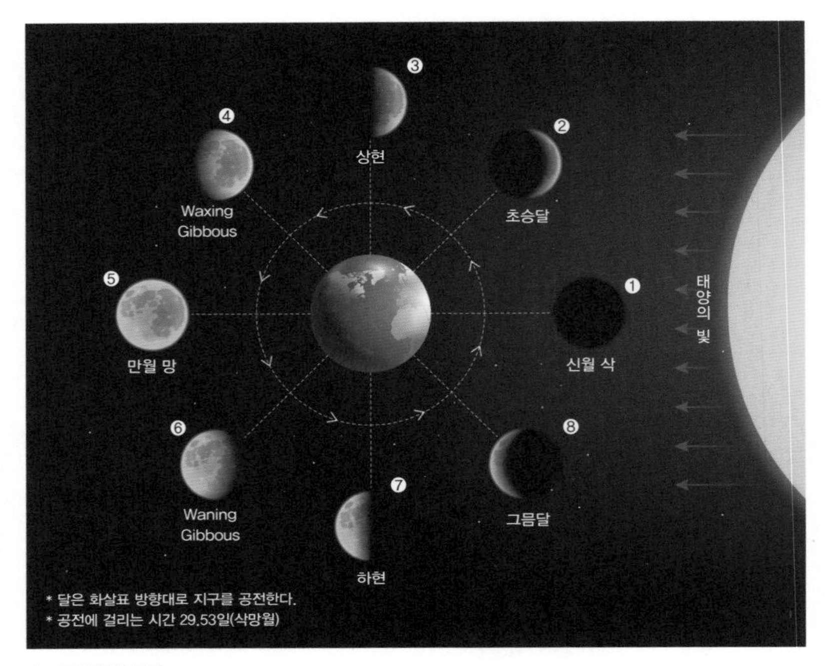

↑ 달의 위상 변화.

달은 지구 주위를 공전하므로 매일 조금씩 달라진 모습으로 관측된다. 이는 달이 태양 빛을 받는 방향과 지구에서 보이는 위치가 달라지기 때문이다. 이러한 변화 과정을 우리는 '달의 위상'이라고 부른다. 위의 그림은 달이 지구를 한 바퀴 공전하는 동안, 태양 빛을 받는 부분에 따라 지구에서 달이 어떻게 보이는지를 알려준다. 태양, 지구, 달의 상대적 위치에 따라 우리가 보는 달의 모습이 어떻게 변하는지 확인해보자. 지구의 공전은 생각하지 말고, 오로지 달이 지구를 공전하는 것만 생각하자.

달을 이해하기 위해 조금 더 세부적인 용어를 사용해보자. '삭(朔)'과 '신월(新月, new moon)' 그리고 '망(望)'과 '만월(滿月, full moon)'이라는 개념이다. '삭'을 지칭하는 우리말이 없기 때문에 흔히 초승달이나 그믐달을 '삭' 또는 '신월'과 혼용해서 부르는 경우가 있는데, 사실 '삭' 또는 '신월'은 전혀 보이지 않는 달이다. 따라서 잘못된 표현이다. 달이 '삭'의 위치에 있는 때는 1번의 위치로, 태양-달-지구의 순서로 배열된 경우에 해당한다. 달은 그 위치에서 반시계 방향으로 지구를 공전하면서 초승달(2번)을 지나 상현(3번)의 위치로 서서히 이동한다. 이때 세 천체는 지구를 중심으로 90도의 각도를 이룬다.

달이 더 공전하면 볼록한 상현(Waxing Gibbous)에 해당하는 모습(4번)이 되고, 더 지나면 '망' 즉 보름달(5번)이 된다. 두 용어는 서로 같은 뜻이니 혼용해도 무방하다. 이 경우 천체가 배열되는 형태는 태양-지구-달의 순서가 된다. 달의 공전이 더 이루어지면 볼록한 하현(Waning Gibbous)의 모습(6번)이 되며 그다음에는 하현(7번), 그믐달(8번)을 거쳐 다시 '삭'으로 돌아온다. 달이 '삭'에서 시작해 '망'을 거쳐 다시 '삭'으로 돌아오는 데 걸리는 시간은 약 29.53일이며, 이를 삭망월이라 한다. 나 역시 '삭'과 '망'이라는 단어를 처음 접했을 때 어색했고 자주 헷갈렸다. 그래서 보름달은 둥그니까 'ㅇ'이 들어간 '망'을 보름이라고 외우고 달이 '싹' 사라지는 것은 '삭'이라고 기억했다.

하지만 음력과 실제 달의 모습이 항상 완벽히 일치하지는 않는다. 음력은 달의 주기를 기준으로 만들어졌지만, 달의 공전주기(약 29.53일)가 소수점 이하까지 계산되는 것과 달리, 음력 날짜는 정수 단위(29일 또는 30일)로 맞추어지며, 여기에 태양력과의 조정 과정이 더해져 미세한 차이가 발생한다. 이를 보완하고 달의 상태를 더 정확히 표현하기 위해 달의 위상을 퍼센트로 나타내는 방법을 사용하기도 한다. 이 방법은 달이 보이는 면적의 비율을 0퍼센트에서 100퍼센트로 표현한다. '삭'은 0퍼센트이며, 초승달은 0퍼센트보다 크고, 보름달은 100퍼센트에 해당하며, 그믐달은 다시 0퍼센트에 가까워진다. 이러한 방식은 달이 차고 기우는 과정을 더 세밀하게 설명할 수 있게 해주며, 음력과 실제 달의 모습 사이의 차이를 이해하는 데도 유용하다. 예를 들어, 음력 15일에 달이 완전히 둥글지 않을 경우, 달의 위상을 퍼센트로 확인하면 현재의 상태를 더 정확히 알 수 있다.

혹시 '이번 추석에 뜬 보름달이 왜 저렇게 찌그러져 있나?' 하는 생각을 해본 적이 있는가? 만약 그렇다면, 당신은 관찰력이 좋은 것이다. 추석은 음력 8월 15일로, 달이 완전히 차는 시점인 '망'과 가깝지만, 실제로는 하루 전이나 하루 후에 보름달이 뜨는 경우도 있다. 이 현상 역시 앞서 설명한 대로 약 29.53일인 삭망월 주기를 정수 단위 날짜로 맞추는 방식에서 비롯된 차이다. 이로 인해 음력 날짜와 실제 달의 위상이 약간 어긋날 수 있으며, '삭(음력 1일)'의 정확한 시각과 '망'의 발생 시각이 자정 경계를 어떻게 넘느냐에 따라, 보름달이 음력 15일이 아닌 14일이나 16일 밤에 뜰 수도 있다.

음력 날짜는 자정(0시)을 기준으로 하루가 넘어가는 것으로 간주한다. 음력 1일은 '삭'이 발생한 날로 정해지며, 이후 매일 자정을 기준으로 날짜가 바뀐다. '삭'이 3월 18일 00시 00분 01초에 발생하든, 23시 59분 59초에 발생하든, 3월 18일은 음력 1일로 정해진다. 이는 '삭'이 발생한 날 전체를 기준으로 음력 날짜가 정해지기 때문이다. 중복되는 설명이지만, '삭'이나 '망' 같은 달의 위상은 천문학적으로 특정 시각에 발생하기 때문에, 음력 날짜와 실제 달의 위상이 항상 완벽히 일치하지는 않는다. 이러한 차이로 인해 음력 날짜와 실제 달의 모습이 약간 어긋나는 경우가 생기는 것이다. 실제로 2022년 추석에는 보름달이 음력 8월 16일에 가장 둥글게 관찰되었다. 이처럼 추석에 뜨는 달은 대체로 보름달과 비슷한 모습이지만, 반드시 완벽한 보름달이라고 할 수는 없다.

설날은 '삭'에 해당하는 날이고, 추석은 '망'에 해당하는 날이다. 따라서 설날에는 달이 안 뜨는 것과 달리 추석에는 보름달이 뜨기 때문에 늘 주목받는다. 또한 음력 1월 15일에 뜨는 달 역시 정월 대보름이라고 하여 많은 관심을 받는다. 한편, 2026년 5월 31일에는 블루문이 뜬다. 그달 5월 1일에도 보름달이 뜨는데, 이렇게 한 달에 보름달이 두 번 뜨면 블루문이라고 해서 또 관심을 받는다.(천문학적인 의미는 전혀 없다. 단지 삭망월과 양력 월의 최소공배수로 발생하는 주기적 현상이다.) 즉, 사람들은 보름달에 많이 주목한다. 그렇다면 망원경으로 달을 관측할 때 보름달이 가장 멋지게 보일까? 3D 설계 소프트웨어로 구현한 50쪽 그림을 보자.

석고상을 비추는 조명은 총 8개가 있다. 1번은 석고상의 뒤에서, 5번은 정면에서 비춘다. 우리는 5번의 위치에서 석고상을 바라본다고 생각하자. 8개의 조명 중 어떤 것이 켜지는가에 따라 석고상의 모습은 8개 그림 중 하나의 모습으로 보일 것이다(각각의 번호는 조명에 부여된 번호와 일치한다). 예를 들어 1번 조명이 켜지면 석고상의 뒤를 비출 것이기 때문에 그 윤곽만 구분된다. 반시계 방향으로 돌아서 2, 3, 4번 위치의 조명이 각각 켜지고 꺼지면 석고상의 왼편 일대를 비춘다. 그러다가 5번이 되면 정면을 비추게 될 것이다. 이런 식으로 나머지 조명도 작동한다고 생각하자. 각각의 조명이 작동할 때 석고상이 어떻게 보이는지를 살펴보는 예제는 달이 받는 태양 빛의 원리와 같음을 이미 눈치챘을 것이다. 그렇다면 이 8개의 이미지 중 석고상의 모습이 가장 잘 드러나는 것은 어떤 것일까? 바로 3번과 7번 또는 4번과 6번이라 할 수 있겠다. 즉 달로 치면 상현과 하현 근처의 모습이다. 석고상 번호와 앞의 달의 위상 그림 속 달에 부여된 번호를 서로 비교하면서 상호 비교를 해보자. 이 그림을 보면 여러분의 얼굴이

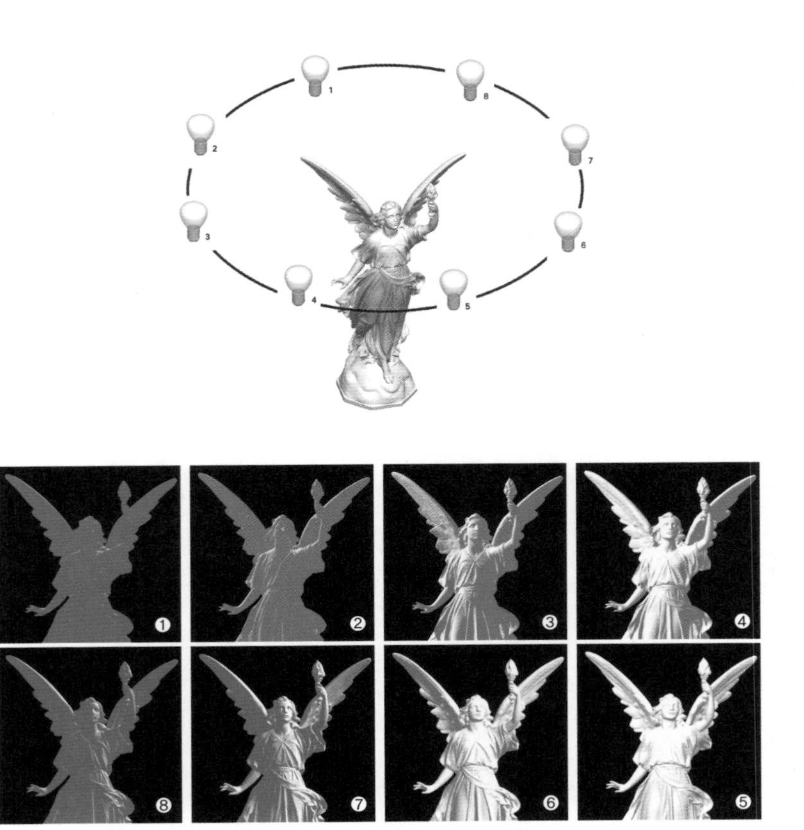

석고상을 비추는 조명.

어떻게 조명을 받아야 사진에 예쁘게 담기는지 알 수 있을 것이다.

51쪽 2장의 달 사진을 보면 수없이 많은 크레이터를 쉽게 확인할 수 있다. 이렇게 크레이터를 제대로 관측하기 위해서는 몇 가지 조건이 맞아야 한다. 우선, 달이 보이지 않는 '삭' 시기에는 달의 관측 자체가 불가능하다. 또한 '망' 시기는 태양 빛이 크레이터에 수직으로 쏟아져 그림자가 거의 생성되지 않기 때문에 입체감이 사라지고 평탄하면서 밋밋해 보인다. 즉 크레이터를 보기 가장 힘든 달이 보름달이다. 보름이 아닌 시기 200배 이상의 배율로 달을 관측하면, 시야 안에 달 표면이 꽉 차는 장관을 볼 수

수없이 많은 크레이터를 확인할 수 있는 달 사진(왼쪽 ©최순학, 오른쪽 ©송정우).

있다. 이는 마치 우주선을 타고 날면서 달 표면을 관측하는 느낌을 준다. 하지만 나는 보름 시기에 뜬 달은 망원경으로 쳐다보지도 않는다. 보름달이 뜬 날로부터 앞뒤로 3일간의 기간인 음력 12일에서 18일 사이만 피해도 달을 향하는 태양 빛의 각도가 꽤나 변하기 때문에 크레이터의 윤곽과 그림자가 뚜렷해져 훨씬 매력적인 모습을 볼 수 있다. 물론 세상일에 절대적인 것은 많지 않듯이, 달 표면에서의 위치 관계상 보름 시기에 관측해야 하는 크레이터도 있다.

앞서 잠깐 언급했듯 보름달의 겉보기등급은 약 -12.7등급이다. 별 중에서 가장 밝은 것은 큰개자리에 있는 시리우스이며 -1.46등급에 해당한다. 둘의 밝기 차이를 계산하면 한 등급의 차는 2.512배이기 때문에 3만 1333배로 계산된다. 즉, 촛불 1개와 3만 1333개의 차이에 해당하는데, 이렇게 숫자가 크면 감을 잡기가 어려우니 겉보기등급이 -10등급인 반달이나 -6~-7등급인 초승달·그믐달로 계산해보자. 계산식은 생략하고 보름

달과 반달의 밝기 차이는 12배 정도, 보름달과 초승달·그믐달의 밝기 차이는 190배(-7등급일 때)에서 479배(-6등급일 때)까지 발생한다. 대한민국의 가정집 천장에 50와트 LED 조명을 많이 설치하는데, 이를 광원이 방출하는 빛의 총량을 의미하는 루멘(lumen)으로 변환하여 계산해보면 대략 385개의 촛불 밝기와 같다. 따라서 50와트의 LED 등이 있는 방의 밝기와 그 방에 촛불을 1개 켜놓았을 때의 밝기 차이가 대략 385배라고 생각해보면 감이 좀 잡힐 것이다.

전 세계 주요 천문대의 망원경은 천문학자들의 연구 제안서를 받아 연간 단위로 시간표를 짠다. 국제 협력을 통해 세워진 망원경이라면 각 나라의 투자 비율에 따라 지분만큼 관측 시간이 배분된다. ESO(European Southern Observatory, 유럽남방천문대)의 VLT 광학망원경이나 칠레의 ALMA 전파망원경이 그러한 경우에 해당하며, 일부 시간은 공개 제안(Call for Proposals)을 통해 전 세계 연구자에게 관측의 기회를 열어준다. 이와 달리 한 국가나 연구소가 단독 소유한 망원경이라면 소속 연구자들의 연구 중요도에 따라 관측 시간이 배정된다.

현대 천문학에서 달은 탐사선이 데이터를 직접 수집할 수 있기 때문에 대형 망원경으로 관측하는 경우가 많지 않다. 게다가 달은 너무 밝아 1.0m 이하의 중소형 망원경으로도 충분히 관측할 수 있어, 그보다 큰 대형 망원경이라면 관측 효율성 측면에서도 적합하지 않다. 따라서 대형 망원경에서 인기 있는 관측 시간은 주로 달이 뜨지 않는 무월광의 시기다. 무월광 시기는 밤하늘이 가장 어두워져 희미한 은하나 성운 같은 어두운 천체를 관측하거나 천체 사진 촬영을 위한 최적의 조건을 제공한다.

만약 연구 주제가 밝은 별이라면 달이 떠 있어도 관측에는 큰 지장이 없을 수 있다. 하지만 그 밝기가 매우 어두운 대상은 달빛이 밤하늘의 밝기를 끌어 올려 관측 자체가 불가능해질 수 있다. 예를 들어, 아주 희미한 은하를 관측하려면 망원경이 은하의 빛(신호)을 정확히 감지해야 하지만, 달빛(잡음)이 너무 밝으면 희미한 은하의 빛을 덮어버려 구별이 어려워진다(이를 신호 대 잡음비인 SNR이 떨어진다고 말한다). 이런 이유로 달빛은 어두운 대상 관측에 방해 요소가 된다. 밝은 별 관측은 달빛에 영향을 그나마 덜 받지만, 정밀한 측광(광도 측정)을 수행해야 하는 경우 달빛을 피해야 할 수 있다. 따라서 무월광의 시기는 중량감이 있는 연구자에게 먼저 배분되고, 남는 시간은 다양한 연구 주제를 위해 할당하는 경우가 많다. 좋은 시기를 배정받지 못해 제대로 관측을 못 하더라도 그 시간에 해당 천문대에 가서 장비의 특성을 익히고 오퍼레이터와 교류하는 일도 과학자로 성장하기 위해 매우 중요한 경험이다.

달의 위상과 상관없이 무조건 관측을 해야 하는 때도 있다. 초신성이나 혜성처럼 시간이 지나면서 밝기와 위치가 빠르게 변하는 천체는 관측 시기가 제한적이기 때문에 어떻게든 관측을 해야 하는 경우가 많다. 이와 같이 천문학자들에게 달이란 애증의 대상이다. 달이 없다면 밤새도록 관측할 수도 있지만, 달 때문에 쉴 수도 있다. 달은 지구가 거느린 위성이라고 치부하기에는 지구의 환경과 문명의 발전에 너무 많은 기여를 했다. 이 이야기만으로도 책을 한 권 쓸 수 있으나 간단한 예를 하나만 들어보자. 달의 중력은 지구의 바닷물을 끌어당겨 밀물과 썰물을 만드는 조석 현상을 일으키며, 이로 인해 지구의 자전 속도는 서서히 느려졌고, 지금도 진행 중이다. 만약 달이 없었다면 지구의 자전 속도는 현재보다 훨씬 빨라서 우리가 사는 지구 환경과 크게 달랐을 것이기에 인류는 탄생조차 못 했을 가능성이 높다.

일반인의 경우, 자신의 망원경을 사용하거나 과학관이나 천문대에 방문해서 목성이나 토성 같은 대상을 눈으로 관측하고 싶다면 반달이든 보름달이든 무슨 달이 떠 있어도 상관이 없다. 하지만 성운·성단·은하 같은 대상을 눈으로 보거나 사진으로 찍을 생각이라면 보름달이 뜨는 날은 무조건 피하고, 가급적 달이 뜨지 않은 무월광 시기에 관측을 해야 한다. 이 말은 '삭' 시기에만 관측하라는 뜻이 아니다. 달은 해가 지자마자 떠서 밤새 보이는 달도 있고, 낮에 떠서 해 질 녘에 지는 달도 있으며, 새벽이 되어서야 뜨는 달도 있다. 이제 달의 출몰에 대해 살펴보자.

달이 뜨고 지는 시각

한 달에 보름달이 2번 뜰 때가 있는 것처럼 삭이 한 달에 2번 발생하는 경우도 있다. 2027년 8월이 그런 특이한 달이다.(블루문처럼 이 현상 역시 천문학적 의미는 없다.) 이때 달력을 통해 달의 출몰 시간을 한번 확인해 보자. 8월 2일에 첫 번째 신월이 뜨고, 10일에 상현, 17일에 보름달, 24일에 하현이 뜨고, 31일이 되면 두 번째 신월이 뜬다.

55쪽 달의 위상 아래 적힌 시각은 왼쪽이 달이 뜨는(월출) 시각이고 오른쪽이 지는(월몰) 시각이다. 먼저 8월 1일을 보자. 이날 달은 새벽 3시 39분에 떠서 저녁 18시 55분에 진다. 다시 말해 그날 뜬 달이 그날 진다. 날짜를 지나가면서 계속 보면 달이 뜨는 시간이 늦어진다는 것을 확인할 수 있다. 그러다가 11일이 되면 달이 15시 27분에 떴다가 월몰 시각에 "--:--"이라고 표시되어 있다. 무슨 뜻일까? 이는 11일에는 지는 달이 없다는 뜻이다. 다시 말해 11일에 뜬 달은 그날이 끝나도록 지지 않고, 다음 날인 12일 00시 40분에 진다. 그날 뜬 태양은 반드시 그날 진다(만약 안 그러면 큰일이 난 것이다). 하지만 달은 그날 뜬 달이 다음 날 지기도 한다. 즉 달이 늦게 떴기 때문에 다음 날 자정에 이르도록 하늘에 떠 있다는 뜻이다.

이는 달이 뜨는 시각이 매일 늦어지기 때문에 발생하는 현상이며 상현 시기를 지나 뜬 달은 당일이 아닌 그다음 날이 되어서야 진다. 따라서

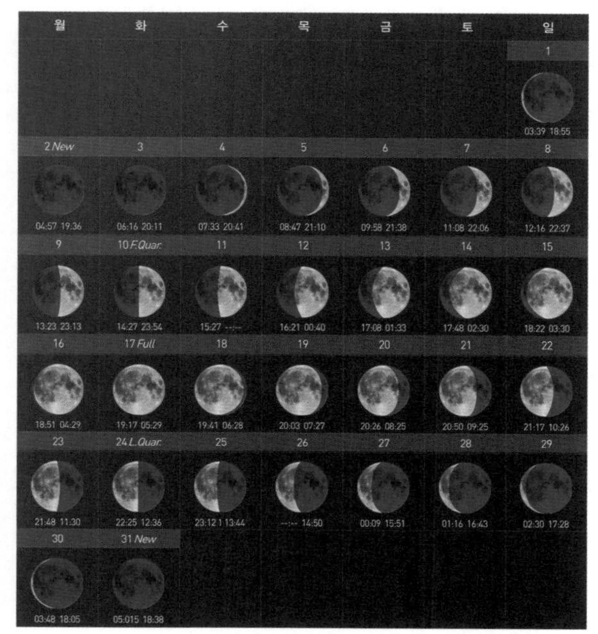

←··· 2027년 8월, 달의 위상.

월출 시각에 "--:--"라고 적힌 날(26일)을 만나기 전에 적힌 월몰 시각은 당일이 아닌 그 전날에 뜬 달이 지는 시각이다. 26일 월출 시각에 "--:--"라고 적힌 것은 그날 달이 뜨지 않는다는 뜻으로, 어제 뜬 달이 14시 50분에 진다는 것을 의미한다. 그리고 그다음 날인 27일부터는 다시 원상태로 돌아와 새벽에 뜬 달이 오후나 저녁에 진다.

살펴본 대로 달이 뜨는 시각은 전날 대비 매일 조금씩 늦어진다. 기본적인 원인은 달의 공전이다. 지구가 한 바퀴 자전을 완료했을 때, 달은 지구 주위를 공전하며 조금 더 이동한 상태다. 따라서 관측자가 같은 위치에서 달을 보려면 지구가 추가로 약간 더 자전해야 하는데, 달은 이 추가 자전 시간만큼 전날보다 늦게 뜨는 것이다. 하지만 정확히 같은 시간만큼 늦어지는 것은 아니며 56쪽 그래프와 같이 18일은 전날 대비 22분밖에 차이가 안 나다가 2일은 1시간 19분이나 차이가 나기도 한다. 이렇게 매일매

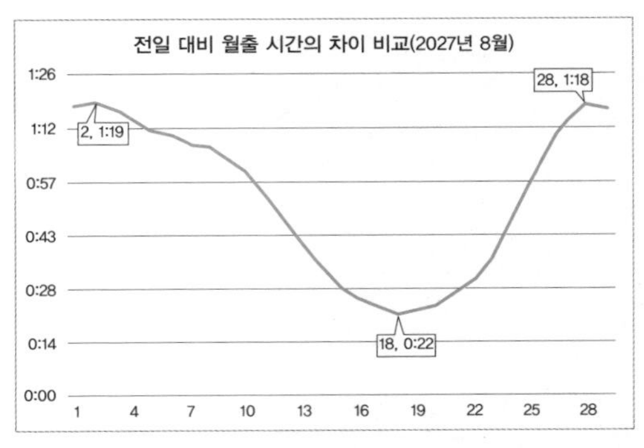

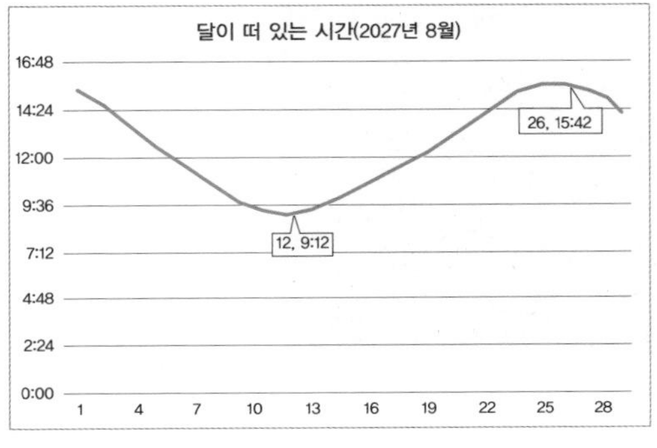

2027년 8월의 전일 대비 월출 시간의 차이 비교와 달이 떠 있는 시간.

일 시간의 차이가 발생하는 이유는 여러 가지 원인이 복합돼 있어서 여기서 온전히 설명하기는 어렵다. 그중 가장 큰 원인을 하나만 들자면, 지구를 공전하는 달의 궤도가 타원형이라는 것이다. 타원의 정의는 '두 초점에서 어떤 점까지의 거리 합이 일정한 점들의 자취'다. 따라서 두 초점 사이의 거리가 0이면 원이 되고 멀어지면 점점 찌그러진다. 지구를 도는 달의 타원궤도에서 두 초점 사이의 거리는 무려 4만 2200km나 된다. 이는 달과 지구 사이의 평균 거리인 약 38만 4000km를 생각할 때 10분의 1을 넘어서므로 꽤 많이 찌그러져 있음을 의미한다.

달의 궤도가 찌그러진 것을 이야기하는 김에 앞에서 이야기한 추석 달과 정월 대보름 달 이야기를 조금만 더 해보자. 보통 그 두 번의 달이 한 해 뜨는 달 가운데 가장 크다고 알고 있는 사람이 많다. 그러나 결론부터 이야기하면 이는 사실이 아니다. 달은 지구를 삭망월인 29.53일에 걸쳐 한 바퀴씩 공전하는데, 찌그러진 궤도 때문에 지구와 가까워지고 멀어지고를 반복한다. 그런데 지구와 가까워질 때 마침 보름달의 형태가 되면 '시직경'이 큰 달이 된다. 이때 보이는 달을 슈퍼문이라고 부른다(이는 대중에게 큰 달을 설명하기 위해 만들어진 표현으로 과학 용어로 사용되지는 않는다). 하지만 이렇게 큰 달이 보이는 현상이 추석과 정월 대보름의 시기에 맞물려 일어나는 것은 절대 아니다. 다만 대보름일 때 뜨는 달은 추석 때 뜨는 달에 비해 남중 고도가 높기 때문에 더 밝게 느껴질 수 있다. 정월 대보름 달은 설날을 지나 첫 번째로 맞이하는 것이며 농사를 시작하는 기준이 되기 때문에 전통적인 상징으로 정해진 날이다.

그럼, 첫머리에서 던진 퀴즈의 답을 맞혀보자. 남반구에서는 초승달이 어떻게 보일까? 당신이 초능력을 발휘해서 모든 천체의 운동을 멈춰놓고 북반구에서 남반구로 슈퍼맨처럼 날아간다고 상상해보자. 처음 서쪽 하늘에 뜬 초승달은 오른편 부분이 밝게 빛날 것이다. 계속 날다가 적도 부근에 다다르면 달은 지면과 수평을 이루는 모습으로 보이며 밝은 부분이 땅을 향하는 것으로 보일 것이다. 그러다가 더 날아가면 북반구와 반대로 달의 왼편이 밝아진 것으로 보인다. 이때 달의 실제 모양은 변하지 않지만, 관찰하는 시점이 달라지면서 초승달과 그믐달의 밝은 부분이 뒤집힌 것처럼 보이게 된다. 살펴본 대로 북반구의 초승달은 오른편이 밝고 그믐달의 경우 왼편이 밝다. 하지만 남반구로 이동하면 시야가 물구나무선 것처럼 거꾸로 뒤집히는 효과 때문에 초승달이 마치 북반구에서의 그믐달처럼 왼쪽이 밝은 모양으로 보인다. 관찰자의 위치가 바뀌면서 달을 보는 시점이 반대로 느껴지는 것이다. 남반구에 사는 오른손잡이는 손을 구부정하게 한 모습이 그믐달이라고 이해하면 될까? 더 궁금한 것들은 동영상 설명을 찾아 알아볼 것을 권한다.

생레미에 가자

평생 별을 보며 살아왔기 때문에, 깜깜한 밤하늘에 보이는 그믐달은 동쪽 하늘에서만 볼 수 있다는 사실이 내게는 너무 당연했다. 따라서 〈별이 빛나는 밤〉이 그려진 방향은 당연히 동쪽이라고 유추하게 되었다. 그렇다면 작품 중앙 하단에 보이는 마을도 당연히 동쪽에 있겠지, 하는 생각에 〈별이 빛나는 밤〉을 그린 장소로 알려진 생폴 드 무솔 수도원을 지도에서 검색해본 나는, 마을의 방향이 북쪽이라는 사실을 알고 설레기 시작했다.

검색을 통해 확인해보니 생폴 드 무솔은 11세기에 세워졌으며, 원래는 수도원이었다. 그러다가 프랑스대혁명 무렵에 정신병 치료 요양소로 바뀌었다. (앞으로 자주 이곳을 언급할 테니 간단히 생폴 요양소라 부르기로 한다.) 빈센트가 동쪽으로 창이 난 2층에서 생활했다는 기록은 많은 곳에서 쉽게 확인되었다. 그것은 작품 속 밤하늘 방향과도 일치했으므로 그는 새벽에 창문 밖에 떠오른 풍경을 보고 〈별이 빛나는 밤〉을 그렸을 것이라 추측할 수 있었다. 하지만 밤하늘의 풍경과 지상의 풍경이 서로 다른 방향이라는 것은 각각 다른 시간이나 공간을 그렸다는 확실한 증거였다. 마치 빈센트가 숨겨놓은 비밀을 나 혼자만 우연히 발견한 듯한 느낌이었다. 이 수수께끼를 풀기 위해서는 반드시 생레미로 가봐야 했다.

빈센트에게 아지트와 같았던 노란 집이 있던 아를에 비하면 생레미는 상당히 작은 마을로, 남쪽에 알필(Les Alpilles, 작은 알프스라는 뜻)산맥이 지나지만 사방이 넓게 트인, 비교적 평야에 가까운 곳이다. 이 지도는 우측 하단에 생폴 요양소와 상단에 생레미 마을의 전체적인 모습을 포함하고 있으며 상하 축에 해당하는 남북의 거리가 2km, 동서는 1.4km 정도의 거리를 담고 있다. 수도원 동쪽 편에 있었다는 빈센트의 방에서는 북쪽에 있는 마을을 볼 수 없다. 지도상 수도원의 동쪽에는 별다른 마을이 없기에 현지에서만 볼 수 있는 어떤 특이한 사항은 없는지 확인이 필요했다. 최종적으로는 〈별이 빛나는 밤〉 속의 지상 풍경을 실제로 찾아보고 그 풍경의 각도(화각)가 어느 정도인지 확인해보고 싶었다. 만약 그 풍경을 실제로 찾을 수 있다면 작품을 이해하는 데 결정적인 도움이 될 것이 분명했다. (화각이라는 말이 익숙하지 않더라도 걱정 말고 이 책을 따라오면 된다.)

↑ 지오포르타유*에서 온라인으로 제공하는 생레미 마을의 지도.

빈센트는 〈요양소의 복도〉와 같이 생폴 요양소 건물의 실내 구조를 확인할 수 있는 그림을 많이 그렸다. 따라서 그 요양소에 직접 가면 빈센트 그림의 특징을 이해할 수 있을 것이라고 생각했다. 그가 그린 그림과 실제 현장을 비교해보면 빈센트가 풍경을 그리는 방식(얼마나 정확하게 그리거나 왜곡하는지)을 확인할 수 있을 것이므로 〈별이 빛나는 밤〉의 풍경을

* 프랑스의 국립지리정보기구(Institut national de l'information géographique et forestière, IGN)에서 운영하는 웹사이트.

이해하기 위한 기초가 될 것이라 믿었다.

함께 조사했던 〈론강의 별밤〉에 그려진 론강은 남북으로 흐르는데, 이를 바탕으로 실제 현장에서 북두칠성이 어떻게 보이는지 직접 볼 필요가 있었다. 북두칠성은 북극성을 중심으로 하늘에서 회전하기에 북극성을 기준으로 왼편(서쪽)에 있기도 하고 오른편(동쪽)에 있기도 한다. 그런데 빈센트가 〈론강의 별밤〉을 그린 시기 북두칠성의 모습은 북극성을 기준으로 거의 정확히 아래쪽(북쪽)에 있는 시기이므로 북두칠성과 강이 흐르는 방향은 전혀 맞지 않는다. 론강은 한강처럼 동에서 서로 흐르는 강이 아니기 때문이다. 차후 조사가 깊어가면서 〈론강의 별밤〉의 풍경과 밤하늘은 재구성되어 있다는 선행 연구가 이미 많다는 사실도 알게 되었다. 하지만 그것은 상관없었다. 나는 따로 조사해야 할 것이 있었기 때문이다.

한편 〈밤의 카페테라스〉가 그려진 장소에서는 별 사진을 찍을 계획을 전혀 세우지 않았다. 뒤에서 다시 설명하겠지만 몇몇 연구자가 이 작품에 그려진 별이 물병자리라고 했는데, 그것은 〈별이 빛나는 밤〉의 양자리보다 훨씬 더 말이 안 된다고 여겼기 때문이다. 경험적으로 가을철 그 위치에서, 특히 카페테라스의 가스등이 켜진 환경에서는 결코 어두운 가을철의 별이 보이지 않을 것이며, 그 위치 또한 맞지 않다고 생각했기에 조사의 필요성을 전혀 못 느꼈다. 하지만 이 책을 써 내려가면서 그곳을 촬영하지 않은 스스로를 책망하고 있다. 결국 〈밤의 카페테라스〉 속에 담긴 별의 추적은 실제 카메라로 촬영하는 것이 아닌, 다른 방법으로 시뮬레이션을 해야만 했다.

단순한 호기심에서 시작한 조사는 다양한 기록과 지리적 자료를 수집하면서 연구로 변했고, 현지 방문을 통해 검증도 필요하다는 생각이 들었다. 빈센트가 생활했던 생폴 요양소를 시작 지점으로 잡고 〈별이 빛나는 밤〉 속 밤하늘 풍경과, 지상의 풍경 두 가지 공간을 축으로 삼아 조사를

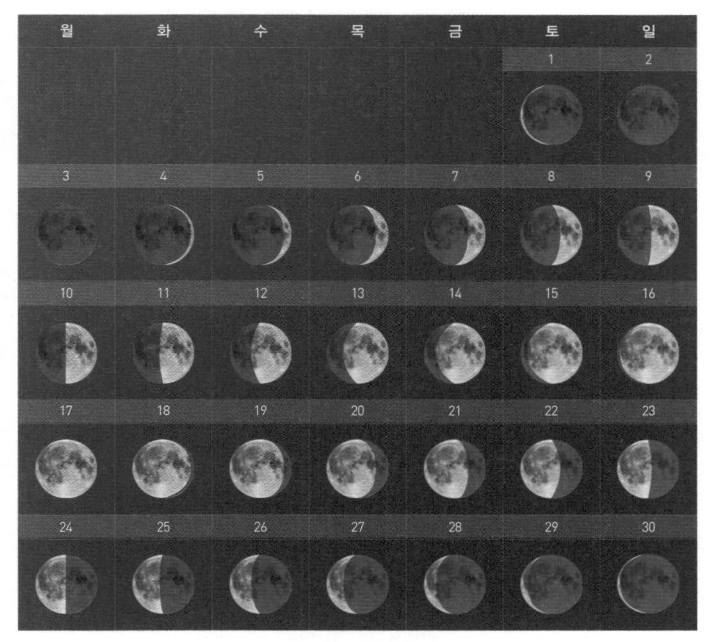

↑ 2019년 6월, 달의 위상.

시작했다. 후반부에서 자세히 설명하겠지만, 나는 이 작품이 그려진 날짜가 조금 더 뒤일 가능성이 높다고 생각했다. 그래서 현장 답사는 작품이 그려진 날짜라고 알려진 6월 19일 무렵, 그리고 내가 예상한 7월 22일 근처에 맞추어 총 2번 진행했다. 현지 날씨를 예측할 수 없는 채로 비행기 예약을 두 달 전에 마쳤기 때문에 기준으로 잡은 날짜를 바탕으로 앞뒤 여유를 두고 2주씩, 유동적으로 일정을 잡았다.

그런데 2019년 6월 17일은 보름달이 뜨는 날이었다. 별빛을 찍기에는 최악의 기간이었다. 따라서 답사 일정 내내, 별을 촬영하기에 매우 불리할 것은 분명했다. 따라서 날씨가 계속 좋을 경우, 해 뜨기 전 떠오르는 양자리와 달의 거리가 가까운 19일에 맞추어서 촬영하기보다는 충분히 거리가 먼 16일 밤에서 17일 새벽에 촬영하는 게 낫겠다고 판단했다. 정확한 날짜가 아니면 안 되지 않느냐고 할 사람도 있겠지만, 이는 지구의 공전과 관련지어 설명해야 하는 것으로, 여기서는 간단하게 결과만 이야기하겠다. 오늘 뜬 별은 내일 4분 더 일찍 떠오른다. 따라서 6월 19일 양자리가 새벽 1시 30분에 뜬다면, 6월 17일에는 새벽 1시 38분에 떠오른다. 그러므로 이 정도는 감안할 수 있는 차이가 된다.

2019년 6월 13일 인천공항에서 스페인행 비행기에 몸을 실었다. 도착 직후 날씨를 살펴보니 예정했던 초반부에 날이 맑고 후반부로 갈수록 구름이 낄 가능성이 높아 보였다. 그래서 도착 당일인 14일은 열심히 바르셀로나를 구경하고, 다음 날인 15일은 생레미로 이동해 그날 밤부터 다음 날 16일 새벽, 그리고 16일 밤에서 17일 새벽의 밤하늘을 촬영할 계획을 세웠다. 그리고 17일 밤에서 18일 새벽에는 아를로 넘어가 빈센트가 〈론강의 별밤〉을 그린 장소에서 촬영을 진행하기로 했다.

6월 15일 오전 10시 무렵 생레미로 출발했다. 스페인의 카탈루냐 지역의 중심인 바르셀로나에서 출발해 헤로나를 거쳐 지중해 북부 해안을 따라 달리다가 프랑스와 국경을 이루는 피레네산맥을 넘었다. 국가 간 고속도로가 잘 연결되어 있기에 그때까지만 해도 잘 몰랐는데 갑자기 비싸진 기름값 덕분에 프랑스 국경을 지난 사실을 실감할 수 있었다. 휴게소에 들르니 공항에 내려서 들었던 '올라'라는 인사말도 '봉주르'로 바뀌어 있었다. 그렇게 바르셀로나로부터 435km를 달려서 생폴 요양소에 도착했다. 오랜만의 여행에 들떠서 여기저기 구경하며 천천히 운전했더니 현지 시각은 벌써 저녁 7시가 되어 요양소 관람 시간은 끝난 상태였다. 그런데 시계가 가리키는 것과 달리 하늘은 저녁 7시의 것이 아니었다. 해도 지지 않아 저녁 5시도 안 된 느낌이었다. 아무튼 저녁을 먹을 시간이었지만 식사보다는 해 지기 전에 촬영 장소를 먼저 찾는 것이 중요했다. 주변을 둘러보니, 낯익은 산이 보였다. 빈센트가 그린 돌산이 저기였구나, 싶은 곳이었다. 그

↑ 〈고시에산을 바라보는 초원과 나무〉(1889년).
←… 지금은 나무가 많이 자랐다.

림과 사진을 배치해보니 정말 비슷했다.

계속 요양소의 주변을 걸으며 지형을 확인했다. 동쪽 하늘이 트인 곳을 찾아야 하기 때문이다. 생레미 지역의 위도는 북위 43.8도 정도로 서울보다 6도나 높다. 이로 인해 여름철 낮의 길이는 한국보다 훨씬 더 길어진다. 게다가 〈시간의 이해〉에서 다루었듯이 프랑스는 우리나라도 한참 전에(무려 1988년 서울올림픽대회 때) 잠시 시행했던 서머타임 제도를 여전히 운영하고 있기 때문에, 밤 9시가 훨씬 넘어갈 때까지 하늘이 훤하다는 점이 상당히 인상적이었다. 정확한 낮의 시간을 비교해보면(아래 표를 참조하자), 아를이 서울보다 무려 52.8분이나 해가 떠 있는 시간이 더 길다. 이와 달리 겨울은 한국이 일조시간이 더 길다. 따라서 많은 여행자가 하는 말처럼, 유럽은 여름에 가야 한다. 겨울에 가면 무조건 손해다. 이것은 우리나라보다 위도가 높은 지역에만 해당하는 것이니, 위도가 비슷한 스페인 같은 국가에는 해당하지 않는다.

| 2019년 6월 17일 기준 서울과 생레미의 일출몰 시각 |

	일출	일몰	일조시간
서울(북위 37.56도)	05:10	19:54	14.57시간
아를(북위 43.8도)	05:58	21:25	15.45시간
일조시간 차이			52.8분

대략 촬영 장소를 정하고 생레미 시내로 식사를 하러 나갔다. 밤 9시가 다 되었는데 문을 연 곳이 있을까 싶었는데, 괜한 걱정이었다. 밤 10시에도 저녁 식사가 가능했다. 65쪽 사진은 식사를 하고 나서 밤 10시에 찍은 것이다. 멀리 아직도 노을이 보이는데 정말 특이한 느낌이었다. 아를의 자오선에 맞춰서 2시간을 빼고 19분을 더하는 평균태양시 변환을 해보자. 그러면 저녁 8시 19분이 된다. 평균태양시에 맞춰 생활을 해야 일상의 리듬이 자연스러운데, 아를을 비롯한 생레미나 그 인근의 사람들은 1시간 41분을 빠르게(그만큼 일찍 일어나고 일찍 자고) 살고 있는 것이다. 이걸 보니 우리나라 사람들이 30분 일찍 점심을 먹는 것은 아무것도 아니다 싶었다.

요기도 했고, 다시 생폴 요양소의 근처로 복귀했다. 이제 카메라를 켜고 사진을 찍을 시간이었다. 이런 사진을 처음 찍은 것이 언제였을까? 답사를 통해 정말 오랜만에, 일과 상관없이 맨눈으로 별을 바라보며

⇡ 현지 시간 밤 10시의 하늘.

즐거운 마음으로 130여 년 전의 빈센트를 추적할 수 있었다. 어쩌면 너무 오랫동안 별이라는 주제와 밀접한 삶을 살고 있기 때문에, 내가 세운 논리에 문제가 있을 수도, 억지 부리는 것을 인지조차 하지 못할 가능성도 있다는 생각이 들었다. 그래서 현지 새벽 시간에 별 사진을 찍고 영상으로도 변환하고, 빈센트의 작품 속의 상황으로도 만들어서 그 자료를 다른 사람의 생각과 비교해보고자 했다.

반 고흐가 본 풍경의 재현

67쪽 사진은 답사 첫 번째 날 촬영한 자료로, 생폴 요양소 바로 옆 공터에서 찍었다. 사진 중앙 하단에 보이는 불빛은 가로등이다. 인공 불빛이 있는 것을 나중에 알게 되었기에 다음 날 촬영은 여기서 조금 떨어진 곳에서 진행했다. 이 사진은 넓은 풍경을 한 번에 담기 위해 사용하는 광각렌즈(24mm)를 DSLR 카메라에 연결해서 촬영했다. 그로 인해 별 자체가 너무 작게 찍히는 관계로, 렌즈에 입사되는 빛을 퍼지게 만들어주는 디퓨즈 필터라는 것을 렌즈 앞에 장착했다. 그럼에도 별은 너무 어둡게 찍히고(물론 양자리는 어둡다) 달도 밝아서 밤하늘의 배경까지 훤해졌지만 아무튼 중앙 하단 부근에 양자리가 보인다. 이 풍경이 그다지 특별하지 않을 것은 예상했다. 그리고 생각보다는 양자리가 잘 보이는 것도 신기하긴 했다. 10대 시절에 한국에서 볼 수 있는 모든 별자리를 다 확인하겠다는 생각에 쭉 별자리를 훑어본 적이 있으니 그때 보기는 했을 텐데, 참 생소했다.

만약 양자리에 멋진 성운·성단·은하가 있다면 이야기가 완전히 달라졌을 것이다. 예를 들자면 M33이라는 나선은하가 있다. 환상적인 밤하늘 조건에서는 맨눈으로도 관측할 수 있는 은하인데, 이 대상이 바로 삼각형자리에 있다. 나는 예전부터 이 대상을 맨눈으로 볼 수 있는가를 그 관측지 밤하늘 컨디션의 지표로 삼곤 했다. 그래서 양자리는 본 적이 없어도

⇡ 양자리(2019년 6월 16일, 02:50, LMT, 아를).

삼각형자리는 여러 번 찾아보았다. 양자리 바로 위에 있는 것이 삼각형자리인데 양자리보다 더 볼 것이 없는 별자리다. 황도대가 지나가지도 않을뿐더러, 밤하늘에 삼각형 모양 별자리가 어디 한두 개겠는가? 개인적으로는 참 성의 없이 만들어진 별자리라고 생각한다. 하지만 M33 은하를 한번 보고 나면 삼각형자리는 안 보려고 해도 자연스럽게 눈에 들어오게 된다. 비유하자면, 특색이라고는 전혀 없는 동네에 유난히 맛있는 빵집이 있어서 굳이 그곳을 찾아가게 되는 경우와 비슷하다고 할까? 이와 달리 양자리는 특별히 관측할 만한 대상도 없고, 북두칠성이나 카시오페이아, 오리온자리처럼 안 보려고 해도 자연스럽게 눈에 띄는 별자리가 아니다.

그렇게 촬영을 하다가 새벽 4시 38분경이 지나자 지평선이 밝아오는 게 느껴졌다. 동이 트는 것이었다. 현지에서 실제로 동이 터오는 시간을 파악하는 일은 매우 중요했다. 빈센트가 별이 총총한 하늘을 몇 시까지 관찰할 수 있었는지 확인해야 했기 때문이다. 점차 하늘은 밝아오기 시작했고 현지 시각으로 새벽 5시 12분경이 되자 너무 밝아져서 별이 거의 안 보여, 다음 날 일정을 위해 숙소로 철수했다.

가을철 밤하늘에는 눈에 띄는 별이 거의 없다. 우리은하에서 태양

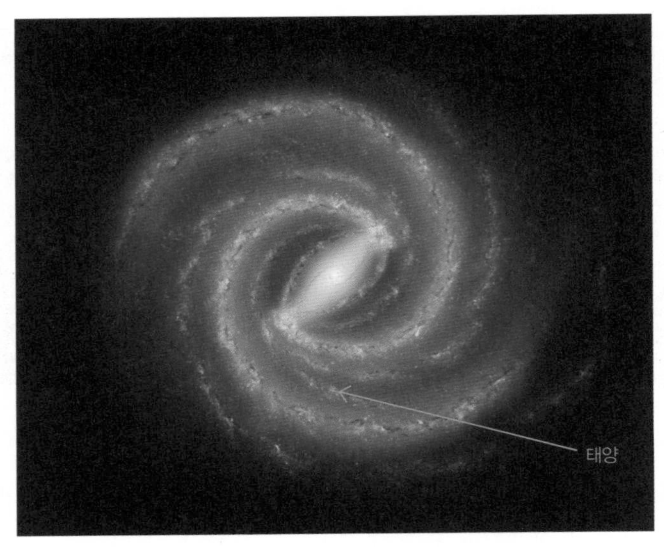

⇡ 우리은하에서 태양계의 위치.

계는 비교적 주변부에 위치하기 때문에 은하의 중심 부근을 바라보게 되는 계절인 여름철에는 중앙부 방향의 별들이 서로 겹쳐 보여서 많은 별과 은하수가 보이고, 정반대를 보는 겨울에도 여름보다는 밀도가 낮지만 은하수와 많은 별을 볼 수 있다. 이와 달리 여름과 겨울을 잇는 축을 중심으로 90도 회전한 부분에 해당하는(그림이 그려진 페이지를 뚫고 들어가거나 나오는 방향) 봄과 가을철에는 별 자체가 많이 안 보인다. 이런 이유로 빈센트가 비교적 심심한 가을철 밤하늘을 그렸다는 생각을 믿기 어려웠던 것이다.

며칠 동안 계속 밤을 새워야 했으므로 정오까지 자고 일어나 오후에 생폴 요양소로 향했다. 입장료를 내고 수도원이자 요양소인 생폴 드 무솔 안으로 들어가면 〈별이 빛나는 밤〉을 비롯해 〈아이리스〉, 〈소나무가 있는 요양소 풍경〉 등의 그림이 붙어 있는 벽을 지나 해바라기를 든 바싹 마른 빈센트의 조각상을 만나게 된다. 자신의 발자취를 찾아 전 세계의 애호가들이 이토록 이곳에 무수히 방문하건만 이 조각상의 표정은 쓸쓸하기

생레미에 있는 생마르탱 성당의 전경.

그지없다.

빈센트 방의 창에서 보이는 라벤더밭이나 요양소 곳곳을 거닐 수 있고 성당에 들어가볼 수도 있으며 기념품 가게도 알차게 준비되어 있다. 요양소의 회랑을 거쳐 2층으로 올라가는 계단은 빈센트 작품의 복제화로 가득하고 한편에는 그의 토르소와 두상도 놓여 있다. 수도원 내부는 물론 건물 외부에도 빈센트가 작품을 그린 곳임을 알려주는 다양한 이정표가 있다. 덕분에 주변을 배회하며 그림을 그렸을 빈센트를 쉽게 떠올릴 수 있었다. 그 많은 작품이 탄생한 이 요양소에 빈센트의 원화가 1점도 없는 것은 참 안타까운 일이다.

요양소를 나와 생레미 마을로 향했다. 마을의 중앙에는 생마르탱 성당이 자리 잡고 있다. 마을 크기에 비해 성당이 커서 동네 어디를 가든 쉽게 첨탑을 볼 수 있다. 빈센트가 지낸 생폴 요양소와는 직선거리로 약 1.4km 떨어져 있고 요양소에서부터 마을까지는 완만한 평지여서 걸어서 20분 남짓이면 갈 수 있을 것이다. 빈센트가 요양소 내에서 비교적 높은 장소로 올라갈 수만 있었다면 충분히 이 성당의 첨탑을 볼 수 있었을 것이다.

↑ 〈마을의 조감도〉(1889년).

참고로 이 성당을 찍은 건(69쪽) 현지 시간(CEST)으로 저녁 8시 29분이었다. 거의 대낮 같은 풍경이다.

〈별이 빛나는 밤〉의 지상 풍경을 들여다보면 생마르탱 성당처럼 뾰족한 첨탑을 가진 교회가 있다. 작품 속에는 첨탑 옆의 커다란 돔이 없지만 누가 봐도 성당을 모티프로 삼았음을 확인할 수 있다. 따라서 새벽녘 침실에서 바라본 밤하늘을 기억했다가 작업실에서 마을을 바라보면서 〈별이 빛나는 밤〉을 그렸을 것이라고 상상했다. 그런데 답사 전 빈센트가 생레미에서 그린 모든 작품을 조사하다가 후대에 사람들이 〈마을의 조감도〉라고 이름 붙인 스케치의 존재를 알게 되었다.

비교적 상세하게 묘사한 것으로 보아 이 스케치는 실제로 풍경을 바라보면서 그렸을 것이고, 나중에 〈별이 빛나는 밤〉의 마을로 재탄생했으리라는 추측이 가능했다. 직접 생레미에 방문해보니 이 스케치 중앙에 보이는 성당은 완벽히 생마르탱 성당의 형태와 동일했다. 하지만 이 마을을 바라본 위치가 북쪽으로 창이 난 요양소의 2층 또는 그보다 높은 옥상 어던가라고 할지라도 그림 속 시선 높이와는 일치하지 않는다는 생각이 들었다. 그래서 이 스케치 속 풍경을 어디에서 볼 수 있을지 생레미 근처의 장소를 다녔지만 바로 찾아지지 않았다.

생레미의 낮은 그토록 길었지만, 다시금 시간이 흘러 밤이 찾아왔다. 데이터는 가능하면 많이 쌓는 게 유리하기에 전날과 크게 다를 것이 없겠지만 다시 별 사진을 촬영하기 위한 준비를 했다. 첫날은 현장 상황을 제대로 알 수 없어 가로등이 있는 지역에서 찍었지만 두 번째 도전한 날은 비교적 상세하게 위치를 파악하여 보다 나은 조건에서 촬영이 가능했다. 다만 전날보다 달과 양자리의 거리가 가까워져서 사진 찍기는 더 나쁜 조건이 되었다.

사실 이런 종류의 별 사진을 찍는 일은 춥지 않고, 차로 접근할 수만 있다면 전혀 어려울 것이 없다. 먼저 할 일은 카메라를 삼각대에 올려서 구도를 잡는 것이다. 지면 어디 즈음에서 양자리가 올라올지 알아야 하기 때문에 시뮬레이션 소프트웨어로 현재의 지형과 비교하면서 예측하는 것 정도가 약간의 경험이 필요한 일이다. 그다음, 밝은 별을 이용해 초점이 잘 나오도록 렌즈 포커스 링을 돌린 뒤 실수로라도 건드리지 않도록 테이프를 붙여 단단히 고정한다.

구도를 잡았으니 이제는 조리개와 센서 감도, 노출 속도를 설정해 빛의 양을 조절하면 되는데, 렌즈의 조리개는 하늘이 완전히 어두워진 이후로는 f/4로 고정, ISO 감도는 640으로 설정했다(사진을 안 찍는 사람이라면 넘어가도 무방하다). 이렇게 날이 밝아올 때까지 찍히도록 타이머 장치에 1장당 15초씩 노출을 주도록 입력하면 된다. 신경을 써야 할 것은 중간에 배터리가 방전되지 않도록 잔량을 잘 체크하고 렌즈에 이슬이 내리지 않았는지 확인하는 정도다. 배터리는 넉넉한 용량의 외장형을 준비해서 문제될 것이 없었고, 신기하게도 이 동네는 이슬이 전혀 내리지 않아서 습기 걱정도 없었다. 보통 밤하늘 풍경 사진을 찍을 때는 이렇게 설정을 해두고 차에서 잠을 자는 경우가 많다. 게다가 요즘 카메라는 원격 접속 기능이 잘되어 있어, 한번 구도를 잡으면 차 안에서 모든 제어가 가능하다.

이렇게 설정할 경우 1시간에 약 240장이 촬영되는데 그날 실제로 촬영한 컷 수는 1000장이 좀 안 되는 양이었다. 이 사진을 모두 이어 붙여 별이 선을 그리며 이동하는 일주운동 사진으로 합성할 수도 있고, 스톱모션처럼 1장씩 이어 붙이면 별이 움직이는 것 같은 영상을 만들 수도 있다. 카메라는 가만히 있고 별만 움직이면 멋스러움이 없어서, 카메라도 직선운동을 하면서 시선을 변화시켜주는 장치도 있는데, 나는 멋있는 사진을 찍으러 온 것이 아니었기에 간편하게 카메라와 삼각대만 이용했다.

이날 촬영을 시작한 시간은 밤 9시 30분경부터였는데 이 시간에도 여전히 박명이 남아 있었다. 위도가 높은 지역의 여름은 유난히도 낮이 길다는 것을 다시 한번 느꼈다. 답사가 끝나고 여기저기 여행을 다녔지만 하루 종일 해가 하늘에 떠 있는 느낌이었다. (해가 지지 않는 백야의 동네에서는 어떻게 살까?) 밤 10시 10분 정도가 되자 밤이 찾아왔다. 73쪽의 사진은 약 1시간 후에 촬영한 것으로 전날과 동일한 렌즈, 필터, 카메라를 사용했다. 주변에 가로등 같은 인공조명은 없었지만 달로 인해 하늘 자체가 밝아서 여전히 별이 잘 안 나왔다.

밤새 높은 구름이 왔다 갔다 했지만 별을 보는 데는 전혀 지장이 없었다. 하지만 달이 밝아 별이 제대로 안 보이는 날, 밤새워 하늘을 지켜보는 일은 역시나 고역이었다. 망원경을 가지고 온 것도 아니라서 멀뚱멀뚱 밤하늘만 바라보고 있으려니 특별한 주제가 없는 하늘을 그리는 것이 정말 가능할까 고민하던 중에 졸음이 쏟아졌다. 역시 아무리 생각해도 이날 밤하늘에서 모티프를 얻어 그리지는 않았을 것 같다.

물론 빈센트가 그린 밤하늘을 재현하기 위해 촬영한 이날은 당시

⇡ 여름철의 대삼각형(2019년 6월 16일, 21:30, LMT, 아를).

에 보이던 금성도 없고, 반달도 없다. 이날 촬영은 양자리가 관측되는 한계 시간을 확인하기 위해 신경을 썼다. 74쪽 사진은 서머타임이 적용된 현지 시각 새벽 5시 1분에 촬영된 것으로, 사진상으로는 중앙 하단에 희미하게 양자리가 보이긴 한다. 하지만 눈으로는 사실상 식별이 불가능에 가까웠다. 따라서 6월 19일경의 밤하늘 시뮬레이션은 다음 시간을 감안하여 수행할 것이다.

눈으로 느껴지는 박명 시작: 02:56(LMT 아를)
별이 사라지기 시작하는 시각: 03:01(LMT 아를)

어디에서 〈마을의 조감도〉를 그렸을까?

빈센트는 도대체 어디에서 그 스케치를 했을까? 잠깐 졸다 깬 후

⇡ 양자리(2019년 6월 17일, 03:20, LMT, 아를).

마을 지형의 형태를 인터넷 지도와 비교하여 여러 지역을 점찍기 시작했다. 요양소에서 더 동쪽으로 이동하여 마을을 바라보면, 시선 높이가 낮아서 먼 풍경을 바라보는 게 불가능하다는 것은 전날 확인했다. 따라서 요양소의 서쪽에서 고도가 높을 만한 곳을 위주로 찾기 시작했다. 하지만 생각과 달리 그러한 전망은 볼 수 없었다. 나무 같은 지형지물에 가려졌기 때문이다. 또한 어떤 곳에서 바라본 장면의 시선 높이는 스케치와 달라서 그림 속 풍경과 애매하게 각도가 맞지 않았다.

어쩔 수 없이 근처의 산들을 오를 수밖에 없었다. 앞의 생레미 마을 지도상으로 볼 때 좌측 부근에 위치한 산들이었다. 생레미의 산은 은근히 험했다. 한국의 산처럼 흙이 많지 않고 대부분 돌산이었기 때문이다. 그래서인지 돌 틈에서 자라는 다육이 같은 선인장이 가득했다. 점차 피로가 몰려오기 시작했다. 사실 한국에 있을 때도 워낙 밤을 자주 새우다 보니 정오 무렵 일어나는 경우가 많아서, 유럽의 시차는 오히려 나의 생체 시간을 아침에 일찍 일어나고 밤에 일찍 자는 정상적인 생활로 돌려주었다. 그렇지만 이틀 밤을 제대로 못 잔 상태로 등산을 하는 것은 부담스러웠다. 그리고 자고 일어나면 아를로 넘어가서 론강에서 별 사진을 찍어야 했다. 결국 숙소로 돌아와 쪽잠을 자고 아를로 향했다.

아를에서 별 사진을 찍으려면 사전 조사를 해야 했다. 생레미는 밤에 사람이 거의 다니지 않는 시골이라 아무 데나 차를 세워두고 사진을 찍어도 되지만 아를은 그 정도로 작은 도시는 아니기 때문이었다. 도착해서 〈밤의 카페테라스〉를 그린 장소, 노란 집이 있던 사거리도 가보고 여기저기 다니다 보니 다시 밤이 되었다. 나는 북두칠성이 〈론강의 별밤〉과 비슷한 모양으로 보이는 사진이 필요했다. 그 시간은 거의 해 뜨기 직전이었기에 이번에도 차에서 눈을 붙이고 새벽이 되길 기다렸다. 그렇게 몇 시간이 흘러 현지 시각으로 새벽 3시 30분 무렵 차에서 내려 카메라를 설치하고 사진을 찍었다.

이날 새벽하늘은 구름이 상당히 많이 드리워져 있었다. 게다가 보름달이 휘영청 떠 있으니 사실 별 사진을 찍을 날은 전혀 아니었다. 그래도 론강의 사진은 검증이라기보다는 다른 목적으로 쓸 것이 필요했다. 예상대로 북두칠성은 저 멀리 반대 하늘에서 보였고 론강 위에는 남두육성*이 있었다. '빈센트가 남두육성을 그린 건가?' 하는 장난스러운 생각이 들었다. 당연히 말이 안 된다. 우선 빈센트가 그린 것은 북두칠성을 포함한 큰곰자리가 맞고, 남두육성은 북반구에서 절대로 물을 뜰 수 없는 뒤집어진 국자의 형태로만 보인다.

내내 피곤했지만 〈론강의 별밤〉을 분석하기 위한 사진은 성공적으로 잘 찍었다. 구름이 있어도 문제 될 것은 특별히 없었다. 다만 나는 빈

* 궁수자리의 별 6개가 만드는 별의 패턴. 북두칠성과 매우 비슷하나 별이 하나 부족하다.

센트가 남긴 스케치의 비밀을 풀어야 했다. 그런데 론강의 별 사진을 촬영하고 눈을 떴더니 12시가 되었고, 나는 다음 날 아침에 250km 정도 떨어진 곳으로 가야 했다. 그러나 어쩌긴, 찾아야 했다. 필사적으로 생레미의 산들을 살펴본 결과, 마지막에 올랐던 산에서 보이는 풍경이 빈센트가 스케치를 할 때의 시선 높이와 같다는 것을 확인할 수 있었다. 겹쳐 보이는 모든 풍경은 빈센트가 스케치를 한 그곳과 내가 동일한 위치에 있음을 증명해 주었다.

2019년에 내가 서 있던 그곳은, 빈센트가 130년 전에 서서 생레미 마을을 그렸던 장소였다. 77쪽 사진을 촬영한 산은 요양소 서쪽에 자리했고 산길을 40분 정도 걸어 올라가면 닿을 수 있는 지점이다. 한 번에 갔다면 어렵지 않게 올랐겠지만 답사에서 등산을 할 것이라고는 전혀 생각도 못 해서 약간 고생을 했다.

촬영한 장소는 비교적 완만한 언덕길이 이어지지만 마지막 높은 지점은 순전히 돌로만 이뤄졌다. 따라서 밤에는 오를 수 없으므로 빈센트는 분명 낮에 이곳에 왔을 것이다. 이 사실을 통해 몇 가지를 유추할 수 있었다. 빈센트는 비교적 요양소 주위를 자유롭게 다닐 수 있었으며 걸어서 1시간 정도의 산길을 오를 체력은 됐다는 것이다. 나중에 알게 되었지만 빈센트는 20대 시절 100km가 넘는 길을 걸어서 여행할 정도로 강한 체력의 소유자였다. 그가 생폴 요양소에서 항상 상태가 나빴던 것은 아니므로 이 정도는 어렵지 않게 올랐으리라는 추측이 가능했다.

첫 번째 답사를 마치고 한국에 돌아와 촬영한 자료들과 기록을 정리하면서 내가 찾은 장소에 빈센트가 어떻게 갈 수 있었을까 생각해보았다. 빈센트에 관한 자료를 조사하면서 알게 된, 1969년에 출간되어 현재는 고전으로 불리는 마르크 에도 트랄보(Marc Edo Tralbaut)가 쓴 《빈센트 반 고흐(Vincent Van Gogh)》에서 힌트를 얻었다. 이 책에는 빈센트를 연구하면

⇡ 생레미 마을. 빈센트의 스케치와 겹친다.

↑ 현지 LMT 기준, 2019년 6월 16일 02:55 시뮬레이션 합성.

서 만난 장프랑수아 푸레(Jean-François Poulet)라는 90세 노인에 관한 이야기가 나온다. 그는 젊은 시절 생폴 요양소에서 빈센트를 돌보는 일을 하던 관리자 겸 간호사였다. 빈센트가 그림을 그리기 위해 나갈 때 옆에서 돕던 사람이 그였으며, 생레미 마을을 잘 알기에 빈센트와 이곳저곳을 다녔다고 했다. 내가 첫 번째 답사에서 찾은 장소로 빈센트를 인도한 사람이 아마 푸레였을 것이다.

한편, 답사를 다녀온 후 빈센트가 과연 1889년 6월 19일에 금성과 양자리를 볼 수 있었을지에 대한 의구심이 들었다. 그의 2층 방에서 금성이 반짝이는 모습을 보려면 지평선으로부터 못해도 5도 정도의 각도로 떠 있어야 한다. 생레미의 LMT를 기준으로, 1889년 6월 19일의 경우 그 시각은 새벽 2시 40분이다. 그리고 먼동이 터서 별이 사라지기 시작하는 시각은 새벽 3시 1분경이므로 양자리와 금성을 동시에 관측할 수 있는 시간은 21분에 불과하다.

78쪽 그림은 2019년 6월 16일 새벽 2시 55분에 찍은 사진 위에 1889년 6월 19일 같은 시각의 시뮬레이션과 합성한 이미지다. 해당 시각, 6월 16일은 19일에 비해 양자리 알파 별(Hamal)의 고도가 3.33도 낮으므로 지평선을 그 고도만큼 더 아래로 그려서 보상했다. 이 작업을 통해 금성이 어느 위치에서 보였을지 추정할 수 있는데, 이 그림의 경우 숲속에 위치한다. 따라서 동쪽 지평선에 나무나 숲이 약간이라도 있다면 금성을 보기 어려웠을 것임을 짐작할 수 있다.

첫 번째 답사의 가장 큰 수확은 빈센트가 드로잉을 한 위치를 찾은 것이었다. 한국에 돌아와서 자료 정리를 마친 후 두 번째 답사를 준비했다. 다음 여정은 2019년 7월 22일, 또다시 생레미였다.

Van Gogh's Time Discovered by Astronomy

2.

반 고흐의 탄생

빈센트의 가족사

베스트팔렌 지역의 고흐라는 작은 마을에서 유래한 반 고흐의 집안은 개신교 선교 사역을 열렬한 사명으로 삼았다. 하지만 1568년부터 네덜란드 독립 전쟁인 80년전쟁이 시작되었고 그 과정에서 집안에 내재했던 종교적인 열망은 가라앉게 된다. 전쟁의 혼란 속에 종교보다는 생존과 안전이 더 중요했던 것이다. 시간이 흘러 기술과 상업에 탁월했던 네덜란드인답게 반 고흐 집안 역시 17세기경부터는 헤이그에서 재단 기술을 통해 부를 쌓았다. 특히 금실과 은실을 사용한 화려한 의복이 큰 인기를 끌었다. 귀족들 사이에서 금실의 수요가 더욱 증가하면서 부를 축적하게 되었다. 그러나 조부로부터 집안의 금실 사업을 물려받은 요하네스(빈센트의 증조부)는 돌연 사업을 정리하고 개신교 부흥이라는 집안의 사명을 다시 살려낸다.

요하네스에게는 빈센트 반 고흐라는 이름의 화가이자 조각가인 큰아버지가 있었다. 그는 네 번 결혼했지만 자식 없이 생을 마감했고 그의 이름은 요하네스의 유일한 아들에게 이어진다. 빈센트의 할아버지이자 요하네스의 아들인 빈센트 반 고흐 역시 성직자가 되고, 부유한 집안의 딸을 아내로 맞이하여 네덜란드 남부, 가톨릭 영향권의 최북단 지역인 브레다에서 높은 권위를 가진 목사로 자리 잡는다. 그는 재산 축적에 강한 거부감을 가진 칼뱅주의자들과 달리, 부르주아적 사고를 가진 인물로 큰 부를 일궈냈다.

그러나 부유한 삶 덕분인지 여섯 아들 중 자발적으로 성직자의 길을 선택한 자식은 없었다. 그는 자신의 이름을 물려받은 넷째 아들 빈센트를 후계자로 삼고 싶어 했으나 타고난 성격상 전혀 맞는 직업이 아니었다. 결국 가업은 1822년에 태어난 다섯째 아들 테오도루스 반 고흐가 이어받게 된다. 그는 아버지를 닮아 외모가 준수했으며, 특별히 돋보이는 재능은 없었지만 성실함으로 자신의 부족함을 채워나갔다. 처음에는 해군이었던 둘째 형 요하네스(얀으로 불렸다)를 따라 군에 입대해 의사가 되는 길을 꿈꿨지만 가업을 잇기를 원한 아버지의 뜻을 거역하지 못한다.

이 시기는 절대왕정에 대한 자유화 요구, 민족주의 운동 그리고 귀족 계급에 대한 중산층(부르주아)의 불만 등으로 혁명의 기운이 가득했다. 동시에 과학기술이 발전함에 따라 종교의 영향력은 점차 줄어들고 있었다. 게다가 테오도루스는 대중을 상대로 한 설교에 재능이 없었기에 성직자로서의 길이 결코 순탄치 않았다. 그러나 그는 타고난 근면함으로 어려움을 견디며, 마침내 목회할 마을을 제안받게 된다.

그곳은 태반이 습지와 황무지로 이루어진 네덜란드 남부의 시골 마을 준데르트로, 아버지 빈센트가 정착했던 브레다에서 남서쪽으로 약 15km 떨어진 지역이었다. 가옥 수는 약 126채, 주민 수는 1200명에 불과한 작은 마을로, 소규모 양조와 가죽 제조가 주요 산업이었다. 농부들은 주로 감자를 재배했으며, 대부분의 주민은 가축과 함께 생활할 정도로 극심한 빈곤에 시달렸다. 이 마을의 가장 중요한 자원은 저렴한 인건비로 인한 노동력이었다.

준데르트가 위치한 지역은 본래 브라반트 공국의 일부였으나, 1556년경부터 스페인 합스부르크 가문의 지배를 받게 되었다. 이후 네덜란드 독립 전쟁을 거치며 브라반트 공국은 남북으로 분할했고, 자본과 권력은 북부로 쏠렸다. 이에 반발한 남부 지역은 강한 저항 의식을 가졌으며, 구교와 신교의 분열 또한 깊어졌다. 특히 가톨릭 세력이 강한 벨기에와 문화적·종교적으로 더 가까웠던 준데르트는 개신교 교세가 약한 지역이었다.

테오도루스가 지낸 목사관은 1600년대 초에 지어졌는데 구교도로 둘러싸인 곳이었다. 이에 네덜란드 최고의 도시였던 헤이그에서 온 테오도루스의 아내 안나 코르넬리아 카르벤투스는 이 목사관에 갇힌 듯 지낼 수 없었다. 그녀의 집안은 80년전쟁과 자연재해로 많은 고난을 겪었다. 네덜란드는 15세기 풍차 개발로 토지를 개간하며 17세기 중반까지 전 국토의 3분의 1을 확보했지만, 홍수와 파도로 제방이 무너지는 사고가 빈번했다. 게다가 1795년, 네덜란드를 해방시키겠다는 명분으로 입성한 프랑스공화국 군대는 마을을 황폐화시켰다.

이러한 전란 속에서 살아남은 자손 중 한 명이 안나의 아버지인 빌럼 카르벤투스였다. 그는 본래 가죽 세공업자였으나 처세술을 발휘해 책 제본으로 기술을 전환하며, 국가로부터 최신 헌법의 제본을 수주하는 등 사업을 확장해 헤이그의 대사업가로 자리 잡았다. 그는 9명의 자녀를 두었지만, 이 집안에는 가족력이 존재했다. 둘째 딸 클라라는 간질병에 걸린 것으로 알려졌는데, 당시 간질은 정신병과 분리되지 않아 서로 우회적으로 지칭하는 경우가 많았다. 빌럼의 아들 중 한 명인 요하네스는 자살한 것으로 전해졌으며, 빌럼 자신도 정신 질환으로 53세의 나이로 생을 마감했다.

안나 역시 우울과 걱정이 가득한 성격으로 뜨개질, 피아노, 그림 등에 지나치게 몰두하며 평생을 보냈다. (자녀들에게도 우울증을 예방하기 위해 정신을 집중할 수 있는 활동을 지속적으로 하도록 권유할 정도였다.) 결국 그녀가 선택한 도피처는 신앙이었고, 목사인 테오도루스 반 고흐와 결혼하게 된다. 이 혼인은 안나의 여동생 코르넬리아가 테오도루스의 형인 빈센트(센트로 불림)와 결혼하면서 맺어진 인연 덕분에 성사되었으며, 결과적으로 겹사돈이 되었다. 사실상 백부 센트와 코르넬리아의 혼인은 화가 빈센트 반 고흐가 세상에 나오게 된 중요한 계기였다. 당시 서른 살이 되도록 미혼이었던 안나는, 결혼을 더 미룰 수 없었던 데다 열 살 어린 여동생이 먼저 결혼했다는 사실에 충격을 받았다. 그로 인해 준데르트라는 시골로 시집가는 것에도 연연해하지 않았을 것이다.

빈센트의 유년기와 청소년기

1852년 3월 30일, 테오도루스(도루스로 불림)와 안나 사이에서 빈센트 빌럼이라는 이름의 아들이 태어났으나 출생 당일 바로 세상을 떠났다. 슬픔에 잠긴 부부는 정확히 1년 후인 1853년 3월 30일 태어난 둘째 아들에게 죽은 형의 이름을 물려주었다. 빈센트라는 이름은 도루스의 아버지에서 비롯된 것으로, 가족 내에서 오랜 전통을 이어온 이름이었다.

당시는 죽은 아이의 이름을 뒤에 태어난 아이에게 붙이는 일이 드물지 않았는데, 형의 이름을 이어받은 빈센트는 진지하고 내성적인 소년으로 성장했다. 어린 빈센트는 자신의 이름과 생일이 이미 죽은 형의 묘비에 새겨져 있다는 사실을 알게 되었고, 이는 그의 성격 형성에 적지 않은 영향을 미쳤을 것으로 보인다. 비록 빈센트가 편지나 다른 기록에서 죽은 형을 직접 언급한 사례는 없지만, 그의 내면에는 이에 대한 감정이 자리 잡고 있었을 가능성이 높다. 이는 훗날 동생 테오가 자신의 아들에게 빈센트라는 이름을 지어주었을 때 느낀 복잡한 감정에서도 유추할 수 있다. 빈센트는 무의식적으로 자신이 죽은 형을 대신하고 있다는 생각을 품었을 수 있고, 이러한 심적 부담은 그의 삶에 지속적인 영향을 끼쳤을 것으로 추정된다.

빈센트 반 고흐에게는 5명의 동생이 있었다. 그중 빈센트는 2명의 동생과 각별한 관계를 유지했다. 네 살 터울의 둘째 동생 테오도루스(테오로 불림)는 가장 가까운 친구이자 헌신적인 후원자로, 빈센트가 예술가의 길을 걷도록 조언하고 재정적으로 지원했으며, 어려운 시기에도 항상 그의 곁을 지켰다. 테오도루스라는 이름은 아버지로부터 물려받은 것으로, 이 또한 가족 내에서 중요한 의미를 지녔다.

아홉 살 터울의 넷째 여동생 빌레미나 야코바(빌로 불림)와도 빈센트는 깊은 교감을 나누었다. 두 사람은 예술, 문학, 건강 문제에 대해 자주 편지를 주고받았으며, 빈센트는 빌에게 자신의 그림을 선물하거나 그녀의 취향에 맞는 작품을 그려주기도 했다. 어린 시절부터 가까웠던 두 사람은 사회적 관습에 구애받기보다는 창의적이며 사회 참여적인 성향을 공유했다.

이와 달리 나머지 세 형제들과는 유대 관계가 약했다. 셋째 여동생 안나 코르넬리아와 엘리자베스 후베르타는 빈센트와 자주 교류하지 않았고, 열네 살 어린 막내 남동생 코르넬리스와도 특별한 관계를 맺지 않았다. 엘리자베스는 빈센트 사후 약 20년이 지난 뒤, 가족의 시선에서 쓴 책을 출간했지만, 일부 평론가들로부터 미화된 회상록이라는 폄하를 받았다.

빈센트의 아버지 도루스는 엄격한 사람이었다. 가톨릭 교세에 둘러싸인 개신교 목사로서 그의 외부 입지는 단단하지 않았을 것이며, 가정을 엄격하게 다스리는 것은 자연스러운 결과였을 것이다. 그는 설교나 기도를 하지 않을 때는 가족과도 거리를 두었다고 한다. 빈센트는 아버지의 엄격함이 단순한 가정 내 규율이 아니라, 종교적 의무에서 비롯된 것임을 배웠다. 그는 아버지를 실망시키는 것이 곧 신을 실망시키는 일이라고 느끼며 자랐다. 어머니 안나 역시 신앙을 바탕으로 가족적 유대를 강조하며,

⇡ 〈헛간과 농가〉(1864년).

자녀들에게 부모에 대한 의무와 사랑, 희생을 주입했다.

한편 그녀는 자신의 자녀들이 가난한 준데르트의 아이들과 접촉하는 것을 꺼리기까지 했다. 신도가 적은 교회의 목사는 많은 급여를 받을 수 없었지만 하녀와 요리사 2명, 정원사, 마차를 포함한 혜택과 교회에 딸린 목사관을 제공받았다. 이로 인해 빈센트 가족은 상류층에 속한다고 착각했을지도 모른다. 그러나 그들의 실제 생활은 고립된 밀실 같은 환경이었고, 빈센트의 형제들은 그 속에서 외롭게 살았다.

빈센트의 붉은 머리카락과 푸른 눈, 선이 굵은 체형은 어머니에게서 물려받은 것이었다. 어린 시절 소묘와 수채화를 배웠던 안나는 빈센트를 격려하며 그림을 가르쳤다. 빈센트 역시 어릴 때부터 미술에 관심이 많았고, 고양이를 모델로 첫 데생을 시도했다는 기록이 있다. 이후 1864년에 그린 스케치 〈헛간과 농가〉를 통해 그의 재능을 엿볼 수 있다. 그러나 그가 화가의 길로 나아가는 데 더 큰 영향을 미친 것은 자연에 대한 깊은 관심이었다.

목사관의 고립된 환경에서 자란 빈센트는 외부 자연에 대한 갈망을 키웠고, 결국 정원 문을 넘어 밖으로 나아가게 되었다. 그는 경작지와 개울가, 바람 부는 들판을 바라보며 날아가는 새, 이름 모를 야생화 같은 자연의 대상을 관찰했다. 더 나아가 곤충을 채집하고, 버려진 새 둥지를 모으며, 야생화를 분류하는 일을 취미로 삼았다. 그의 셋째 여동생 엘리자베스는, 빈센트가 덤불 속 생물을 관찰하며 긴 곤충 이름을 외우는 데 많은 시간을 보냈다고 회상했다. 하지만 주변 사람들 눈에 비친 빈센트는 점점 제어하기 어려운 고집 세고 괴팍한 성미의 아이로 성장하고 있었다. 빈센트는 일곱 살이 된 1860년경, 준데르트에 있는 마을 학교에 입학했으나 약 1년 만에 자퇴했다. 이전부터 동네 아이들과 잘 어울리지 못했던 그는 학교생활에 적응하기가 어려웠다. 이후 빈센트는 두 살 어린 여동생 안나와 함께 약 3년간 어머니와 가정교사로부터 교육을 받았다.

빈센트는 열한 살이 된 1864년 여름, 집에서 32km 떨어진 제벤베르헌의 얀프로빌리 남자 기숙학교에 입학했다. 비싼 등록금을 내야 하는 수준 높은 교육기관으로, 소수의 유복한 가정의 자녀들만 다니는 학교였다. 맏이를 훌륭하게 교육하고 싶은 부모의 과감한 투자였겠지만, 정작 빈센트는 가족과 떨어져 지내는 외로움을 견디기 힘들어했다. 아버지 도루스는 여러 차례 학교에 방문해 빈센트를 어르고 달랬지만, 결국 2년 만에 학교를 그만두었다.

빈센트는 1866년, 제벤베르헌의 학교를 떠난 뒤 집으로 돌아가지 않고 틸뷔르흐에 있는 빌럼 2세 국립 중학교에 입학했다. 이 또한 부모가 더 나은 교육을 제공하기 위해 선택했을 가능성이 크며, 국가의 보조를 받는 고등 시민 학교였기에 등록금도 비교적 저렴했다. 빈센트는 여전히 학교생활에 적응하지 못하고 교육을 거부했지만, 성적은 상위권을 유지하며

↑ 틸뷔르흐 시절의 스케치인 〈삽에 기대고 있는 남자〉(1867년).

프랑스어, 영어, 독일어를 익혔다. 이를 통해 그는 평생 프랑스어와 영어를 자유롭게 구사할 수 있었고, 다양한 문학 서적을 읽을 수 있는 기반을 마련했다. 빌럼 2세 학교는 빈센트를 다독가로 만든 계기를 제공한 곳이기도 했다.

아울러 빈센트는 빌럼 2세 학교에서 제대로 된 미술교육을 처음으로 받는다. 이 학교에는 파리에서 성공을 거둔 화가 콘스탄트 코르넬리스 하위스만스(Constant Cornelis Huijsmans)가 미술 교사로 있었는데, 그는 당시 퍼지기 시작한 인상파 화풍의 초기 영향을 받은 인물로, 기술적 완벽함보다는 인상을 포착하는 것을 강조했다. 빈센트는 이 시기에 받은 미술교육에 대해 특별히 언급하지는 않는다. 하지만 학창 시절을 "엄숙하고 차갑고, 무균적"이었다고 회고한 점을 보아 긍정적인 기억은 아니었던 것으로 보인다.

빌럼 2세 학교는 기숙학교가 아니었기에, 대부분의 학생이 집으로 갈 때 빈센트는 하숙집으로 돌아가야 했다. 이로 인해 그는 가족에게 버림받았다는 느낌에 사로잡혔다. 결국 1868년 3월, 학기가 끝나기 두 달 전 빈센트는 학교를 떠나 집으로 돌아왔고, 18개월 만에 자퇴한다. 이로써 그의 학창 시절은 막을 내렸으며, 맏아들에 대한 부모의 불신과 실망은 더욱 깊어졌다.

구필 화랑에서 일을 시작하다

빈센트의 큰아버지이자 이모부인 센트는 동생 도루스와는 전혀 성격이 달랐다. 그는 호방하고 사교적이어서 세상 돌아가는 이치를 꿰뚫어 보는 눈을 가지고 있었다. 19세기 중반 네덜란드는 제조업이 급격하게 커지면서 신흥 부르주아 계급이 성장한다. 백화점과 같은 새로운 소비 공간이 등장했고 귀족들의 삶을 모방하는 경향이 나타났는데 이때 폭발적으로 증가한 것이 복제화의 수요였다. 센트는 이를 정확하게 간파해 헤이그에 화방을 차렸다. 팔릴 그림을 정확하게 파악할 줄 알았던 능력, 복제술을 더욱 정교하게 향상시킨 사진 기술의 발전 그리고 유럽 경제의 호황까지 겹치면서 센트의 사업은 빠르게 세를 불려간다.

이 무렵부터 집안의 형제들까지 사업에 참여하게 되고, '반 고흐 국제 미술상'이라는 상호로 네덜란드 최고의 화랑으로 성장한다. 금실 사업을 가업으로 삼던 반 고흐 집안은 성직자 가문으로 변했다가 이번에는 미술품 거래상으로 종목을 바꾼 셈이었다. 이때 유럽 최고의 화랑은 아돌프 구필이 설립한 '구필 화랑'이었다. 센트는 구필과 경쟁 대신 합병을 선택하면서 구필 화랑의 지분을 상당량 취득했으며 그로 인한 결과는 달콤했다. 빈센트의 막내 이모인 코르넬리아는 몸이 약했기에 센트는 아이를 갖지 못했다. 후손은 없었지만 센트는 세계를 자유롭게 누비며 사업과 자신을 위한 삶에 집중하며 인생을 즐길 수 있었다. 또한 그는 국가로부터 훈장과 기사 작위까지 받는다.

센트 백부가 명예를 떨치던 시기는 빈센트가 틸뷔르흐의 학교를 그만둔 시점과 맞물린다. 시골 교회의 사정상 경제적으로 여유롭지 않았던 빈센트의 부모에게, 학업을 마치지 못한 채 집에 있는 아들은 받아들이기 어려운 존재였다. 게다가 센트는 사업을 물려줄 후계자도 없었기에, 빈센트는 부모뿐 아니라 여러 차례 준데르트를 찾아온 큰아버지로부터 헤이그의 구필 화랑에서 일할 것을 권유받는다. 열여섯 살의 빈센트는 망설였지만 결국 이를 받아들인다.

1869년 7월 30일, 준데르트 근처에서 맴돌던 '촌뜨기' 빈센트는 국제도시 헤이그에서 구필 화랑의 수습사원으로 업무를 시작한다. 헤이그 지점에는 빈센트를 포함해 직원이 2명뿐이었기에, 수습사원이었지만 그는 상당히 많은 업무에 투입되었다. 그의 상사는 헤르마뉘스 히스베르투스 테르스테이흐(Hermanus Gijsbertus Tersteeg)로, 빈센트의 멘토가 되었고 이후에도 계속 구필 화랑에서 근무하며 테오를 포함한 반 고흐 형제들에게 큰 영향을 끼쳤다. 테르스테이흐는 빈센트가 화가가 된 이후에도 인정을 받기 위해 평생을 신경 쓴 사람이었고, 끝까지 화랑에서 일했던 동생 테오에게는 영원한 상사였다.

테르스테이흐와 빈센트의 관계는 일반 대중에게는 크게 알려지지 않았지만, 빈센트가 남긴 편지 903통(2009년판 기준) 중 168통에 그의 이름이 등장할 만큼 빈센트의 삶에 깊이 얽혀 있었다. 애증의 동료로 알려진 고갱의 이름이 183통에서 언급되는 것과 비교된다. 테르스테이흐의 아들에 따르면, 테르스테이흐는 빈센트가 보낸 편지 중 200~300통을 난로에 태워버렸다고 한다. 이는 빈센트와 테르스테이흐의 복잡한 관계를 단적으로 드러내는 에피소드로, 두 사람 사이의 깊은 갈등과 성격이 드러난다.

구필 화랑의 업무는 미술에 대한 빈센트의 눈을 열어주었다. 그는 다양한 미술 서적을 탐독하고 여러 미술 전시를 둘러보며 예술에 대한 이해를 넓혀갔다. 당시는 모네(Claude Monet), 르누아르(Pierre Auguste Renoir), 피사로(Camille Pissarro)와 같은 화가들이 주도한 인상파가 형성되던 시기이자, 네덜란드 미술의 중요한 장을 연 헤이그 화파가 시작된 때였다. 빈센트는 변화의 분위기를 가까이서 접하게 되었다.

야생화와 벌레를 관찰하던 소년의 눈은 시대의 명화를 바라보게 되었고, 또한 시각적인 예민함이 필요한 구필 화랑의 업무에도 훌륭하게 활용되었다. 덕분에 능력을 인정받아 고객과 직접 만나 그림을 설명하고 판매하는 일까지 맡았으며, 좋은 성과도 이루어낸다. 이로 인해 부모는 빈센트에 대한 걱정을 덜 수 있었다. 하지만 빈센트의 본성은 쉽게 바뀌지 않았다. 넉넉하지 않은 급여로 대도시 생활을 감당하기 어려워 여전히 부모의 도움을 받아야 했기에 사교 활동은 꿈꾸지 못했다. 그는 홀로 산책을 즐기며 외로움을 달래고 내면으로 갇혀 들어갔다.

그러다 빈센트에게 받아들이기 힘든 일이 발생했다. 1871년 초에 아버지가 다른 교회로 부임하면서 가족이 준데르트를 떠나 헬보이르트로 이주한 것이다. 누구 하나 제대로 사귀지 못했고 부모와도 데면데면했던 빈센트가 가족과의 연결을 그리워하며 손을 내민 사람은 동생 테오였다. 1872년 여름, 빈센트는 테오에게 헤이그로 와줄 것을 요청했고, 동생이 그에 응하면서 둘은 며칠간 함께 시간을 보냈다. 이 만남을 계기로 형제는 더 깊은 유대감을 느끼며 자주 편지를 주고받기 시작했다. 그때 두 형제가 함께 거닐었던 스헤베닝헌 해변은 그들의 마음에 평생토록 남았다. 그리고 18년 뒤 빈센트가 세상을 떠나던 해, 테오가 보낸 편지에는 이렇게 적혀 있다.

이봐, 형, 건강을 위해 모든 것을 다하도록 해. 나도 그렇게 할게.

우리 머릿속에는 너무 많은 것이 담겨 있어. 데이지 꽃과 갓 뒤집힌 흙덩이, 봄에 싹트는 덤불, 겨울에 떨고 있는 나뭇가지, 투명하고 맑은 파란 하늘, 가을의 커다란 구름, 겨울의 단조로운 회색 하늘, 우리 어릴 적 정원 위로 떠오르던 태양, 스헤베닝헌 바다 위로 붉게 지던 해, 여름밤이든 겨울밤이든 아름다운 밤의 달과 별을 잊을 수가 없지. 아니, 무슨 일이 생기든, 그것들은 언제나 우리와 함께할 거야.

1890년 7월 1일

이후 빈센트는 그 또래 남자들이 대부분 겪는, 실패가 뻔한 풋사랑을 한다. 열아홉 살의 빈센트는 사랑에는 좌절했지만 성에 눈을 떴고 성매매 여성과의 잠자리를 통해 향수병을 위로받는 법을 익힌다. 그래서일까, 그의 업무 성과는 점차 떨어졌다. 성적인 문제로 인한 풍문에 휩싸였으며, 큰아버지의 신뢰를 잃게 되었고, 부모와의 사이는 더욱 멀어졌다.

빈센트의 아버지가 새롭게 부임한 헬보이르트에서 가족의 경제 사정은 이전보다 더 어려워졌다. 이에 빈센트의 부모는 입을 덜 작정으로, 1873년 둘째 아들 테오도 구필 화랑의 브뤼셀 지점에 취직시켰다. 빈센트는 많은 그림을 기억하고 데이터베이스화하는 데 탁월한 능력을 보였지만, 그 외의 면에서는 테오가 더 높은 성장 가능성을 보여주었다. 점차 가족들의 기대는 테오에게로 향했다. 그렇다고 해서 큰아들에 대한 부모의 애정이 식은 것은 아니었다. 그 애정을 확인할 수 있는 사례가 바로 빈센트의 병역 문제다.

당시 네덜란드는 식민지를 확장하고 있었는데, 18세 이상 대부분의 남성이 징병 대상자에 포함되었고 추첨을 통해 선발했다. 당시 네덜란드에서는 외아들이나 짝수 번째(둘째, 넷째) 아들은 징병이 면제되었기 때문에 테오는 군 복무를 피할 수 있었지만, 빈센트는 그럴 수 없었다. 게다가 그는 운이 없어서 추첨에서 꽤 앞 번호로 뽑혔다. 만약 그가 입대하게 된다면, 당시 네덜란드가 수마트라 북부의 아체 술탄국(현재 인도네시아)과 벌이던 치열한 전투에 투입될 가능성이 컸고, 전장에서 생명을 잃을 위험이 높았다.

이를 막기 위해 도루스는 빈센트를 대신해 복무할 사람을 구해 자신의 연봉 거의 전액에 달하는 1377길더를 지불했다. 당시 빈센트의 급여는 부모의 도움 없이도 생활할 수 있을 만큼 오른 50길더였지만, 대체 복무자에게 지불한 금액은 빈센트가 받는 월급의 약 28배에 달했다. 이로 인해 집안의 재정 상황은 더욱 악화될 수밖에 없었다. 심지어 그 돈은 한 번 지불하면 끝이 아니었다.

구필 화랑 런던 지점에서

빈센트는 런던으로 발령이 났다. 그러나 승진이 아니라 좌천이었다. 그의 행동과 관련된 추문이 떠돌았고, 상사였던 테르스테이흐가 이를 보고했을 가능성이 크다. 큰아버지 센트는 조카를 차마 해고하지 못했고, 빈센트가 그림을 보는 안목만큼은 뛰어났기 때문에 전근이 최선의 선택이었다. 런던 지점은 개인 고객에게 그림을 판매하지 않고 도매만 취급하는 곳이어서, 접촉하는 사람이 적어 문제를 일으킬 가능성이 낮다고 판단했을 것이다. 또한 새로운 환경으로 옮겨 빈센트가 정신을 다잡기를 바라는 의도도 있었을 듯하다.

헤이그를 떠나기 싫었기 때문일까, 빈센트는 화랑 근처와 몇몇 장소를 스케치로 남겨 가족에게 선물하기도 했다. 네덜란드 국경의 한가로운 도시에서 지내던 빈센트에게 헤이그는 거대한 도시였지만, 1873년의

⇡ 테르스테이흐의 딸 베티에게 보낸 편지(1874년 7월 7일) 속 스케치 일부.

런던은 그 규모가 헤이그의 약 20배에 달하는 세계 최대 도시였다. 당시 런던의 인구는 340만 명으로, 지금 기준으로도 대도시로 손꼽힐 규모였다. 빈센트는 물가가 비싼 런던 도심에서 하숙하려면 많은 비용이 들었기에 저렴한 하숙을 구해 먼 거리에서 출퇴근했다. 비록 몸은 고단했지만, 새로운 환경에서 마음을 다잡으려 노력했다. 그는 고객을 만나고 주변 사람들과 교류하며 전시회를 찾아다니는 데 시간을 보냈다.

대영박물관의 방명록은 1874년 8월 28일의 네 번째 방문객이 빈센트였음을 알려준다. 이 영국에서의 시간은 그의 미래에 중요한 영향을 끼쳤다. 그는 렘브란트의 섬세한 빛과 어둠의 표현이 돋보이는 〈마리아 그리고 마르타와 대화하는 예수〉 등의 작품을 그날 직접 감상할 수 있었다.

또한 다빈치와 라파엘로 같은 15~16세기 거장의 작품과 함께 영국을 대표하는 화가들의 최신 작품을 눈으로 확인할 수 있었다. 그중 풍경화가 조지 헨리 보튼(George Henry Boughton)을 유난히 좋아해 그의 그림을 따라 그리기도 했다.

그러나 당시 미술의 중심은 파리였고, 영국인들조차 이탈리아나 프랑스 대가들의 작품을 선호했다. 빈센트는 자신이 변방에서 일하고 있다는 생각을 떨칠 수 없었다. 도매 업무는 단조로웠지만, 업무량은 상당히 많았고 익숙하지 않은 영어 또한 그를 힘들게 했다. 급여가 인상되었다고는 해도 생활비가 더 많이 들었다. 결국, 더 저렴한 방을 찾던 중 나이 든 과부와 딸이 운영하는 하숙집을 발견했다. 빈센트는 아버지가 부재한 가정에서 오히려 평안을 느꼈다. 이는 그가 평생 동안 품게 될 감정이었다.

이 하숙집 생활에 만족했던 빈센트는 고향에 있는 동생 안나를 런던에서 일자리를 찾아보자며 영국으로 부르기도 했다. 당시 여전히 경제적으로 어려웠던 가족에게는 충분히 매력적인 제안이었을 것이다. 한편, 빈센트는 하숙집 딸에게 연정을 품었고 설렘을 느꼈다. 그러나 그녀에게는 이미 약혼자가 있었기에 그의 마음은 잘못된 망상이었으며 사랑은 허망하게 끝나버렸다. 이후 안나는 일자리를 찾아 떠났고, 빈센트는 새로운 하숙집을 구해 혼자만의 시간으로 다시 빠져들었다. 대도시 런던에서도 그는 결국 길거리의 여인들에게서 외로움을 달래려 했다.

그즈음 테오는 브뤼셀 지점에서 일하다가 헤이그 화랑으로 발령받았다. 빈센트가 런던 지점으로 좌천된 것과 달리, 테오의 발령은 승진이었다. 테르스테이흐가 헤이그에서 테오의 상관이 되었고, 그의 능력은 테르스테이흐의 인정 속에서 자연스럽게 드러났다. 큰아버지 센트는 테오를 구필 화랑의 주인 아돌프 구필에게 직접 소개했고, 테오는 네덜란드 여왕의 방문을 영접하는 업무까지 맡으며 신뢰를 쌓아갔다. 한때 빈센트가 큰

아버지의 후계자가 되리라 기대했던 도루스와 안나의 바람은 오래전에 사라졌지만, 테오가 그 기대를 다시 살려냈다.

반면 빈센트는 점점 삶의 궤도에서 이탈하고 있었다. 대체 복무자에게 돈을 보낼 때마다 집안 경제는 휘청거렸고, 세속적인 쾌락에 빠진 아들과 종교적 순수함을 강조하는 부모의 관계는 날로 악화되었다. 근본적으로 서비스업과 맞지 않는 그의 천성으로 인해 화랑에서의 입지 또한 나날이 좁아져갔다. 하지만 그런 고통 속에서 고독을 잊기 위해 끼적인 스케치들은 결국 화가 빈센트로 나아가기 위한 시간으로 쌓여갔다. 그러던 빈센트는 런던 지점장과의 불화 때문인지 이번에는 2년 만에 구필 화랑의 파리 지점으로 발령된다.

세계 미술의 중심지, 파리로 향하다

1875년, 빈센트가 세계 미술의 중심지인 파리에 가게 된 것은 그의 예술 여정에서 축복 같은 사건이었다. 파리에서는 모네, 르누아르, 드가(Edgar Degas) 등의 화가가 미술계의 중심으로 떠오르는 광경을 직접 목격할 수 있었다. 또한 그해는 빈센트가 깊이 존경했던 장프랑수아 밀레가 사망한 때이기도 했다. 이에 1875년 6월 파리의 드루오 경매장에서는 밀레의 파스텔화와 드로잉 95점을 판매하는 전시회가 열렸다. 그곳에서 밀레의 그림을 본 빈센트는 "네가 서 있는 곳은 거룩한 땅이니, 네 발에서 신을 벗어라(〈탈출기〉 3장 5절)" 하고 말한 신의 목소리를 들은 것 같다는 내용의 편지를 29일에 테오에게 쓴다.

하지만 그의 마음은 점점 다른 곳을 향하고 있었다. 내부에서 끓어오르는 불꽃같은 신앙심에 사로잡혀 그는 종교인이 되기를 희망했다. 왜 빈센트는 갑자기 이 방향으로 나아가게 되었을까? 성직자 가문에서 자란 유산이 그의 내면에서 되살아난 것일 수도 있고, 지난 시간의 성적 방종에 대한 반동적 기제가 무의식적으로 나타난 결과일 수도 있다. 물론 두 가지가 복합적으로 작용했을 가능성도 있다.

빈센트는 극도로 그리스도의 삶을 따르려 했으며, 지독한 독서를 통해 더 깊은 신앙으로 빠져들었다. 이 시기에 그가 읽던 책들은 대부분 종교 서적이었고, 렘브란트와 같은 화가들이 그린 성화에 매료되며 수도사 같은 삶을 추구하기 시작했다. 런던에 있을 때 아버지에게 반기를 들고 동생 테오를 세속화하려 했던 빈센트는, 파리에 와서는 그리스도의 삶을 따를 것을 강요하기 시작했다. 그의 신앙심은 목사였던 아버지조차 이해하기 어려울 정도로 강렬했다. 급기야 그는 세속적인 것들을 무시하는 태도를 보이기 시작했으며, 화랑에 그림을 사러 온 고객을 대하면서도 자신의 직업과 직장에 경멸을 느꼈다. 그림을 팔아야 하는 현실 자체가 그에게는 불편하고 부정적인 것이었다.

그즈음 빈센트의 아버지는 고향 준데르트 근처 도시인 에턴에 있는 교회로 부임한다. 고향과 가까운 곳으로 돌아갈 수 있다는 기대와 가족과 크리스마스를 함께 보내고 싶다는 바람에 들뜬 빈센트는 휴가를 신청하지만 불허된다. 크리스마스 시즌은 화랑에서 연중 가장 바쁜 시기였기 때문이다. 그러나 그는 쫓겨날 것을 짐작했으면서도 무작정 화랑을 떠나 가족과 크리스마스를 보낸다. 하지만 무단결근과 그동안 파리 구필 화랑에서 했던 처신은 그의 짐작대로 돌이키기 힘든 상황을 만들었다. 더욱이 비교하기는 싫었지만 동생 테오가 점점 승진하며 인정받고 있는 반면, 자신은 6년이 지나도록 적응조차 하지 못했다는 현실은 그를 더 힘들게 했다.

빈센트가 할 수 있는 다른 일은 많지 않았다. 그나마 하고 싶었던 일은 선생이 되는 것이었고 해고된 시점인 1876년 초, 그는 다시 작은 기숙학교가 있는 영국으로 도망치듯 떠날 수 있었다. 그는 구필 화랑에 재직하던 시절 많은 편지를 썼는데, 구필 화랑의 스탬프가 선명하게 찍힌 편지지를 사용하곤 했다. 하지만 그해 4월 17일, 부모에게 보낸 편지에는 구필 화랑의 이름이 적힌 편지지 헤드라인에 엑스 자를 그려 넣었다. 이는 화랑과의 관계를 완전히 끊었다는 그의 심정을 상징적으로 보여주는 듯하다.

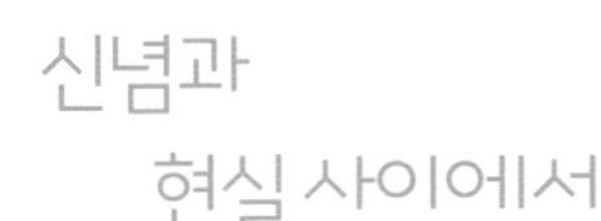

신념과 현실 사이에서

1876년 4월, 빈센트가 도착한 영국 램스게이트는 프랑스가 건너다보이는 바닷가 마을이었다. 그는 숙식만 제공받는 무급 조교사가 되었고, 제대로 된 급여를 받지 못하는 일이었다. 두 달 후, 학교가 런던 서쪽의 아일워스로 이전하면서 그도 함께 이주했으며, 이후 근처의 다른 사립학교로 옮기면서 박봉이지만 비로소 급여를 받기 시작했다. 이 시기 빈센트는 교회학교 교사로 활동하며 마을의 작은 교회에서 설교할 기회를 얻었다. 그는 이 경험을 통해 선교에 대한 강한 소명 의식을 느끼기 시작했다.

당시 영국 제국의 급속한 확장으로 선교사의 수요가 크게 증가했지만, 빈센트는 적합한 자리를 찾지 못한 채 성경 교사로 여기저기를 전전하며 불안정한 삶을 이어갔다. 그럼에도 그는 성경과 성가를 통해 위로를 얻으며 버텼다. 이 시기 빈센트에게 가장 큰 영향을 준 것은 1678년에 출판된 존 버니언의《천로역정》이었다. 이 책은 인간의 본질적 질문, 즉 '어떻게 살아야 하는가'라는 물음을 던지며 현대에도 개신교 신자들에게 널리 사랑받고 있다. 빈센트는《천로역정》을 읽으며 소외된 이들, 노동하는 사람들에 대한 깊은 동지애를 가지기 시작했다.

파리에서 시작된 그의 종교적 신념은 시간이 지나도 줄어들지 않았다. 종교적 열망을 품고 그해 크리스마스 휴가 기간 동안 에턴을 찾았지만, 그를 맞이한 것은 가족의 냉랭한 반응과 비판이었다. 도루스는 장남을 위해 많은 노력을 기울였다. 빈센트를 좋은 학교에 보내고, 구필 화랑에서 자리 잡을 수 있도록 대체 복무자를 고용하는 등 아낌없이 지원했다. 그런데도 빈센트가 앞길을 개척하지 못하자, 아버지는 현실적인 조언을 하며 영국 생활을 정리하고 평범한 삶을 살아갈 것을 권유했다. 이 시기의 갈등은 빈센트에게 신념과 현실 사이의 괴리를 크게 느끼게 했다.

빈센트는 크리스마스 휴가 때 아버지가 간곡하게 한 부탁을 받아들였다. 그 역시 반복되는 실패에 흔들리고 있었고 가족에게 버림받는 것이 두려웠다. 동생 도루스의 부탁을 뿌리칠 수 없었던 센트는 조카 빈센트가 로테르담 근처의 도르드레흐트의 '블뤼세앤드판브라암(Blussé & Van Braam)' 서점에서 일할 수 있도록 배려해준다. 아침 8시부터 저녁 늦은 시간까지 일했던 빈센트의 주된 업무는 배송이었다. 하지만 그는 일에 관심도, 배우려는 열의도 없었으며 누구와도 어울리지 않았다.

긴 업무 시간 동안 빈센트가 틈나는 대로 몰두했던 일은 성경 구절의 다국어 번역이었다. 그의 종교적 신념은 끊임없이 이어졌고, 주일이면 구교와 신교를 가리지 않고 여러 교회를 전전했다. 결국 서점 점원도 오래 하지 못했고, 결국 이 일을 계기로 큰아버지와의 관계도 완전히 끊기게 되었다. 도루스와 안나는 빈센트가 미술 일을 계속하길 바랐다. 하지만 그 바람과는 달리, 빈센트의 신앙은 전혀 사그라들지 않았다. 오히려 그는 정식으로 신학자의 길을 걷고자 하는 열망에 사로잡혔다. 빈센트는 목사인 아버지가 자신의 결정을 이해할 것이라고 믿었다.

성직자가 되기 위해서는 제대로 된 공부가 필요했다. 정식 신학 과정은 7년 이상의 수련이 필요했고 틸뷔르흐의 학교를 마치지 못한 상태였기에 신학대학 입학을 위한 선행 수업도 필요했다. 이미 24세가 된 빈센트가 그 길을 시작하기에는 늦은 편이었고 수련 과정은 성품이 근면했던 도루스 자신조차 힘든 시간이었기에 인내심이 부족한 아들이 과연 해낼 수 있을지 의심스러웠다. 하지만 자신의 뒤를 따르려 하는 아들의 꿈을 무작정 막을 수 없었기에 암스테르담에서 목회 활동을 하는 빈센트의 이모부인 보리스 스트리커 목사에게 도움을 청한다.

또한 해군 제독에서 퇴역하고 암스테르담에서 살고 있는 둘째 형 얀에게 부탁해 그의 저택에서 조카가 지낼 수 있도록 한다. 또다시 아들을 지원해야 하는 상황에 놓인 도루스는 학비를 비롯해 주거를 위한 돈을 스트리커에게 보낸다. 아마도 빈센트를 믿기 어려웠기 때문이었을 것이다. 빈센트는 이미 성인이 되었음에도 아버지의 뒷바라지는 끝이 없었다.

입학시험을 위해 공부해야 할 분량은 너무도 방대했다. 게다가 라틴어와 그리스어도 배워야 했고, 수학을 비롯한 다양한 필수과목도 익혀야 했다. 그러면서도 빈센트는 수험 과목이 아니었던 성경 공부 역시 빼놓지 않았고 도르드레흐트에서 그랬듯이 주일에 여러 교회를 다니던 신앙생활을 멈추지 않았다. 스트리커 이모부는 그에게 좋은 교사를 붙여주었고 빈센트는 좋은 성과를 보여주기도 한다. 하지만 초기에 불붙다가 식어버리는 패턴은 반복되었다. 1877년 후반에 이르자 꾸준하게 이어가야 할 공부에 질려버린 빈센트는 실패에 대한 두려움에 미리 사로잡힌다. 아버지 도루스는 칼뱅주의 전통을 따르는 네덜란드 개혁 교회 목사였기에 가톨릭 관습을 따르지 않았지만, 빈센트는 극단적인 금욕에 점점 빠져들었다. 그는 일부 수도원의 수도사들이 수행 중 행했던 것처럼 누더기를 걸치고 최소한의 식사만 하며 고행을 실천하기 시작했다. 나아가 스스로를 매질하는 자기 학대적인 행동까지 보였다. 이 무렵 비롯된 신경쇠약까지 겹쳐 그의 정신 상태는 점차 비정상적으로 변모했다.

1877년, 에턴에서 가족과 함께 보낸 크리스마스 휴가 동안 빈센트는 자신이 비정상적으로 보이지 않도록 노력했다. 그러나 도루스는 아들의 상태가 정상이 아니라는 것을 감지할 수 있었다. 이듬해 2월, 그는 암스테르담을 방문해 빈센트의 상황을 확인한 뒤 큰 절망에 빠진다.

이미 마음속으로 신학대학 입학을 포기한 빈센트는 신앙을 유지하면서 선택할 수 있는 마지막 길을 모색했다. 바로 선교사가 되는 것이었다. 결국 그는 1878년 7월, 신학교 과정을 시작한 지 1년 만에 포기하고 집으로 돌아왔다.

1878년 8월, 도루스가 큰아들을 위해 마지막으로 선택한 방법은 선교사의 길을 찾을 수 있도록 돕는 것이었다. 그는 백방으로 수소문했으나 결국 네덜란드가 아닌 벨기에 브뤼셀 근교 라켄에 있는 니콜라스 드 용게 목사가 설립한 선교사 양성 학교를 선택할 수밖에 없었다. 정통 칼뱅주의 목사인 도루스로서는 받아들이기 어려웠지만, 대안이 없었다. 벨기에는 전통적으로 구교 국가였기에 개신교의 교세가 약할 수밖에 없었다. 이에 따라 그들은 보리나주 같은 사회적 약자가 모여 사는 지역들을 전략적으로 선택해 복음을 전파하려 했다. 이런 상황에서 선교사를 빠르게 배출해야 했기에 교육 과정은 허술할 수밖에 없었다.

도루스가 이곳을 선택한 또 다른 이유는 빈센트의 학업 성적이 좋지 않아 제대로 된 신학교에 입학할 가능성이 없었기 때문이다. 어쨌든 이곳은 석 달만 수료하면 선교사 자격을 얻을 수 있었다. 빈센트가 11월 13일에서 16일경 테오에게 보낸 편지를 통해 심정을 엿볼 수 있다. 실패를 거듭했음에도 신앙심만큼은 전혀 줄어들지 않았다. 오히려 그는 어떤 순간에도 신앙 없이는 삶이 힘들다고 느끼고 있었다.

목사의 길을 포기하고 선택한 마지막 길이었기에 약 3년간 준비할 각오를 다지며, 선교사 양성 학교에서 지내면서 알게 된 보리나주 탄광촌으로 갈 것을 결심했다. 그래서 이 편지에는 삶을 전환하려는 그의 강한 의지가 담겨 있다. 또한 테오와 공유할 수 있는 미술이라는 대화를 통해 신앙과 삶에 중요한 의미를 부여하려는 빈센트의 마음이 드러난다. 그는 암스테르담의 교회에서 들었던, 미술을 통해 신앙을 표현할 수 있다는 설교를 떠올렸을지도 모른다. 이는 그의 삶 속에서 늘 자리 잡고 있던 미술과 신앙을 연결할 방법을 찾게 된 계기였을 것이다.

편지에는 빈센트가 직접 그린 〈오 샤르보나주(Au charbonnage)〉라는 14×14cm 크기의 작은 그림이 동봉되어 있었다. 그림 속 건물은 라컨의 트렉베그 대로 근처에 있으며, 노동자들이 여가 시간에 빵을 먹고 맥주를 마시러 가는, 작업장 옆의 간단한 식당이자 술집, 여관이었다고 한다. '오 샤르보나주'는 프랑스어로 '탄광에서'라는 뜻이다.

> 여기 〈오 샤르보나주〉라는 스케치를 함께 보내. 길에서 마주치는 수많은 것의 거친 스케치를 시작하고 싶지만, 나는 거기서 큰 진전을 이루지 못할 것이고 수도사가 되려는 내 본업에서 멀어지게 할 것 같아서 시작하지 않는 게 낫겠어. 집에 도착하자마자 나는 '열매 맺지 못하는 무화과나무'에 대한 설교를 시작했어. 〈루가복음〉 13장 6~9절이야. (…) 〈오 샤르보나주〉 스케치는 아주 특별한 것은 아니야. 하지만 무의식적으로 그것을 그리게 된 건 이곳에서 석탄을 캐는 특별한 사람들을 많이 보기 때문이야. 이 작은 집은 운하길에서 멀지 않은 곳에 있어. 사실 이곳은 큰 작업장에 붙어 있는 작은 술집인데, 노동자들이 휴식 시간에 빵을 먹고 맥주를 마셔.
>
> 1878년 11월 13일에서 16일경

〈오 샤르보나주〉는 화가 수련 전에 그린 그림이지만, 탄광 노동자들에 대한 연민이 시각적으로 표현된 작품으로, 후에 발전할 그의 사회적 주제를 미리 들여다볼 수 있다. 빈센트는 이 그림이 특별할 것 없는 스

⇡ 편지 속 〈오 샤르보나주〉(1878년).

케치로, '무의식적으로' 그렸다고 설명했다. 흥미로운 점은 이 스케치에서 그의 후기 작품의 특징인 평면에서 드러나는 입체감이 나타난다는 사실이다. 이는 그가 자기 삶의 방향에 대해 어떤 기시감을 느끼고 있었음을 보여준다. 또한 미학적인 기술이 숙련되어가면서도 기본적인 버릇이나 습관은 변치 않고 남아 있음이 드러난다. 한편, 위 편지의 인용처럼 빈센트는 그림을 그리는 것이 선교 활동을 방해할 수 있다는 우려를 가지고 있었다. 하지만 이 책에서 지금까지 살펴본 스케치와는 사뭇 다른 맥락의 이 작품이 갑자기 등장한 것을 보면, 빈센트는 자신도 모르게 화가로서의 인생을 준비하고 있었던 것이 아닌가 하는 생각이 든다.

이 편지의 추신에 "며칠 동안 이 편지를 보관했어. 11월 15일로 3개월 과정이 끝났어"라고 적혀 있는 것으로 보아, 본문은 미리 작성하고 며

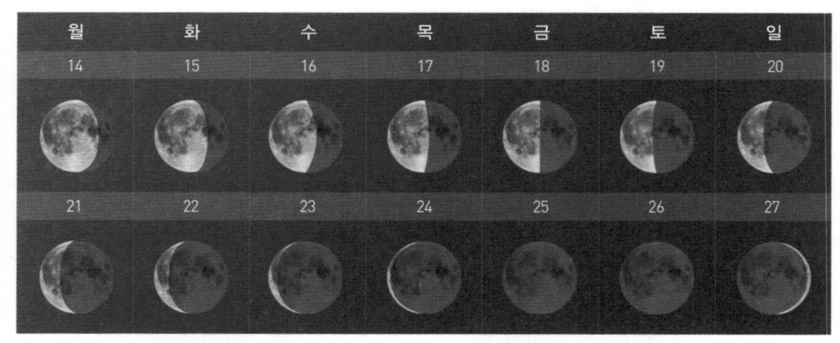

↑ 1878년 10월 14~27일, 달의 위상.

칠 지난 11월 15일경에 추신을 적어 발송한 것으로 보인다.* 이 편지 직전에 테오에게 보낸 편지(1878년 8월 15일)와 석 달 정도 간격이 있는 점을 감안하면, 본문은 대략 10월에서 11월 중순 사이에 썼을 것이다. 스케치의 오른쪽 위에 그려진 달은 〈별이 빛나는 밤〉 속 달과 비슷한 위상을 하고 있으며, 음력 25일에서 26일 무렵에 뜨는 그믐달이다. 이 달은 빈센트가 앞으로 그리게 될 수많은 달의 시작으로, 그의 무의식에 자리한 달의 이미지가 그믐달임을 보여준다.

그림 속 달이 그믐달이므로 이 풍경은 완전히 어두운 밤이라기보다는 동이 트는 새벽녘을 표현하고 있다. 2개의 창과 출입문 위 채광창에는 불이 켜져 있지만, 나머지 3개의 창은 불이 꺼져 있다. 어둠이 깔린 하늘은 연한 색으로 칠해져, 창문 속 불 꺼진 방의 어둠과 대비되며 여명이 밝아오는 느낌을 전달한다. 편지를 발송하기 전달인 10월, 이와 비슷한 모양의 달이 뜨는 날 및 그 시간(LMT 라켄 기준)은 월요일 21일(00:14) 또는 화요일 22일(01:39)이다. 해가 뜨는 시간은 아침 6시 33분 무렵이며 사람들이 조명 없이 간신히 다닐 만한 박명이 시작되는 시간은 새벽 5시 40분 무렵

* 이 편지 상단에는 '라켄 1878월 11월 15일'이라고 적혀 있으나, 필체와 잉크 색이 다른 점으로 보아 후대에 가필된 것으로 보인다.

1878년 10월 21~22일 라켄의 새벽하늘(05:30, LMT, 라켄).

이 된다.

그 시각을 기준으로, 만약 21일이라면 달의 고도가 약 45도이기에 스케치와 비교하면 다소 높다. 반면 22일은 달의 고도가 약 34도로 건물과 달이 스케치와 비슷한 형태로 보일 것이다. 빈센트가 정말 달의 각도까지 신경 써서 그렸다면 22일의 풍경일 것이고, 그 정도까지는 아니라면 21일일 가능성도 있다. 이렇듯 이 스케치는 새벽 박명이 시작된 후의 풍경을 담았으며, 달이 뜬 시간과 고도, 각도도 천문학적으로 유사한 시뮬레이션이 가능하다. 진짜 화가가 된 후에도 기억을 통해 그림을 그리는 데 어려움을 겪었던 빈센트였으니 이 그림은 그가 새벽에 일찍 일어나 직접 풍경을 보고 그린 것이 분명해 보인다.

⇡ 〈보리나주의 코크스 공장〉(1879년 7~8월).

보리나주 탄광 지대에서

보리나주는 프랑스 국경에서 약 7km 떨어진 벨기에 남부 지역으로, 풍부한 석탄 매장지였기에 하층 노동자인 광부들이 모여 사는 마을이 많았으며 벨기에의 개신교계가 선교를 위해 공을 들였던 주요 지역이었다. 당시 벨기에의 언어 상황은 복잡했지만, 보리나주에서는 공식 언어가 프랑스어였기에 빈센트가 활동하는 데는 큰 문제가 없었다. 또한 목사였던 아버지의 추천장이 있었기 때문에 빈센트는 바스므라는 곳에서 생활비를 받으며 평신도 설교자로 지내게 되었다.

그곳에서 빈센트는 큰 충격을 받았다. 광부들은 가장 거칠고 위험한 일을 맡았고, 아내들은 당연히 생계를 위해 일손을 보탰으며, 좁은 공간에 몸을 욱여넣는 일은 심지어 자식들의 몫이었다. 갱도가 무너지고, 채굴 과정에서 폭발로 사망하는 일이 잦았으며, 장티푸스 같은 전염병도 만연했다. 빈센트는 진심으로 그들의 고통에 공감하며 함께 생활하고 선교 활동을 이어갔다. 이러한 헌신적인 모습 덕분에 그는 '석탄 광산의 그리스도'라는 별명을 얻게 되었다.

종교에 빠져든 이래 빈센트는 《천로역정》 이외에도 토마스 아 켐피스의 《준주성범》, 에르네스트 르낭의 《예수의 생애》에서 큰 감동을 받았다. 그렇기에 이승에 와서 순례자로 살아야 한다고 생각했고 극단적인 청빈과 고행의 삶을 추구하는 켐피스의 가르침을 추종했다. 하지만 과도하게 진지하고 타인과 잘 어울리지 못하는 성격, 그리고 지나친 독실함에서 비롯된 설교와 망상으로 점차 주변 사람들로부터 외면을 받았다. 어느 시점부터는 병자들을 제외하고 그의 말을 귀담아듣는 사람은 거의 없었다. 이런 상황이 심화될수록 빈센트는 암스테르담에서 신학교 입학에 실패했을 때처럼 극단적인 고행에 몰두했다. 그는 최소한의 음식과 물만 섭취하며, 불편한 곳에서 잠을 자고 스스로를 채찍질했다. 그의 정신은 다시 종교적 섬망으로 차오르기 시작했다.

테오에게 보낸 편지(1879년 4월 1일)에는 마르카스라는 탄광을 방문해서 무려 700m 아래까지 직접 내려간 내용이 담겨 있다. 그곳에서 갱도 위를 올려다보면 햇빛이 마치 작은 별처럼 점으로 보인다고 표현했다. 그 경험을 한 지 겨우 며칠 뒤인 4월 17일, 빈센트가 지내던 바스므 근처 프라므리 마을의 아그라프 탄광에서 대형 사고가 발생했다. 당시 탄광 사고로 대규모 사망자가 발생하는 일은 드물지 않았으나, 이날의 사고는 120여 명이 사망하고 370여 명의 피해자가 발생하는 등 상당히 큰 규모였다. 지금도 프랑스 도서관의 신문 아카이브에서 《르몽드》를 비롯한 여러 언론사의 사건 사고 섹션을 통해 이 소식을 확인할 수 있다. 10년 후인 1889년, 빈센트는 〈채석장 입구〉라는 작품을 그리다가 발작을 일으킨다. 어쩌면 보리나주의 탄광 속에서 보게 된 풍경들이 그의 무의식에 깊은 흔적을 남겨 트라우마로 작용했을지도 모른다는 생각이 든다.

이 사고 이후, 빈센트의 피학적인 고행과 자기 학대는 도를 넘어서기 시작했다. 사람들은 그를 미쳤다고 여겼고 소통은 단절된다. 결국 6월 말에 그가 속했던 선교 단체는 설교에 문제가 있다는 표면적인 이유를 들어 평신도 설교자 활동을 7월 말로 정지한다고 통보한다. 결국 바스므에서도 사람들은 빈센트를 받아들이지 않았다. 하지만 그는 더 도망갈 곳이 없었기에, 브뤼셀 선교 학교에 입학할 수 있도록 도와주었던 피테르선 목사를 찾아가기로 한다. 반쯤 정신이 나간 모습으로 75km 떨어진 브뤼셀까지 맨발로 걸어간 그는 피테르선 목사에게 매달렸다. 목사는 그의 상태가 말린다고 들을 상황이 아니라고 판단하고, 무급으로라도 일하겠다면 가보라는 조건으로, 바스므에서 멀지 않은 퀴엠에 있는 선교사에게 보내는 추천장을 써주었다.

빈센트는 실패를 만회하기 위해 퀴엠으로 갔지만, 오히려 나락으로 떨어진 듯한 깊은 좌절감을 맛보았다. 그는 테오에게 의지했고, 8월 초 테오가 직접 찾아와 그를 어르고 달랬다. 하지만 테오는 빈센트에게 좌절감을 느낀 부모님의 입장을 전하지 않을 수 없었고, 그 말을 들은 빈센트는 완전히 무너지고 말았다. 며칠 후, 빈센트는 부모가 있는 에턴으로 갑작스럽게 귀향했다. 자신이 돌아온 탕아가 될 수 있을 것이라 여겼으나 환대는 없었다. 어디에도 속할 수 없게 된 그는 다시 퀴엠으로 돌아가 끝없는 자학의 길로 빠져든다.

이듬해 3월, 마침내 아버지 도루스는 빈센트를 벨기에의 정신병원에 보내기로 결단을 내린다. 목사로서 자신의 사회적 지위와 집안의 정신병력을 인정하고 싶지 않은 마음에 심란했지만, 더 이상 빈센트를 방치할 수 없었다. 이 대목에서 세간의 많은 사람은 도루스를 무심하고 잔인하다고 평가한다.

그러나 도루스가 아들을 입원시키려고 선택한 헤일(Geel)은 전통적인 정신병원이 아니었다. 이곳은 정신질환자들을 가족의 일원으로 받아들이는 지역 사회 기반 치료 모델로 유명한 마을이었다. 환자를 가두거나 억압적으로 대하지 않고, 가족과 함께 생활하며 자연스럽게 치유를 돕는 방식이었다. 또한 빈센트가 보리나주까지 걸어온 삶을 돌아보면, 도루스의 결정은 결코 그를 버리려는 의도가 아니었음을 이해할 수 있다. 생전에 도루스는 자식이 하려는 다양한 도전을 기꺼이 지원했고, 기죽지 않도록 보이지 않는 도움도 아끼지 않았다. 성인이 된 자식이 아프거나 문제가 생기면 어디든 찾아가 돌보는 그에게서 결코 자식을 내팽개친 부모의 모습은 보이지 않는다.

도루스는 더 이상 아들이 방황하는 것도, 미쳤다고 손가락질받는 것도 지켜볼 수 없었던 것이다. 그러나 이 결단은 빈센트와 도루스의 관계를 돌이킬 수 없을 정도로 악화시켰다. 결국 빈센트는 정신병원과 아버지를 피해 다시 퀴엠으로 도망친다.

가장 어두운 시기에 발견한 화가의 길

빈센트는 나름의 생각이 있었다. 이미 바스므에서 사람들과 관계가 단절되자, 얼마 지나지 않아 쫓겨날 것을 예감한 그는 스케치북에 그림을 그리며 스스로와의 대화를 시작했다. 그 침묵의 시간 동안, 자신의 젊음이 모두 부서지고 나서야 빈센트는 화가로 변해 있었다. 그는 마침내 화가로 살아야 할 자신의 소명을 받아들였다.

한편, 열 달 가까이 테오에게 편지 한 통 보내지 않던 빈센트는 1880년 6월 22일경, 마치 아무 일도 없었던 것처럼 하소연과 변명으로 가득 찬 편지를 보냈다. 이는 테오가 빈센트의 용기를 북돋기 위해 50프랑을 보내준 데 대한 감사의 편지였다. 이 편지는 빈센트가 테오로부터 최초로 지원받은 돈에 대한 고마움을 표현한 것이자, 평생에 걸쳐 테오에게 보낸 편지 중 가장 길게 쓴 것이었다. 이 편지를 기점으로 빈센트와 테오 사이에는 '화가와 후원자'의 관계가 형성되기 시작했다고 볼 수 있다. 편지는 다음과 같은 내용으로 시작한다.

사랑하는 테오에게
오랫동안 편지를 쓰지 않았기에, 이렇게 너에게 글을 쓰는 것이 조금 망설여지네. 여러 이유가 있지만, 어느새 너는 나에게 낯선 사람이 되어버린 것 같고, 나 역시 너에게 그럴지도 몰라. 어쩌면 네가 생각하는 것보다 더 낯설게 느껴질지도 모르겠어. 이렇게 계속 지내는 것보다 차라리 서로 거리를 두는 편이 더 나을지도 모른다는 생각이 들어.

사실 지금 이 편지를 쓰는 것도, 너에게 편지를 써야만 하는 상황 때문이 아니었다면 하지 않았을 것 같아. 네가 나에게 이 필요성을 부여하지 않았다면 말이야.

에턴에서 네가 나를 위해 50프랑을 보냈다는 소식을 들었어. 결국 나는 그 돈을 받았어. 분명히 마지못해, 그리고 다소 우울한 마음으로 받긴 했지만, 지금 나는 일종의 막다른 골목이나 혼란 속에 있어. 다른 방법이 없으니 어쩌겠어?

그래서 너에게 감사의 뜻을 전하려고 이 편지를 쓰고 있어.

1880년 6월 22일

빈센트가 다시 테오와 편지를 주고받기 시작했을 때, 테오는 그를 다독이며 계속 그림을 그려보라고 권했다. 인생의 가장 어두운 시기에 자신의 소명을 깨달은 빈센트는 미술을 통해 신앙을 실현할 수 있다는 희망을 발견했다. 그는 한발 더 나아가 미술 공부를 위한 책을 테오에게 요청했고, 목표를 정하면 앞뒤를 보지 않고 질주하는 그답게 엄청난 양의 스케치를 쏟아냈다. 이 시기 빈센트에게 화구를 보내며 도움을 준 사람 중 한 명은 바로 테르스테이흐였다. 처음으로 진지하게 미술을 접했던 이 시절, 빈센트의 마음속에 자리 잡은 이미지는 1875년 6월, 자신의 눈으로 직접 본 밀레의 작품이었다. 화가로 첫발을 내딛는 그의 마음속에는 밀레의 〈씨 뿌리는 사람〉이 깊이 자리했다.

11월 이후의 편지부터 빈센트는 테오에게 계속 돈을 부탁한다. 테

⟵ 〈잔드메닉의 집, 퀴엠〉
(1880년 6~9월).

⟵ 〈눈 속의 광부들〉
(1880년 9월).

오의 마음은 과연 어땠을까? 정신이 온전치 못한 형에 대한 안타까움이었을까, 아니면 속이 타들어가는 부모를 대신하려는 마음이었을까. 그러나 빈센트에게 테오의 마음은 중요하지 않았다. 그는 그림이라는 소명을 발견한 행복 속에 살고 있었고, 자신을 믿고 후원해줄 동반자가 있다는 사실이 더할 나위 없이 기뻤다. 빈센트는 이제부터 그릴 그림은 테오와 함께 그리는 것이라 여겼다. 하지만 이 시기의 테오도 과연 빈센트처럼 느꼈을까? 그랬을 리는 없었을 것이다.

빈센트가 예술가의 삶을 살겠다고 결심한 이후에도, 부모는 여전히 그의 생활을 지원해야 하는 부담을 안고 있었다. 테오가 형의 생계를 함께 책임지면서 경제적 압박이 조금 완화되었지만, 부모의 지원은 크게 줄지 않았다. 어쩌면 부모의 자존심을 배려하기 위해서였는지, 테오는 자신이 형을 돕고 있다는 사실을 빈센트에게 숨기려 했던 것으로 보인다. 그러나 빈센트가 지나치게 돈을 많이 쓰자, 아버지는 어쩔 수 없이 그 돈이 테오에게서 나왔다는 사실을 언급했고, 이를 계기로 빈센트는 진실을 알게 된다.

빈센트는 테오가 자신이 모르게 돈을 보내고 있다는 사실을 깨닫고, 1881년 4월 2일, 테오에게 보낸 편지에 진심 어린 감사를 표한다. 그는 부자가 되기는 어렵겠지만 드로잉 기술을 익혀 한 달에 100프랑 정도의 생활비를 벌 수 있을 것이라는 희망을 드러내며, 시간이 지나면 이 빚을 갚겠다는 다짐도 전한다. 그렇지만 이러한 긍정적인 마음은 오래가지 않는다. 1881년이 끝나가던 12월 18일, 테오에게 보낸 편지에 그는 이렇게 적었다.

> 이번 주에 아버지께 돈을 부탁드렸는데, 내가 사용한 90길더가 너무 많다고 생각하셨어. 하지만 네가 이해하리라 생각해. 모든 것이 비싸기 때문에 그 금액이 무리한 지출은 아니었어. 그런데도 아버지께 매번 지출 내역을 일일이 설명해야 하는 것이 정말 싫어. 더구나 모든 이야기가 과장되거나 부풀려져 다른 사람들에게까지 퍼지는 것이 기분 나빠.
>
> 아버지는 나를 위해 외투를 사셨는데, 처음 받았을 때 보니 바닥까지 내려오는 길이에 과하고 화려한 스타일이었어. 아마도 아버지는 친절하게 배려하신 걸지도 모르지만, 지금처럼 지출이 많은 시기에 그건 적절하지 않았어. 게다가 옷을 당사자와 상의하지 않고, 치수를 재거나 맞추지도 않고 사는 건 옳지 않잖아. 아버지는 그 외투를 내게 보내셨지만, 난 곧바로 반송했어. 그래서 말인데, 테오, 지금 점점 더 재정적으로 궁핍해지고 있다는 걸 알리고 싶어.
>
> 1881년 12월 18일

역시 빈센트는 평범한 사람이 아니었다. 처음에는 감사한 마음이 었지만 이미 그해 말에는 부모나 형제의 지원을 당연하게 여기게 되었다. 한편, 미술을 시작하면서 그의 삶의 방향은 급격히 현실적인 쪽으로 변화했다. 한때 그리스도를 따라 극도로 청빈한 삶을 살던 그는 이제 상업적으로 성공해 그림으로 돈을 버는 화가가 되기를 희망했다. 특히 인물화를 잘 그리면 안정적으로 생계를 유지할 수 있을 것이라 믿었다. 그러기 위해 그는 부모의 뜻에 따라 브뤼셀 왕립 미술 아카데미에 등록한다. 그러나 이미 여러 차례 경험했듯, 그는 학교라는 체제에 적응할 성격이 아니었다.

전통적인 미술교육과 규격화된 교육 방식에 불만을 품은 빈센트는 스스로 학습하거나 관찰을 통해 배우는 방식을 선호했다. 그는 스케치의 기초를 익혀야 할 입장이었음에도 석고상을 그리기보다는 살아 있는 그림을 그려야 한다고 주장하며 모델을 구해 연습했다. 그뿐 아니라 모델을 위한 의상과 소품까지 구입했으며, 제대로 된 작업실이 필요하다는 이유로 더 많은 돈을 요구했다. 경제적으로 전혀 자립하지 못한 상태임에도 그의 씀씀이는 부모와 테오가 감당하기 어려울 정도로 커졌다. 게다가 빈센트는 끊임없이 복제화를 사들였고, 돈이 부족하면 주변 사람들에게 빌려가며 이를 충당했다. 더 큰 문제는 그가 성적 쾌락에 다시 눈을 뜨면서 브뤼셀의 사창가를 찾아다니며 욕망을 해소했다는 점이다. 보리나주에서 청빈한 삶을 살던 빈센트는 이제 완전히 다른 사람으로 변해 있었다.

그러면서도 빈센트는 가족과의 관계를 회복하길 희망했다. 영국 구필 화랑에서 일하던 시절로 돌아가고 싶었던 것일까? 1881년 4월 중순, 부활절을 앞두고 빈센트는 돌연 가족이 있는 에턴으로 귀향한다. 그곳에서도 그는 마을 사람들을 닥치는 대로 그리며 열정적으로 작업을 이어갔다. 여동생 빌을 모델로 삼아 인물화를 그리기도 했고, 풍경화에도 손을 대기 시작했다.

〈빌레미나 야코바의 초상화〉(1881년 7월).

〈바구니를 든 씨 뿌리는 사람〉(1881년 9월).

수련을 시작한 빈센트에게 가장 큰 영감을 준 화가는 밀레였다. 바르비종 화파의 창시자인 밀레는 농촌 생활과 농부들을 아름답게 포장하거나 계몽하려는 목적이 아닌, 있는 그대로 묘사했다. 빈센트는 화려함보다는 소박함을 추구하며, 스스로도 작품 속 인물처럼 살고자 했던 밀레의 삶과 작품을 평생에 걸쳐 존경했다. 밀레를 '페르 밀레(아버지 밀레)'라 부를 정도였으며, 빈센트가 남긴 편지 902통 중 약 160통에서 밀레의 이름을 언급한 점이 이를 증명한다.

에텐으로 돌아온 빈센트는 종이에 잉크로 그린 〈바구니를 든 씨 뿌리는 사람〉을 시작으로, 생의 마지막 해였던 1890년 1월 생레미에서 완성한 〈첫 걸음마〉에 이르기까지, 밀레의 작품을 기반으로 20여 점의 그림을 남겼다. 그러나 빈센트는 이를 단순히 작품의 복사로 여기지 않았다. 그는 자신의 작업을 '번역'이라고 표현하며, 밀레의 작품을 자신의 스타일로 재해석했다고 주장했다. 이는 구필 화랑에서 대량 생산된 복제 이미지와 자신의 작업을 명확히 구분하고자 한 의도였을 것이다.

그러던 중 사건이 일어났다. 암스테르담에서 신학 공부를 할 때 도움을 준 이모부 스트리커에게는 코르넬리아 보스라는 딸이 있었고, 빈센트와는 이종사촌 관계였다. 당시 그녀의 둘째 아들이 빈센트가 암스테르담에 오기 얼마 전에 죽었기에, 빈센트는 그녀에게 각별한 감정을 품고 있었다. 그런데 억눌려 있던 성적 욕망에서 해방된 빈센트 앞에, 1881년 8월 그녀가 돌연 에턴에 나타났다. 더군다나 그동안 만나지 못했던 사이에 병약했던 남편마저 세상을 떠나고, 여덟 살 아들 하나를 둔 비련의 과부가 되어 등장한 것이다.

그녀는 빈센트가 이상적으로 생각하던 조건에 부합했다. 런던의 구필 화랑 시절, 하숙집 주인과 딸에게 느꼈던 감정이 되살아났다. 자신이 그들의 일원이 되어 결핍된 남편과 부모의 자리를 채우며 완벽한 가정을 만들 수 있을 것이라는 착각이었다. 빈센트는 곧바로 청혼했지만, 그녀는 기겁하며 단호히 거절했다. 이후 코르넬리아는 즉시 암스테르담으로 돌아가 빈센트와의 접촉을 끊었다.

그럼에도 빈센트는 그녀의 마음을 돌릴 수 있다고 믿으며 망상을 점점 키워갔다. 몇몇 화가와 교류하면서 그림에서도 진전이 있다고 느낀 그는 자신이 새로운 가족을 이끌어갈 수 있다는 자신감에 사로잡혀 열렬한 구애 편지를 보내며 끊임없이 사랑을 고백했다. 그러나 코르넬리아는 어떠한 틈도 보이지 않으며 단호히 "절대, 절대, 안 돼"라고 거부 의사를 밝혔다. 이모부 스트리커로부터 경고를 받았음에도 빈센트는 멈추지 않았다. 그의 행동은 결국 에턴의 가족들과도 심각한 갈등을 일으켰고, 아버지로부터 내쫓길 처지에까지 이르게 된다. 겨우 봉합되었던 가족 관계에 다시금 금이 갔다. 빈센트는 테오에게 중재를 요청하면서도, 암스테르담에

가기 위한 여비를 요구했다. 가족의 평화를 위해 테오는 돈을 보낼 수밖에 없었다.

여러 차례 코르넬리아의 집을 찾아간 빈센트는 이모부 스트리커만 만날 수 있었을 뿐, 코르넬리아와는 다시 마주할 기회를 얻지 못했다. 이때 일어난 것이 바로 그 유명한 일화다. 빈센트는 자신의 손을 가스등 위에 올려놓고, "내 손이 타는 시간만큼만이라도 코르넬리아를 볼 수 있게 해달라"고 애원했다. 그러나 결국 빈센트는 그녀를 볼 수 없었고, 그가 멋대로 꿈꿨던 사랑은 완전히 무너지고 말았다.

이전에는 소망하던 대로 되지 않을 때 삶이 망가졌지만, 이제는 스스로 삶을 망가뜨리기 시작한다. 그는 가정을 이루지 못한 좌절로 점점 더 삐뚤어졌고, 종교인이 되기 위해 품었던 모든 마음을 버렸다. 빈센트는 어쩌면 아버지를 기쁘게 하려는 마음에서 성직자가 되려 했던 것일지도 모른다. 그러나 이제 그는 아버지에게 더 큰 상처를 주기 위해 종교를 저주했다. 종교를 버린 것은 단순한 반항이 아니었다. 그것은 보리나주에서의 시간과 단절하고, 화가로서 새로운 자신으로 태어나고자 한 행위였다. 하지만 그 과정은 파괴적이었다. 결국 그해 크리스마스에 빈센트는 아버지와 격렬하게 다툼을 벌였고, 마침내 집에서 내쫓기고 말았다.

빈센트는 평생 사랑받지 못했다는 사실에 슬퍼했지만, 이는 그가 아버지를 제대로 이해하지 못한 오해에서 비롯되었다. 빈센트를 가장 사랑한 사람은 아버지 도루스였다. 빈센트를 내쫓은 뒤에도 도루스는 몇 차례 헤이그로 가서 큰아들을 만나곤 했다. 그 사실만 봐도 끝까지 빈센트를 놓지 않은 부정을 느낄 수 있다. 그러나 이 시점에서 도루스의 삶은 3년 남짓 남아 있었다. 그 짧은 시간 동안에도 빈센트는 끊임없이 아버지에게 상처를 주었다. 아버지와 아들의 관계는 회복되지 못한 채 점점 더 멀어져만 갔다.

화가와 후원자

빈센트가 집에서 쫓겨나 헤이그로 온 중요한 이유 중 하나는 집안에 있는 안톤 마우베(Anthon Mauve)라는 화가의 도움을 받기 위해서였다. 헤이그 화파의 일원이었던 그는 빈센트의 이종사촌 아리에트 소피아와 결혼했다. 마우베는 헤이그로 이주한 빈센트를 위해 숙소와 작업실을 제공했으며 도제 수업을 해주었다. 물론 오래가지는 못했다. 근본적으로 실력이 미숙한 빈센트의 자격지심, 늦게 시작한 데서 오는 조바심, 다른 사람들과 어울리지 못하는 성격까지 합세해 자신만의 세계에 더욱 깊숙하게 빠져들었다.

빈센트는 마우베의 가르침을 무시하고 자신만의 방식으로 거리의 노동자들을 소묘하는 데 집중한다. 정확한 비례로 구사하기 위해서는 정물이나 석고상으로 연습해야 했으나 빈센트는 끊임없이 모델을 그렸다. 또한 색채화를 작업할 실력이 부족했기에 흑백 소묘만 해댔다. 빨리 그려야 하는 인물화라는 특징, 정확하지 못한 비례, 빈센트 특유의 일그러진 시각이 맞물려 크로키같이 선이 굵은 그림을 다량으로 그려내는 데 집중한 듯하다. 그러면서 오만하게도 작품을 팔기 위해 노력하지 않고, 사람들이 자신의 그림을 찾게 만들겠다고 선언한다. 물론 결과적으로 빈센트가 죽고 나서 그 말은 실현되었다. 하지만 미래를 알 수 없는 테오 입장에서, 더

⇡ 〈슬픔에 잠긴 노인〉
(1882년 11월).

군다나 아버지를 이어받아 그를 부양해야 하는 상황에서 천불이 날 이야기였다.

테오는 매달 100프랑에서 150프랑을 빈센트에게 주기적으로 보냈다. 빈센트의 금전적 의존으로 인해 형제의 관계는 결코 낭만적일 수 없었다. 테오는 팔릴 그림을 그리게 하기 위해 빈센트에게 남은 생애 동안 끊임없이 당근과 채찍을 사용했다. 물론, 테오가 빈센트의 그림에 대한 소유권을 갖고 있었던 것은 서로 합의한 사실이다. 그러나 그 시점에서 테오가 빈센트의 가능성을 보고 투자한 건 아니었다. 형에 대한 안타까움과 부모를 보호하고자 하는 감정이 뒤섞여 이러한 지원을 이어갔던 것이다. 한편, 빈센트는 끊임없이 테오를 협박하며 돈을 요구했다. 상식적으로 이해하기 어려운 일이지만 그는 돈을 뜯어내기 위해 온갖 꾀를 부릴 정도로 교활했다. 만약 테오가 돈을 보내지 않으면 부모에게 접근해 테오와의 사이를 이간질했고, 반대로 테오와 사이가 좋을 때는 부모를 헐뜯으며 불만을 쏟아냈다. 빈센트의 이러한 행동은 그의 민낯을 적나라하게 보여주는 것이었다.

그 무렵 빈센트는 여전히 구필 화랑 헤이그 지점에서 근무하고 있는 테르스테이흐를 찾아간다. 탁월한 업무 능력을 인정받아 지점장으로 승진한 그는 미술계에 몸담은 헤이그 사람들에게 가장 중요한 핵심 인물로 성장했다. 빈센트는 더 이상 구필 화랑의 직원은 아니었지만, 화가로서 새로운 길을 걸어갈 것임을 선언하기 위해 그를 찾아갔던 것이다. 동시에 테르스테이흐를 통해 마우베 외의 다른 미술계 인물을 소개받고자 하는 기대도 있었을 것이다. 하지만 그 만남은 빈센트에게 전혀 도움이 되지 않았다. 테르스테이흐는 날카로운 인물이었다. 빈센트가 그리는 소묘에 대한 칭찬보다는 실력을 키우도록 냉철한 조언을 마다하지 않았다. 하지만 빈센트는 기분이 상했고, 점차 사이가 나빠지던 어느 날은 급기야 더 이상 테오에게 빌붙지 말고 그림을 포기하라는 충격적인 말까지 듣는다.

이 시기 빈센트는 결코 정상적인 수련생의 모습을 보이지 않았다. 오히려 그는 스스로를 이미 위대한 화가라고 여기며, 테오가 제대로 후원하지 않는 것이 더 큰 문제라고 생각하기에 이르렀다. 그의 소품과 복제화 수집은 끝을 모르고 이어졌으며, 모델에게 지불하는 비용도 끊임없이 나갔다. 어쩌면 빈센트는 테오보다 더 풍족한 삶을 누리고 있었을지도 모른다. 그러나 빈센트 생각에 그것은 너무도 당연한 일이었다.

시엔과의 사랑

빈센트는 자신이 평범한 여성을 사랑하는 것이 불가능하다고 느꼈던 걸까? 헤이그의 구필 화랑에서 일하던 시절 드나들던 사창가를 다시 찾기 시작한 그는, 클라시나 마리아 호르니크라는 여성을 만나 연인으로 발전했다. 그녀는 흔히 시엔이라는 이름으로 불렸다. 빈센트의 눈에 시엔은 그가 그동안 만난 이들보다 훨씬 더 비참하고 나약한 존재로 보였다. 게다가 임신한 성매매 여성이라는 그녀의 처지는 빈센트의 연민을 자극했기에, 꿈꾸던 가정을 이루고자 하는 욕구를 다시 불러일으켰다. 그녀는 코르넬리아보다 훨씬 고분고분했으며, 빈센트를 억눌렀던 부모의 간섭도 사라진 상태였다.

빈센트는 시엔을 모델로 여러 장의 그림을 그렸고, 그중 가장 애정

⁝ 〈슬픔〉(1882년 4월).

을 담았던 작품은 그녀가 고개를 숙이고 쪼그려 앉은 나신의 옆모습을 그린 〈슬픔〉이었다. 이 그림은 1882년 4월경 테오에게 보내졌고, 테오는 이 그림을 보며 또다시 빈센트의 삶에 여자 문제라는 태풍이 몰아칠 것을 직감했을 것이다. 그해 6월, 시엔은 아들을 출산했고 빈센트의 중간 이름을 따 빌럼이라 이름 짓는다. 빈센트는 아기를 보며 가정을 이룬 기쁨을 느꼈다.

빈센트는 테오에게 시엔과 결혼하겠다고 선언하며 부모에게도 알리겠다고 말했다. 이는 단순히 가정을 이루는 것을 넘어, 자신이 만든 가정을 인정받고 싶은 강렬한 열망 때문이었다. 그러나 테오는 이를 미친 짓이라 여겼고, 모든 지원을 끊겠다고 협박하며 반대했다. 결국 형제는 치열한 갈등을 겪었으며, 빈센트는 테오에게 굴복한다. 하지만 이 사건은 단순히 형제간 다툼을 넘어 가족과의 관계, 더 나아가 빈센트의 인간관계 전반에 금이 가게 만들었다. 마우베는 시엔과의 동거가 빈센트에게 부정적인 영향을 미칠 것이라고 판단해 말렸지만, 빈센트는 받아들이지 않았다. 결국 그동안 누적되었던 갈등과 겹쳐지며 두 사람의 관계는 완전히 단절되고 만다. 테르스테이흐 또한 빈센트가 더 이상 개선될 가능성이 없다고 판단해 관계를 끊어버렸다.

빈센트가 생각한 가정은 그의 편집증적인 상상 속에서 만들어진 이상에 불과했다. 애초에 자기 밥벌이조차 제대로 하지 못하는 사람이 나이 들고 임신한 채로 버려진 성매매 여성과 안정된 삶을 살아가는 데는 문

⇡ 〈숲속의 여인〉(1882년 8월).

제가 있었다. 시간이 지난 뒤 빈센트가 시엔이 성매매를 하게 된 이유를 게으름 탓으로 돌렸던 것을 보면, 그가 구상한 가정이 평범한 모습이 되기는 처음부터 어려웠을 것이다. 시엔은 우울증을 겪고 있었으며, 담배와 알코올에 깊이 의존하는 삶을 살았다. (그녀는 빈센트가 세상을 뜨고 14년 후 강에 몸을 던져 자살한다.) 더군다나 테오에게 받는 돈보다 많은 지출로 유지되는 가정은 재정적으로 점점 더 어려워졌고, 빚쟁이들과의 충돌은 날로 심화되었다.

이 시기 빈센트는 실험적으로 유화를 그리기 시작했다. 그러나 유화는 돈이 많이 드는 작업이었으며, 특히 물감을 전혀 아끼지 않는 그의 스타일은 재정 문제를 더 악화시켰다. 게다가 같은 해 6월에 받았던 임질 치료 이후 건강도 점차 나빠졌다. 아울러 정신적 쇠약은 그의 삶을 더 고달프게 만들었다. 그러던 중 1882년, 프랑스의 유니언제너럴 은행이 파산하면서 파리 증권거래소가 붕괴하는 일이 발생한다. (주식 중개인으로 일하며 취미로 그림을 그리던 폴 고갱 역시 이 폭락 사건을 계기로 전업 화가가 되기로 결심한다.) 이 사건은 프랑스 은행 산업의 추락과 함께 해외 철도 및 건설 투자의 실패를 불러왔고, 전반적인 경제 상황은 더욱 악화되었다.

고가의 사치품을 다루던 구필 화랑도 불황의 직격탄을 맞아 운영에 큰 어려움을 겪었고, 테오의 재정 상황 역시 점점 나빠졌다. 이런 상황에서 테오는 이전처럼 빈센트를 마냥 후원할 수 없게 되었기에, 형을 몰아세우기 시작했다. 1883년 9월, 결국 빈센트는 마련할 수 있는 돈을 시엔에게 남기고, 그의 환상으로 이루어진 가정이 있던 헤이그를 떠난다. 빈센트가 빚을 청산하고 떠날 수 있었던 것은 테오의 지원뿐 아니라, 코르 삼촌이 그의 그림을 사주고 어느 정도 후원을 했기 때문에 가능했다. 그러나 코르 삼촌의 지원은 이때가 마지막이었던 것으로 보인다.

황무지 드렌터로

원래 빈센트는 풍경 화가들이 그러하듯 목가적인 곳에 머물고 싶었다. 그래서 고른 장소가 그의 친구인 안톤 반 라파르트가 풍경화를 그리기 위해 선택했던 북쪽의 황무지 드렌터였다. 아마 보리나주에서 살았던 경험도 큰 영향을 끼쳤을 것인데, 드렌터는 이탄(泥炭)이 많이 나오는 곳이기 때문이다. 이탄은 석탄의 한 종류로, 완전히 탄화되지 않은 상태의 유기물 퇴적물로 생성된다. 고사목, 관목, 이끼 등 식물 잔해가 습지에서 썩어 형성되므로 사방이 검은 석탄 지대로 보였을 것이다.

빈센트는 그곳의 이탄 노동자가 가장 먼저 눈에 들어왔고 농민 화가가 되겠다는 결심을 굳힌다. 이 시기 주요 작품으로는 〈잡초를 태우는 농부〉, 〈이탄 바지선〉 등이 있다. 이는 밀레의 농민화풍을 반영했으며 그에게 받은 영감을 잘 보여준다. 그러나 드렌터 시기의 그림은 전반적으로 지나치게 단조롭고 어둡다는 평가를 받는다.

←··· 〈잡초를 태우는 농부〉(1883년 10월).

←··· 〈이탄 바지선〉(1883년 10월).

당시의 불황 여파는 심각했다. 테오는 더욱 빈센트를 몰아붙이며 팔릴 그림을 그리라고 압박할 수밖에 없었다. 그러나 빈센트는 마을 사람들에게 정신병자로 알려져 모델을 구하기 어려웠고, 무엇보다 시엔에 대한 죄책감으로 정신 상태마저 온전치 못했다. 테오 역시 스트레스를 견디다 못해 구필 화랑을 그만두고 미국으로 이민 갈 생각까지 하기에 이르렀다. 그 역시 가족으로부터 받는 경제적 압박을 견디기 힘들었을 것이다. 사실, 이 시기 테오는 자신이 사랑한 여인과 관련된 문제로 심각한 금전적 어려움에 시달리고 있었다. 이때 빈센트는 또다시 충격적인 말을 꺼낸다. 동인도에 주둔한 군대에 입대하겠다는 것이다. 아버지가 들었다면 기가 막힐 일이었다. 장남의 군 복무를 면제받기 위해 아버지가 얼마나 큰 희생을 치렀는지 누구보다 잘 알았던 빈센트가 이제 와서 이런 말을 꺼낸 것은 그야말로 미친 짓이었다.

반 고흐의 다음 행선지

1883년 12월 25일 크리스마스, 빈센트는 원래 1년을 머물 계획이었던 드렌터를 불과 석 달 만에 갑자기 떠나 가족이 있는 뉘넌으로 향한다. 뉘넌은 에인트호번 동쪽에 위치한 도시로, 그의 가족이 1882년 8월에 이주한 곳이었다. 빈센트는 다음 행선지인 안트베르펜으로 가기 전인 1885년 11월까지 2년이 조금 안 되는 기간 동안 여기 머문다.

빈센트의 잘 알려진 작품들은 강렬한 색채로 사람을 매혹하지만, 대부분은 아를 시기 이후에 제작된 것들이다. 이와 달리 뉘넌에서 그린 유화는 190편에 이를 만큼 수적으로는 결코 적지 않다. 그러나 이 시기의 작품은 색을 구현하는 데서 빈센트 스스로 부담을 느끼고 있었고 표현력과 기술이 미흡해 분위기가 어둡다. 누군가 설명해주지 않으면 빈센트의 작품임을 알아채기 어려울 정도로 화풍은 완성되지 않았으며, 정식으로 그림을 배우지 못한 탓에 드러나는 기술적 한계를 다작을 통해 메우려 했다. 당시만 해도 노력에 비해 그림의 수준은 빠르게 성장하지 못했다.

그의 초기 대표작 중 하나로 꼽히는 〈감자 먹는 사람들〉은 1885년 4월경 뉘넌에서 3번의 유화와 드로잉, 리소그래프(석판화)를 포함해 다양한 방식으로 시도된 작업이다. 빈센트는 이 작품에 큰 애정을 가졌고 최대한 알리기 위해 기름과 물이 섞이지 않는 성질을 이용한 리소그래프로도

⇡ 〈감자 먹는 사람들〉(1885년 4월). 왼쪽에서 두 번째 인물이 호르디나 데 흐로트로 빈센트는 그녀의 초상을 20회 이상 그렸다.

제작한다. 빈센트는 이 작품이 팔릴 것이라 기대했던 것이다. 그러나 테오와 빈센트의 몇 안 되는 친구였던 안톤 반 라파르트조차 이 작품에 거센 혹평을 가했다. 라파르트는 작품의 기술적 완성도를 문제 삼으며, 특히 인물들의 비례, 손의 모양 등 해부학적 부정확성과 구성의 어색함을 지적했다. 이에 대해 빈센트는 〈감자 먹는 사람들〉이 농부들 삶의 진정성과 정직한 노동의 가치를 표현하려는 시도였음을 강조하며, 기술적 완성도보다 작품에 담긴 감정과 메시지가 더 중요하다고 반박했다.

한편, 빈센트가 뉘넌에서 사랑에 빠진 여인은 마르호트 베흐만이었다. 아마 생애 처음이자 마지막으로 받은 것이 더 많았던 사랑이었을지도 모른다. 그녀는 빈센트에게 빠져서 구애했고, 금세 육체적인 사랑으로 불붙었다. 빈센트는 그녀에게 청혼했지만 양가에서 모두 결혼을 반대한

⟨뉘넌의 옛 교회 탑과 쟁기꾼⟩(1884년).

⟨오두막⟩(1885년).

다. 그해 8월 마르호트는 쥐약으로 주로 쓰는 스트리크닌을 먹고 자살을 기도하지만 빈센트가 그녀를 발견하여 병원에 데려가 살릴 수 있었다. 위의 두 작품은 마르호트가 소장하고 있었다고 전해진다. 그리고 음독 사건 이후로도 두 사람은 간혹 연락이 이어진 것으로 알려져 있다.

1885년 3월 27일, 빈센트의 생일을 앞두고 아버지가 갑작스럽게 세상을 떠난다. 그의 형들보다 먼저 도루스가 사망한 것을 고려하면, 삶이 얼마나 고되었는지 짐작할 수 있다. 결국 도루스는 아들과 화해하지 못한 채 눈을 감았지만, 빈센트는 큰 타격을 받지 않는다. 오히려 아버지의 장례식에서 자신을 잘 아는 친척들을 만나는 것을 더 두려워했다. 당시 신경쇠

⇡ 〈성경이 있는 정물화〉(1885년 10월).

약으로 정신 상태가 불안정했지만, 가족들 앞에서 체면을 유지하려는 의식만큼은 또렷했다. 빈센트는 아버지의 유산을 포기하겠다고 선언하고, 인근 작업실로 이주한다. 사실상 그동안 빈센트가 저지른 행동으로 인해 아버지가 남긴 유산도 별로 남아 있지 않았다.

그해 10월 빈센트는 테오에게 편지를 쓴다.

> 마네 연구에 대해 설명해준 것의 답장으로, 펼쳐진 흰색 성경을 그린 정물화를 보내.* 가죽으로 제본된 성경으로, 검은색 배경에 황갈색 전경이 있고, 레몬색이 약간 섞여 있어. 나는 이걸 단 하루 만

* 이 그림은 화상에 팔기 위해 테오에게 다시 받아 안트베르펜으로 이주하면서 가지고 간 것으로 보인다.

에 그렸어.

1885년 10월 28일

그가 전달한 그림 〈성경이 있는 정물화〉 속의 성경은 그 뒤에 그려진 꺼진 촛불과 함께 생각한다면 목사로서 평생을 보낸 아버지를 상징한다. 펼쳐진 성경의 오른쪽 상단에는 'ISAIE(이사야의 프랑스어)', 오른쪽 페이지 여백에는 로마 숫자 'LIII(53)'이 적혀 있다. 〈이사야서〉 53장은 '고난 받는 종의 노래'로, 그중 5절의 내용은 "그러나 그가 찔린 것은 우리의 악행 때문이고 그가 으스러진 것은 우리의 죄악 때문이다. 우리의 평화를 위하여 그가 징벌을 받았고 그의 상처로 우리는 나았다"이다. 한편 성경 앞에는 대조적으로 에밀 졸라의 《삶의 기쁨》이 놓여 있다. 소설의 제목은 '기쁨'이지만 실제로는 질병, 가난 그리고 정신적 고통이 어떻게 인간의 삶을 황폐화하는지를 다루고 있다. 즉, 이 그림은 자신으로 인해 상처 받은 아버지에 대한 회한과 자기 자신을 상징하는 그림이라 할 수 있었던 것이다. 이 작품을 그리고 나서 얼마 지나지 않은 11월 말, 빈센트는 안트베르펜으로 떠난다. 이때를 마지막으로 그는 네덜란드로 돌아오지 않는다.

화가가 되기까지의 빈센트를 정리하며

빈센트의 초기 작품이 유난히 어두운 이유를 몇 가지 들 수 있다. 우선, 그가 주로 다룬 주제가 농민과 노동자의 삶이었기 때문이다. 그들의 삶은 고단하고 비참한 현실로 가득 차 있었고, 빈센트는 이를 사실적으로 표현하기 위해 어두운 색조와 단조로운 팔레트를 사용했다. 또한 당시 네덜란드 미술계의 전통적인 경향도 그의 작품에 영향을 미쳤다. 빈센트가 활동했던 초기에는 어두운 색조와 강한 명암 대비가 보편적인 스타일이었으며, 이는 자연스럽게 그의 작업 방식에도 반영되었다.

이런 배경에서 빈센트는 색채를 대담하게 사용하는 데 익숙하지 않았고, 밝은색을 다룰 때 색조를 제대로 조절하지 못할까 두려움을 느꼈다. 하지만 이러한 한계가 오히려 그를 밤이라는 주제로 이끌었다. 낮의 화려한 색채 대신 밤의 어둠 속에서 그는 자신만의 방식으로 색을 탐구해야 한다는 사명을 가질 수 있었다. 이 과정에서 빈센트는 밤의 미묘한 색감과 빛의 아름다움을 누구보다 잘 표현하는 화가로 거듭났다. 결국 이러한 탐구를 통해 최고의 걸작이라 할 수 있는 〈별이 빛나는 밤〉을 남겼다.

이 책을 처음 준비할 때만 해도 빈센트의 생애에 관해서는 생레미와 아를 시절의 일부만 담을 생각이었다. 하지만 조사를 거듭할수록 그의 유년 시절부터 시엔과 헤어진 서른 살까지의 시간이 그의 정신세계를 이해하는 데 중요했기에 그 내용을 포함할 수밖에 없었다. 이후 뉘넌과 안트베르펜에서의 시기는 그가 화가로서 성장해가는 과정을 보여주는 중요한 시간이다. 그의 삶에서 드러난 충격적인 사실과 황당한 사건에 한숨이 나올 때도 많았다. 서른 살 이전까지의 빈센트의 삶은 그야말로 파란만장 그 자체였다. (물론 그 이후도 결코 만만치 않다.)

빈센트는 유명세만큼이나 세상에 잘못 알려진 이야기도 많다. 지나치게 미화된 그와 테오의 관계가 그중 하나다. 앞서 그들의 삶을 살펴본 바와 같이, 빈센트는 때로 테오를 자금줄처럼 여기기도 했고, 테오 역시 형이라는 존재에 좌절을 느끼기도 했다. 우리 역시 가족 때문에 고통 받는 일이 많지 않은가.

다음으로 많이 언급되는 것은 빈센트에게 내려진 '미친 천재'라는 정의다. 사실 빈센트의 광기는 정확하게 확인된 것이 없다. 모계로부터 유전된 정신질환이 있었을 가능성도 있고 편집증적인 성격이 스스로를 광인으로 규정지어 더 그렇게 행동했을 수도 있다. 빈센트가 짧은 시간 동안 남긴 많은 그림을 생각하면 늦은 출발에 대한 조바심, 동생에게 받은 돈을 갚아야 한다는 강박관념에 쫓겨 부단히 노력했던 것이다.

하지만 현실은 빈센트를 '광기'라는 단어로 단순하게 정의하려는 경향이 강하다. 심지어 빈센트가 노란색을 많이 쓴 이유가 압생트를 많이 마셔서라는 말도 안 되는 이야기도 있다. 하지만 그가 압생트를 과하게 마셨다는 증거는 어디에도 없다. 파리 시기까지는 과음을 자주 한 것으로 추측되나 아를 시기 이후로는 술을 많이 마셨다는 기록이 특별히 존재하지 않는다. 편지를 통해 추측해보면 오히려 체질적으로 술이 약했을 거라는 생각도 든다.

빈센트는 극도로 종교적이었다가 땅바닥까지 떨어질 만큼 세속적으로 변했고, 테오가 실질적인 장남 역할을 하게 된 현실을 인정하면서도 여전히 부모의 마음에 들고 싶어 하는 욕망을 버리지 못했기에 다양한 기행을 저질렀다. 여동생 안나는 빈센트가 아버지를 죽인 것과 다름없다며 강하게 비난했다. 이는 오이디푸스콤플렉스의 관점에서 빈센트가 아버지에게 행한 많은 죄악을 해석할 여지를 남긴다. 이렇게 빈센트의 복잡한 삶을 돌아보았으니, 이제 〈별이 빛나는 밤〉을 조금 더 깊이 이해할 수 있지 않을까 생각한다.

Van Gogh's Time
Discovered by Astronomy

3.

미완의
화가

국제도시 안트베르펜으로

〈성경이 있는 정물화〉를 그린 다음 달, 빈센트는 호르디나 데 흐로트라는 모델과의 염문으로 마을을 떠날 수밖에 없게 된다. 그녀가 아버지 없이 낳은 아기 코넬리스 때문이었는데, 빈센트는 자신이 아버지가 아니라고 변호했지만 가족을 포함해 뉘넌의 그 누구도 믿지 않았다. 그동안 그의 행실을 생각할 때 충분히 합리적인 의심이었으며, 무엇보다도 아이의 머리카락이 붉었기 때문이기도 했다. 그러나 그는 평상시 가정을 꾸리는 데 강한 환상을 갖고 있었고, 아이를 버리거나 거짓말을 할 파렴치한은 아니었다. 진실은 137년이 지난 2022년이 되어서야 밝혀졌고, 그의 말은 사실로 확인되었다. 2022년 DNA 검사를 통해 빈센트 가계의 자손과 흐로트의 자녀들 간 유사성이 없음이 확인되었다고 한다. 1885년 11월, 이제 생의 시간이 5년도 채 남지 않은 그는 이 사건을 끝으로 네덜란드를 떠나 벨기에의 안트베르펜으로 향한다.

빈센트는 안트베르펜에 간 이후부터 다음 행선지인 파리와 아를에 이르기까지, 동생 테오를 비롯해 누구와도 제대로 관계를 맺거나 함께 지내지 못한다. 원래 사람들과 잘 어울리는 성격이 아니긴 했으나 그 정도가 이전과는 확연히 차이가 있었다. 무엇이 문제였을까?

빈센트는 기본적으로 친절한 사람이었다. 안트베르펜에서도 처음에는 상당히 활기찼다. 특히 그는 이 도시에 오자마자 루벤스에 빠져들었다. 안트베르펜은 루벤스의 도시라 불릴 만큼 그의 유산이 많은데, 빈센트 역시 자연스럽게 영향을 받는다. 강한 윤곽선을 사용해 형태를 부각하는 기법을 실험했으며, 이후 파리나 아를 시절에서 자주 나타나는 강렬한 빨간색과 녹색 표현 역시 많은 부분이 루벤스에게서 온 것이라 할 수 있다. 또한 안트베르펜은 국제 항구도시였기에 일본에서 들어온 판화, 도자기, 직물 등 다양한 예술품과 공예품을 파리에서 자포니즘이 대유행하기 전에 미리 접할 수 있었다.

빈센트는 뉘넌을 떠나며 가족에게 버림받았다는 상처와 다시는 가족에게 의지하지 않겠다는 결심을 품고 있었다. 성적으로 자유로운 안트베르펜의 분위기 속에서 그는 성매매 여성들과의 관계를 통해 내적 분노를 해소하려 했지만, 이로 인해 그의 성적 방황은 더욱 깊어졌다. 안트베르펜은 선원과 이주 노동자가 몰려들어 성매매 수요가 끊이지 않았고, 그 결과 성매매 업소가 곳곳에 난립했다. 특히 다양한 국적과 인종(동양인을 포함한)의 성매매 여성이 있었다는 점은 다른 도시와의 큰 차이점이었다. 그러나 이는 성병에 걸릴 위험 또한 높아짐을 시사한다.

안트베르펜에서 빈센트는 경제적으로 큰 어려움을 겪었다. 그럴 때마다 테오에게 왜 자신을 제대로 후원하지 않느냐고 추궁하는 등 돈 문제로 인한 형제간의 갈등은 끊이지 않는다. 당시 그가 쓴 편지는 동생에게 보내는 것인지, 채무자에게 보내는 변제 독촉인지 헷갈릴 정도다. 그러던 중 빈센트는 예술적 동지가 필요하다며 돌연 안트베르펜 왕립 미술 아카데미에 등록한다. 이곳은 석고상을 그리는 훈련 같은 고전적인 방식을 중시하는 교육기관이었다. 하지만 학생들이 돈을 모아 공동으로 모델을 사서 그리는 별도의 그룹이 있었고 빈센트는 이 모임에서 큰 만족을 느낀다. 그러나 실력 부족으로 정규 유화 수업에서 쫓겨나고, 진득하게 집중해서

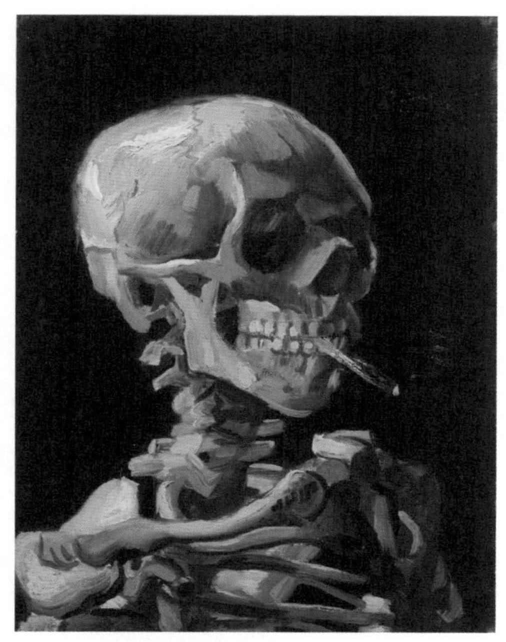

⁝ 〈담배를 피우는 해골〉(1886년).

그려야 하는 정밀한 그림 수업에서 정신 사납게 크로키처럼 그려대는 통에 더 이상 학교에 붙어 있는 것은 불가능했다. 결국 브뤼셀 왕립 아카데미에서 그랬듯이 여기서도 적응을 못 하고 쫓겨난다. 이 시기 빈센트는 술을 많이 마셨고 건강에도 문제가 생긴다. 그의 작품 〈담배를 피우는 해골〉은 당시 그가 느꼈던 고립감과 육체적 고통을 여실히 보여준다.

후대의 빈센트 연구자들은 이 시기 그의 성격이 갑자기 변한 데는 성병이 중요한 원인이 되었을 것이라고 추정했다. 앞서 확인한 대로, 헤이그 구필 화랑 시절부터 시작된 성매매는 런던으로 이어진다. 그러다가 파리에서 시작된 종교적 열망으로 금욕적인 삶이 시작되었고 이후 보리나주에서 그 순결함은 절정에 이른다. 하지만 그 소동이 끝난 후 화가가 되기를 결심하고 브뤼셀로 이동한 후부터는 반대로 퇴폐적 삶이 시작되면서 상습적으로 성매매 업소를 들락거린다. 그의 문란한 성생활은 이후 그가 거주한 마지막 두 장소인 생레미와 오베르쉬르우아즈를 제외한 모든 곳에서 이어졌다.

↑ 해골을 그린 스케치(1886년).

빈센트의 행동을 지금의 시선으로 비난하기에는 다소 무리가 있다. 현대는 연인 사이에서 자유로운 성관계가 가능한 시대다. 그러나 19세기 후반 유럽은 성적 관습과 사회적 규범이 지금과 크게 달랐다. 당시 미혼 여성이 남성과 성관계를 갖는 것은 도덕적, 사회적으로 용인되지 않았고 많은 남성이 성매매를 통해 욕구를 해소했다. 성매매는 단순히 음지에 머무르는 산업이 아니었고, 남성들의 삶에서 사회적 필요를 충족시키는 통로로 기능했다.

19세기 후반 유럽의 도시들은 산업화와 도시화로 인해 성매매가 활발히 이루어졌다. 선원, 이주 노동자, 군인과 같은 주요 고객층이 몰리며 항구도시와 산업 중심지에서 특히 성행했다. 이는 공공 보건 차원에서 관리되어, 성매매 여성들은 건강 검사를 받아야 했다. 다양한 국적과 배경을 가진 이들이 활동하며, 성매매는 성적 억압이 강했던 사회에서 남성들이 선택할 수밖에 없는 경로로 자리 잡았다. 그리고 그만큼 성병 확산의 위험도 높았다.

성매매 여성 시엔을 만나던 시기인 1882년 6월 8일 빈센트는 테오에게 보낸 편지에서 자신이 임질에 걸렸다고 확실하게 언급했으며 보름 정도 치료를 받을 것이라고 적는다. 효과적인 임질 치료는 1930년대 항

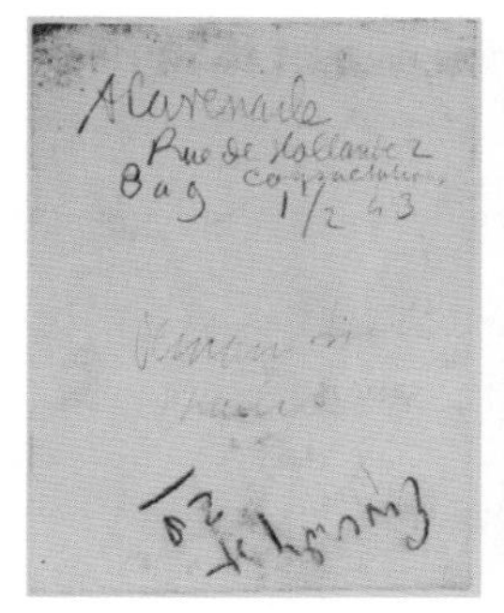

빈센트가 스케치북에 남긴 메모.

생제가 도입된 이후에나 가능했다. 따라서 당시로서는 완쾌가 어려웠기에 빈센트는 평생 이 병을 달고 살았을 것이다. 하지만 임질은 매독에 비해 외부로 드러나는 병변이 적기 때문에 사회적인 낙인은 덜했다. 아마 그런 이유로 테오에게 솔직하게 임질에 걸렸다고 말했을 것이고, 그가 입원한 병원에 문병을 왔던 아버지도 빈센트가 어떤 병에 걸렸는지 알았을 것이다.

하지만 문제는 그것만이 아니었다. 빈센트가 죽고 한참이 지난 어느 날, 트랄보는 그의 스케치북을 조사하다가 아마데우스 카베나일(Amadeus Cavanaille)이라는 의사의 이름과 주소가 적힌 것(위 그림 좌측)과 '명반 20c를 2분의 1씩, 때때로 오전 10시에 좌욕(sitz-bath), 스튀벤베르흐(Stuyvenberg)'라고 적힌 메모를 발견했다. 영국인 저널리스트인 켄 윌키는 빈센트를 진료했던 카베나일의 손주(그 역시 의사였다)를 직접 만났는데, 그는 1885년 11월 자신의 할아버지가 빈센트의 매독을 치료했으며, 치료비 대신 빈센트가 할아버지의 초상화를 그려주었다는 사실과 그림의 소재는 파악되지 않고 있음을 밝혔다. 이 조사는 구술과 추측을 통한 것이므로 확신할 수는 없지만 정황상 빈센트는 매독에 걸렸던 것으로 짐작된다.

동생 테오는 꽤나 병약했는데 그 원인 역시 매독의 후유증으로 추정된다. 아를과 생레미 시기의 편지에는 의사 루이스 마리 리베(Louis Marie Rivet)와 데이비드 그루비(David Gruby)에 대한 언급이 있다. 편지에는 테오가 그루비에게 아이오딘화 포타슘을 처방받았다는 내용이 있는데 당시 약물은 다양한 병증에 사용되었으나 주로 매독 치료에 쓰였다. 또한 같은 편지 속 "그루비 선생 얼굴 봤어? 입술 꽉 다물고 '여자는 안 돼요'라고 말할 때 말이야. 그 표정, 마치 드가의 그림에서 튀어나온 것 같아. 완전 걸작이라니까!"라고 빈센트가 적은, 성관계를 금하는 부분을 통해서도 짐작이 가능하다. 형제간의 편지에 매독이라는 단어는 등장하지 않지만 네 살이나 어린 테오의 건강을 편지마다 걱정하는 빈센트를 보면 암묵적으로 매독을 언급하지 않았던 것으로 보인다. 빈센트 사후 6개월 만에 사망한 테오는 정신병원에 감금되어 있다가 아내 요한나 봉허(Johanna Bonger)와 작별 인사도 제대로 하지 못하고 사망한다. 증상은 마비성 치매로 진단되었고, 원인은 매독으로 알려져 있다.

당시에는 임질과 매독에 같이 걸리는 일이 태반이었으며, 19세기 초가 되어서야 두 병이 서로 다른 것임이 밝혀졌다. 매독은 1차 감염 단계에서는 궤양이 생기고, 2차 단계에서는 발진 및 전신 증상이 나타난다. 최종 단계인 3차 매독에서는 뇌 손상이나 사망에 이르는 경우가 많았다. 이는 환자의 외모와 건강 상태에도 영향을 주었기 때문에 사회적 낙인이 심했다.

아를에서 시작된 빈센트의 발작 역시 매독과 무관하지 않을 것이라고 의심하는 학자가 많다. 1888년 12월 귀를 자른 사건 이후, 아를의 오텔디외 병원에서 간질이라는 진단을 받았고, 생레미 생폴 요양소의 페이롱 박사도 그가 간질 발작이라고 진단한 바 있다. 후대의 연구자는 이 발작의 원인을 신경매독으로 보기도 한다.

문제는 매독 치료로 인한 후유증이었을 것이다. 빈센트가 살던 시기에는 주로 증상 완화에 초점을 맞추었으며, 완전한 치료는 불가능했다. 당시 치료법은 사실상 수은이 유일했는데, 연고로 바르거나, 알약으로 복용하거나, 용액으로 주입하거나, 증기를 흡입하는 방식이 사용되었다. 이는 심각한 중독과 마비 그리고 치아 손실을 유발했다. 1886년 2월 2일 테오에게 보낸 편지에는 한 번에 이를 10개나 빼서 마흔이 넘어 보인다는 이야기, 위장이 좋지 않다는 이야기가 나온다. 이는 수은 치료로 인한 후유증일 가능성이 높다. 빈센트는 보리나주에 거주하던 시절부터 수도사처럼 최소한의 식사만을 해왔기에 영양 상태가 좋지 않았다. 그러면서도 음주는 빠지지 않았고 특히 런던 구필 화랑 재직 시절부터 중독되어 죽어가는 순간까지 피워댄 파이프 담배는 치아에 큰 무리를 주었다. 이런 상황은 그의 정신을 갉아먹고 황폐하게 만들었다.

그는 테오와 줄기차게 싸우면서 경제적인 문제를 해결하기 위해서는 자신이 파리로 가서 함께 살면 된다는 제안을 한다. 테오는 앞으로도 계속 수입이 없는 형의 뒤치다꺼리를 해야 할지도 모른다는 공포에 사로잡힌다. 결국 빈센트가 자신에게 올 것임을 인지한 테오는 여러 핑계를 대서 시기라도 미루기 위해 애쓴다. 하지만 그 노력이 무상하게도 빈센트는 홀연히 안트베르펜을 뜨면서 테오에게 "내가 갑자기 왔다고 화내지 마"로 시작하는 편지(1886년 2월 28일)를 보낸다.

그림을 선보일 기회

빈센트가 구필 화랑에서 쫓겨나서 다시 파리로 돌아오기까지 정확히 10년이라는 시간이 걸렸다. 1876년만 해도 프로이센·프랑스전쟁의 여파가 남아 있었고 파리 코뮌의 붕괴 이후 정치적인 불안정은 극심했다. 하지만 그로부터 10년이 지나 다시 맡은 파리의 공기는 경제적 번영과 기술적 진보를 통한 낙관적 분위기로 바뀌었음을 온몸으로 느낄 수 있었다. 아름다운 시절이라고 불리는 벨 에포크(Belle Époque)의 절정으로 향하는 시기였다. 기술과 과학이 급격히 발전한 덕분에 특히 에디슨이 발명한 전구, 증기기관차와 같이 현대 문명을 상징하는 혁신들이 펼쳐졌다. 1889년의 파리 만국박람회에 맞추어 에펠탑이 세워지며 파리는 세계적 도시로 자리매김했다.

파리는 예술과 사교 문화의 중심지였으며, 그중에서도 몽마르트르는 19세기 후반 예술가, 작가, 음악가와 보헤미안이 모이는 곳이었다. 그곳에 있던 르 샤 누아르(Le Chat Noir) 같은 카바레는 창작의 허브 역할을 했다. 당시 카바레는 프랑스에서 술과 음식뿐 아니라 음악, 시 낭송, 연극, 풍자 등을 결합한 새로운 사교 공간으로 자리 잡았다. 동명의 이름으로 주간지도 발행되었는데 카바레의 예술적 활동을 더 많은 사람에게 알리고, 새로운 문학과 예술의 장을 확장하기 위한 시도였다. 이를 통해 르 샤 누아

⇡ 빈센트가 르픽 아파트에서 그린 〈파리의 지붕 풍경〉(1887년).

르는 당시 프랑스 사교 문화와 예술사에서 아방가르드 정신의 상징으로 자리 잡았으며, 이후 현대적 카바레와 예술운동의 토대를 마련한 중요한 장소와 출판물로 평가된다.

이제 서른셋의 빈센트와 스물아홉의 테오는 준데르트의 목사관에서 살던 이후 처음으로 다시 한집에 살게 되었다. 이때까지만 해도 빈센트는 자신이 아버지를 쓰러뜨린 것처럼 동생마저 해할 수 있다는 사실을 전혀 인지하지 못했다. 처음 파리에 도착할 때만 해도 빈센트는 테오의 눈치를 많이 보았다. 테오가 원래 살던 집의 창고 방에서 지내기만 해도 좋고 작업실은 없어도 된다고 그를 달랬다. 그러나 파리 박물관에서 느낀 존경심과 경외감, 그리고 최신 유행의 중심지인 르 샤 누아르에서의 흥분으로 빈센트는 자신이 이미 성공한 화가가 된 듯한 착각에 빠졌다. 그렇게, 테오에게 순응하려던 그의 마음가짐은 점차 사라지고 말았다. 파리에 온 지 석 달 정도가 지나 살던 곳의 계약이 끝나갈 무렵이 되자 빈센트는 각자의 생활공간을 분리할 수 있고 자신의 화실도 만들 수 있는 몽마르트르 언덕 근처의 르픽 거리에 있는 4층 아파트로 이사를 가자고 부추겼다.

그즈음 빈센트는 제대로 수련을 해야겠다고 다짐해 다시 학교에 도전하는데, 현재로 치면 사립 미술 교육기관이라고 할 수 있는 페르낭 코르몽(Fernand Cormon)이 운영하는 아틀리에에 들어갈 수 있었다. 코르몽은 인간의 고통과 감정을 웅장한 구도로 표현한 〈카인의 도주〉(1880년)라는 대형 작품으로 명성을 얻었고 그를 기반으로 운영한 아틀리에는 파리의 예술 교육 중심지로 손꼽혔다. 테오는 힘을 써서 형을 입학시킬 수 있었는데, 이곳을 선택한 큰 이유는 코르몽이 기존에 빈센트가 다니던 학교들과 달리 자율성을 존중한다고 알려졌기 때문이었다.

코르몽은 빈센트를 '독특하고 열정적이지만 전통적 기준과는 거리가 먼 학생'으로 보았고 빈센트 또한 열심히 다니겠다는 처음의 약속을 제대로 지키지 않았다. 역시나 자신보다 어리고 부유한 학생들과 잘 어울리지 못했다. 여기서도 빈센트의 가장 큰 문제는 기본기 부족이었다. 그가 잠시 다녔던 두 곳의 왕립 미술학교를 버티지 못한 것은 시간을 쌓아가면서 습득해야 하는 기본 훈련을 견디지 못했기 때문이다. 석고상을 그리라고 했던 안톤 마우베의 충고를 무시했던 이유도 마찬가지였다. 빈센트의 삶은 무언가를 해보다가 안 되면 아예 그것을 부정하고 초반에는 자신의 스타일로 밀어붙이면서 열정에 불타 당위성을 확보했다가 결국에는 흥미를 잃는 악순환의 반복이었다. 빈센트는 당시 전통적인 미술계의 시각으로 볼 때, 전혀 재능이 없었기에 노력으로라도 메워야 했지만 자신의 방식대로 빠른 작업과 다작으로 극복하려 했다. 당연히 코르몽의 아틀리에에서의 시간도 얼마 못 가 끝난다.

파리에서는 자신의 작품이 팔릴 것이라 큰소리쳤지만 어느 누구도 빈센트의 그림을 사지 않았다. 이즈음 구필 화랑의 사명은 창업주의 은퇴로 부소&발라동으로 변한다. 여전히 그 화랑은 범접할 수 없는 리그였기에 테오가 있었음에도 그곳에 자신의 그림을 걸 수는 없었다. 그렇다고 어디 전시회에 출품을 한 것도 아니었으니 그림은 팔리지 않았다. 그는 그림을 선보일 기회를 줄 화상을 찾아야 했다. 그럴 수 있는 파리의 유일한 장소는 탕기 화방이었다. 쾌활한 성격의 줄리앙 탕기(Julien Tanguy)는 파리의 젊은 화가들에게 '페르 탕기'로 불릴 정도로 사랑받는 화상이었다. 경제적으로 어려운 예술가들을 지원하고, 돈 대신 그림을 받아 그들의 작품을 자신의 화방에 전시하여 판매를 도운 호인이었다. 빈센트가 탕기의 초상화를 3점이나 남긴 것을 보면 그에 대한 존경과 빈센트에 대한 탕기의 호의를 짐작할 수 있다. 아래 3점의 초상을 보면 파리 시절 빈센트의 화풍이 얼마나 극적으로 변해가는지 확인할 수 있다.

⇡ 〈탕기 영감의 초상〉 3점(1886/1887년 겨울, 1887년 가을, 1887/1888년 겨울).

⇡ 〈팬지 꽃바구니〉(1886년 봄).

⋯› 〈카페에서의 아고스티나 세가토리〉(1887년 2~3월). 두 그림 모두 탬버린 모양의 테이블이 보인다.

빈센트는 기본기가 부족한 상태에서 인물화에만 매달린 탓에, 모델 없이는 그림을 그리지 못했다. 그렇기에 늘 모델을 갈구했고 그 결과 테오는 경제적 부담을 안을 수밖에 없었다. 하지만 모델을 간절히 바라던 기존 그의 성향이 파리에서는 다른 결과로 나타났다. 시골에서는 감언이설과 함께 약간의 돈을 쥐여주면 모델을 구할 수 있었고, 작은 도시에서는 노동자나 성매매 여성을 그릴 수 있었지만 파리는 그렇지 않았다. 예술의 도시라는 특성상 모델의 수요가 많아 비용 자체도 높았으며, 알려지지 않은 화가의 작업실을 찾는 것 역시 꺼렸다.

결국 빈센트는 정물로 눈을 돌려야 했다. 안트베르펜에서 찬미하던 빛과 색채의 대가였던 바로크 화가 루벤스를 지나, 나중에는 낭만주의 화가 외젠 들라크루아(Eugène Delacroix)의 강렬하고 혁신적인 색채에 매료되었다. 또한 테오가 소장한 아돌프 몽티셀리(Adolphe Monticelli)의 작품을 보며 독창적인 임파스토 기법을 배우고자 노력했다. 이 과정에서 그는 다양한 꽃을 그리기 시작했으며, 이 작업은 이후 해바라기 시리즈로 이어진다. 두 번째로 발견한 오브제는 자기 자신이었다. 그는 파리에서 약 25점의 자화상을 그렸다. 이 과정은 과거 스스로 부정했던 기존 미술의 요소를 자신의 스타일로 소화하고 재해석할 수 있는 중요한 수련의 시간이 되었다.

종교를 떠난 빈센트는 여자를 찾기 위해 끊임없이 노력했다. 하지만 늘 실패했다. 파리에서 그가 찾은 여자는 이탈리아 출신인 아고스티나 세가토리였다. 그녀는 당연히 빈센트가 좋아하는 연상이었고 장바티스트 카미유 코로가 그린 〈아고스티나〉(1866년)의 모델이며 에두아르 마네가 그린 〈이탈리아 여인〉(1860년)의 모델이기도 한 매력 넘치는 뮤즈였다. 빈센트는 〈카페에서의 아고스티나 세가토리〉(1887년)를 포함해 그녀의 그림을 몇 점 남겼다. 고갱은 빈센트가 아고스티나를 매우 사랑했다고 했고, 베르나르는 그가 매일 꽃 그림을 선물하면서 구애했다고 전했다. 그가 파리에서 작업한 몇 점의 누드화가 그녀를 그린 것이라는 주장이 있긴 하지만 얼굴이 정말 안 닮아서 내가 보기에는 아닌 것 같다.

빈센트는 아고스티나가 운영하던 카페 '탕부랭' 또한 매우 중요하게 생각했다. (영어식으로 발음하면 탬버린이다.) 몽마르트르의 목 좋은 자리인 클리시 거리 62번가에 있던 이 카페에는 파리의 예술인들이 몰렸다. 빈센트는 그곳에서 많은 그림을 그렸고, 탕기 화랑만으로는 그림을 알리기에 부족해 탕부랭을 자신의 갤러리로 만들고 싶어 했다. 외상값 대신이기도, 구애의 몸짓이기도 했던 빈센트의 그림을 받은 그녀는 자비를 베풀어 정말 갤러리에 빈센트의 그림을 걸어주었다. 하지만 카페는 재정적인 문제로 파산했고 아고스티나와의 관계도 그렇게 끝이 났다. 베르나르(Émile Bernard)의 증언에 따르면 그곳에 걸려 있던 빈센트의 그림은 10점씩 묶여서 말도 안 되는 헐값에 경매로 넘어갔다고 한다.

색채에 눈을 뜨다

파리 시절, 빈센트와 테오 형제 사이에 얽힌 기묘한 여자 문제가 호기심을 자극한다. 당시 빈센트는 테오와 함께 살고 있었기에 두 사람이 주고받은 편지가 단 4통만 전해져, 이 시기의 기록은 매우 제한적이다. 빈센트는 편지를 통해 감정을 표현하는 방식이 상대에 따라 크게 달랐는데, 테오에게는 비교적 솔직하게 썼던 반면, 가족이나 지인에게는 의도적으로 감정을 숨기거나 다르게 표현했다. 이러한 특징과 기록의 부족으로, 파리 시기 빈센트의 내밀한 감정을 온전히 파악하기는 쉽지 않다. 이때 생긴 미스터리 중 하나가, 빈센트 그리고 테오의 가장 친한 친구였던 안드리스 봉허(Andries Bonger)가 동시에 테오에게 쓴 편지에 등장하는 'S'라는 여인이다. 편지의 시작은 빈센트가, 뒤는 안드리스가 마무리한다.

> 봉허와 S가 여기서 함께 지내고 있다는 걸 알고 있지? 요즘은 정말 이상한 날들의 연속이야. 가끔은 우리가 그녀 때문에 정말, 정말 겁에 질리기도 하고, 또 가끔은 아주 즐겁고 명랑하게 지내기도 해. 하지만 S는 정말로 심각하게 정신이 불안정하고, 이 문제가 단기간에 끝날 것 같지 않아.
> 너희 둘이 다시 만날 때만이 너와 그녀 사이가 정말로 끝났다고 느

길 수 있을 거야. 그러니 그녀에게 다시 휘말릴까 걱정할 필요는 없어. 하지만 네가 그녀와 많은 대화를 나누며 그녀를 안정시키려 노력해야 할 거야. 돌아올 때까지 그사이에 한번 잘 생각해봐. 큰 병에는 큰 치료가 필요하잖아(빈센트가 테오에게 쓴 부분).

나도 빈센트의 논리가 옳다고 확신해. 문제는 S의 눈을 뜨게 하는 거야. 그녀는 너를 사랑하지 않아. 하지만 마치 네가 그녀를 홀린 것처럼 느껴져. 그녀는 도덕적으로 심각하게 병들어 있어. 그런 상태에서 그녀를 운명에 내버려둘 수 없다는 건 명백해. (…) 내가 그녀의 회복을 희망하는 이유는 어젯밤 그녀가 나에게 한 말 때문이야. "내가 이렇게 바르게 생각하지 못하다니, 정말 어리석구나." 그녀는 자신이 어디에서 잘못되었는지 어느 정도 인식하는 것 같아. (…) 네가 그녀를 잘못 대했다는 사실은 분명히 알아줬으면 해. 지난 1년간의 관계는 그녀를 더욱 혼란스럽게 만들었을 뿐이야.

오히려 너희가 아예 같이 살았다면 훨씬 나았을지도 몰라. 그러면 그녀도 너희가 전혀 어울리지 않는다는 걸 스스로 깨달았을 거야. 만약 그녀가 한 달 동안 그녀를 매혹시키고, 보살펴주고(그녀는 많은 보살핌이 필요해), 건강을 회복시켜줄 수 있는 다른 사람과 함께 살 수 있다면, 너는 그녀에게 잊힐 거야(안드리스가 테오에게 쓴 부분).

1886년 8월 18일

빈센트 마니아들 사이에서 회자되는 이 'S'라는 여성은 누구일까? 테오의 정부였다는 설, 성매매 여성이었다는 설, 단순히 가정부였다는 설 등 다양한 추측이 제기되고 있으며 심지어 그녀가 형제의 공동 정부였다는 주장도 있다. 훗날 연구자들이 'S'의 정체를 밝히기 위해 노력했지만 형제가 이를 의도적으로 감췄던 것인지, 그에 대한 명확한 정보는 남아 있지 않다.

⇡ 〈구리 꽃병에 담긴 프리틸라리〉(1887년 5월경).

이러한 사생활 문제부터 시작해서 테오에게 가장 큰 문제는 형과의 기묘한 동거였다. 기본적으로 체력이 약하고 매독 후유증까지 앓았던 것으로 추정되는 테오는 존재 자체로 주변 사람을 말려버렸던 빈센트에게 속수무책으로 당했다. 게다가 빈센트는 좋아하는 사람은 쉬이 놓아주지 않았고 끝없이 수다를 떨었다. 물가가 높은 파리에서 둘이 생활하기에는 비용 문제도 만만치 않았다. 함께 있어서 절약되는 게 아니라 뭐든 2배 이상이 필요했다.

다음은 테오가 빈센트로 인해 겪는 문제를 가족들에게 이야기한 편지를 인용한 것이다.

빈센트는 계속 공부하고 있고, 재능도 보여주고 있어. 그런데 안타깝게도 그의 성격이 너무 발목을 잡고 있어. 장기적으로 그와 잘 지내는 건 정말 불가능하다고 느껴져. 작년에 그가 여기 왔을 때는 확실히 다루기 힘든 사람이었지만, 그래도 조금 나아지는 것 같다고 생각했었어. 그런데 지금은 다시 옛 모습으로 돌아가버렸고, 그와 이성적으로 대화하는 건 불가능해졌어.

테오가 막내 코르에게, 1887년 3월 11일

돈 문제가 나에게 가장 큰 부담이 되는 건 아니야. 무엇보다 우리 사이에 애정이 거의 남아 있지 않다는 게 더 힘들어. 예전엔 빈센트를 정말 많이 사랑했고, 그가 내 가장 친한 친구였던 적도 있었는데, 이제는 그게 다 지나간 것 같아. 빈센트 쪽은 더 심각한 것 같아. 그는 나를 멸시한다는 걸 숨기지도 않고, 나에게 혐오감을 느낀다는 걸 끊임없이 보여줘. 이런 상황에서 집에서 지내는 게 거의 참을 수 없을 정도야. 아무도 집에 오려고 하지 않아, 오면 늘 싸움으로 끝나거든. 게다가 빈센트는 너무 지저분하고 불결해서 집 안꼴이 전혀 사람을 반길 상태가 아니야. 내가 바라는 건 그가 혼자 나가서 사는 거야. (…) 단 하나만 바랄 뿐이야. 나에게 해를 끼치지 않기를. 하지만 그가 집에 있는 것만으로도 이미 나에게 힘든 일이야. 빈센트를 보면 마치 두 사람이 함께 있는 것 같아. 하나는 놀랍도록 재능 있고, 섬세하고, 부드러운 사람이지만, 또 하나는 자기중심적이고 무정한 사람이야. 그 둘이 번갈아 나타나서, 한 번은 이런 방식으로, 또 한 번은 다른 방식으로 말하고, 늘 찬성과 반대의 논리를 동시에 들고 나와. 안타까운 건 빈센트가 스스로의 적이라는 거야. 그는 다른 사람들에게만 힘든 게 아니라 자기 자신에게도 삶을 어렵게 만들고 있어.

테오가 누이 빌에게, 1887년 3월 14일

빈센트는 어느 순간부터 외상 거래가 가능해지자 1000여 점의 일본 판화를 사들이기도 했다. 돈에 대한 문제, 팔릴 그림을 그리라는 테오와 이를 거부하는 빈센트의 핑계가 불화의 가장 큰 핵심이었다. 거기에 불결한 생활 습관, 과음과 흡연, 여자 문제 등으로 둘의 관계는 외줄타기처럼 불안정했다. 하지만 빈센트는 테오가 떠나지 않도록 수위를 조절하면서도 끊임없이 희망을 주며 동생을 붙잡아두었다.

동생의 마음에 들기 위한 노력의 방증으로, 1887년 초를 기점으로 그의 화풍에는 눈에 띄는 변화가 나타났다. 어둡고 무거운 색채로 농민과 노동자의 삶을 그려왔던 빈센트는 점차 밝고 생동감 있는 색채를 탐구하기 시작했다. 이 변화는 단순한 스타일 전환이 아니었다. 파리에서의 예술적 교류와 다양한 경험이 그에게 큰 영향을 준 것이다. 예술의 도시 파리가 그를 변화시켰다. 빈센트가 이전부터 추앙하던 클로드 모네의 작품은 여전히 그의 마음속에서 중요한 지침으로 자리 잡고 있었지만, 이 시기에는 에드가르 드가, 알프레드 시슬레(Alfred Sisley) 그리고 카미유 피사로 같은 거장들의 작품에서도 영감을 얻었다. 그들은 빈센트에게 인상파적 색채와 빛의 표현, 순간의 아름다움을 포착하는 능력을 일깨워주었다.

빈센트는 이들의 작품을 단순히 감상하는 데 그치지 않고, 이를 자신의 작업에 녹여내려는 노력을 기울였다. 또한 조르주 쇠라(Georges Seurat)와 폴 시냐크(Paul Signac)가 탐구하던 점묘법(pointillism) 역시 빈센트에게 독특한 도전 의식을 불러일으켰다. 이 기법은 작은 점들을 통해 빛과 색의 조화를 만들어내는 방식으로, 빈센트는 이를 완전히 따르기보다는 자신만의 스타일에 맞게 변형하며 실험했다. 점묘법이 보여주는 정밀함,

↑ 〈종달새가 있는 밀밭〉(1887년 7월경).

질서와는 달리 빈센트의 붓질은 보다 자유롭고 감정적이었지만 색채의 대조를 통해 생동감을 극대화하려는 의도에서 점묘법의 영향을 엿볼 수 있다. 이는 단순한 스타일의 변화일 뿐 아니라, 테오가 오랫동안 바라던 '팔릴 수 있는 그림'에 대한 빈센트의 의식적 노력의 결과이기도 했다. 이전에는 상업성과 거리가 멀었던 빈센트가 조금씩 더 대중적인 주제와 색채를 활용하기 시작한 것이다. 그는 몽마르트르 언덕, 정원, 꽃이 만발한 들판 같은 주제를 그리면서 자신의 스타일을 유지하는 동시에 판매 가능성을 염두에 둔 작품을 창조했다.

이 시기 빈센트의 마음속 가장 큰 문제는 테오가 연모하던 요한나 봉허였는데, 그녀는 안드리스의 여동생이었다. 테오와 안드리스는 구필 화랑에서 함께 일하며 사이가 가까워졌고, 빈센트가 파리로 간 1886년 무렵에는 함께 새로운 사업을 모색하고 있었다. 당시 테오는 센트 백부와 코르 삼촌의 지원을 받아 안드리스와 함께 독립 화랑을 열 계획을 세웠던 것이다. 빈센트는 믿지 않았지만 테오에게 신뢰가 깊었던 테르스테이흐의 지원까지 염두에 두고 있었다. 비록 삼촌들의 재정적 지원을 받지 못해 계획은 무산되었지만, 이 시도는 훗날 빈센트가 구상하게 될 화가 공동체 설립과 그 아트 딜러 역할을 테오가 할 것이라는 굳은 신념을 만들어주었다. 이러한 배경 때문에 안드리스와 테오는 자주 만날 수밖에 없었고, 어느 날부터 친구의 여동생으로만 생각했던 요한나가 테오의 마음속에 깊이 자리 잡게 되었다.

하지만 테오가 결혼할 수 있다는 당연한 사실은 빈센트에게 공포로 찾아왔다. 평생 자신 곁에 있을 것이라 여겼던 테오에게 가정이 생기면 자신은 버려질 것이라 생각했던 것이다. 테오는 청혼을 하기 위해 1887년 5월 저돌적으로 암스테르담으로 향하지만 몇 번 본 적 없는 사람이 난데없이 결혼하자고 하는 통에 요한나는 거절한다. 테오는 상심했고 빈센트는 기뻤다. 하지만 차분하고 성실한 테오라면 결국 그녀와 결혼할 것임을 빈센트는 짐작했을 테고 결국은 시간문제임을 깨닫는다. 또다시 자신이 떠나야 한다는 생각이 들었을 것이다.

상심하여 돌아온 테오는 착실히 경력을 쌓아 부소&발라동 화랑의 책임자급으로 올라섰다. 작품을 바라보는 혜안을 가졌던 테오는 특히 인상파 및 현대미술 작품의 거래에 중요한 역할을 했고 상승하는 작품의 가격을 통해 화랑에도 큰 이익을 안기고 있었다. 특히, 클로드 모네, 카미유 피사로 같은 인상파 거장들과 긴밀한 관계를 유지하면서, 현대미술 작품의 거래를 확대하는 데 기여했다. 그로 인해 신진 화가들은 부소&발라동 화랑에 자신의 작품을 전시하는 것이 성공으로 가는 척도라고 여겼다. 테오는 상당히 셈에 밝은 사람이었다. 자신에게 해가 될 수 있는 행동을 할 수 없기에 주류와 너무 먼 형의 그림을 밀어줄 수는 없었다. 하지만 그가 무턱대고 형제애 하나만으로 빈센트를 후원하는 것도 아니었다. 형에 대한 믿음이 있었고, 자신의 안목을 믿었기 때문이다.

잘나가는 화랑의 매니저를 동생으로 둔 덕분에 빈센트도 반사이익을 얻었다. 처음 다녔던 코르몽 아틀리에를 통해 앙리 드 툴루즈 로트레크(Henri de Toulouse Lautrec)와 루이 앙케탱(Louis Anquetin)을 만날 수 있었다. 또한 폴 시냐크, 폴 기요맹(Paul Gauguin)과도 교류할 수 있었다. 에밀 베르나르 같은 화가들은 테오와 가까워지기 위해 형인 빈센트와 친하게 지내려고 노력했다. 베르나르가 빈센트와 나눈 편지를 보존한 사실을 생각하면 약삭빠른 행동만 했다고 생각되지는 않는다. 물론 속물 같은 사람들도 접근했다. 이렇게 많은 사람을 접할 수 있었기에 빈센트는 화가들이 연대하는 조합을 꿈꾸게 된다. 그러면서 알게 된 화가가 바로 폴 고갱(Paul Gauguin)이었다.

그림의 변화

빈센트는 1887년 여름을 지나면서 몇 가지 변화를 겪는다. 그에게 큰 자극이 된 그림은 밤의 풍경이었다. 1887년 5월에 열린 제3회 살롱 데 앵데팡당(Salon des Indépendants, 독립미술가협회전)*에서 〈사고〉를 출품한 샤를 앙그랑(Charles Angrand)은 빈센트와 그림을 주고받는다. 빈센트는 앙그랑의 신인상파적 접근을 존중했지만, 점묘법의 기계적이고 체계적인 면은 태생적으로 그와 맞지 않았다. 하지만 〈사고〉 속에 담긴 밤의 풍경은 빈

* 1884년에 설립된 독립예술가협회(Société des Artistes Indépendants)가 주최한 전시로, 심사와 시상이 없는 개방적인 형식이 특징이다. 제3회 전시(1887년)에는 조르주 쇠라, 폴 시냐크, 오딜롱 르동 같은 예술가들이 참여했다. 빈센트 반 고흐는 1889년 제5회 전시에 작품을 출품했다.

센트에게 자극이 되었다. 그 역시 앙그랑과 비슷한 시기, 해 질 녘의 빛이 서서히 어스름으로 바뀌는 순간을 담은 작품 〈몽마르트르의 해 질 녘〉을 그리기도 했다. 그리고 그 해 겨울 빈센트는 앙케탱이 자신의 클루아조니즘*으로 표현한 〈클리시 거리: 오후 5시〉를 보았을 것이다. 그는 예술계 최전선에 서 있던 화가들에게서 전달받은 영감을 통해 다음 단계로 나아갈 준비를 마쳤다. 그의 이러한 노력은 이후 아를 시기의 걸작들을 탄생시키는 중요한 디딤돌이 되었다.

↑ 히로시게를 모사한 〈꽃피는 매화나무〉 (1887년 9~10월).

다음은 일본 판화로부터 받게 된 따뜻한 위안이었다. 빈센트가 일본 판화(우키요에)를 그토록 깊이 사랑했던 이유는 예술적 고민과 맞닿아 있었다. 전통적인 화가들이 볼 때 빈센트는 기본기가 없다시피 했지만 그가 잘 못하는 것이 역설적이게도 빈센트의 화풍을 만들어내는 근본 요소가 되었다. 그는 자신의 가치를 끊임없이 확인받고자 하는 갈망 속에 살아갔으며, 비판을 자아를 흔드는 도전으로 느꼈다. 따라서 빈센트에게 공격은 단순히 상대를 향한 것이 아니라, 자신을 지키기 위한 투쟁의 한 형태라 할 수 있었다. 그의 내면 깊은 곳에는 인정받고 싶어 하는 열망과 상처 받기를 두려워하는 마음이 공존하고 있었다.

그런데 안트베르펜에서 처음 접한 일본 판화는 빈센트에게 특별

* 에밀 베르나르가 창시하고 폴 고갱과 함께 발전시킨 회화 기법으로, 중세 에나멜 공예의 클루아조네(cloisonné) 기법에서 영감을 받은 미술 양식이다. 강렬한 색 면을 두꺼운 윤곽선으로 구분하는 것이 특징이며, 색은 평면적이고 균일하게 칠한다. 이 기법은 그림의 깊이보다는 형태와 색채의 대비에 중점을 둔다. 클루아조니즘은 상징주의뿐 아니라 후기 인상파 미술의 발전에도 큰 영향을 주었다.

한 의미로 다가왔다. 평면적인 구성과 전통적 원근법은 극복해야 할 문제가 아니라, 오히려 그의 예술적 접근을 지지해주는 동지처럼 느껴졌다. 언제나 빈센트는 자신의 화풍에 대한 비판에 공격할 준비를 하고 있었으나, 일본 판화는 빈센트에게 위안을 주었고, 그의 예술 세계를 확장시키는 축복 같은 존재가 되었다. 처음에는 이 위안이 진정으로 옳은 건지 혼란스러웠지만, 파리에서 직접 목격한 자포니즘의 유행은 그의 믿음에 확신을 심어주었다. 일본 판화가 지닌 독특한 미학이 단순히 일시적인 유행이 아니라, 현대 예술에 영향을 미치는 중요한 요소임을 깨달으며 그는 안도감을 얻었다. 이후 그는 자포니즘을 포함한 다양한 예술의 영향을 받으며 스타일과 주제에서 큰 변화를 겪었다. 작품은 더 밝고 대담해졌으며, 일본 예술의 단순하면서도 강렬한 구성과 색채를 재해석해 자신만의 독창적인 스타

⟵ 〈해바라기〉 4점(1887년).

일을 구축했다.

이 시기 빈센트가 집중한 주제 중 하나가 바로 해바라기다. 파리에서 맞은 첫 여름, 빈센트는 주로 화병에 담긴 다채롭고 화사한 꽃들을 그렸다. 그러던 어느 순간부터 해바라기라는 주제에 확실한 관심을 조준하기 시작한다. 1886년 여름에서 가을 사이에 그린 〈장미와 해바라기〉가 그 시작이었고 이어 1887년 6월에서 8월 사이에 해바라기를 주제로 한 풍경화들이 나타난다. 그러다가 해바라기로 화면을 꽉 채워버리는 파격적인 구성을 가진 4점의 정물화를 8월에서 9월 사이에 동시다발적으로 그린다. 이 시기의 〈해바라기〉와 아를 시기의 〈해바라기〉는 가로 구도인지, 세로 구도인지로 간단하게 구별된다. 파리에서 그린 〈해바라기〉가 바닥에 누워 있는 것과 달리, 아를에서 그린 작품은 모두 다 꽃병에 꽂혀 있다. 물론 빈센트를 상징하는 해바라기는 사실 아를에서 그린 〈해바라기〉지만 파리에서의 작업은 그 밑바탕이 되었을 것이다.

빈센트와 테오의 관계가 점차 나빠지던 1887년 가을이 지나면서 빈센트는 떠나야 한다는 생각을 굳힌다. 시기를 놓고 망설이던 빈센트의 머릿속에는 돌연 아버지가 떠올랐다. 테오도루스 반 고흐, 아버지와 이름이 같은 동생, 언젠가부터 테오는 그에게 아버지가 된 것이었을까? 여기서 더 머물면 자신이 테오를 죽일 수도 있겠다는 생각이 맴돌기 시작했다. 수많은 거장을 볼 수 있었고, 자신과 같은 신진 화가와 교류했던 기회를 생각한다면 파리 생활은 나쁘지 않았다. 빈센트는 아직 미완이지만 이전보다 나아지고 있음을 느꼈으리라. 그는 어느 순간부터 남프랑스를 떠올리며 몽환적인 상상에 빠져들었다. 오래전부터 그곳에 가면 일본의 풍경과 닮은 장면들을 볼 수 있을 것이라는 기대감이 마음속에 자리 잡고 있었다. 비록 실현 여부는 알 수 없었지만, 그는 남프랑스에서 돈 걱정 없이 그림을 그리는 화가들의 낙원을 꿈꾸고 있었다.

떠나던 날, 빈센트는 자신이 아방가르드의 선구자로 여겼던 조르주 쇠라의 화실을 테오와 함께 찾아가 그의 작품을 감상하며, 2년에 가까운 파리 생활을 마무리했다. 그의 다음 행선지는 아를이었다. 며칠 후, 테오는 빌에게 편지를 보내 빈센트가 파리의 흐린 날씨를 피해 빛과 태양을 찾아 아를로 떠났다고 전했다. 테오는 자신이 진정 형 빈센트를 아끼고 사랑한다는 것을 느낄 수 있었다. 그 편지에 담긴 내용 중 일부는 다음과 같다.

> 형이 2년 전 이곳에 왔을 때 우리가 이렇게 가까워질 거라고는 결코 생각하지 못했는데, 이제 혼자 아파트에 남아 있으니 확실한 공허함이 느껴져. 다시 누군가와 함께 살아야 한다면 어떻게든 살겠지만, 빈센트를 대신할 사람을 찾는 건 쉽지 않을 거야. 그가 알고

있는 것들, 세상을 보는 명확한 시각은 정말 놀라워. 그래서 만약 몇 년만 더 준비한다면, 반드시 이름을 알리게 될 거라고 확신해. 형을 통해 나는 많은 화가와 접촉하게 되었고, 그들 중 다수가 빈센트를 매우 높게 평가했어. 형은 새로운 아이디어의 선구자 중 한 명이거든. 뭐 그렇다고 해서 완전히 새로운 것이라고 하기보다는, 오히려 일상에서 훼손되고 축소된 과거의 아이디어들을 재생시키는 거라고 말하는 편이 더 정확할 것 같아. 게다가 형은 정말 큰 마음씨를 지녔기 때문에 항상 다른 사람들을 위해 무언가를 하려고 해. 하지만 불행히도 그를 이해할 수 없거나 이해하려 하지 않는 사람들 때문에 형의 노력은 종종 빛을 발하지 못하지.

테오가 빌에게, 1888년 2월 24~26일

밤을 그리는 화가들

1890년대는 예술가들이 어둠을 탐구하며 새로운 시각적, 감정적 표현을 널리 발견한 시기였다. 지금 우리에게 밤을 그린 대표적인 화가를 꼽으라면 빈센트 반 고흐를 떠올릴 것이다. 뉘넌에서 드렌터를 거쳐 안트베르펜에 이르기까지, 색채에 눈을 뜨기 전 빈센트의 그림은 늘 분위기가 어두웠다. 어두운 곳에서는 사람의 안구 구조상 색을 인식하기 어렵지만 빈센트는 파리 시기, 다른 화가들의 영향을 받아 이 한계를 극복하고 밤에도 색채의 아름다움을 발견해나갔다. 그의 작품은 어둠과 색채가 결합된 독창적인 표현의 길을 열었으며, 이는 후반부 작품인 〈밤의 카페테라스〉와 〈별이 빛나는 밤〉에서 더욱 두드러지게 나타난다.

어두움 특히 밤의 풍경은 화가들에게 무한한 영감의 원천이 되었다. 밤에 대한 빈센트의 접근 방식은 그가 평생 존경했던 밀레의 영향을 크게 받았다. 밀레는 〈별이 빛나는 밤〉, 〈달빛 비추는 양 떼 울타리〉나 〈달빛 아래 농가〉 같은 작품에서 농민들의 고된 삶과 자연의 고요한 밤을 서정적으로 표현했다. 빈센트가 이 그림들을 직접 보았을 거라고 확답할 수는 없지만 이러한 작풍은 빈센트에게 밤을 단순한 어둠이 아니라, 인간의 노동과 자연의 숭고함을 담아낼 수 있는 특별한 시간으로 인식하게 만든 계기가 되었다.

⇡ 〈몽마르트르의 해 질 녘〉(1887년 2~3월).

빈센트가 밀레의 〈별이 빛나는 밤〉을 실제로 보았는지에 대한 논의는 매우 흥미로운 주제다. 현재 이 작품은 예일대학교 예술관에 전시되어 있으며, 이곳의 해설에 따르면 빈센트가 이 작품을 보았을 가능성이 높다고 설명한다. 이 작품은 1875년 5월 10~11일에 파리의 드루오 경매장에 처음 등장했다고 한다. 이 책의 앞부분에서 다루었듯이 파리 구필 화랑 시절 빈센트는 1875년 6월 중순경, 같은 경매장에서 밀레의 파스텔화와 드로잉을 실제로 생생히 보았다. 하지만 한 달 남짓의 시차가 있었고, 그가 이 작품을 보았다면 어떤 식으로든 기록을 남겼을 것이다.

밀레의 활동을 통해 널리 알려진 바르비종 화파의 유래가 된 바르비종은 파리에서 55km 남쪽에 위치한 시골 마을이었다. 168쪽 밤하늘에는 확실하게 오리온자리의 삼태성과 리겔이 보이며, 왼편에는 큰개자리의 시리우스가 보인다. 심지어 오리온대성운의 위치까지도 거의 정확하게 맞기 때문에 명백하게 밤하늘을 바라보면서 그린 것임을 짐작할 수 있다. 한편 오리온자리 내부에까지 은하수가 있는 것은 사실과 다르므로 고증에 아쉬움이 있으나 캔버스의 위쪽을 가로지르는 은하수는 실제 위치와 비슷하게 그려졌다.

그림에서 가장 특이한 것은 별똥별이 2개나 그려졌다는 사실이

장프랑수아 밀레, 〈별이 빛나는 밤〉(1850년에 완성, 1865년에 수정).

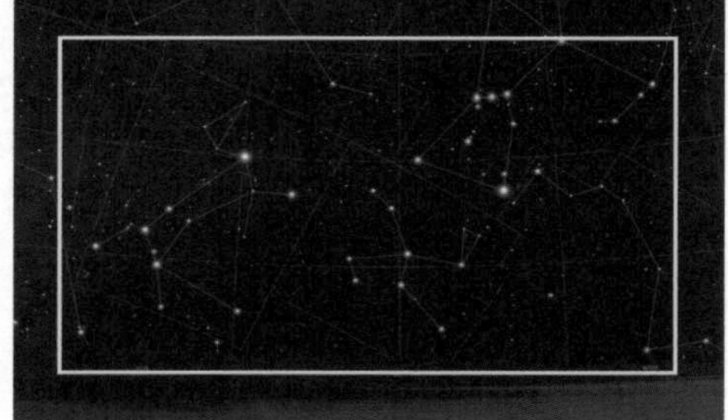

시뮬레이션된 1850년 4월 1일, 19시 53분의 남서쪽 하늘(LMT, 바르비종).

다. 위키피디아에 나온 이 그림의 해설에 따라 가장 먼저 떠올릴 수 있는 가설은, 이 작품이 오리온자리 유성우가 활동하는 시기인 10월 21일경에 그려졌을 가능성이다. 이 그림이 1차 완성된 시기가 1850년이라고 하니, 이제 책의 초반에서 살펴본 대로 바르비종의 지역 시간을 계산해볼 필요가 있다. 바르비종의 경도가 동경 2.6도이므로, LMT는 UTC+0.17로 계산된다.

이 경우 1850년 10월 21일, 이 지역의 일출 시간은 아침 6시 28분이다. 하지만 169쪽 시뮬레이션의 시간인 새벽 5시 28분이면 이미 박명이 시작되어 하늘이 밝아지고 있음에도 오리온자리와 큰개자리의 고도는 여전히 높다. 즉 작품 속과 같은 형태로 별들이 서편으로 기울기도 전에 날이 밝아진다. 그리고 이날은 달이 99.8퍼센트의 보름 상태에 가까웠기 때문에

⟵ 1850년 10월 21일 5시 28분의 밤하늘.

⟵ 1872년 11월 27일 출현한 유성우 (《아스트로노미 포퓰레르》 657쪽).

별똥별이 제대로 보였을 가능성은 희박하다. 따라서 이 그림이 오리온자리 유성우와 관련이 있다는 가설은 접는 것이 합당하다.

유성우가 나타나는 이유가 혜성이 남긴 먼지구름이 지구의 공전궤도와 만나기 때문이라는 사실이 밝혀진 것은, 이 그림이 그려지고 한참 지난 1866년경의 일이다. 1833년 엄청난 규모로 별똥별이 떨어진 사자자리 유성우 때문에 그 원인에 대한 과학적 연구가 본격적으로 시작되었다. 그러다가 1866년 조반니 스키아파렐리(Giovanni Schiaparelli)라는 천문학자에 의해 혜성으로 인해 유성우가 출현한다는 것이 알려진다.

심지어 오리온자리 유성우의 원인은 그 유명한 핼리혜성인데, 핼리혜성과 오리온자리 유성우와의 연관성은 20세기 초반이나 되어서야 명

샤를 앙그랑, 〈사고〉(1887년).

확해진다. 따라서 오리온자리 유성우가 떨어진다는 것을 알고 이 그림을 그렸을 가능성은 전혀 없다.

따라서 밀레의 작품이 그려진 시기는 4월 1일 저녁 8시경 또는 11월 15일 새벽 5시경이 유력하다. 둘 중 하나만 선택해야 한다면 4월 1일경이 더 나을 듯하다. 그날은 서편으로 태양이 지면서 얼마 못 가 오리온자리가 잠깐 보이다가 바로 지평선 아래로 내려간다. 따라서 작품 속에 보이는 지평선의 빛이 일몰로 인한 여명이라면 가장 비슷한 풍경이 구성될 것이다. 거기에 밀레가 그림을 그리다가 우연히 본 별똥별을 그림 속에 담았다고 생각하는 것이 가장 합리적이다.

샤를 앙그랑과 빈센트는 1887년 파리에서 처음 만나 교류하기 시작했다. 당시 앙그랑은 점묘법을 연구하며 후기 인상파 운동의 중심에 있었고, 빈센트는 이 기법에 깊은 관심을 보이며 자신의 화풍을 실험하고 있었다. 두 사람은 몽마르트르를 중심으로 활동하며 쇠라와 같은 화가들로부터 영향을 받았고, 빛과 색채에 대한 과학적인 접근에 관심을 공유했다.

앙그랑의 점묘법은 섬세하고 고요한 분위기를 창출하는 데 탁월했으며, 빈센트의 감정적인 붓질과는 대조적이었다. 그러나 빈센트는 앙

⇡ 〈구애하는 연인들이 있는 정원: 생피에르 광장〉(1887년).

그랑과의 교류를 통해 색채를 더 강렬하게 사용하고, 점묘법의 원리를 자신의 표현 방식에 맞게 변형하는 영감을 얻었다. 앙그랑의 작품이 차분하고 계산된 구성을 강조했다면, 빈센트는 감정과 에너지가 넘치는 방식으로 이 기법을 재해석했다.

특히, 빈센트의 〈구애하는 연인들이 있는 정원: 생피에르 광장〉 같은 작품에서 앙그랑과 점묘법의 영향을 엿볼 수 있다. 이 그림은 점묘법의 원리를 차용하되, 더 큰 붓질과 대담한 색채를 사용해 빈센트만의 독창적인 스타일을 만들어냈다. 이처럼 앙그랑과의 교류는 빈센트의 작품에서 색채의 가능성을 확장하고, 후기 인상파의 다양한 기법을 자신의 방식으로 흡수하는 계기가 되었다. 두 사람의 만남은 단순히 기술적인 영향을 주고받는 것을 넘어, 서로의 예술적 열정과 아이디어를 공유하며 동시대 미술의 발전에 기여한 중요한 연결점이었다. 이는 후기 인상파 예술이 다양한 방식으로 발전할 수 있는 토대를 마련했다.

⠇ 루이 앙케탱, 〈클리시 대로: 오후 5시〉(1887년).

루이 앙케탱의 〈클리시 대로: 오후 5시〉는 클루아조니즘 기법의 대표작으로, 앙케탱은 빈센트가 파리에서 예술적 성장을 이루는 데 간접적인 영향을 미친 또 한 사람의 화가였다. 빈센트의 작품에 나타나는 클루아조니즘은 고갱의 영향이 가장 크다 할 수 있지만 〈밤의 카페테라스〉가 고갱이 아를에 오기 전에 그린 작품이라는 점, 〈클리시 대로: 오후 5시〉의 구도가 엿보이는 점을 생각한다면, 앙케탱의 장식적 접근 방식은 빈센트의 색채와 구도 실험에 영감을 제공한 것이 분명하다. 이처럼 당시의 화가들은 19세기 후반의 예술적 흐름 속에서 서로의 작품 세계를 자극하며 성장했다.

↑ 제임스 휘슬러, 〈야상곡: 청색과 은색–첼시〉(1871년).
↓ 조르주 쇠라, 〈서커스: 사이드쇼〉(1888~1889년).

한편, 다른 수많은 동시대 화가들도 밤과 어둠을 탐구하며 다양한 해석을 시도했다. 영국의 화가 제임스 휘슬러는 무려 52편으로 구성된 야상곡 시리즈에서 어두운 추상적 분위기를 탐구하며 색채와 형태의 미묘한 변화를 통해 어두운 정서를 표현했다. 반면, 쇠라와 앙그랑은 점묘법을 활용해 밤을 과학적이고 구조적으로 접근했으며, 존 앳킨슨 그림쇼(John Atkinson Grimshaw)는 몽환적이고 낭만적인 밤의 도시를 화폭에 담았다.

별이 가득한 프로방스의 밤하늘

1888년 2월 20일, 빈센트는 따스한 겨울을 기대하며 도착한 아를에서 예상치 못한 풍경과 마주한다. 무려 60cm가 넘게 눈이 쌓여 있었던 것이다. 여기가 정녕 남쪽이 맞단 말인가? 생소한 풍경에 놀라며 그가 향한 숙소는 카렐 식당으로 여관을 겸한 곳이었다. 도착 직후 그는 나흘 동안 눈 덮인 아를의 풍경, 노파의 초상화, 창박 정육점 풍경을 주제로 작품을 그렸다.

그 겨울, 빈센트는 오랜만에 테오와 편지를 주고받으며 그동안 구상해온 화가들의 조합을 실현하기 위한 사업 아이디어를 구체화하기 시작한다. 특히, 조합의 작품을 프랑스를 넘어 네덜란드에까지 선보이기 위해, 여전히 헤이그 미술계의 큰손인 테르스테이흐가 인상파 미술에 관심을 갖도록 하는 데 많은 신경을 쓴다. 그는 여러 차례 테르스테이흐에게 편지를 보내기도 했고, 테오를 통해 자신의 작품을 전달하려고도 했다. 하지만 제대로 낙인이 찍힌 빈센트의 노력이 과연 효과가 있었을까?

그림과 편지로 추운 겨울을 견뎌낸 후, 그가 맞이한 계절은 이전에 경험했던 여느 봄과는 다른 화사한 생명력을 갖고 있었다. 고향인 준데르트보다 1000km나 남쪽에 위치한 아를은 그가 지냈던 지역 중 위도가 가장 낮은 곳이다. 위도가 낮아지면 태양 빛이 지면에 더 수직으로 도달하여

←··· 〈유리컵의 아몬드 꽃〉 (1888년 3월경).

좁은 면적에 에너지가 집중되므로 더욱 따뜻하다. 게다가 지중해와 인접하기에 겨울은 유난히 온화하고, 여름에는 격렬한 폭우와 강렬한 더위가 공존하는 열정적인 기후를 지녔다. 또한 이 도시는 기원전 46년경 카이사르에게 점령당한 이후 경제, 정치, 문화의 중심지로, 4세기에는 '작은 로마'라 불릴 만큼 번영했다. 이러한 환경은 빈센트의 작품을 더욱 따뜻하고 다채롭게 만드는 데 중요한 영향을 미친다. 그는 이곳에서 이듬해 5월까지 184점의 유화를 포함 총 300여 점의 드로잉과 수채화를 남긴다.

길가에 여전히 눈이 남아 있지만 계절을 거스르지 못하고 피어난 아몬드 나무 꽃을 발견한 빈센트는 가지 하나를 꺾어 〈유리컵의 아몬드 꽃〉을 2점 그린다. 이를 시작으로 그는 한동안 다양한 과수나무 꽃이 담긴 풍경을 그리게 된다.

빈센트는 아를의 외곽에서 네덜란드의 향수를 지천에서 느낄 수

↑ 〈랑글루아 다리와 빨래하는 여인들〉(1888년 3월경).

있었다. 그는 다만 색상만 다르다고 말했다. 그러던 중 유년 시절의 기억을 떠올리는 대상이 눈에 들어온다. 바로 랑글루아 다리였다. 이 다리는 관리하는 사람의 이름을 따서 불렀는데, 아를 시내에서 조금 멀리 걸어 나간 어느 날 마주친 신기한 도개교가 화가의 호기심을 자극했다. 론강과 부크항을 잇는 운하 위에 놓인 랑글루아 다리는 중앙이 갈라져서 좌우의 상판이 하늘로 오르내리는 구조였는데, 빈센트는 이를 보며 네덜란드의 운하를 떠올렸을 것이다. 그는 이 다리를 주제로 9점의 그림을 그린다. 그중 〈랑글루아 다리와 빨래하는 여인들〉은 다리 위의 마차와 강가에서 빨래하는 여인들의 일상을 생동감 있게 담아내어 시선을 끈다.

그런데 빈센트에게는 화려했던 파리 시절의 여운이 남아 있기도 했고, 동생에 대한 그리움과 건강 문제가 계속되면서 인간관계를 제대로 맺지 못하는 그는 더욱 외골수로 변해갔다. 빈센트는 아를 사람들과 제대로 관계를 맺으려 하지 않았다. 아를 사람들도 행동과 옷차림이 정상에서 벗어난 그를 이상하다고 인식했다. 이는 아를에서 벌어질 파국과도 같은 사건의 복선이었다. 특히나 방세를 비싸게 받는다고 생각한 여관 주인과 다툼이 잦아 그는 틈틈이 다른 집을 찾아다닌다. 그렇게 찾은 집이 바로 라 마르틴 광장 모퉁이에 있는 노란 집이었다.

노란 집은 제2차 세계 대전 때 미군의 공습으로 파괴된 후 철거되었기에 지금 우리는 빈센트가 그린 그림으로만 볼 수 있다. 그림 속 노란 집은 낭만적으로 느껴지지만 북쪽으로 얼마 떨어지지 않은 위치에 역이 있어 밤새 인근 고가 철교에는 기차가 다녔다. 1880년대는 프랑스의 식민지 정책이 확장되던 시기로, 아를은 알제리에서 조직된 프랑스 식민지 군대가 주둔하는 군사적 요충지였다. 그 영향으로 성매매 업소가 활발하게 운영되었고, 노란 집은 그와 가까운 탓에 주거지로는 인기가 없어 오랫동안 비어 있었다.

빈센트는 한 달에 15프랑이라는 이유로 그 집을 계약하고 벽은 노랗게, 대문은 녹색으로 칠한다. 동생과 함께 가족이라는 울타리 안에 살다가 다시 여관방을 전전했던 그는 다시 집을, 울타리를 갖고 싶었다. 빈센트가 노란 집에 입주한 것은 5월 초였다.

일단 집이 구해지자 그는 함께 지낼 사람을 찾기 시작한다. 처음에 생각했던 사람은 당연히 테오였다. 빈센트는 건강을 핑계 삼아 부소&발라동을 쉬고 아를로 오라고 계속 권한다. 파리에서 본 것이 있는지 빈센트는 보내는 편지마다 테오의 건강을 염려하는데 실제로 테오의 건강은 문제가 많았던 듯하다. 하지만 즉흥적인 빈센트와 달리 테오가 그런 선택을 할 리 없었다. 다음으로 생각한 사람은 베르나르였으나 그 역시 영리하게 선을 그어 빠져나간다. 그다음이 바로 고갱이었다.

별을 그리자

프로방스 지역의 아름다운 풍경은 인물화를 추구하던 빈센트의 마음을 자연스럽게 사로잡았다. 그에게 특히 인상적이었던 것은 밤하늘이었다. 당시만 해도 이미 파리는 인공조명으로 인해 밤에 별을 보기 힘들었는데, 빈센트가 지내던 몽마르트르의 르픽 거리는 말할 것도 없었다. 그런 그에게 별이 가득한 프로방스의 밤하늘은 놀라움과 영감의 원천이 되었다.

4월 초 테오와 베르나르에게 쓴 편지에서 빈센트는 별을 그리고자 하는 마음을 다음과 같이 적었다. 그가 다음 해인 1889년 생레미에서 그리게 될 〈별이 빛나는 밤〉에 대한 구상은 이미 아를에서부터 시작된 것이었다.

> 또한 나는 사이프러스 나무가 있거나 노랗게 익은 밀밭 위로 펼쳐진 별이 빛나는 밤(nuit étoilée)을 그리고 싶어. 이곳의 밤은 정말 아름답거든.
>
> 테오에게, 1888년 4월 9일

> 마치 별처럼 빛나는 민들레가 가득 찬 푸른 초원을 그리듯, 별이 빛나는 하늘을 그려보고 싶네.
>
> 베르나르에게, 1888년 4월 12일

빈센트는 영국에 있던 시절부터 보리나주에 있을 때까지 여러 차례 100km 이상을 도보로 여행했을 만큼 타고난 강골이었다. 그는 노란 집을 구하고 안정을 찾자 아를 근처의 바다와 산을 여행하며 그림을 그리기 시작한다. 그가 다닌 모든 곳에서 해가 지면 반짝이는 별이 가득한 밤하늘을 볼 수 있었다. 아를에 온 무렵, 음주와 성병으로 만신창이가 된 몸, 신경쇠약으로 인한 정신적인 고통, 가난함을 느낄 때마다 테오에게 드는 죄책감이 그를 괴롭혔다. 하지만 역설적으로 어둠 그 자체인 밤하늘에서 별을 바라보며 희망을 찾아냈고, 마침내 그는 별을 화폭에 담으면서 영혼을 치유할 수 있었다. 빈센트가 1888년 7월 동생 테오에게 보낸 긴 편지에는 다음과 같은 내용이 담겨 있다.

> 화가들은 죽어서 땅에 묻힌 뒤에도 자신의 작품을 통해 다음 혹은 이후의 세대와 대화를 나누지. 그게 전부일까, 아니면 더 이상이 있을까? 화가의 삶에서 가장 힘든 건 죽음이 아닐지도 몰라. (…) 하지만 별들을 바라볼 때마다 나는 꿈을 꾸곤 해. 마치 지도 위에 찍힌 도시와 마을의 검은 점들이 나를 꿈꾸게 하듯이. 왜일까? 하늘에 반짝이는 저 점들이 프랑스 지도의 검은 점들보다 더 멀게만 느껴지는 걸까?
> 우리가 타라스콩이나 루앙으로 가려고 기차를 타듯이, 별에 가기 위해서는 죽음이라는 열차를 타야 하는 게 아닐까? 이 생각에서 확실한 건, 살아 있는 동안에는 별에 갈 수 없다는 거지. 죽은 뒤에는 기차를 탈 수 없는 것처럼 말이야. 어쩌면 증기선이나 버스, 철도가 지상의 교통수단인 것처럼 콜레라, 결석, 폐결핵, 암 같은 건 천상으로 가는 교통수단일지도 모르겠어. 평온하게 늙어 죽는 건 천천히 걸어서 별로 향하는 것과 같을지도 몰라.
>
> 1888년 7월 10일

빈센트가 테오와 파리에 있던 시절은 편지 왕래 자체가 거의 없어

⇡ 〈외젠 보흐의 초상〉(1888년).

서 빈센트의 마음을 알기 힘들었는데, 아를로 온 후부터는 편지의 양이 많아진다. 기본적으로 빈센트가 쓴 편지가 많기도 하지만 무엇보다도 그동안은 버려졌던 것으로 보이는 테오가 보낸 편지가 상당수 보존되었기 때문이다. 이는 빈센트가 노란 집을 떠나 생폴 요양소에 들어갈 때 그의 개인 짐이 테오에게 보내졌기 때문인 것으로 보인다. 따라서 우리는 아를 시기부터는 빈센트는 물론 테오의 마음까지도 함께 들여다볼 수 있다.

8월 무렵은 밤하늘의 별을 그림으로 옮기기 위한 고민을 본격적으로 시작한 시기였다. 그러던 중 빈센트는 프랑스 남부를 여행하던 인상파 화가 외젠 보흐*를 만나게 된다. 그는 보흐가 보리나주로 가서 광부를 그릴 계획이라는 이야기를 듣자마자 강한 호감을 갖는다. 보흐 역시 빈센트의 독창성과 열정에 놀라며 이 두 살 터울 화가들의 교류가 시작된다. 그리고 9월, 보흐는 아를을 떠나기 전 빈센트의 모델이 되어준다. 빈센트는 단테와 같은 얼굴을 한 잘생긴 젊은이로 보흐를 묘사하며 편지를 쓴다. 9월 3일 테오에게 보낸 편지를 살펴보자.

* 외젠은 벨기에 출신으로 도자기로 유명한 빌레로이앤드보흐라는 회사의 모태인 보흐 가문에서 태어나 충실한 미술교육을 받으며 성장한 화가였다.

> 자, 그 덕분에 내가 오랫동안 꿈꿔왔던 이 그림의 첫 번째 스케치를 드디어 얻었어. 바로 시인* 말이야. 그가 내게 포즈를 취해주었어. 초록색 눈을 가진 그의 섬세한 얼굴이 깊은 울트라마린빛의 하늘 아래 반짝이는 별들 속에서 또렷하게 떠올랐어. 그는 작은 노란색 재킷, 표백하지 않은 리넨 칼라를 착용하고, 다채로운 색의 넥타이를 매고 있었어.
>
> 1988년 9월 3일

빈센트가 처음 그림에 별을 넣은 작품이 바로 이 〈외젠 보흐의 초상(시인)〉이다. 배경지식이 전혀 없이 이 작품을 처음 보았을 때 바탕에 보이는 꽃잎이 별일 거라고는 생각하지 못했다. 하지만 이 편지를 읽고 나서야 꽃잎처럼 보이는 8개의 돌출된 빛줄기가 밝은 별을 형상화하려는 의도였음을 알 수 있었다. 빈센트가 편지에 남겼듯이, 배경은 밤하늘같이 어두운 울트라마린 색으로 표현했고, 그 주변에 백색에 가까운 별과 초록빛이 도는 별, 핑크빛이 도는 별이 그려져 있다.

해바라기의 화가

이 시기 빈센트가 집중했던 또 하나의 오브제는 '해바라기'였다. 그가 누구인가? 바로 해바라기의 화가 아닌가! 빈센트는 파리에서 정물을 그리기 시작할 무렵부터 이미 해바라기라는 소재에 큰 관심을 두고 있었다. 내가 생레미와 아를을 답사했을 때 놀라웠던 풍경 중 하나도 해바라기였다. 온 들판이 해바라기로 덮인 듯한 풍경을 보니 왜 그가 아를에서도 해

* 빈센트는 화가 외젠을 그린 초상화의 작품명을 '시인'이라고 지었다.

바라기를 사랑할 수밖에 없었는지 이해가 되었다.

해바라기를 그리려면 시간이 부족하다는 것을 빈센트는 이미 잘 알고 있었다. 해바라기의 줄기는 조직이 물러서 꺾이면 물을 잘 못 끌어 올리며, 꽃송이도 커서 수분 소비가 크기에 쉽게 시들기 때문이다. 그렇게 처음에 그는 해바라기 연작을 6점 그려낼 계획이었다. "나는 해바라기 그림 6점으로 스튜디오를 장식하려고 생각하고 있다네(베르나르에게, 1888년 8월 21일)." 그러다가 돌연 다음 날 "나는 마르세유 사람이 부야베스*를 먹는 열정으로 그림을 그리고 있어. 큰 해바라기를 그리는 일이라면, 너도 놀라지 않겠지. (…) 내 계획대로라면 해바라기로 가득한 12개 정도의 패널을 만들게 될 거야. 이 모든 것은 파란색과 노란색의 심포니가 될 거야. 나는 매일 해가 뜨자마자 이 작업에 매달리고 있어. 꽃이 금방 시들기 때문에 한 번에 작업을 끝내야 하거든(테오에게, 1888년 8월 22일)"이라고 말하며 3개의 해바라기 캔버스를 동시에 작업했다. 베르나르에게 말했던 6점의 해바라기가 하루 만에 12점으로 늘어난 것이다. 그리고 다음 날인 23일 또는 그 다다음

* 빈센트가 좋아했던 부야베스는 마르세유에서 유명한 프랑스식 해물 스튜다. 마르세유는 대한민국의 부산 같은 존재감의 도시로, 기원전 600년경 그리스 식민지로 만들어졌기에 파리보다 역사가 더 길다. 물론 지중해에서는 가장 큰 항구도시다. 빈센트는 아마도 마르세유의 화가 몽티셀리를 생각하면서 부야베스를 먹었을 것이다.

4점의 〈해바라기〉 (1888년).

날에 쓴 편지를 통해 벌써 네 번째 해바라기를 그리고 있음을 전한다. 실로 놀라운 속도가 아닐 수 없다.

빈센트는 묘하게 '12'라는 숫자에 집착하는 경향이 있었다. 예를 들어 그가 그렇게 눈치를 보면서 테오에게 돈을 받았음에도 노란 집에 사둔 의자의 개수가 무려 12개였다. 이는 예수의 열두 사도에서 온 것이 분명해 보이며, 빈센트의 신앙심이 남달리 강렬했던 점에서 그 원인을 찾아야 할 것이다.

위의 〈해바라기〉 4점은 작업 순서대로 배치한 것으로 빈센트는 세 번째와 네 번째 작품을 가장 마음에 들어 한 듯하다. 그 두 작품에만 꽃병에 자신의 이름을 적었고, 이후 겨울에 첫 번째 발작을 겪은 후, 몸을 추스르고 나서 복제한 그림 또한 세 번째와 네 번째 작품이었다. 특히 네 번째 작품은 〈고흐의 침실〉처럼 두 번을 다시 그린다. 이렇게 하여 빈센트가 완성한 아를의 〈해바라기〉는 총 7점이 된다. 그가 세웠던 12점에는 미치지 못했지만 그래도 처음 계획했던 6점은 초과 달성해낸다.

빈센트는 1890년 1월 브뤼셀에서 열린 전시회에 세 번째와 네 번째 〈해바라기〉를 포함해 다수의 작품을 선보이는데 이때부터가 어엿한 화가로서 평단에 오르내리기 시작하는 시기다. 〈해바라기〉 연작은 일본과 인연이 많다. 안타깝게도 일본에서 소장했던 두 번째 〈해바라기〉는 미군의 폭격으로 소실되었다. 바닥에 놓인 해바라기 때문인지, 두 번째 작품은 어딘가 비련의 느낌이 있다. 일본인들은 다시 자국에 〈해바라기〉를 놓고 싶었던 것일까? 1987년 당시 런던 크리스티 경매에서 네 번째 작품을 두 번째로 복제한 〈해바라기〉가 2475만 파운드(약 3990만 달러)에 일본 보험회사에 낙찰되는 사건이 벌어진다. 그즈음은 거품경제가 절정에 달했던 시기라 일본의 구매력이 왕성했을 때로, 당시 모던아트 작품의 낙찰가로는 놀라운 기록이었기에 빈센트는 세계적인 인기 화가의 반열에 올라선다.

편지에서 언급한 네 번째 〈해바라기〉는 빈센트가 가장 애정을 쏟은 작품이자, 복제화로 가장 널리 알려진 것이다. 우리가 가장 많이 접하는 이 〈해바라기〉는 현재 런던 내셔널갤러리에 전시되어 있으며, 2022년 세간의 이목을 끌었던 토마토 수프 캔 테러의 표적이 되기도 했다. 이는 그 작품이 미술관에서 가장 주목받는 존재이기 때문일 것이다.

빈센트가 스물한 살이던 1874년으로 돌아가보자. 당시 구필 화랑에서 일하던 그해 8월 28일, 그는 다빈치, 라파엘로, 렘브란트의 작품을 보기 위해 지금 〈해바라기〉가 전시된 내셔널갤러리에서 불과 1.3km 떨어진 대영박물관을 방문했다. 거대한 산처럼 느껴졌을 대가들의 작품 앞에서, 젊은 빈센트는 자신의 그림이 미래에 그들과 함께 전 세계인의 사랑을 받게 될 것을 상상할 수 있었을까? 평생 인정받지 못한 채 고독과 가난 속에서 몸부림쳤던 빈센트의 삶은 고단했지만, 그의 작품은 시간과 경계를 넘어 가장 찬란한 자리로 올라섰다.

4.

〈밤의 카페테라스〉의 분석

고유한 색을 지닌 별

별 하나하나가 고유한 색을 지닌다는 사실은 현대를 사는 우리에게 잘 알려져 있다. 1800년경 적외선을 발견한 윌리엄 허셜(William Frederick Herschel)은 빛의 색과 물체의 온도가 서로 관련이 있음을 처음으로 제시했다. 이는 별의 색과 온도의 관계에 대한 과학적 토대가 되었다. 1859년에는 스펙트럼 분석법이 개발되었으며 별빛의 스펙트럼을 분해해서 별이 가진 화학 성분과 온도를 파악할 수 있게 되었다. 따라서 별의 색은 표면 온도와 밀접한 관련이 있음을 알게 되었다. 빈센트가 살던 시절은 푸른 별은 온도가 높고 붉은 별은 낮다는 것이 밝혀진 시기였다.

너무 깊지는 않게 별에 대한 이야기를 조금 더 해보자. 대부분의 별은 사람이 태어나서 죽는 것과 비슷한 진화의 단계를 거친다. 별이 수소를 헬륨으로 핵융합하며 에너지를 방출하는 가장 안정적인 단계에 있으면 주계열성이라고 한다. 이 단계는 별의 수명에서 가장 긴 기간(별의 질량에 따라 다르지만 85~95퍼센트)으로 태양 역시 주계열성에 속한다. 이 단계의 별들은 매우 무겁고 뜨거운 푸른색 별(표면 온도 섭씨 2만 도 이상)과, 태양 같은 중간 크기의 노란색 별(표면 온도 약 섭씨 5200도) 그리고 가볍고 상대적으로 차가운 붉은색 별(표면 온도 섭씨 2700도 이하)이 있다.

주계열성의 밝기는 별이 태어날 때의 중량 차이로 결정된다. 그래서 무거운 별은 폭발적으로 활동하기에 수명이 짧고 가벼운 별은 매우 긴 수명을 갖는다. 별이 수소를 다 소진하고 헬륨으로 핵융합을 시작하면, 주계열 단계가 끝나고 풍선처럼 팽창하는 적색거성의 단계로 들어선다. 이때 별의 온도는 더 낮아지고 붉은색이나 주황색을 띤다. 다음 단계에서는 자체 질량에 따라 무거운 별은 급격히 폭발하거나, 그보다 가벼운 별은 외피를 방출해 성운이 되어버리거나, 천천히 식어버리는 등 다양한 최후를 맞이한다.

현대를 사는 우리는 이렇게 별의 색이 다른 이유를 과학적 지식을 이용해 잘 알지만, 지금으로부터 100년도 더 전 사람인 빈센트는 자신의 관찰력과 직관으로 별의 색깔을 정확하게 인식하고 있었다. 다음 두 편지를 살펴보자. 첫 번째는 1888년 6월 3일, 아를에서 남서쪽 지중해를 접한 생트마리에서 테오에게 쓴 편지다.

깊은 파란색의 하늘은 기본 파랑보다 더 깊은 파랑의, 강렬한 코발트색의 구름들로 얼룩져 있었고, 다른 구름들은 더 밝은 파란색이었어. 마치 은하수의 푸른 백색처럼 더 밝은 파란색이었어. 파란 배경 속에서 별들은 맑게 반짝였는데, 녹색빛, 노란색, 흰색, 장밋빛이었어. 우리 집에서보다 더 맑고, 더 다이아몬드처럼 빛나고, 심지어 파리에서보다 더 보석 같았어. 말하자면 오팔, 에메랄드, 청금석, 루비, 사파이어처럼 말이야.

같은 해 9월, 여동생 빌에게 쓴 편지에서도 별빛에 대한 언급을 확인할 수 있다.

나는 이제 정말로 별이 빛나는 하늘을 그리고 싶어. 종종 밤하늘이 낮보다 더 풍부한 색채를 가진 것 같아. 가장 강렬한 보라색, 파란색, 초록색으로 물들어 있지.
자세히 보면 알게 될 거야. 어떤 별들은 레몬색이고, 또 어떤 별들은 장밋빛, 초록빛, 물망초 같은 파란빛을 내고 있어. 더 말할 것도 없이, 별이 빛나는 하늘을 그리기 위해서는 검푸른 바탕에 흰 점들을 찍는 것만으로는 전혀 충분하지 않다는 게 분명해. (…)
너는 모파상의 《벨아미》를 읽었는지, 그리고 그의 재능을 어떻게 생각하는지 한 번도 말해주지 않았어. 내가 이 말을 하는 건 《벨아미》가 바로 파리의 별이 빛나는 밤과 불빛 환한 대로변의 카페들을 묘사하는 장면으로 시작하거든. 그리고 그게 바로 지금 내가 그리는 그림과 같은 주제야.

1888년 9월 9일, 14일

이 편지를 통해 그가 밤하늘과 별을 어떻게 바라보았는지 유추할 수 있다. 그리고 노을이 지는 하늘을 바라보다 마침내 태양 빛이 사라진 밤하늘 아래의 별들을 하나하나 살펴보며 고유의 색을 찾아냈다는 사실도 알 수 있다. 그런데 별 자체가 지닌 색이 아닌 지구의 대기로 인해 달라지는 색깔까지 집어내서 설명하고 있는 부분이 주목할 만하다.

별빛은 먼 우주를 지나 우리 눈에 닿기 직전 지구를 감싼 공기층을 통과한다. 이 공기층은 마치 두꺼운 유리 같아서 빛이 통과할 때 그 방향을 살짝 바꾸게 만든다. 흥미로운 점은 공기층을 통과할 때 빛의 색깔에 따라 방향이 바뀌는 정도가 다르다는 것이다. 파란색 빛은 많이 휘고, 빨간색 빛은 덜 휜다. 게다가 공기층은 계속 움직이고 변하기 때문에, 별빛이 통과하는 경로도 계속 바뀐다. 이렇게 색깔마다 다르게 휘어진 빛이 우리 눈에 들어오면서 반짝이는 것처럼, 때로는 색깔이 변하는 것처럼 보인다.

↑ 〈밤의 카페테라스〉, 〈론강의 별밤〉, 〈별이 빛나는 밤〉 속 별의 차이.

마치 별이 우리에게 작은 빛의 쇼를 보여주듯 말이다. 특히 밝은 별이 지평선에 가까울수록, 빛이 통과하는 공기층이 더 두껍고 불안정해서 이러한 현상이 더 뚜렷하게 나타난다. 그래서 빈센트가 묘사한 것처럼 보라색이나 초록색같이 실제 별의 색이 아닌 색깔도 우리는 볼 수 있다. 이것을 대기 분산 효과라고 부른다.

그렇게 빈센트의 별 그림 3점이 아를에서 탄생했다. 그 처음이 9월 초순에 그린 〈외젠 보흐의 초상〉이고, 지금은 이미 너무나 유명한 작품인 〈밤의 카페테라스〉가 9월 중순에, 〈론강의 별밤〉이 9월 하순경에 그려진 것으로 알려져 있다.

순서에 차이는 있을 수 있지만, 반 고흐의 연구자들이 매겨놓은 작품 번호(F, JH)는 대체적으로 그려진 시기에 따라 부여했기에 번호를 통해 작품이 그려진 순서를 추정할 수 있다. 그런데 조금만 상상을 가미하면 작품 속의 별이 어떻게 변화하는지를 통해 빈센트가 별을 인식하고 표현한 방식을 이해하고 그 순서를 예측할 수 있다. 〈밤의 카페테라스〉에 비해 〈론강의 별밤〉 속에 그려진 별은 반짝이는 모습을 보다 강한 율동으로 표현했고 〈별이 빛나는 밤〉 속의 별은 앞의 두 작품과 달리 별 자체의 후광이 더 강하게 표현되었다. 이처럼 표현의 방법을 통해 그린 순서를 추정해보는 것도 가능하다.

해 질 녘 맨눈으로 태양을 보면 그 모습이 둥글다는 것을 확인할

보임의 의견

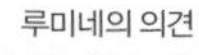

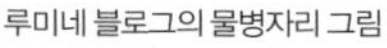

⇡ 〈밤의 카페테라스〉 속 별이 물병자리라는 의견을 밝힌 보임과 루미네.

수 있다. 이렇듯 원래 모든 별은 둥근 모양이다. 하지만 별이 무한대로 멀어지게 되면 점의 형태를 띤다. 따라서 별은 점으로 그려야 하는 것이 맞는다. 그렇다면 망원경으로 별을 관측하면 어떻게 보일까? 아무리 큰 망원경을 사용한다 해도 역시 점으로 보인다. 다만 더 밝은 점이 되어 보인다. 하지만 우리는 별을 5개의 선을 연속으로 이어서 그리는 오각형의 형태(5개의 삼각형과 중앙의 오각형)로 표현하는 경우가 많다. 아마 이것은 위에서 설명한 별을 바라볼 때 나타나는 대기 분산 및 굴절 효과가 만들어낸 현상을 시각적으로 표현한 것으로 생각된다. 이런 별의 모양은 이집트에서 기인했다고 알려져 있으며 현재 많은 문화권에서 가장 널리 자리 잡았다. 이와 달리 유대인들이 사용하는 육각 별도 있다. 이는 다윗의 별(Magen David)이라고 부르는데 삼각형 2개가 겹쳐진 형태로 육각형을 만든다. 그들이 종교적인 상징으로 매우 중요하게 여기는 그 별 역시 동일한 효과로 인한 반짝거림을 표현한 것으로 보았다.

다시 〈밤의 카페테라스〉로 돌아가자. 보임은 작품 속의 주요한 별들이 Y 자 패턴(뒤에서 설명할 것이다)을 가지고 있고, 현재도 남아 있는 그 카페의 위치로 볼 때 남쪽 하늘이 분명하기 때문에 물병자리를 그린 것이라고 주장한다. 반면 휘트니는 "나는 이 그림에 묘사된 별들을 확실히 식별할 수 없었고, 반 고흐가 이 작은 하늘에 별을 너무 많이 배치했다고 생각한다. 카페 조명으로 인한 방해가 예상되기 때문이다"라며 밤하늘의 별에 맞추어 그림을 그린 게 아닐 것이라는 의견을 밝힌다. 처음에는 나도 휘트니와 같은 생각을 했다. 그런 이유로 2019년 아를과 생레미를 2회에 걸쳐 답사했음에도 이 장소에서는 분석을 위한 사진을 전혀 찍지 않았다. 그런데 2023년, 장피에르 루미네(Jean-Pierre Luminet)라는 천문학자가 빈센트 반 고흐에 관한 책을 출간했다. 그 책의 내용을 확인해보지는 못했으나 빈센트의 그림을 조사하느라 루미네 본인 블로그에 올린 글은 몇 년 전 자료 조사 중에 확인한 적이 있다. 그는 PC의 천문 소프트웨어를 이용해 조사해 본바 〈밤의 카페테라스〉의 밤하늘에 그려진 별이 물병자리 모습과 같다고 주장한다. 191쪽 그림에 그들의 의견을 정리해보았다. 보임과 루미네의 주장은 결이 다르지만 결론적으로 물병자리의 형상에 맞추어 그린 것이라는 의견이다.

지금 생각하면 답사 당시 이 장소에서 제대로 된 분석을 위한 자료를 남기지 않은 것이 매우 아쉽지만, 이제부터 왜 〈밤의 카페테라스〉의 별이 실제 별에 맞추어 그리지 않은 것이라고 생각하는지 객관적으로 설명해볼까 한다. 이 그림 속 하늘을 이해하기 위해서는 몇 가지 개념을 익히고 시작해야 한다.

작품의 지리와 지형 분석

현지에서 별을 보고 그 방향을 판단할 수 없기 때문에 가장 먼저 해야 할 일은 빈센트가 〈밤의 카페테라스〉를 그린 지역의 진북(진짜 북쪽)을 정의할 방법을 찾는 것이다. 다행히 방향을 확인하기 위해 자북(자기 북극)을 기준으로 제작된 지도를 사용할 것이 아니기에 이 작업은 번거로울 것이 없다. 나는 지오포르트타유의 온라인 지도를 통해 그 방향을 확인했는데, 우리가 온라인에서 보는 다양한 지도는 GPS와 같은 위성 항법 시스템을 이용하여 진북을 기준으로 제작한다. 따라서 지도상에서 위쪽은 진북 방향이 된다.

194쪽 지도와 위성 영상은 지오포르트타유가 제공하는 서비스에서 작품이 그려진 포럼 광장 주변을 캡처한 것이다. 지도에서 〈밤의 카페테라스〉의 중앙부가 향하는 방향은 거의 정확하게 남쪽임을 확인할 수 있다. 이에 작품의 중앙부는 정남 방향이라고 정의할 것이다.

다음으로, 빈센트가 〈밤의 카페테라스〉를 그린 곳이 정확히 어디인지 추정해야 하는데 195쪽과 같이 구글어스의 스트리트뷰를 이용하여 조사했다. 작품에 보이는 카페는 현재는 '카페 반 고흐'라는 이름으로 영업 중이며, 카페의 옆 건물 1층 식당의 문설주를 보면 작품 왼편에 그려진 문설주 일부와 상당히 유사한 것을 확인할 수 있다. (195쪽 그림의 레스토랑은

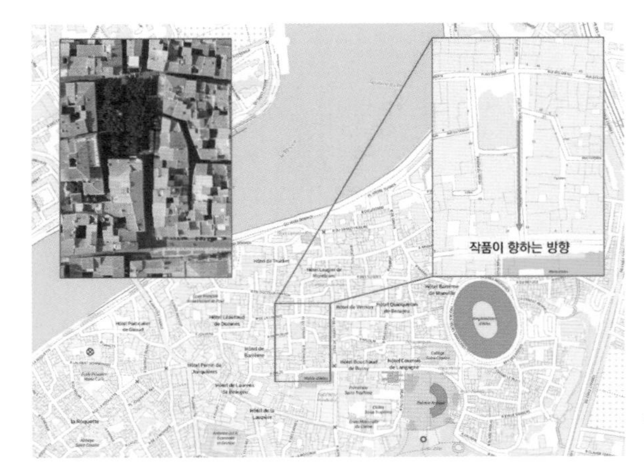

←··· 작품의 중앙부가 향하는 방향.

폐업하고 현재는 다른 가게가 영업 중인 것으로 보인다.) 작품의 소실점, 빈센트의 눈높이 등을 감안하여 그는 '그림을 그린 곳'에 195쪽 그림과 같이 서 있었을 것으로 추정했다.

그러면 〈밤의 카페테라스〉에 그려진 주요 지점을 확인해보자. 작품 속에 빈센트가 서서 작품을 그린 위치, 소실점, 밤하늘의 각도를 함께 표현했다. 먼저 그림의 방향을 확인하자. 빈센트는 C 방향인 정남을 바라보고 서 있다. 그림 오른쪽 위의 하늘이 보이기 시작하는 A 지점은 남쪽을 기준으로 서쪽 하늘이며, B 지점은 동쪽 하늘이 된다. CAD 프로그램으로 작품 속 밤하늘의 각도를 측정하면 서쪽 하늘의 각도(θvw)는 27.4도, 동쪽 하늘의 각도(θvw)는 13.63도다. 약 2 대 1의 비율임을 확인할 수 있다. 이는 실제 각도가 아니고, 작품 속의 각도다. 혼동하면 안 된다.

이제 밤하늘의 '실제' 각도를 계산하기 위해, 그림을 그린 곳과 A 지점의 수평거리를 확인해보자. 195쪽 아래 그림 중간의 위성 영상 역시 지오포르타유에서 가져왔으며 해당 서비스에서 제공하는 거리 측정 기능으로 확인한 두 지점 간의 거리는 23.4m였다. 오른쪽 사진은 2019년 답사 당시에 찍은 것으로(낮에는 차양 면적을 늘리기 위해 노란색 차양막을 연장해서

⋯ 구글어스의 스트리트뷰에서 확인한 빈센트가 그림을 그린 곳으로 추정되는 위치.
⋮ 작품, 사진을 지오포르타유에서 비교.

펼친다) 현재의 A, B, C 지점을 확인하기 위해 첨부했다. 노란색 화살표는 위성 지도, 작품 속 지점, 실제 사진상의 위치를 비교한 것이다. 주황색 화살표는 빈센트가 바라본 밤하늘의 실제 시야 각도를 계산하기 위해 그은 선이다. 화면의 중앙인 C에서 A 지점까지의 각도, 즉 서쪽 하늘의 실제 각도(θ_{RW})는 CAD에서 측정 시 약 16도다. 그러면 동쪽 하늘의 실제 각도는 방금 확인한 약 2 대 1의 비율에 따라 약 8도가 된다.

자, 그러면 작품의 중앙부가 정남이므로 방위각은 180도이며, 서쪽 하늘의 끝단인 A 지점의 방위각은 196도이고, 동쪽 하늘의 끝단인 B 지점은 172도가 된다. 이에 작품에서 보이는 하늘의 실제 각도는 24도임을 알 수 있다. 시뮬레이션에서 이 각도도 맞춰볼 것이다.

마지막으로 조사해야 할 것은 A 지점의 높이다. 직접 잴 수 없기에, 근거로 삼은 것은 호텔의 정문과 테라스에 각각 사람이 서 있는 옛날 엽서였다. 이를 바탕으로 1층 4.7m, 2~3층 3.8m, 4층 3m, 지붕 0.5m로 근사 추정했으며 예상되는 A 지점의 높이는 약 15.8m였다. 이 값에서 빈센트의 눈높이 약 1.6m를 빼면 14.2m가 된다. 삼각함수를 사용하면 A 지점의 고도각을 계산할 수 있다. 거리 측정 기능으로 확인했던 두 지점 간의 수평거리 23.4m를 사용하면 Tan(θ)=추정 높이/수평거리가 된다. 이는 θ=arctan(추정 높이/수평거리)이 되고 14.2/23.4≈0.6068이 된다. 이를 통해 θ=arctan(0.6068)≈31.61도가 된다. 물론 이 값은 추정을 통해 산출했으므로 넉넉히 공차를 둬서 시뮬레이션해야 한다.

혹시나 이 건물이 빈센트가 그림을 그린 시기 이후로 증축을 했을까 싶어서 과거의 자료도 함께 조사했다. 아직 저작권이 만료되지 않은 사진이 많아 이 책에는 싣지 않았지만 1910년대부터 1960년대에 이르기까지 다양한 사진을 확인할 수 있었다. 그리고 이 건물을 노르 핀우스(Nord Finus)라는 이름으로 아주 오래전부터 호텔로 운영하고 있었음을 알게 되었다. 호텔이 내세우는 콘셉트는 '19세기 건물에서 잠을 잘 수 있다'는 것이며, 이미 피카소, 장 콕토, 헤밍웨이 등이 다녀간 유서 깊은 곳이었다. 2020년경 외관 보수 공사를 한 것도 사진을 통해 확인할 수 있었다.

답사 사진으로 다시 돌아가보자. '작품에 그려지지 않은 실제 풍경의 영역'이라고 적은 부분은 빈센트가 작품을 그리면서 잘라낸, 그리지 않은 영역이다. 즉, 작품에서 빈센트가 의도적으로 잘라낸 부분으로 사진처럼 하늘의 상당 부분을 그리지 않은 것을 알 수 있다. 지금까지 우리는 밤하늘의 고도 어느 지점까지를 빈센트가 그렸을지를 생각해봤다. 하늘의 꼭대기는 90도가 되고 지면은 0도가 된다. 따라서 근사 계산에 따라 지평선 위 31.6도 정도까지를 그린 것인데, 이는 작품 속 밤하늘이 실제 각도로는 상당히 좁은 영역이라는 것을 의미한다.

밤의 시작과 끝

낮과 밤의 경계에 대해서 생각해본 적이 있는가? 서로 이질적인 낮과 밤은 박명이라는 경계를 통해 뒤섞인다. 그 중간층인 박명에 대해 이해하기 위해 일출과 일몰을 살펴보자. 달과 같이 대기가 없는 곳이라면 태양이 떠 있어도 별이 보인다. 따라서 낮이 밝게 보이는 현상은 대기가 태양빛을 흐트러뜨려서 만든 합작의 결과다. 이 때문에 태양이 지평선 아래로

국제우주정거장(ISS)에서 바라본 일몰(2015년 4월 8일).

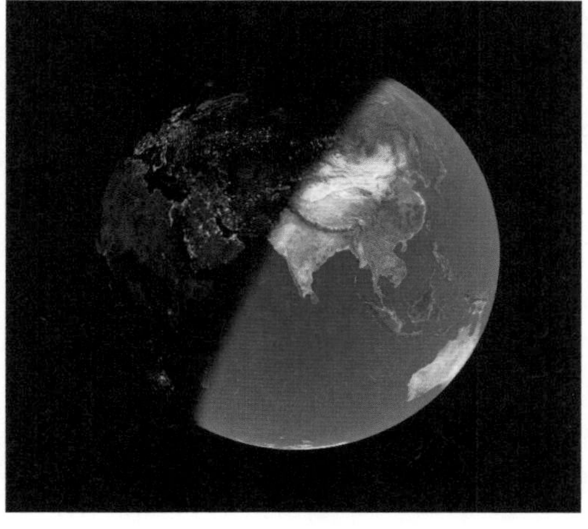

소프트웨어로 구현한 지구의 낮과 밤(TheSkyX SW).

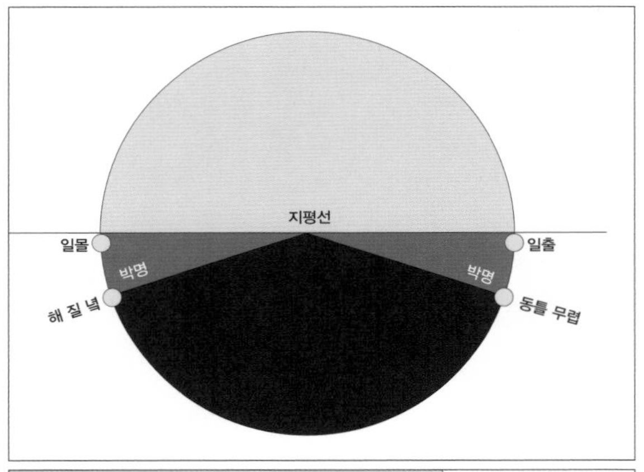

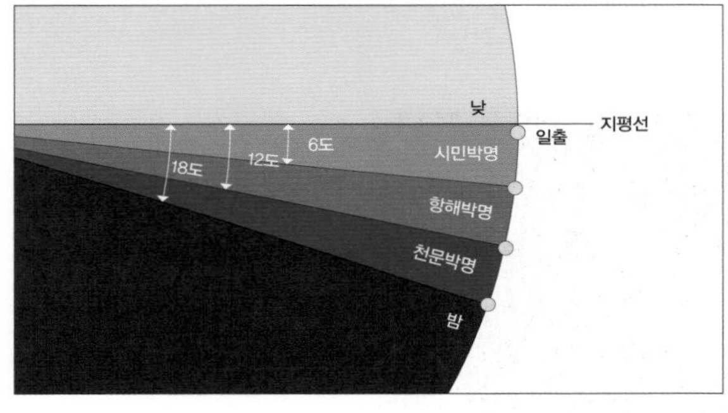

←… 박명의 정의와 새벽 박명의 종류.

내려가더라도 하늘은 완전히 어두워지지 않는다. 태양이 지평선 아래로 졌더라도, 대기는 태양 빛을 끌어 올려 하늘을 밝게 비춘다. 197쪽 사진처럼, 태양이 이미 지구의 왼쪽 방향인 뒤편으로 넘어갔음에도 대기 때문에 지평선 부근은 여전히 밝게 물들어 있다. 따라서 완전한 밤이 되기 위해서는 태양이 지평선 아래로 충분히 내려가야 한다. 이 조건이 충족되어야만 대기의 산란 효과가 사라지고, 하늘은 완전히 어두워진다.

197쪽에 보이는 지구의 모습은 소프트웨어를 통해 밤과 낮의 경계가 드러나는 지구를 시뮬레이션한 것이다. 밤과 낮의 경계 부분을 박명지대(terminator line, 터미네이터 라인)라고 부른다. 대기가 태양 빛을 굴절시키므로 박명지대는 딱 떨어지지 않고 퍼지게 된다. 따라서 지구는 태양 빛을 받는 밝은 지역이, 받지 못하는 어두운 지역보다 넓다. 밤과 낮이 바뀌는 박명지대라는 경계 영역은 박명(薄明, twilight) 단계에 들어선 상태가 된다. 국립국어원의《표준국어대사전》은 박명을 "해가 뜨기 전이나 해가 진 후 얼마 동안 주위가 희미하게 밝은 상태"라고 정의한다. 박명에는 세 가지 종류가 있다. 지평선으로부터 태양이 내려간 각도에 따라 박명의 종류를 구분한다. 우선 198쪽 그림을 살펴보자. 지평선을 중심으로 태양의 각도에 따른 낮과 밤 그리고 그 중간 단계인 박명의 명칭이 나타나 있다. 태양 전체가 지평선 아래로 내려가서 0도 밑에 있더라도 대기를 타고 빛이 퍼지므로 태양의 고도각에 따라 밤의 범위가 결정된다.

198쪽 아래 그림은 아침이 밝아오는 순서를 보여준다. 그림과 같이 태양의 중심이 지평선 아래 18도에서 12도 사이에 있을 때를 '천문박명'이라고 한다. 이때는 일반인이 보기에는 여전히 밤이지만, 빛에 예민한 천체 관측 기기로 촬영하면 밤하늘이 조금씩 밝아지기 시작하므로 천문학적인 데이터를 얻기 위한 촬영이 어려운 시점이다.

태양이 지평선에서 12도에서 6도 사이에 있을 때는 '항해박명'이라 부른다. 이 시점부터 수평선을 구별할 수 있어 별과 수평선의 각도를 측정하는 육분의를 사용할 수 있으므로, 전통적인 항해에서 매우 중요한 시간이었다. '천문박명' 시간에는 별은 잘 보이지만 수평선을 확인하기 어렵고, 다음으로 살펴볼 '시민박명'이 되면 수평선이 명확해지지만 대부분의 별은 보이지 않는다. '항해박명'이 절반 정도 진행되면 동쪽 하늘에서 약한 노을이 보이기 시작하며 해가 곧 뜰 것을 느낄 수 있으며, 2등급 이하 밝기의 별은 육안으로 보기 어려워진다. 항해박명은 적절한 가시성이 확보되며 은밀한 이동이 가능한 최적의 시간대이기에 군사작전에서 전략적인 시간대로 활용된다. 이에 노르망디 상륙작전, 걸프전에 이용되었으며, 현대전에서도 중요한 작전 시간대로 활용되고 있다.

마지막 '시민박명'은 낮이 되기 직전의 단계로 태양의 각도가 지평선 아래 6도에서 지평선 위로 솟아오르기 직전인 시각이다. 이때는 사물의 분간이 충분히 가능하며 금성이 잘 보이는 시기에는 경험이 많은 사람이라면 금성을 어렵지 않게 찾을 수 있다. 저녁의 박명은 위에서 설명한 단계를 역순으로 거친다는 점도 잊지 말자.

이제 각 박명의 지속 시간을 확인해보자. 천문·항해·시민박명의 시간 비율은 지역과 계절에 따라 일정할 수도 있고, 크게 달라질 수도 있다. 이 비율이 변하는 가장 큰 이유는 지구의 자전축이 기울어져 있어 하지 때는 태양이 높게, 동지 때는 낮게 남중하기 때문이다(364쪽 참조). 태양이 수직으로 떠오르는 적도 지역에서는 세 박명 시간이 1년 내내 대체로 1 대 1 대 1의 비율로 일정하다. 하지만 고위도에서는 태양이 낮게 떠오르고 지는 각도 또한 완만하여, 계절에 따라 박명 시간이 길어지고 그 비율도 변한다. 예를 들어, 여름에 백야가 나타나는 북극권 지역에서는 밤새 해가 지지 않기 때문에 박명이 발생할 수 없다. 반대로, 동지 무렵에는 다른 박명이 없이 오직 천문박명과 밤으로만 이어지는 극야가 지속되는 곳도 있다.

중위도인 우리나라의 박명 시간 비율을 살펴보자. 동짓날 서울 광화문의 시민박명 시간을 1로 두었을 때, 천문·항해·시민박명 시간은 1.08 대 1.12 대 1.0의 비율로 거의 같으나, 하지 무렵에는 1.49 대 1.32 대 1.07로 천문박명이 상대적으로 길어지는 특징이 있다. 즉, 여름에는 땅거미가 길게 느껴지고 겨울에는 금세 밤이 되는 듯한 느낌은 과학적으로도 사실이다. 박명 시간의 계산은 복잡하므로 천문학 소프트웨어를 이용하거나 전문 웹사이트를 이용하는 것을 추천한다. 여행 중이거나 외부에서 확인해야 할 경우 스마트폰 앱을 이용하면 된다. 나는 선포지션(Sun Position)이라는 애플리케이션을 쓰고 있으며 그 밖에도 유사한 정보를 제공하는 다양한 앱이 있으므로 마음에 드는 것을 찾아서 사용하면 된다.

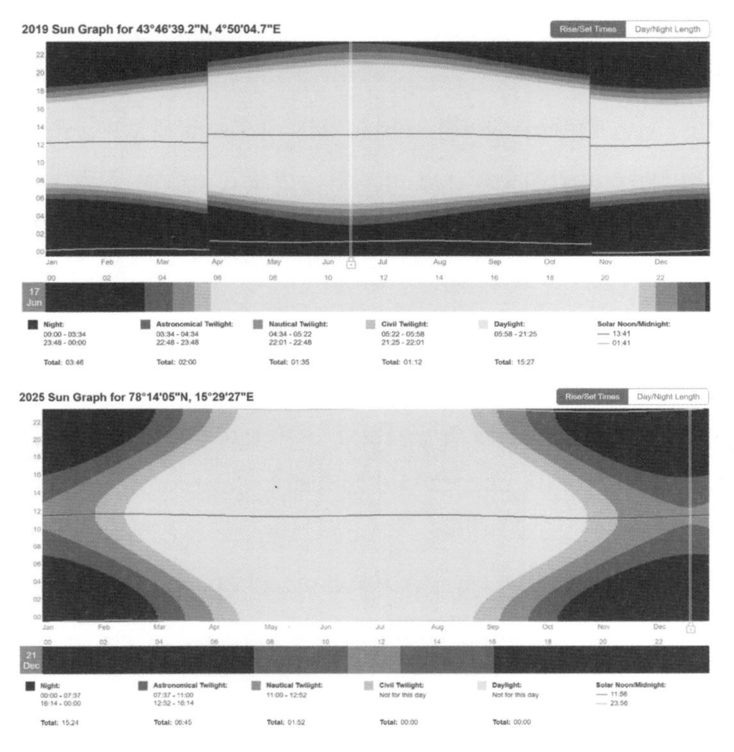

박명 시간의 시각 정보와 데이터.

위의 스크린샷은 'timeanddate.com'에서 확인한 2019년 생레미 지역의 정보이며, 1년 동안의 낮과 밤 그리고 각각의 박명 시간을 시각적 정보와 데이터로 제공한다. 가장 하단에 명기된 박명 시간(Total)은 아침과 저녁에 발생하는 두 번의 시간이 합쳐진 것이다. 그래프의 중간이 일그러진 것처럼 보이는 것은 서머타임으로 인해 시간이 1시간 시프트되기 때문이다. 그래프 안에서 마우스를 움직이면 날짜가 변하며 원하는 날짜에 멈춰 더블클릭을 하면 잠글 수 있다. 그래프에서 잠겨진 날짜(6월 17일)는 1차 답사를 갔던 날을 선택해놓은 것이며, 해당 일의 박명 시간이 쉽게 보이도록 도식화한 그래프와 데이터를 하단에서 함께 볼 수 있다. 이 그래프를 보면 6월 21일경(하지) 박명 시간들의 폭이 다른 계절에 비해 유난히 두꺼운 것을 확인할 수 있다.

이번에는 노르웨이령 스발바르제도에 있는 국제종자연구소 일대의 박명(201쪽 아래)을 살펴보자. 이 지역은 밤에도 해가 지지 않는 백야가 나타나므로 그 기간(4월 19일~8월 23일)에는 박명 현상이 아예 발생하지 않는다. 그로 인해 서머타임 제도는 의미가 없기에 운영되지 않으므로 생레미의 그래프처럼 끊긴 구간은 존재하지 않는다. 그래프에서 잠가둔 날짜인 12월 21일(동지)은 시민박명이 전혀 발생하지 않으며, 1시간 52분의 항해박명, 6시간 45분의 천문박명 그리고 15시간 24분의 밤이 이어지는 극야가 일어난다. 이곳보다 더 위도가 높아지면 항해박명마저 발생하지 않는다.

최근 도심의 광해가 심해지면서 완전히 어두운 밤을 만나기가 점점 어려워지고 있다. 밤이 너무 밝아져 천문박명과 구별하기조차 쉽지 않을 지경에 이르렀으며, 그 결과 어두운 성운·성단·은하는 물론, 희미한 별조차 관측하기 어려운 상황이다. 거기에 대기 오염까지 가세하여 미세먼지가 별빛을 산란시켜 관측 선명도까지 낮아지면서 도심 속 천체관측은 점점 어려워지고 있다.

빈센트가 그러했듯이 밤하늘은 인류에게 자연스러운 영감의 원천이었지만, 이제는 맑고 어두운 하늘을 보기 위해 일부러 먼 곳까지 떠나야 하는 시대가 되었다. 별을 바라보던 습관마저 점점 사라지는 지금, 우리는 밤하늘이 주는 가치를 다시금 되새겨볼 필요가 있다. 일부 지역에서는 광공해 방지 조례를 시행하고 있으며, 국제적으로는 '다크 스카이 보호 구역(Dark Sky Reserve)'을 지정하는 등 어두운 밤하늘을 보전하려는 노력을 조금씩 시도하고 있다. 이제 우리나라도 이런 노력에 동참할 시점이라 할 수 있다.

어떤 별자리를 그린 것일까?

거리와 각도의 계산과 박명의 이해가 끝났으니 그림을 그린 시기 즉, 날짜를 생각해보자. 빈센트가 아를에서 〈밤의 카페테라스〉를 그린 것은 언제였을까? 나는 친분이 있는 프랑스의 아마추어 천문가인 시릴의 도움으로 메테오프랑스(Météo-France) 기상 기록 아카이브를 알게 되었다. 이 시스템의 디지털 자료에 아를의 기상 정보는 없기 때문에 가장 가까운 지역인 엑상프로방스를 중점으로 조사했고, 필요할 경우 몽펠리에의 기록도 참고했다. 이 자료는 프랑스 교육부 산하 중앙기상국(Bureau Central Météorologique)의 공식 기상 관측 문서로 기압과 온도 관련 정보, 강수량 데이터, 풍향과 운량 같은 기상 현상 관련 통계가 포함되어 있다. 빈센트가 9월 23일 테오에게 쓴 편지에 적힌, '지난 며칠간의 맑은 날씨는 비와 진흙으로 대체되었다'는 내용대로 두 관측소의 기록 모두 같은 날 강우 기록이 입력되어 있다. 하늘의 상태는 아침 6시, 정오, 저녁 9시에 따라 각각 기록되어 있으므로 이 조사에서는 저녁 9시의 기록을 중점적으로 확인했다.

두 관측소의 기록에 따르면, 9월 중 엑상프로방스가 맑았던 날은 1~3일, 9일, 14일, 15~18일, 25~29일이고 몽펠리에가 맑았던 날은 1~3일, 11일, 13~21일, 25~28일이다. 보호를 모델로 그린 것이 9월 초순, 9월 8일 편지에 따르면 3일간 밤을 새워 그림을 그리고 낮에는 잠을 잤다고 적혀

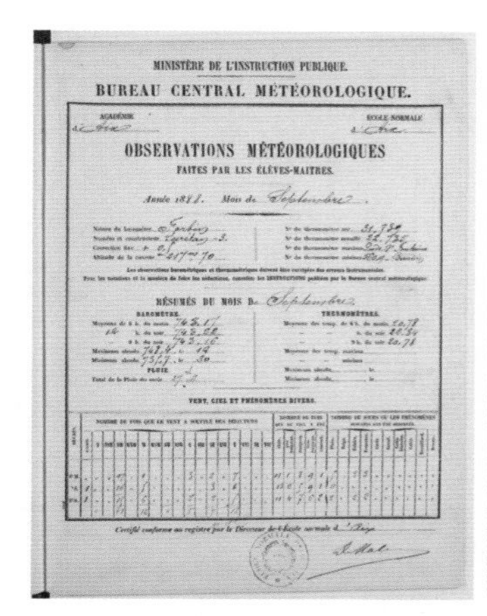
MINISTÈRE DE L'INSTRUCTION PUBLIQUE.

BUREAU CENTRAL MÉTÉOROLOGIQUE.

OBSERVATIONS MÉTÉOROLOGIQUES

FAITES PAR LES ÉLÈVES-MAITRES.

RÉSUMÉS DU MOIS D

BAROMÈTRE.

THERMOMÈTRES.

PLUIE.

VENT, CIEL ET PHÉNOMÈNES DIVERS.

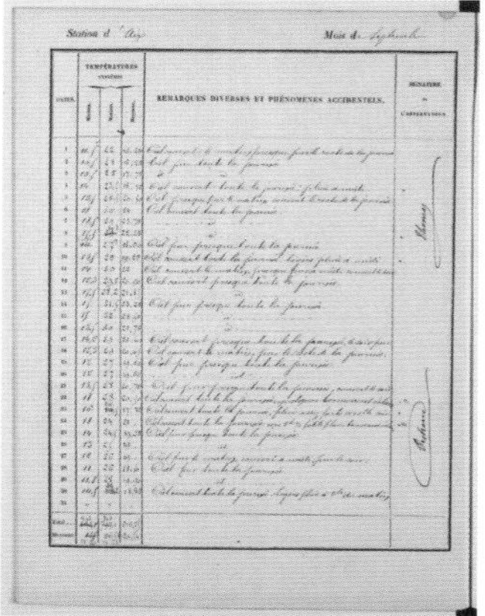
REMARQUES DIVERSES ET PHÉNOMÈNES ACCIDENTELS.

⇡ 1888년 엑상프로방스의 기상 기록 자료.

있다. 이후 9일, 빈센트는 테오에게 편지를 한 통 써서 보내고, 빌에게는 편지를 쓰다가 멈춘다. 이 두 편지를 보면 9일까지 드 라 가르 카페의 실내를 그린 〈밤의 카페〉를 공들여 작업한 것으로 보인다. 빈센트가 누이에게 보내기 위해 며칠에 걸쳐 쓴 편지를 살펴보자.

> 며칠 전부터 쓰다 멈추었던 이 편지를, 다시 시작할게. 요즘 카페 외관을 그린 새로운 작품을 그리고 있어. 테라스에는 술을 마시는 사람들이 작게 있지. 거대한 노란색 등불이 테라스, 가게 정면, 보도를 밝히고 보라색과 분홍색을 띤 자갈길 위도 비추고 있어. 별이 빛나는 푸른 하늘 아래로 이어지는 거리의 집 지붕은 짙은 파란색이나 보라색이며, 초록색 나무도 보여. 이 그림은 검정색 없이 밤을 표현했어. 오로지 아름다운 파란색, 보라색, 녹색으로 이루어져 있고, 주변에서 빛나는 광장은 연한 유황색과 레몬 초록색으로 물들어 있지. 밤에 현장에서 그림을 그리는 것은 정말 즐거운 일이야. 예전에는 낮에 스케치하고 그 스케치를 바탕으로 밤에 그림을

그렸어. 하지만 나는 즉시 그리는 게 더 좋아. 어둠 속에서는 파란 색을 초록색으로, 푸른 라일락색을 분홍 라일락색으로 잘못 볼 수도 있어, 색조의 특성을 잘 구별할 수 없으니까. 하지만 이게 관습적인 칙칙한 빛의 검은 밤에서 벗어나는 유일한 방법이야. 단순한 촛불조차도 우리에게 가장 풍부한 노란색과 주황색을 보여주잖아.

1888년 9월 9일, 14일

이 내용대로라면 편지를 쓰다 중간에 멈춘 10일에서 13일 사이에 그림이 그려졌을 가능성이 가장 크다. 16일 테오에게 보낸 편지에서도 이 그림 이야기를 하는데 이미 완성했음을 밝히는 내용이다. 엑상프로방스에서는 그 사이 맑은 날이 없으므로, 몽펠리에의 기록에 따라 11일 또는 13일에 그려졌을 가능성이 높다. 이에 따라 그 사이의 날인 12일을 기준으로 생각해볼 것이다. 앞의 〈시간의 이해〉에서 설명했던 것처럼 모든 시간은 아를의 LMT(평균태양시)를 기준으로 설명할 것이다.

날짜를 확인했으니 다음으로 시간을 생각해보자. 9월 12일 아를 지역에 해가 지는 시간은 18시 15분이다. 앞서 확인한 새벽과 반대로 저녁 박명의 단계는 시민-항해-천문으로 이어진다. 이에 일몰 후 시작된 시민 박명이 시작되며 18시 44분경에 끝나고 항해박명이 시작되어 19시 19분경에 끝난다. 다음으로 천문박명이 시작되고 완벽한 밤은 19시 54분부터 시작된다. 다시 말하면 천문박명이 시작되는 저녁 7시 19분이 지나면 빈센트를 비롯한 모든 사람은 완전한 밤이 왔다고 느끼게 된다. 도심은 다양한 인공조명이 많기 때문에 미명도 감지할 수 있는 깜깜한 시골에 비해 밤이 더 빨리 찾아오는 느낌을 준다.

그럼 빈센트는 몇 시부터 그림을 그렸을까? 낮부터 그렸다고 생각할 수도 있지만, 그의 편지로 미루어보면 온전히 밤에 작업을 한 것도 같다. 따라서 해 지기 전에 나와서 그림 그릴 준비를 하고 구도를 담은 후, 빌에게 보낸 편지에 묘사했듯 밤에 그 풍경을 묘사하지 않았을까? 그렇다면 빈센트는 대략 저녁 7시 정각부터 별을 봤을 것이다. 그리고 나중에 나올 이야기지만 〈론강의 별밤〉의 밤하늘이 밤 10시경의 모습이므로 비슷한 시각까지 작업을 했으리라 생각하면 밤 10시 30분에 보이는 밤하늘까지 시뮬레이션을 해야 한다.

이제 다른 연구자들이 말한 물병자리를 그림에 대입해 보기 전에, 빈센트가 어떻게 밤에 그림을 그릴 수 있었는지 생각해보자. 테오에게 9월 29일에 보낸 편지에는 〈론강의 별밤〉을 그린 이야기가 나온다. 빈센트는 직접 가스등을 켜고 밤에 그림을 그린다고 말했다. 당시 아를의 주간지《롬므 드 브론즈(L'Homme de Bronze)》에는 인상파 화가인 빈센트가 저녁에 가스등 불빛으로 아를의 광장 중 한 곳에서 작품을 그린다는 보도가 나가기도 했다. 아마 〈밤의 카페테라스〉를 그린 포럼 광장일 것이다.

> 마침내 별이 빛나는 하늘을 가스등 아래서 실제로 밤에 그렸어. 하늘은 청록색이고, 강물은 로열블루이며, 강변은 연보라색이지. 마을은 파란색과 보라색이야. 가스등은 노란색이고, 그 빛의 반사는 붉은 황금색으로 시작해, 구릿빛 녹색으로 이어져. 초록빛이 도는 푸른 하늘 위에 빛나는 북두칠성은 초록색과 분홍빛 반짝임을 띠고 있고, 그 은은한 창백함은 가스등의 강렬한 황금빛과 대조를 이뤄. (…) 나는 어려운 작업을 하는 것이 내게 도움이 된다고 생각해. 그렇다고 해서 내가 엄청난 갈망, 말하자면 종교에 대한 갈망이 없는 것은 아니야. 그래서 나는 밤에 밖으로 나가 별을 그려.
>
> 1888년 9월 29일

당시 빈센트가 휴대하면서 사용했을 가스등은 휴대용 석탄가스 램프나 아세틸렌 램프였을 가능성이 높다. 19세기 후반, 이러한 휴대용 조명 기구들은 야외 작업이나 여행 중에 쓰였다. 특히 빈센트가 야외에서 밤에 그림을 그렸다는 점을 고려하면, 안정적인 밝기를 제공하는 아세틸렌 가스등을 사용했을 듯하다. 이 방식이 휴대성과 조작이 용이해 많은 사람이 야외 작업 시 애용했다고 전해진다. (빈센트가 모자에 촛불을 올리고 그림을 그렸다는 이야기가 온라인상에 돌아다니는데, 어디에도 그런 기록은 존재하지 않는다.) 가스등은 아마도 빈센트가 〈론강의 별밤〉을 그릴 당시 반드시 필요했을 것이다. 왜냐하면 당시 강가에는 지금처럼 밝은 가로등이 있었을 리 없기 때문이다. 따라서 물감을 고르고 캔버스에 붓질을 할 때 반드시 빛이 필요했을 것이다. 작품을 보면 근경과 그곳에 서 있는 연인은 매우 어둡다. 머나먼 별빛과 강 건너에 있는 인공조명이 그림의 핵심 광원이다. 주변에 불빛이 없다는 뜻이다.

반면 〈밤의 카페테라스〉를 그릴 때는 어땠을까? 기본적으로 이 작품에서는 도심의 가로등, 카페의 조명이 그림의 중요한 테마다. 따라서 밤이었지만 주변은 꽤 밝았을 것이기에 휴대용 가스등 없이도 캔버스나 팔레트 속 물감의 분간이 가능했을 것이다. 19세기 중반 이후 가스등은 도심과 가정에서 널리 쓰였다. 이후 19세기 후반 산업화된 도시에서 길거리나 상업 공간을 밝히는 데 중요한 역할을 했으며, 부유한 주택에는 지금의 전등처럼 가스등을 설치해 사용했다고 한다. 빈센트 역시 고갱이 오기 직전인 10월 21일경, 25프랑을 들여 노란 집에 가스등을 설치한다. 빌에게 보낸 편지에서 말한 작품 속 '거대한 노란색 등불' 역시 대형 가스등일 것이다.

이 사실이 알려주는 바는 앞서 살펴보았듯, 2등급 이하 밝기의 별은 도심에서 찾기가 힘들다는 것이다. 양자리에는 2등급 별이 하나밖에 없어서 찾기 힘들다고 했는데, 물병자리는 더하다. 알파 별이 2.94등급, 베타 별이 2.87등급, 세타 별이 4.18등급이다. 즉 가장 밝은 별이 3등급이므로 가스등이 켜진 도심에서는 맨눈으로 관측하는 것이 거의 불가능하다.

〈밤의 카페테라스〉의 별은 물병자리일까?

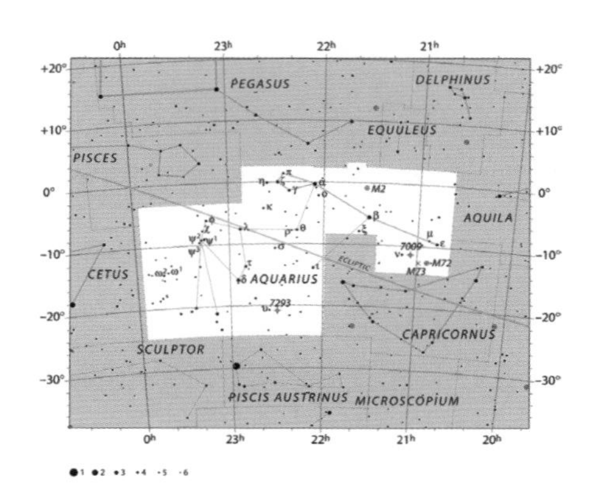

↑ 물병자리(IAU, Sky & Telescope).

물병자리는 밤하늘에서 11번째로 큰 별자리로, 39번째인 양자리에 비해 2배 이상 넓다. 이 의미는 면적은 넓은데 밝은 별이 없어서 더욱 어둡고 찾기 힘든 별자리란 뜻이다. LED의 보급이 보편화되어 전체적으로 모든 하늘이 밝아진 우리나라에서는 시골에서도 물병자리를 찾기 어렵다. 물병자리는 이렇게 어둡지만 양자리와 마찬가지로 황도십이궁에 속하기에 잘 알려진 별자리가 된 경우다. 물병자리는 성도에서 노란색 원 안의 4개 별이 만드는 Y 자 형태로 특징지을 수 있다. 하지만 이 형상은 크기가 작아, 감마와 에타(η) 별 사이의 거리가 약 3.6도에 지나지 않는다. 하늘의 각도를 재는 법을 기억하며 살짝 응용해보자. 검지, 중지, 약지를 붙이고 팔을 완전히 뻗으면 세 손가락이 하늘을 가리는 정도가 물병자리 Y 자의 폭과 비슷한 3.5~4도다. 북두칠성의 경우 끝에서 끝 별의 거리가 25.7도에 달하므로, 물병자리 Y 자는 상대적으로 매우 작다고 할 수 있다.

209쪽 세 그림은 컴퓨터 시뮬레이션한 1889년 9월 12일 아를의 밤하늘을 19시 30분, 21시 00분, 22시 30분으로 각 1시간 30분 간격으로

↑ 1889년 9월 12일 19시 00분, 20시 30분, 22시 00분에 맞춘 작품 속 밤하늘.

맞춰 작품 속에 배치한 것이다. 작품에서 가장 높은 곳의 각도는 약 32도로, 소실점은 지평면으로 맞추었다. 그려지지 않은 영역인 고도 47도까지 포함하여, 밤하늘이 풍경에서 어떤 형태로 보일지 표현했다. 초록색 선은 정북-천정-정남을 잇는 자오선이므로, 작품의 중앙과 맞추었다. 결과는 어떨까?

감각적으로 예상한 대로, 보임과 루미네가 말한 물병자리는 어떤 경우에도 화각 안에 전혀 들어오지 않는다. 그나마 작품 속 밤하늘과 방향이 맞는 시간은 밤 10시 30분이 조금 지날 무렵인데, 맨 아래 그림처럼 캔버스 밖으로 한참 벗어나 하늘 높이 위치한다. 만약 아까 높이의 기준점이었던 A 지점의 높이를 더 많이 양보해서 20m라고 하더라도 하늘의 고도각은 38도밖에 안 되며 그 경우에도 고도 45도 정도에 위치하는 물병자리의 Y는 화각에 들어오지 않는다.

그렇다면 사람들은 왜 물병자리를 생각했을까? 이 그림이 9월 중순에 그려졌다는 사실은 조사해보면 어렵지 않게 확인할 수 있기 때문이었을 것이다. 따라서 몇몇 천문학자의 생각에 '9월=가을철 별자리=Y자 패턴=물병자리'라는 자연스러운 공식이 만들어졌을 것이다. 그리고 작품 속에 물병자리의 패턴인 Y 자로 '플레이트 솔빙'을 시도했기 때문에 틀린 답이 도출된 것이다. 차라리 염소자리라는 주장이었다면 검토할 만한 의견이 된다. 실제로 염소자리는 21시 30분 무렵에 작품 속 화각 내부를 지나가기 때문이며 염소자리와 그 주변 별자리의 별들로도 충분히 Y 자 패턴을 만들 수 있다. 물론 염소자리 역시 만만치 않게 어두운 별자리다.

밤하늘에 있는 수없이 많은 별로 Y 자 패턴을 조합하는 건 얼마든지 가능하다. 따라서 그것으로는 답을 찾을 수 없다. 그렇게 생각하니, 〈밤의 카페테라스〉에 그려진 별은 빈센트가 보기에 마음에 들었던 것일 수 있겠다는 추측도 해보았다. 9월 12일 20시부터 남쪽 하늘에는 유난히 밝은 별이 없다. 유일하게 잘 보이는 것이 남쪽물고기자리의 알파 별 '포말하우트'로 1등성인 1.16등급이며 실제로 23시 20분경 작품의 화각에 등장한다. 하지만 이 별을 염두에 두지 않는 이유는, 만약 빈센트가 가급적 고증해가며 별들을 그렸다면 작품 속에서 보이는 밝기가 거의 같은 다른 2개의 별이 등장할 수 없기 때문이다. 그래서 나는 좀 다른 생각을 해보았다.

여름철 대삼각형이 아닐까?

많은 사람이 특정 계절에는 그 계절의 별자리만 보이는 것으로 알고 있다. 이는 잘못된 생각이다. 하늘은 머리 위쪽의 거대한 180도 반구와, 땅 아래의 180도 반구가 합쳐져 360도의 거대한 원이 된다. 이를 천구라고 하며 이 360도를 90도씩 4개 구역으로 나눠서 해당 영역 안에 들어 있는 별들이 각각 봄, 여름, 가을, 겨울의 별자리로 구성된다(상당히 간략히 설명한 것이다). 따라서 중위도의 관측자라면 몇 시의 밤하늘이든 항상 세 계절의 별자리를 동시에 볼 수 있다. 예를 들어 7월 15일 저녁 10시라고 하면 여름철의 별자리가 하늘 꼭대기를 가로지르고 있으며 동쪽에는 떠오르는 가을

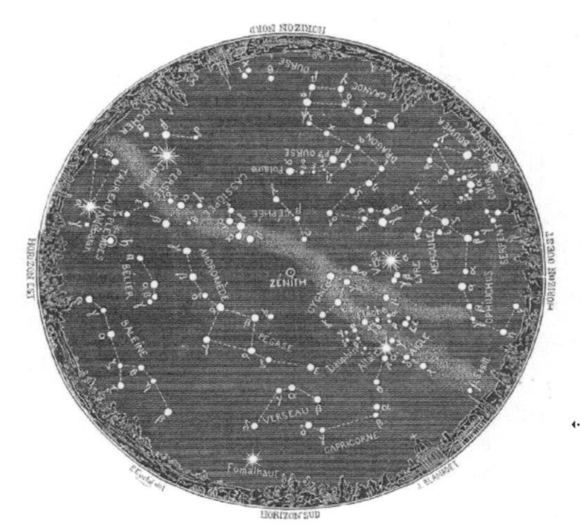

《르 아스트로노미》(1882년 호, 315쪽)에 실린 10월의 밤하늘 성도. 가을철임에도 여름철 대삼각형이 선명하게 보인다.

철 별자리 일부와 서쪽에는 봄철 별자리 일부가 보인다. 이에 자오선에 걸쳐 있는 별자리가 어느 계절에 속했는가가 그 밤하늘을 지배하는 계절의 별자리라고 말할 수 있다. 9월 12일 초저녁의 하늘도 세 계절의 별자리가 동시에 보이는데, 시기상으로는 가을철이지만 실제로는 여름철 별자리가 밤하늘을 가로지르고 있다.

당시 플라마리옹 같은 프랑스의 천문학자가 천문학 대중화에 많은 노력을 기울였지만, 빈센트가 살던 시기는 지금처럼 일반인에게까지 별자리가 널리 알려지지 않았다. 위 그림은 그가 발간한《르 아스트로노미》에 실린 가을철 밤하늘 성도인데, 페가수스 아래 있는 물병자리는 지금과 달리 Y 자의 언급이 전혀 없고 많이 찌그러진 사다리꼴로만 표현되어 있다. 따라서 빈센트는 3등급보다 어두운 별들로 구성된 잘 보이지도 않는 별 무리를 작품에 넣기보다는 밤새 잘 보이는 밝은 별을 그렸을 가능성이 훨씬 높다. 예컨대 여름철의 대삼각형을 구성하는 베가(Vega)는 밝기가 0.03등급으로 0등성이며, 알타이르(Altair), 데네브(Deneb)는 각각 0.76, 1.2 등급으로 1등성인 별이다. 이 정도 밝기의 별이면 가스등 아래라도 광원에

⇡ 여름철 별자리를 배치한 〈밤의 카페테라스〉.

서 조금만 멀어지면 충분히 볼 수 있으며 현대 메트로시티의 엄청난 광해 아래서도 쉽게 관측할 수 있다.

우리가 앞서 〈밤의 카페테라스〉의 풍경 속에서 실제 밤하늘이 어떻게 보일지 해본 시뮬레이션은 지상의 풍경과 하늘의 화각이 같을 것이라는 전제 아래 수행한 것이다. 이제 그 생각을 바꿔보자. 지상의 풍경은 표준렌즈로 촬영하고, 밤하늘의 풍경은 광각렌즈로 촬영했다고 생각해서 그 두 풍경을 합성해보는 것이다.

위 시뮬레이션에서 작품 속 밤하늘에 배치한 별들은 거문고자리 베가, 독수리자리 알타이르, 백조자리 데네브로 여름철의 대삼각형이라고 불리는 매우 밝은 1등성 별들로 이루어진 패턴이다. 그런데 실제 눈으로 볼 때는 이런 식으로 관측하는 것이 불가능하다. 위에서 말했듯 지상의 풍경은 표준적인 화각이지만 밤하늘은 매우 넓은 광각이기 때문이다. 하지만 빈센트가 이런 식으로 화면 구성을 했을 가능성은 얼마든지 열려 있다. 그 이유는 바로 다음 장에서 이어질 〈론강의 별밤〉에 담긴 지상 풍경과 밤하늘 풍경의 분석을 통해 확인이 가능하다.

여름철의 대삼각형 패턴은 9월 12일을 기준으로 별이 보이기 시작하는 저녁 박명 시간부터 다음 날 새벽 2시 30분경까지 내내 보인다. 게다가 이 패턴은 봄의 새벽 시간부터 시작해서 겨울철 초저녁까지 밤마다 계속 보인다. 아를에 도착해 별을 그리겠다고 마음먹은 4월경부터 〈론강

⋯ 〈밤의 카페테라스〉 속 별과 여름철 대삼각형의 각도 비교.

의 별밤〉을 그린 9월 말에 이르는 시기까지 밤하늘을 자주 쳐다보았을 빈센트에게 이 여름철 대삼각형은 매우 익숙한 패턴이었을 것이다.

이 패턴은 은하수에 걸쳐 놓여 있기에 동서양에 모두 잘 알려져 있다. 오래전부터 우리나라에서는 이 패턴에 해당하는 베가를 직녀성으로, 알타이르는 견우성으로 불렀다. 이 두 별 사이에는 은하수가 있어 서로 만나지 못하지만 까치와 까마귀가 다리를 놓아 견우와 직녀가 만날 수 있게 돕는다는 칠월 칠석에 관련된 설화가 있다. 명시적인 기록은 없지만 데

네브가 속한 백조자리를 까치와 까마귀로 인식하는 상징으로 연결해도 무리가 없을 것이다.

212쪽 그림은 시뮬레이션을 이용하여 여름철 대삼각형의 각도를 〈밤의 카페테라스〉 속 밝은 별 3개와 비슷하게 맞추어본 것이다. 실제 하늘에서는 맨 왼편 별인 알타이르의 각도가 지면에 가장 가깝기 때문에 그림 속 밤하늘이 반시계 방향으로 90도 정도 회전해야 하는 것이 맞다. 하지만 빈센트가 그림을 그리다가 밤하늘의 별을 잘 보기 위해 밝은 빛이 없는 뒷골목으로 가서 하늘을 올려다보았다면 그가 바라보는 시선과 여름철 대삼각형이 만드는 각도에 따라 그림과 같은 형태로 보일 수 있을 것이다. 고층빌딩을 올려다본 상태로, 제자리에서 몸을 회전한다고 생각해보자. 물론 이 생각은 추정에 불과하지만 빈센트가 작품 속에 그려 넣은 3개의 밝은 별이 크기가 거의 같게 그려졌다는 점은 충분히 주목해야 하는 사실이다.

한편 실제로 여름철 대삼각형을 이루는 별자리인 거문고자리, 독수리자리, 백조자리를 구성하는 별들도 2등급 이상의 밝기를 가지고 있어, 작품 속에 그려진 수많은 별처럼 실제로도 눈에 잘 띈다. 그리고 이건 다소 무리한 주장일지도 모르지만, 화면 중앙에서 사선으로 내려오는 건물 지붕 바로 위의 밤하늘은 다른 부분보다 약간 더 밝고 농담 표현이 확인된다. 이는 여름철 은하수를 표현한 것일 가능성도 있다.

5.

〈론강의 별밤〉의 분석

다른 시야로 본 지상과 밤하늘

빈센트는 〈밤의 카페테라스〉 작업이 끝난 후 별을 그리기 위한 고민을 이어간다. 앞서 살펴보았던, 테오에게 보낸 편지에서 묘사한 가스등 아래에서 그린 작품이 바로 〈론강의 별밤〉이다. 편지를 보낸 날짜는 1888년 9월 29일, 엑상프로방스와 몽펠리에가 모두 맑았던 날은 25~28일이므로 그 사이에 그렸을 가능성이 크다. 편의에 따라 앞으로 구현할 시뮬레이션은 9월 27일경으로 가정하겠다.

〈론강의 별밤〉은 북두칠성을 그린 것이 분명하기에 빈센트가 그린 별을 입체적으로 이해할 수 있는 좋은 예시가 된다. 그 덕분에 이미 여러 사람이 이 그림을 다양하게 조사했고 특히 휘트니는 자신의 직업을 살려 작품 속에서 보이는 북두칠성은 강변에서 실제로 보이는 밤하늘과 다르다는 사실을 조사하여 논문에 상세히 설명했다.

이러한 조사가 이미 있었다는 것을 모르고 〈론강의 별밤〉을 처음 감상했던 2011년, 벅찬 마음을 안고 전시회에서 돌아와 이 작품의 배경을 살펴보면서 의아하게 여겼던 점이 있다. 작품 속에 그려진 별이 '북두칠성'이라면 빈센트가 그린 론강은 한강처럼 동서로 흘러야 이치에 맞는다. 그런데 구글맵으로 확인한 론강은 남북으로 흐른다는 것을 알게 되었다. 그렇다면 강변에서 보이는 풍경은 동쪽이나 서쪽이 되어야 하는데? 그래서

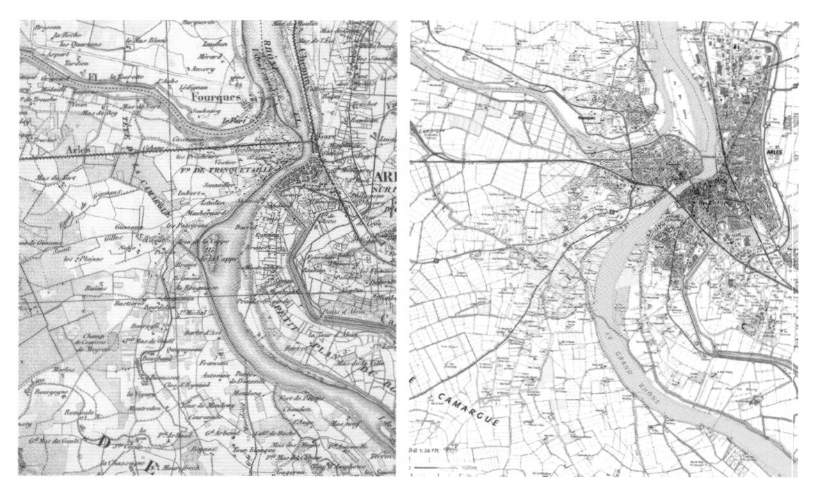

↑ 1867년도의 아를 지도(일부)와 지오포르타유에서 확인한 현재 지형도. 섬이 많이 사라졌다.

당시만 해도 한강이 전반적으로 동서로 흐르지만 굽이굽이 꺾이다가 김포를 기점으로 북쪽을 향해 흐르는 것처럼, 론강도 굽이치다가 심하게 꺾여서 동서로 흐르는 구간이 있나 보다 하고 대수롭지 않게 넘겼다.

그러다가 2019년 〈별이 빛나는 밤〉 조사를 시작하고 얼마 지나지 않아 구글스트리트뷰에서 〈론강의 별밤〉을 그린 장소를 알리는 안내판을 찾았다. 그리고 그 위치에서 론강이 흐르는 방향을 살펴본 후 작품이 실제 풍경을 그리지 않았음을 처음으로 인식했다. 현재 론강의 모습은 당시로부터 140년 가깝게 지났기에 여러 번의 치수공사를 거쳤고 당시와 많이 달라져 있다. 다행히 〈론강의 별밤〉을 그렸을 것으로 추정되는 지점 일대는 큰 변화 없이 안내판을 통해 확인이 가능하고 현재는 시민 누구나 찾는 명소가 되었다(현지에는 론강뿐 아니라 〈밤의 카페테라스〉, 〈노란 집〉, 〈아를의 원형경기장〉 등 빈센트가 그림을 그린 위치를 알리는 안내판을 여러 장소에서 볼 수 있다). 해당 안내판 앞에 서서 강 건너를 바라보면 서쪽이 보인다. 따라서 빈센트가 그림을 그린 장소에서 론강은 대략 남쪽을 향해 흐른다. 즉, 빈센트는 현실에서는 볼 수 없는 풍경으로 작품을 완성한 것이다.

어두운 곳에서 눈이 빛을 받아들이는 과정

어두운 곳에서 그림을 그리면 여러 가지 불편한 점이 생긴다. 이런 환경에서 사람의 눈은 어떻게 작동하는지 살펴보자. 눈에서 실제로 빛을 받아들이는 곳은 동공이며, 그 앞에 위치한 홍채는 카메라의 조리개처럼 빛의 양을 조절하는 역할을 한다. 눈동자의 색은 홍채에 포함된 멜라닌 색소의 양과 분포에 따라 갈색, 파란색, 녹색 등으로 보이며, 동공은 인종에 관계없이 항상 검은색이다.

홍채를 통해 조절된 빛은 동공을 지나 수정체를 거치면서 굴절되고, 카메라의 이미징 센서에 해당하는 망막(retina) 위에 또렷한 상을 맺도록 초점이 맞춰진다. 수정체는 두께를 변화시켜 가까운 물체와 먼 물체를 선명하게 볼 수 있도록 조절하는데, 이는 카메라의 렌즈 초점 조절 기능과 유사하다. 홍채는 밝은 곳에서는 2~3mm로 작아지고, 어두운 곳에서는 5~6mm까지 확장되며, 이를 통해 동공에 들어오는 빛의 양을 조절한다. 하지만 빛이 부족한 환경에서는 이를 보완하기 위한 또 다른 메커니즘이 망막에서 작동한다.

동공과 홍채가 빛의 양을 조절한 후, 망막에서는 본격적으로 빛을 감지하는 과정이 시작된다. 망막은 서로 다른 특성을 가진 두 종류의 빛 감지 세포가 상호작용하며 효율적으로 빛을 인식하는 구조를 갖추고 있다. 망막의 중앙부에는 색을 감지하고 밝은 빛에 민감한 원추세포(圓錐體, cones)가 집중적으로 분포하며, 주변부에는 색을 구별하지 못하지만 어두운 환경에서 명암을 감지하는 간상세포(桿狀體, rods)가 주로 분포한다. 즉, 우리 눈은 감도는 낮지만 색을 인식하는 컬러 센서(원추세포)가 망막 중앙

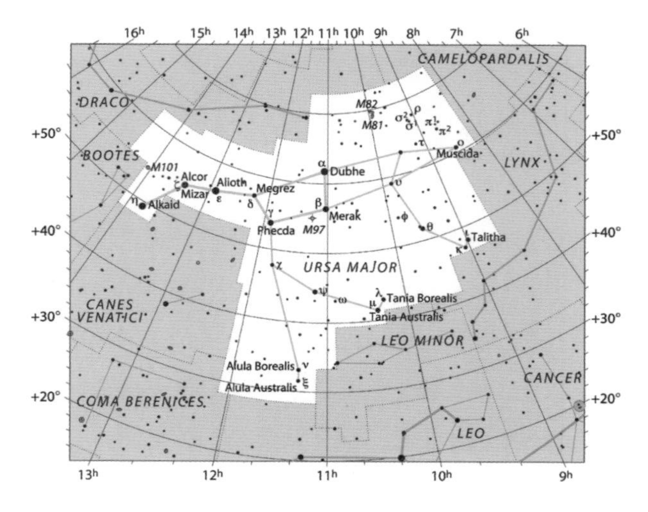

⇡ 북두칠성이 포함된 큰곰자리(IAU, Sky & Telescope).

에 위치하고, 감도는 높지만 흑백으로 사물을 인식하는 흑백 센서(간상세포)가 주변부에 자리한다. 이런 이유로, 어두운 대상을 관측할 때는 시선의 중심에 두기보다는 약간 옆으로 시선을 두고 바라보면 더 잘 보인다. 하지만 간상세포로 인식된 어두운 대상은 그 색을 구별하기 어렵다.

어두운 대상을 잘 보기 위해서는 동공의 지름을 최대한 확장시키고, 간상세포를 이용해서 식별해야 한다. 별을 보기 가장 좋은 방법은 모든 광원을 소등하고 대략 5분간 눈을 감았다가 뜨는 것이다. 그러면 자동으로 동공이 확장되어 어둠에 적응할 준비를 마친다. 우리는 이를 암적응이라고 부른다.

빈센트는 그림을 그리기 위해 가스등을 끄고 켜기를 반복하고, 켜더라도 최소한의 밝기만을 유지했을 것이다. 바로 이것이 〈론강의 별밤〉의 색채가 전체적으로 어두운 과학적 이유다. 이런 조명 조건에서는 사람 눈의 구조상 화려한 색을 인식하는 게 불가능하기 때문이다. 이와 달리 〈밤의 카페테라스〉는 밝은 인공조명으로 인해 화려한 노란색이 작품을 지배하는 것이 가능하다.

빈센트는 〈론강의 별밤〉에서 북두칠성을 비롯한 큰곰자리의 별들까지 상당히 자세하고 위치 또한 비교적 정확하게 그렸다. 220쪽 그림은 북두칠성이 포함된 큰곰자리를 보여준다. 북두칠성을 구성하는 7개의 별은 손잡이와 국자가 만나는 부분의 델타(δ) 별 메그리즈 하나를 제외한 모든 별이 2등급이므로 상당히 밝은 별 패턴이다. 하지만 그 외의 별들은 3등급 또는 그보다 어둡다. 따라서 빈센트가 이러한 어두운 별들까지 사실적으로 그렸다는 것은 시간을 들여 자세히 밤하늘을 관측했음을 짐작하게 해준다.

별의 위치를 정확하게 그린다는 것은 어떤 의미일까? 지상 지형에서는 먼 산봉우리나 교각처럼 기억하기 쉬운 지표를 이용해 위치를 비교하면 그리기 쉽다. 하지만 밤하늘의 별들은 고정된 기준점 없이, 여러 별 간 상대적인 각도를 확인하며 위치를 파악해야 하므로 훨씬 어렵다. 더군다나 각 별은 미묘한 색깔과 밝기의 차이만 있을 뿐이어서 혼동하기 쉽다. 숙련된 사람은 북극성을 곧바로 찾아낼 수 있지만, 이들 역시 북두칠성이나 카시오페이아 같은 별자리 패턴을 이용해 북극성을 찾는다. 이처럼 별을 식별하는 데는 다른 별들과의 상대적 위치나 패턴 비교가 필수적이다. 게다가 북극성을 제외한 대부분의 별은 지구 자전에 의해 시간이 지남에 따라 겉보기 위치가 변하므로, 차분하게 별의 움직임을 이해하며 관찰하는 능력도 필요하다. 이러한 이유로 별의 위치를 정확히 기록하거나 그리기 위해서는 암적응된 눈과 차분하고 신중하게 볼 수 있는 관찰력이 필요하다.

빈센트가 아를에 머물던 시기에 그의 시각적 능력은 일반인에 비해 압도적으로 뛰어났을 것이다. 그러나 천문학이나 항해술에 사용하는 육분의 같은 장비를 사용하여 별들 사이의 각도를 정확히 측정하여 그려

⋯ 플라마리옹이 쓴 《아스트로노미 포퓰레르》 675쪽.

넣지 않는 이상 눈으로 할 수 있는 묘사에는 한계가 명확했을 것이다. 오리온자리와 황소자리, 시리우스 등을 은하수와 함께 정확히 묘사한 《아스트로노미 포퓰레르》(1881년)에 실린 삽화는 지금의 컴퓨터 시뮬레이션과도 큰 차이가 없다는 점에서 당시 천문학 관측 기술의 우수성을 보여준다. 하지만 과학과 예술은 엄연히 영역이 다르지 않은가.

지상과 밤하늘의 화각 차이

이제 빈센트가 바라본 지상 풍경과 밤하늘 풍경이 서로 얼마나 떨어져 있는지 확인해보자. 앞에서 설명한 것처럼 나는 2019년 두 번에 걸쳐 생레미와 아를 일대를 답사했다. 첫 번째 답사 때는 생레미에서의 촬영이 중요했기에, 그 작업을 마치고 일정의 마지막 날 아를로 넘어갔다. 빈센트가 그린 하늘과 비슷한 북두칠성의 각도를 만들기 위해서는 가급적 해 뜨기 직전에 사진을 찍어야 했는데 그 시점에는 구름이 끼어 맑은 하늘이 담

⇡ 1차 답사에서 촬영한 론강과 북두칠성(위: 표준렌즈, 아래: 파노라마 합성).

긴 론강을 찍을 수 없었다. 다행히 구름의 속도가 아주 빠르지 않아 파노라마 사진으로 합성이 가능했다. 세로로 찍은 7장의 사진을 합쳐서 구성한 것인데, 구름의 움직임이 빠를 경우 각각의 사진이 촬영된 시간 차이로 인해 속 구름의 모습이 동일하지 않아서 합성 후 모습이 어색할 수 있다. 이날 새벽 시간 동안 촬영한 론강의 모습은 〈론강의 별밤〉 속 지상 풍경의 화각을 분석하는 자료로 사용할 수 있었다.

두 번째 답사 때는 다행히 밤새 날씨가 좋았다. 덕분에 북두칠성과 론강이 모두 잘 나온 사진 촬영에 성공할 수 있었다. 224쪽 사진은 세로로 촬영한 6장의 사진을 1장의 파노라마로 합성한 것이다. 시야각이 너무

↑ 2차 답사에서 촬영한 론강과 북두칠성(파노라마 합성).
↓ 1차 답사에서 24mm 광각렌즈(좌)와 50mm 표준렌즈(우)로 촬영한 북두칠성의 모습.

넓어서 초광각렌즈로 찍을 경우 왜곡이 심각하게 발생하기 때문에 첫 번째 답사 때부터 선택한 방법이다.

각기 다른 렌즈로 북두칠성을 촬영한 사진을 통해 광각렌즈가 얼마나 큰 왜곡을 만드는지 확인할 수 있다. 광각렌즈는 넓은 시야로 촬영할 수 있다는 장점은 있지만 평평한 사각형 화면에 넓은 풍경을 담아내야 하기 때문에 시야의 주변부로 갈수록 왜곡이 심해진다. 이는 세계지도에서 러시아, 캐나다, 그린란드 같은 지역이 실제보다 더 커 보이는 현상과 비슷하다. 이러한 이유로 답사에 사용하는 렌즈는 가능하면 표준렌즈를 사용하여 왜곡을 최소화해야 한다.

첫 번째 답사 때 북두칠성을 촬영한 시각은 2019년 6월 18일 새벽 4시 47분이었고, 두 번째 답사 때 촬영한 시각은 2019년 7월 30일 밤 12시 43분이었다. 프랑스는 이 두 시기는 모두 서머타임이 적용되는 CEST로 시간대였다. 이에 사진 속 시간을 빈센트와 맞추기 위해 〈시간의 이해〉에서 계산했던 대로 2시간을 빼고 19분을 더해서 아를의 LMT로 변환했다. 이제 내가 촬영한 두 차례의 답사 사진은 각각 6월 18일 새벽 3시 6분경과 7월 29일 밤 11시 2분경(변환 후 하루가 당겨짐)의 빈센트의 시간과 동기화된 하늘을 담고 있다.

아직 한 번 더 해야 할 일이 남아 있다. 두 차례 답사를 통해 각각 찍은 사진을 〈론강의 별밤〉이 그려졌다고 가정했던 9월 27일의 시간으로 바꿔야 한다. 어렵지 않다. 지구는 1년에 한 바퀴씩 태양을 공전하며, 하루에 약 1도씩 이동한다. 이로 인해 밤하늘은 매일 약 4분씩 앞당겨진다. 따라서 오늘 저녁 9시 40분의 밤하늘은 내일 저녁 9시 36분과 같으며, 10일 뒤에는 저녁 9시 00분의 하늘과 같다.

LMT로 변환한 각각의 촬영일과 〈론강의 별밤〉이 그려진 날짜로 가정한 9월 27일은 1차인 6월 18일과 101일이, 2차인 7월 29일과 60일 차이가 있다. 이제 그 값에 4분을 곱한 후 촬영한 시각에서 뺄 것인데, 주의할 부분이 있다. 빼려는 시간이 크면 날짜가 하루 당겨질 수 있기 때문이다. 그래서 계산해보면 1차 답사의 경우 408분(102일×4분)이, 2차 답사의 경우 240분(60일×4분)이 된다. 이제 촬영 날짜에 각각의 날짜 차이를 더하고, 촬영 시각에서는 계산한 시간을 빼면 1차 답사의 사진은 9월 27일 저녁 8시 18분경의 하늘과 같고, 2차 답사의 사진은 9월 27일 저녁 7시 2분경의 하늘과 같다.

그렇다면 앞서 〈밤의 카페테라스〉를 조사할 때 했던 남북을 확인

1차 답사 현지 촬영 시각
촬영 날짜 – 2019.06.18
촬영 시간 – 04:47 CEST
1차 답사 지역표준시 변환 후
촬영 날짜 – 2019.06.18
촬영 시간 – 03:06 LMT Arles
9월 27일로 변환 시
20:18 LMT Arles의 하늘과 같음.

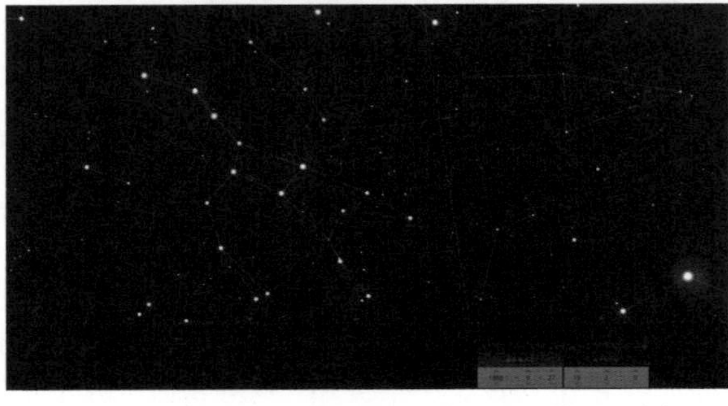

2차 답사 현지 촬영 시각
촬영 날짜 – 2019.07.30
촬영 시간 – 00:43 CEST
2차 답사 지역표준시 변환 후
촬영 날짜 – 2019.07.29
촬영 시간 – 23:02 LMT Arles
9월 27일로 변환 시
19:02 LMT Arles의 하늘과 같음.

＊붉은 선은 자오선

↑ 1차 답사와 2차 답사의 시간 변환 및 1888년 9월 27일로 변환 시의 시간.

하는 작업도 해야 하지 않을까 생각할 수 있다. 하지만 이 작품은 밤하늘의 풍경이 어디를 보고 있는지 알 수 있는 북두칠성이라는 확실한 정보가 있으며, 지상의 풍경은 밤하늘과 전혀 다른 각도를 바라보고 있다. 따라서 추가 방향 보정은 불필요하다고 판단했다. 한편 두 번의 답사를 통해 촬영한 사진 모두 〈론강의 별밤〉 밤하늘의 풍경 속 시간과는 일치하지 않는다. 어차피 그 시간은 이미 다른 선행 연구를 통해 충분히 분석되었고, 시뮬레이션을 통해 얼마든지 재현할 수 있기 때문에 크게 중요하게 여기지 않았다. 이번 촬영의 기본 성과는 지상 풍경과 밤하늘 풍경이 서로 상당히 멀리 떨어져 있음을 직접 확인한 것이다. 하지만 더욱 중요한 성과는 지상의 풍경과 밤하늘의 각도(화각)가 서로 얼마나 차이 나는지 객관적으로 측정할 자료를 확보한 것이었다.

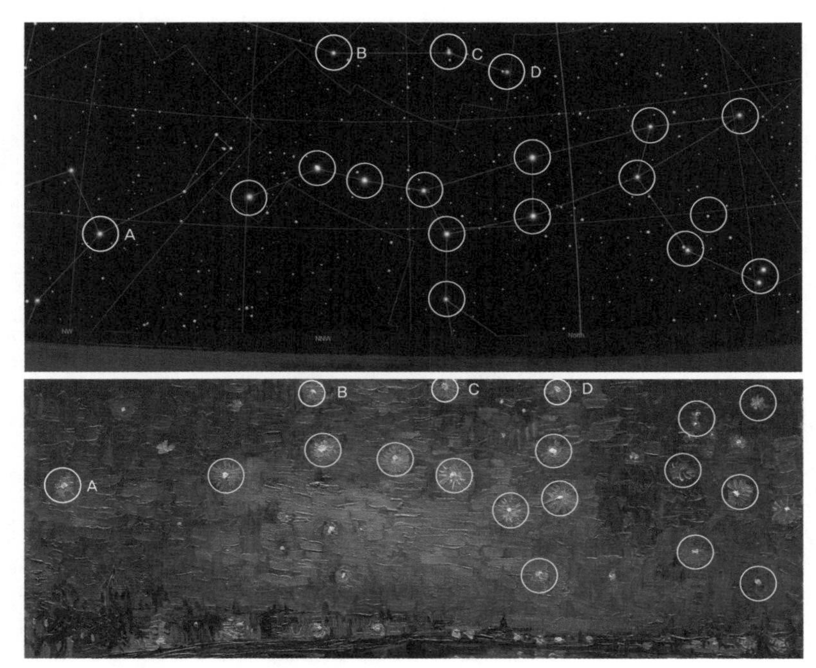

빈센트의 작품과 실제 별의 위치를 비교한 분석.

1차 답사와 2차 답사의 LMT 시간 변환 및 1888년 9월 27일로 변환 시의 시간을 226쪽 그림과 같이 정리했다. 렌즈의 왜곡 효과가 거의 없는 표준렌즈로 촬영했기 때문에 1, 2차 답사 때 촬영한 두 사진 모두 시뮬레이션과 북두칠성의 각도가 거의 동일함을 확인할 수 있었다.

작품 속 각도와 정확히 일치하려면 몇 시간 더 지나서 찍어야 했지만, 당시 이미 해가 뜨기 직전이라 더 이상의 촬영은 불가능했다. 두 번째 답사에서는 3시간 정도만 더 기다렸다면 작품 속 북두칠성과 거의 동일한 각도를 담을 수 있었을 것이다. 그러나 그 새벽으로부터 몇 시간 뒤, 바르셀로나공항에서 아침 비행기를 타고 귀국해야 했기 때문에 더 이상 지체할 수 없었다.

〈론강의 별밤〉이 그려진 시각을 컴퓨터 시뮬레이션의 도움을 받아서 알아보자. 227쪽의 비교는 작품 속 밤하늘과 최대한 비슷한 형태로 별이 늘어서는 9월 27일 밤 10시 00분경의 하늘을 재현하여 작품 속 별과 비교한 것이다. 노란 원 안에 있는 별은 큰곰자리의 별들로 위치와 밝기는 매우 사실적이다. A는 목동자리의 어깨에 해당하는 세기누스(Seginus, γ)로 보인다. 그 11시 방향에 있는 별은 목동의 머리에 해당하는 네카르(Nekkar, β)라고 하기에 각도가 안 맞아 보인다. 그 밖에 B, C, D는 용자리의 별로 보이나 큰곰자리의 별들에 비해 위치가 부정확하다. 아마도 그냥 그려 넣었을 가능성이 높다. 작품 속에 원으로 표시하지 않은 별들도 모두 가상으로 그려 넣은 것으로 보인다. 북두칠성의 손잡이 아래쪽에 다른 구획보다 밝게 표현된 밤하늘이 있는데 이 영역에 은하수가 있지는 않다. 따라서 이는 사실적인 표현이라기보다는, 단조로운 밤하늘에 활력을 더하고자 한 빈센트의 의도적 표현으로 보인다.

작품 속 북두칠성의 대체적인 형상은 실제와 비슷하지만 엄밀히 따지면 다르다. 따라서 그림 속 시간을 완벽하게 찾아내는 것은 불가능하다. 하지만 추정컨대, 북두칠성의 첫 번째 별 두브헤(Dubhe)와 메라크(Merak)가 자오선을 지나기 직전의 시간에 가까워 보이므로 대략적인 형태로 볼 때 〈론강의 별밤〉은 9월 27일을 기준으로 저녁 10시 정각 근처의 밤하늘 풍경이라고 생각한다.

북쪽 하늘, 별의 운동

앞서 재현한 1차와 2차 답사의 북두칠성 시뮬레이션을 살펴보면, 촬영 날짜는 1차가 더 이르지만 이를 9월 27일의 하늘로 변환해보았을 때 2차 답사에서 촬영한 하늘의 시간이 1차보다 더 이른 것으로 확인되었다. 결과적으로 2차 답사의 하늘에서 1시간 16분이 지나면 1차 답사의 하늘과 일치한다. 자세히 살펴보면 북극성을 중심으로 북두칠성이 반시계 방향으로 회전하는 형태가 된다. 작품을 분석한 김에, 북쪽 하늘의 별들이 시간이 지나면 어떤 형태로 운동을 하는지 1시간 간격으로 구성한 230쪽 6장의 그래픽으로 살펴보자.

6장의 시뮬레이션을 통해 북극성이 항상 거의 같은 위치에 머무는 모습을 확인할 수 있다. 이와 달리 북두칠성은 반시계 방향으로 움직이고 있다. 이러한 현상을 일주운동이라 부르며, 지평선 아래로 결코 지지 않고 하늘에 머무는 별들을 주극성이라고 한다. 특히, 북두칠성이 속한 큰곰자리에는 주극성에 해당하는 별이 많다. 흥미로운 점은 북극성의 고도가 높아질수록 하늘에 머무는 주극성의 수가 점점 늘어난다는 것이다.

이와 관련한 그리스신화를 보자. 제우스가 아르카디아(고대 그리스 펠로폰네소스반도에 위치한 지역)의 아름다운 님프 칼리스토를 범하여 아들 아르카스를 낳는다. 이를 알게 된 헤라는 분노해 칼리스토를 곰으로 변

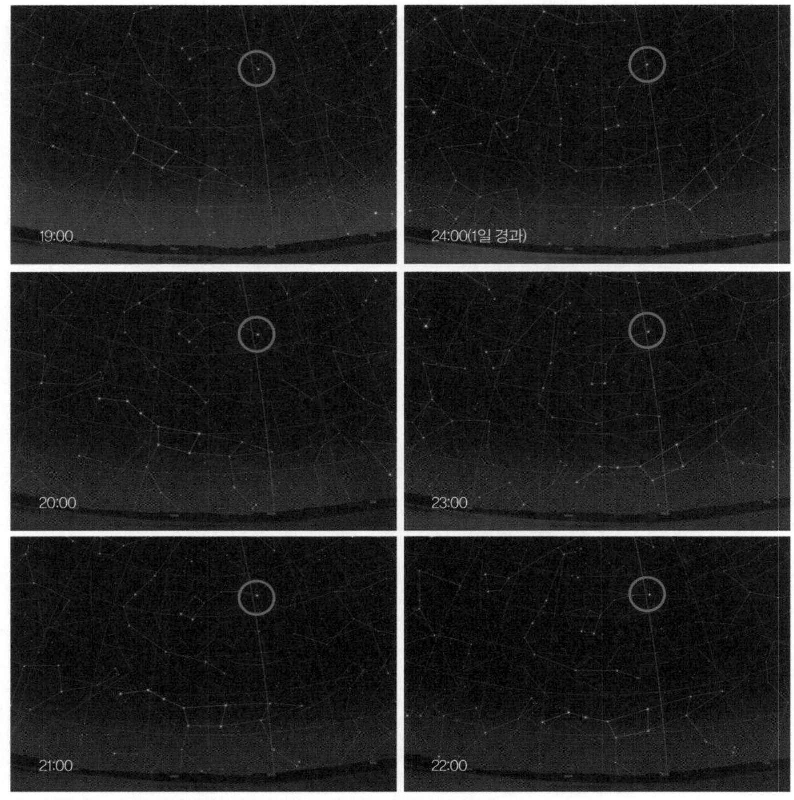

↑ 북쪽 하늘 속 별들의 운동(1888년 9월 27일, 시간 기준 LMT, 아를)

형시켜 숲에서 떠돌게 만든다. 시간이 흘러 사냥꾼으로 성장한 아르카스는 숲에서 어떤 곰과 마주치지만, 이 곰이 자신의 어머니임을 알지 못한 채 죽이려 한다. 이를 본 제우스가 모자간 비극을 막기 위해 칼리스토를 큰곰자리로, 아르카스를 작은곰자리로 만들어 하늘로 올려 별자리로 만들었다고 한다. 그러나 헤라는 이들이 하늘에서 아름답게 빛나는 모습에 더욱 분노하여, 자신의 형제인 포세이돈에게 부탁해 이 별자리가 결코 물을 마시지 못하도록 지평선 아래로 내려오지 못하게 했다. 신화이긴 하지만, 실제로 주극성인 큰곰자리와 작은곰자리의 특성을 반영해 내용을 입혔기에 더

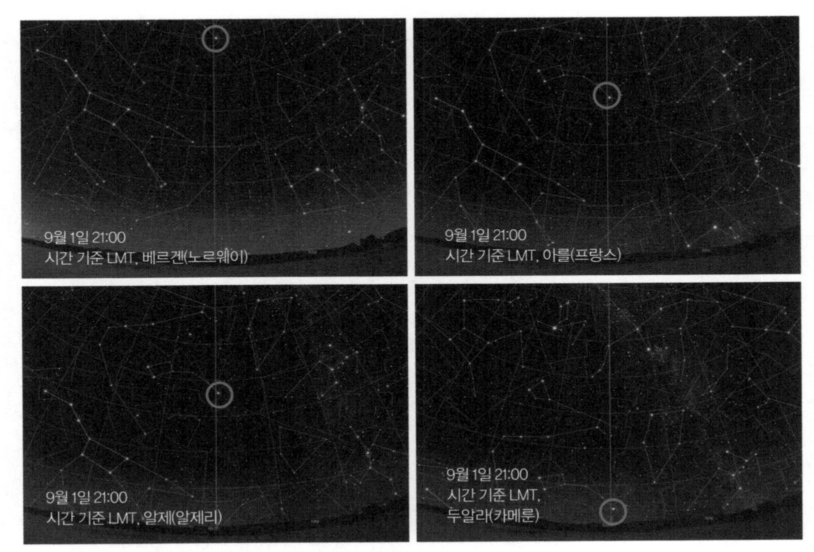

⇡ 각각 다른 도시의 북극성의 고도.

욱 그럴듯하게 느껴진다.

북극성의 고도는 관측지의 위도와 정확히 일치한다. 따라서 북극성의 고도만 정확히 측정할 수 있다면, 자신이 있는 지역의 위도를 손쉽게 알아낼 수 있다. 실제로 일어날 일은 드물겠지만, 만약 우리가 어딘가에 불시착했다면 북극성의 고도만 안다면 추락 지점의 위도를 찾을 수 있다.

이번에는 경도가 서로 비슷하면서 위도가 다른 도시의 밤하늘에서 북두칠성이 각각 어떻게 보이는지 살펴보자. 날짜와 시간은 9월 1일 저녁 9시경으로 설정했다. 가장 북쪽의 도시로는 노르웨이의 베르겐(북위 59.64도, 동경 1.51도), 빈센트가 지냈던 아를(북위 43.68도, 동경 4.49도), 그리고 우리나라와 비슷한 위도를 가진 알제(북위 36.75도, 동경 2.97도)와 마지막으로 적도에 가까운 카메룬의 수도 두알라(북위 4.03도, 동경 9.66도) 이렇게 네 곳을 골라보았다.

베르겐 같은 고위도 지역은 저녁 9시임에도 아직 해가 완전히 지지 않아 하늘이 약간 밝은 박명 상태다. 다른 지역과 달리 북극성이 거의 그림의 위쪽에 붙어 있는 모습이 확인되고 큰곰자리의 고도가 상당히 높다. 아를에서도 큰곰자리의 대부분이 지평선 위에 있는 모습을 확인할 수 있으며 아를에서 지중해를 건너 내려오면 아프리카 대륙의 낯선 도시인 알제를 만난다. 이름에서 추측할 수 있듯이 알제는 알제리의 수도인데 아프리카 대륙에 위치해 위도가 많이 낮을 것 같지만, 실제로는 북위 36.75도로 서울과 거의 비슷하다. 따라서 알제에서 보는 북두칠성의 모습은 한국에서 보는 것과 크게 다르지 않으며 큰곰의 발 부분이 가려지기 시작한다. 다만, 한국에는 산지 지형이 많아 북쪽이 지중해인 알제처럼 탁 트인 장소를 찾는 것이 어려워서 북두칠성이 북극성 아래쪽을 도는 모습을 보는 것이 매우 어렵다. 마지막으로 적도와 매우 가까운 두알라에서는 북두칠성의 맨 끝 별인 알카이드 정도만 보이는 수준이 된다. 이곳에서는 북쪽에 약간의 언덕만 있어도 북극성이 가려져서 보이지 않을 것이다.

이렇게 북쪽 하늘의 모습이 변하는 것은 앞서 설명한 대로 위도가 높을수록 북극성의 고도각이 더 커지는 현상에서 비롯되며 우리가 서 있는 곳의 지리적 특징을 시각적으로 잘 보여주는 지침이 된다. 만약 빈센트가 〈론강의 별밤〉을 고향 준데르트나 런던 같은 곳에서 그렸다면, 북두칠성을 강에서 훨씬 더 높이 떠 있는 모습으로 그렸을지도 모른다.

앞서 살펴본 경도가 시간의 차이를 결정하는 데 중요한 역할을 한다면, 위도의 차이는 기후를 변화시켜 인간의 삶과 생활양식에 큰 영향을 미친다. 이는 태양 빛이 지면에 도달하는 입사각에 따라 태양에너지의 강도가 달라지고, 일조시간의 차이에 따라 일조량이 변하기 때문이다. 저위도 지역은 태양 빛이 강렬하고 따뜻한 반면, 고위도 지역은 태양 빛이 약하고 춥다. 이러한 차이로 인해 고위도 지역에서 우울감이나 계절성 정서장애가 높은 비율로 나타나기도 한다.

북쪽에서 태어난 빈센트에게 아를의 뜨겁고 강렬한 태양 빛은 단순한 자연현상을 넘어 신비와 놀라움으로 다가왔을 것이다. 그러나 사람이 자신의 고향을 그리워하는 이유는 그곳에서 몸과 마음이 적응하며 형성된 안정감 때문일지도 모른다. 아를의 여름 더위는 빈센트에게 낯설고 버거운 경험이었을 것이며, 지속적으로 이어진 맑은 날씨는 고향과의 차이를 극명히 드러내며 이질감을 선사했을 듯하다. 생의 마지막 해, 빈센트가 고향에 조금이라도 더 가까운 오베르로 떠난 데는 이러한 환경적 요인도 적지 않은 영향을 미쳤으리라.

렌즈의 초점거리와 화각

카메라의 렌즈는 피사체의 빛을 모아 센서 위에 이미지를 맺히게 하는 역할을 한다. 렌즈의 특성에 따라 피사체가 센서에 크게 맺히기도 하고 작게 맺히기도 한다. 아래 그림에서 A는 렌즈가 포착하는 시야의 각도인 화각, B는 렌즈의 광학 중심, C는 센서에 맺힌 피사체의 이미지, 그리고 D는 렌즈의 초점거리를 나타낸다.

작품 분석을 위해 카메라 렌즈의 기본 원리를 간단히 살펴보자. 넓은 영역을 촬영하려면 센서에 피사체의 많은 영역이 담겨야 하며, 이를

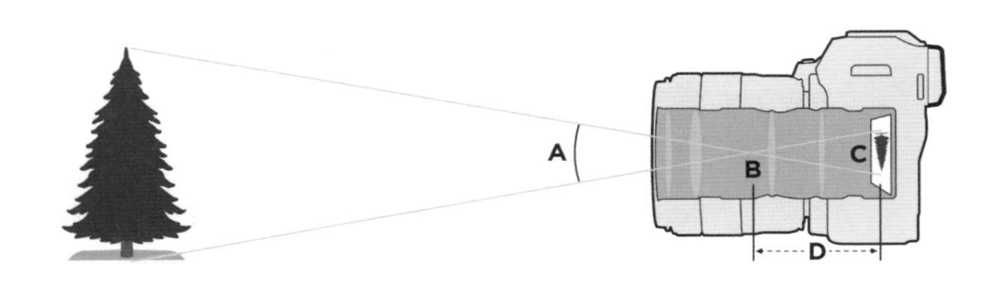

렌즈의 기본 원리.

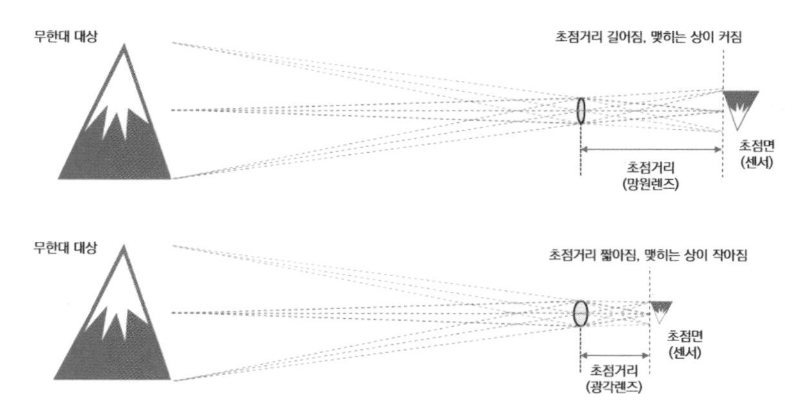

↑ 망원렌즈와 광각렌즈의 초점거리.

위해서는 렌즈를 통해 피사체가 작게 맺혀야 한다. 이 경우 렌즈의 초점거리는 짧아야 한다. 반대로 망원렌즈는 피사체의 좁은 영역이 센서에 크게 맺혀야 하므로, 초점거리가 길어야 한다. 위 그림은 표준렌즈에 비해 광각렌즈의 초점거리가 짧은 이유를 도식적으로 보여준다.

카메라 렌즈는 보통 광각, 표준, 망원의 세 가지로 구분된다. 235쪽 그림은 다양한 초점거리를 갖는 렌즈와 화각을 보여준다. 그중 광각렌즈는 넓은 영역을 담기 위한 것으로 풍경 촬영 등에 적합하며, 일반적으로 35mm 이하의 초점거리를 가진다. 표준렌즈는 사람의 눈과 비슷한 시야(보라색 영역)를 제공하며, 대체로 50mm의 초점거리를 가진 렌즈를 지칭한다. 망원렌즈는 좁은 화각으로 멀리 있는 대상을 확대하여 촬영할 수 있으며, 보통 80mm 이상의 초점거리를 가진 렌즈를 말한다. 그 밖에 180도 이상의 화각을 제공하는 어안렌즈 같은 특수 렌즈도 있다.

그러나 렌즈의 초점거리와 그에 따른 화각은 카메라의 센서 크기에 따라 상대적으로 달라진다. 예를 들어, 50mm 렌즈가 표준렌즈로 간주되기 위해서는 24×36mm 크기의 이미징 센서를 사용하는 카메라에 장

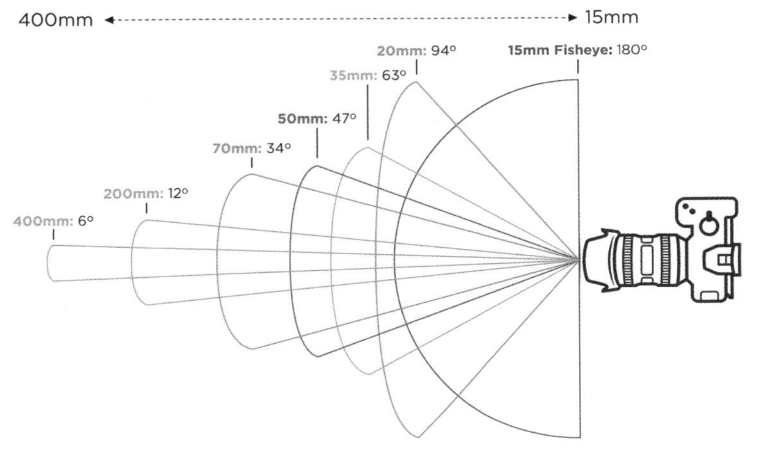

⇡ 렌즈의 초점거리와 그에 따른 화각.

착되어야 한다. 이 크기는 과거 라이카(Leica) 판형이라 불렸던 필름을 쓰는 카메라에서 유래한 것으로, 현대에는 이를 관용적으로 '풀프레임 센서'* 라고 부른다. 과거에는 다양한 크기의 필름이 사용되었다. 예를 들어 60×60mm와 같은 중형 필름, 심지어 204×254mm 크기의 초대형 건판 필름도 있었으며, 반대로 16.7×30.2mm처럼 더 작은 필름 역시 존재했다. 필름 크기가 클수록 더 많은 정보를 담을 수 있어 큰 사이즈로 인화할 수 있는 장점이 있었다. 그러나 필름과 카메라의 크기가 커지면 휴대성이 떨어지는 것이 단점이다. 이와 달리 작은 필름은 정보량이 적지만 카메라 크기가 작아져 휴대성이 좋아 스파이 활동 같은 특수 목적에 사용되었다.

예를 들어, 내가 사용하는 43.8×32.8mm 크기의 중형 이미징 센서가 장착된 디지털카메라는 63mm 초점거리가 표준렌즈로 간주된다. 반면, 스마트폰은 소형화가 필수이기 때문에 이미징 센서의 크기가 극도로

* 풀프레임이라는 용어는 원래 이미징 센서의 빛 처리 방식에서 유래했지만, 현재는 24×36mm 크기의 센서를 일컫는 용어로 굳어졌다.

작아진다. 나는 갤럭시 S23 스마트폰을 쓰는데 여기에 내장된 4개의 카메라 중에서 표준에 가장 가까운 3배 카메라의 경우, 센서의 크기는 고작 3.66×2.74mm이며 초점거리도 7.9mm밖에 안 되는데 표준에 가까운 렌즈로 간주된다. 결과적으로 보면 이미징 센서의 면적이 커지면 표준렌즈의 초점거리는 길어지고, 반대로 작아지면 초점거리가 짧아진다. 이러한 이유로, 렌즈와 화각의 관계를 이해할 때는 초점거리뿐 아니라 카메라의 센서 크기도 함께 고려해야 한다.

과거에는 필름의 판형(크기)이 다양했기에 렌즈만 봐서는 몇 mm 렌즈가 표준렌즈인지 알 수가 없었다. 이는 지금도 다르지 않다. 이미징 센서의 크기가 더욱 다양해졌기 때문에 렌즈의 초점거리에 대한 혼선이 생길 수 있다. 그래서 과거부터 환산 초점거리라는 개념을 사용했다.

2010년쯤만 해도 여행지에서 DSLR 카메라를 들고 다니는 사람을 흔히 볼 수 있었지만, 스마트폰 카메라의 성능이 비약적으로 발전하면서 무거운 카메라를 사용하는 사람이 줄었다. 따라서 예전처럼 렌즈를 갈아 끼우는 방식으로 렌즈에 대해 설명하는 건 더 이상 의미가 없어 보인다. 그래서 스마트폰으로 촬영한 사진으로 예시로 들어볼까 한다.

내가 사용하는 스마트폰에 내장된 4개의 카메라 중 초광각렌즈(0.6×)를 뺀 광각(1배), 표준(3배), 망원(10배) 3개의 카메라를 이용해 각각 사진을 찍은 237쪽 예제 사진을 보자. 이미지의 정보(EXIF)를 보면 나오는 초점거리가 바로 실제가 아닌 풀프레임 환산 초점거리다.

요즘 스마트폰은 여러 개의 카메라가 부착되어 출시되지만, 초기 모델은 대체로 카메라가 1개만 탑재되어 있었다. 이런 경우, 망원 효과를 구현하기 위해 센서의 일부를 잘라 확대하는 방식을 사용했으며, 이를 흔히 디지털 줌이라고 한다. 그러나 디지털 줌은 센서의 일부만 활용하기 때문에 사진의 해상도가 크게 줄어들어 화질이 저하되는 단점이 있다. 예제

↑ 스마트폰 카메라의 광각·표준·망원 촬영(좌), 크롭을 통한 디지털 줌 효과(우).

의 오른쪽 사진이 그것이다. 오른쪽 맨 위 사진에서 일부 영역을 잘라내어 좌측의 실제 표준 및 망원 렌즈로 촬영한 것처럼 보이도록 확대했다. 좌측의 사진들과 비교할 때 3배 줌은 그런대로 괜찮지만 센서의 극히 좁은 면적만 사용한 10배 줌 사진의 경우, 확연하게 화질이 떨어지는 것이 보인다. 특히 의자 등받이의 메시 패턴이 완전히 뭉개져 있다.

디지털 줌 방식은 실제 센서의 면적보다 훨씬 좁은 영역만 사용하면서 하나의 렌즈를 광각, 표준 및 망원 렌즈로 활용하는 사례를 보여준다. 이는 특정 초점거리를 가진 렌즈가 센서 크기와 활용 방식에 따라 광각, 표준, 망원으로 모두 사용될 수 있음을 보여주는 좋은 예다.

렌즈의 초점거리가 만드는 효과를 이해했다면 망원렌즈는 멀리서 찍고, 광각렌즈는 가까이서 찍으면 거의 동일한 화면 구성을 만들 수 있을 거라는 생각이 들 것이다. 옳은 생각이다. 하지만 렌즈의 초점거리가 달라지면 화각의 차이만 발생하는 것이 아니라 대상을 묘사하는 방법 또한 달라진다. 광각렌즈는 먼 곳과 가까운 곳 모두 동시에 초점이 잘 맞는데, 망원렌즈는 초점이 맺히는 범위가 매우 좁아진다. 모델을 찍은 사진 중에 눈동자 위주로 초점이 맞고 배경은 흐려진 것을 본 적이 있을 것이다. 인물사진은 보통 망원렌즈로 촬영하는 것이 유리하기 때문에 생기는 현상이다.

이제 초점거리와 화각에 대한 개념 설명은 여기서 마무리하자. 지금부터는 작품 속의 지상 배경을 찍은 사진을 분석해 실제 빈센트가 그린 풍경의 화각이 몇 mm 렌즈로 찍은 것과 유사한지 비교해볼 것이다. 그다음으로는 밤하늘의 화각도 같은 방식으로 조사하려고 한다.

풍경의 각도

두 번째 답사에서 촬영한 파노라마 사진(224쪽)을 다시 살펴보자. 밝게 처리된 부분이 빈센트가 지상 풍경을 그린 영역에 해당한다. 즉, 사진에서 보이는 것처럼 실제 풍경에서 북두칠성은 지상 풍경의 영역 바깥에 위치한다. 당연히 풍경을 그리는 화가는 어떤 규칙에 구애받지 않고 원하는 대로 캔버스를 채울 수 있다. 인상적인 부분은 크게 그리고, 원하지 않는 부분은 작게 그리거나 지워버릴 수도 있다.

240쪽 사진을 예로 들어보자. 먼 대상을 크게 찍을 수 있는 망원렌즈를 사용하면 태양이나 달을 크게 촬영할 수 있지만, 촬영되는 영역은 좁아진다. 반면 넓은 풍경을 한 번에 담을 수 있는 광각렌즈를 사용하면 눈에 보이는 것보다 넓은 영역을 담을 수 있지만, 태양이나 달은 그만큼 작아진다. 따라서 합성하지 않는다는 전제 아래 천체를 크게 그리면 풍경은 좁아지고, 천체를 작게 그리면 풍경은 넓어진다.

하지만 화가는 자신이 바라본 풍경을 의도에 따라 자유롭게 화폭에 구성할 수 있다. 예를 들어 풍경은 24mm 광각렌즈로 촬영한 모습처럼 넓게 표현하면서도, 밤하늘은 200mm 망원렌즈로 촬영한 모습처럼 확대해 크게 그릴 수도 있다. 나는 빈센트가 〈론강의 별밤〉에서 풍경과 밤하늘을 어떤 비율로 구성했는지 확인하고 싶었다. 밤하늘과 지상 풍경의 각도

망원렌즈와 광각렌즈로 찍은 달 사진의 차이.

〈론강의 별밤〉 속 지형지물.

〈트랭케타이유 다리〉(1888년 6월).

분석은 빈센트가 이 작품을 어떤 식으로 구성했는지, 그의 의도를 들여다볼 중요한 단서다. 또한 이러한 분석은 〈별이 빛나는 밤〉의 화면 구성을 추측할 수 있는 열쇠로도 사용될 것이다.

작품 속 주요 지점을 현재 지형과 비교하여 일치하는 위치를 추정해보았다. 왼쪽의 첨탑은 현재도 그대로 남아 있는 생쥘리앵 성당(지점 1)으로 보이며, 중간의 탑은 생뱅상드폴 학교(지점 2)로 추정된다. 더 우측에 수직으로 곧게 그려진 교각이 보이는데 이 다리는 1875년에 세워진 트랭케타이유 다리(지점 3)로, 현재는 기존의 교각을 이용해 1951년 개축했기 때문에 빈센트가 보던 모습과는 다를 것이다. 빈센트는 이 다리를 시점을 달리하여 2점의 유화로 남기기도 했다.

1867년도의 아를 지도와 현재의 지형도를 비교한 결과, 강의 형태와 강변의 폭 또한 상당히 많이 변했다는 점을 앞에서 확인한 바 있다. 이를 염두에 두고, 빈센트가 그림을 그린 시기와 현재의 지형이 비교적 동일해 보이는 세 지점을 기준으로 삼아, 다음과 같은 두 가지 가정을 통해 그림의 풍경 속 화각을 추정했다. 여기서 말하는 화각의 단위인 '도'는 〈각도

↑ 가정 1. 지점 1, 2를 기준으로 사진에 그림을 겹침.
↓ 가정 2. 지점 1, 3을 기준으로 사진에 그림을 겹침.

의 이해〉에서 다룬 각도와 같은 개념을 사용한다는 점을 기억하자.

당연히 미술 작품은 정확한 축척으로 그린 도면이 아니며, 작가의 개성으로 인해 작품의 정확한 화각을 단정하기는 쉽지 않다. 하지만 이 방

⇡ 가정 1과 2에 따른 풍경의 화각.

법을 통해 어느 정도의 추정은 충분히 가능할 것이다. 앞서 확인한 지형지물인 지점 1, 2, 3을 기준으로 첫 번째 답사 때 24mm 렌즈를 이용해 촬영한 사진 위에 작품을 겹쳐보자. 빈센트가 그린 지상 풍경의 축척이 실제와 완전히 같다면, 지점 1, 2, 3이 모두 동일하게 겹쳐지겠지만 작업을 해보니 약간 달랐다. 이에 지점 1, 2를 기준으로 겹쳐서 가정 1을 만들고, 지점 1, 3을 겹쳐서 가정 2를 만들었다. 그 모습은 위와 같다.

24mm 렌즈로 찍은 풍경 사진의 대각선 화각은 84.1도로, 이는 렌즈와 센서로 인해 결정되는 고정값이다. 이 풍경 사진에 가정 1과 같이 작품을 겹쳐놓고 상대적인 방법으로 측정한 대각선 화각은 43.8도로 나타났고, 가정 2에서는 47.8도로 측정되었다. 측정된 화각을 카메라 렌즈의 초점거리로 변환하면 가정 1이 53.8mm, 가정 2는 48.8mm가 된다. 이는 왜곡 없이 사람이 보는 풍경과 유사한 화각을 가진 50mm 표준렌즈와 비슷하다는 것을 알 수 있다.

반면, 큰곰자리의 크기를 기준으로 유추한 작품 속 밤하늘의 화각은 244쪽 시뮬레이션 소프트웨어에서 빨간색 사각형(광각렌즈라 왜곡이 표현됨)으로 표현된 풀프레임 카메라와 28mm 렌즈로 촬영할 경우의 화각인

⟵ 별이 그려진 밤하늘의 화각.

75.4도와 매우 유사하다. 이를 통해 풍경과 밤하늘의 화각이 서로 다르다는 점을 확인할 수 있었다. 즉, 별이 그려진 밤하늘의 화각이 풍경의 화각보다 더 넓다는 것을 알 수 있다.

〈론강의 별밤〉은 꽤 먼 풍경과 완전한 무한대의 대상인 북두칠성을 그린 작품이기 때문에 비교적 정확한 각도 계산이 가능했다. 하지만 이 작품을 끝으로 추정해볼 수 있는 더 이상의 예제는 없다. 당연히 이 작품 속 지상 풍경과 밤하늘 풍경 간의 화각 차이가 다른 모든 별이 그려진 작품의 특징이라고 여길 수는 없다. 하지만 지금 조사한 내용은 다음에 살펴볼 〈별이 빛나는 밤〉을 탐험하는 데 중요한 길잡이가 될 것이다. 이제 빈센트가 아를에서 지낸 나머지 시간을 마저 살펴보자.

작업 방식의 변화

〈밤의 카페테라스〉와 〈론강의 별밤〉을 통해 빈센트는 눈에 보이는 지상 풍경과 별이 뜬 밤하늘을 서로 다른 장면에서 가져와 조합해 그렸음을 확인했다. 이는 보이는 대로만 그리던 기존의 방식에서 변화된 작업 방식을 채택했음을 의미한다. 별을 그린다는 건 그에게 여러 의미에서 새로운 도전이었던 것이다.

화가가 되겠다고 마음먹은 이래 빈센트는 석고 데생, 정밀 소묘 등을 통해 기초 실력을 다지기보다는 자신만의 스타일을 추구했다. 그가 죽은 지 130여 년도 더 지난 지금 생각해보면 이는 당연히 빈센트가 선택할 수 있는 가장 좋은 방법이었다. 하지만 그는 내내 모델 없이 그림을 그리는 것에 큰 고통을 느낀다. 빈센트의 파리 시절에서 살펴봤던 것처럼 가장 큰 이유는 기본기가 부족했기 때문이다. 인물화는 조금만 비례가 이상해도 어색함이 느껴진다. 그렇기에 빈센트는 상상만으로 그림을 그리는 동료 화가를 부러워하기도, 비난하기도 한다. 물론 우리가 잘 아는 사실처럼 빈센트는 어느 순간 독창적인 자신만의 스타일을 완성하면서, 부족했던 실력이 더 이상 문제가 되지 않는 임계점을 맞이한다. 하지만 당시의 그는 정말 큰 고뇌에 휩싸였고 자신을 기억에 의존해서 작업하지 않는 화가라고 선언하기까지 한다. 편지에 담긴 그의 괴로움을 살펴보자.

> 하지만 겨울이 오기 전에는 분명 다시 좋은 날씨가 찾아올 거야.
> 다만, 그것을 잘 활용하는 것이 중요하겠지. 좋은 날씨는 짧기 때문이야. 특히 그림을 그리기에는 그래. 나는 이번 겨울에 드로잉을 많이 할 계획이야. 만약 내가 기억에서 인물을 그릴 수만 있다면, 항상 할 일이 있을 텐데 말이야.
>
> 테오에게, 1888년 9월 23일 또는 24일

> 다만, 이러한 상태가 악천후가 오는 시기에는 우울로 이어질까 다소 두렵기도 해. 하지만 나는 이 문제를 극복하기 위해 기억에서 인물을 그리는 방법을 공부할 거야.
> 난 항상 모델이 부족하다는 사실 때문에 능력의 한계에 부딪혀. 하

지만 그 문제를 깊이 고민하지 않아. 나는 풍경과 색채를 다루며 그 것이 나를 어디로 데려갈지 걱정하지 않으려 해.

테오에게, 1888년 9월 25일

하지만 이 작업에는 서명하고 싶지 않을 것이라네. 나는 결코 기억만으로 작업하지 않기 때문이야. 그래도 이 작품에는 자네가 좋아할 만한 색채가 들어갈 거야. 그러나 다시 말하자면, 사실 이 작업은 자네를 위해 차라리 하지 않는 편이 낫다고 생각했어. 이전에 겟세마네 동산에서 천사와 함께 있는 그리스도를 그린 중요한 캔버스와 별이 빛나는 하늘 아래 시인*을 다룬 작품이 있었지. 그러나 두 작업 모두 그 형태를 모델을 통한 충분한 연구 없이 형태를 시작했기 때문에, 비록 색감은 괜찮았음에도 결국엔 가차 없이 파기했다네.

내가 대신 보내는 이 작업이 자네 마음에 들지 않더라도, 부디 조금 더 오래 들여다봐주길 바라네.

베르나르에게, 1888년 10월 5일

아를에 도착한 이후, 빈센트는 상상만으로 그림을 그리는 일에 큰 부담을 느꼈다. 앞으로 다룰 고갱이 노란 집에 도착한 후의 이야기를 미리 언급하자면, 상상력을 통해 자유롭게 그림을 그릴 수 있었던 고갱은 빈센트에게 깊은 좌절감을 안겨주었고, 이는 파리에서 친분을 쌓았던 베르나르와의 관계에서도 경험했던 감정이었다. 빈센트는 자신이 보지 못한 장

* 시인을 그린 그림이라면 〈외젠 보흐의 초상(시인)〉을 말하는 것으로 보이는데, 이 그림은 현재 전해지므로 편지의 원문인 프랑스어와 영어 번역에 문제는 없는지 여러 번 검토한 바 있다. 하지만 문제는 없었기에 빈센트가 이 편지에서 말하는 '시인'은 어떤 작품인지 확인할 수가 없었다. 빈센트가 잘못 말했을 가능성도 있다.

면을 그릴 수 없었다. 물 위를 걷는 예수, 예수의 승천같이 모델이 할 수 없는 모습이나, 오병이어의 기적과 같은 군중이 필요한 장면은 그에게 불가능한 주제였다. 그러나 고갱은 이러한 장면을 상상력을 바탕으로 자유롭게 표현할 수 있는 화가였다.

고갱이 빈센트의 노란 집으로 오기 겨우 두 달 전인 1888년 8월 14일, 자신의 초기 후원자 에밀 슈페네커에게 남긴 말은 그와 빈센트의 근본적인 차이를 보여준다. "자연을 너무 많이 그리지 마라. 예술은 추상이다. 자연 앞에서 꿈을 꾸며 이 추상을 이끌어내고, 그 결과로 나올 창작에 대해 더 생각하라." 이 말은 빈센트와 고갱이 근본적으로 다른 부류의 화가임을 보여주며, 두 사람이 노란 집에서 겪을 갈등의 단초를 암시한다.

아를에 도착한 뒤 빈센트의 생활을 간섭할 사람은 아무도 없었다. 그는 한동안 절제된 생활을 유지하며 술을 거의 마시지 않으려 했으나, 7월 무렵부터는 음주와 흡연에 의존하게 된다. 날씨가 흐려 바깥에서 풍경화를 제대로 그릴 수 없고, 집 안에 틀어박힌 채 모델조차 구하지 못해 인물화를 그릴 수도 없는 상황에서, 어쩌면 그는 술에 취한 상태로 '생각을 화폭에 담아내지 못하는 화가'라는 인식을 돌파해보고자 했을지도 모른다. 그러던 어느 순간, 그의 내면 깊은 곳에 잠재된 영성이 슬며시 문을 열고 나온 듯하다.

1888년 7월 3일에서 7일, 9월 20일에서 24일 사이 엑상프로방스는 흐린 날이 많았고, 그가 머문 아를 역시 비슷했을 것이다. 평소 같다면 엄두도 내지 않았을 시도를 그는 이 기간에 감행했을까? 빈센트는 상상에 의지해 두 번이나 그리스도를 그렸으나 모두 나이프로 긁어냈고, 마치 고해하듯 테오에게 이 사실을 털어놓았다.

빈센트에게 종교란 화가가 되기 전까지 거슬러 올라가면, 실패를 거듭했음에도 결코 놓지 않았던 간절한 마음이었다. 그는 신학자가 될 수도 선교사가 될 수도 없었으며, 끝내 교리문답 교사조차 되지 못했다. 그렇다면 그가 남기려 했던 '겟세마네의 그리스도'는 과연 어떠한 모습이었을까? 빈센트가 존경한 페르 모네는 예수를 주제로 한 작품을 남기지 않았다. 따라서 빈센트는 루벤스나 렘브란트 또는 들라크루아 같은, 그가 경외했던 다른 화가들의 그림을 마음속으로 불러와 그리스도를 형상화했을 가능성이 무척 크다. 그런데 그가 스스로 보기에 그 모습은 불경스러웠던 것일까?

> 나는 큰 회화 작업 중 하나를 긁어버렸어.
> 그건 올리브 동산의 한 장면으로, 파란색과 주황색의 그리스도, 노란색 천사, 붉은 땅, 녹색과 푸른 언덕을 포함한 그림이었어.
> 올리브 나무는 보랏빛과 진홍빛 줄기에 잿빛 녹색과 푸른 잎사귀가 달려 있었고, 하늘은 레몬빛으로 그렸지.
> 이 그림을 긁어버린 이유는, 그런 중요한 인물을 모델 없이 그리는 건 옳지 않다고 생각했기 때문이야.
>
> 테오에게, 1888년 7월 8일 또는 9일

> 나는 올리브 동산에 그리스도와 천사가 있는 작업을 두 번째로 지워버렸어. 왜냐하면 여기서 진짜 올리브 나무를 볼 수 있기 때문이야.
> 하지만 모델 없이 그것을 그릴 수 없고, 아니 정확히 말하면 그리기를 원하지 않아. 그렇지만 내 머릿속에서는 이미 색감으로 떠올라 있어. 별이 빛나는 밤, 그리스도의 모습은 푸른색, 가장 강렬한 파란색으로, 그리고 천사는 깨진 듯한 레몬빛 노란색으로 말이야.
> 그리고 풍경 속에는 피처럼 붉은 보랏빛에서 잿빛으로 이어지는 모든 보라색들이 있을 거야.
>
> 테오에게, 1888년 9월 21일

다시 언급하지만 화가가 되기 전의 빈센트는 그 누구보다 강한 영성에 이끌렸던 과거가 있다. 하지만 화가의 길에 들어선 뒤 아버지와의 불화 이후 종교를 버렸다고 선언하기까지 했으며 결국 그의 신앙은 가난으로 인한 번뇌, 쾌락의 추구를 통해 극단적으로 무너졌다. 그랬던 모든 순간에도 그의 작품이 결코 세속화된 적이 없다는 건 빈센트가 보이지 않는 영성에 이끌리고 있었다는 사실을 말해준다. 구필 화랑에서 비교적 안정적으로 근무하던 시기, 파리 지점으로 전출되고 얼마 지나지 않아 신앙을 위해 많은 것을 포기한 그였다. 따라서 어느 순간이든 그의 삶은 또다시 뒤엎어질 가능성을 지니고 있었다. 하지만 그리스도를 그리려 했던 두 작업을 포기한 것을 계기로 명시화된 종교적 이미지보다는 풍경화를 통해 영성을 표현하려 했고 그것이 앞으로 그리게 될 밤하늘로 이어진 것으로 보인다.

긁어낸 두 번의 작업 이후, 끝내 빈센트는 자신만의 그리스도를 화폭에 담지 못했다. 하지만 그는 1889년 9월, 생레미에서 들라크루아의 작품인 〈피에타〉를 두 번 복제한다. 다만, 그만의 독창적인 붓질과 색채를 통해 원작과는 전혀 다른 분위기로 재해석했다. 아마 원작을 직접 보지 못한 상태로 흑백 복제 판화만 보고 그렸기 때문일 듯하다. 그로 인해 원화와 색채가 완전히 다르다. 또한 원작 대비 좌우가 반전되어 있는데, 이는 빈센트가 참조한 복제 판화가 반전되어 있었기 때문일 것이다. 원작을 본 적이 없으니 반전 여부 역시 알 수 없었을 터다.

여기 흥미로운 주제가 하나 더 있다. 빈센트가 1890년 5월 2일경 생레미에서 그린 〈라자로의 부활〉이 그것이다. 테오는 1890년 3월 29일 빈센트의 생일을 축하하는 편지를 쓰면서 렘브란트가 직접 에칭 판화*로 작

* 렘브란트는 〈라자로의 부활〉을 유화로 남기기도 했다. 유화에는 정면을 바라본 예수의 얼굴이 묘사되어 있지만 에칭 판화에서는 등을 돌리고 서 있으며 인물들의 형태나 구도도 조금씩 다르다.

⇡ 외젠 들라크루아의 〈피에타〉(1850년)와 빈센트의 〈피에타〉(1889년 12월).

업한 〈라자로의 부활〉 등 복제 판화* 몇 점을 선물로 보낸다. 빈센트는 그 편지를 받고 꽤 시간이 지난 5월 1일에 쓴 편지에서 에칭화 선물에 대한 감사를 표하며 그중 1점을 복제해볼 뜻을 밝힌다. 그리고 바로 다음 날에 쓴 편지의 서두는 '라자로의 부활'의 콘셉트 스케치로 시작한다.

이 에칭 판화에는 라자로를 향해 서 있는 예수가 묘사되어 있는데, 빈센트는 어떤 이유에서인지 예수를 그리지 않았다. 빈센트는 정말로 그리스도를 그리는 데 끝까지 고뇌를 했던 것일까? 어떤 사람들은 그림 속에 보이는 태양이 예수를 상징한다고 말하기도 한다. 사실은 알 수 없지만 빈센트는 정말 고뇌가 가득했던 화가임은 분명해 보인다.

* 테오는 이 복제본을 구매한 가격이 9.2프랑이라고 그의 장부에 기입한다.

⇠ 렘브란트의
〈라자로의 부활〉(1632년).

⇡ 빈센트의 〈라자로의 부활〉(1890년 5월).

Van Gogh's Time
Discovered by Astronomy

6.

노란 집의
시간

화가들의 공동체

처음 테오에게 돈을 받으며 그림을 그릴 때 빈센트는 오래지 않아 그림을 팔아서 돈을 갚을 수 있을 거라 생각했다. 하지만 그는 어느 순간부터 그것이 정말 가능할지에 대해 혼돈을 겪기 시작했다. 빈센트는 테오의 경제적 부담을 의식하며, 자신의 작업이 동생에게 얼마나 많은 재정적 희생을 요구했는지를 언급했다.

> 내가 칠한 캔버스는 빈 캔버스보다 더 가치 있어. 그 이상을 바라는 것은 아니야. 의심하진 마. 나는 그림을 그릴 자격도, 이유도 충분히 갖고 있어. 물론 그 대가로 내 몸은 완전히 망가졌고, 제대로 살 수도, 마땅히 누려야 할 삶을 살지도 못할 만큼 정신이 소진됐어. 마치 남을 위해 사는 사람처럼 말이야. 그리고 너에게도 약 1만 5000프랑이라는 거액을 빚지게 되었어.
>
> 1888년 7월 22일

그러던 7월 말, 계속 몸이 좋지 않았던 큰아버지 센트가 사망했다는 소식을 듣게 된다. 1885년 빈센트의 아버지에 이어 얀 삼촌이 세상을 뜬 이래, 3년 만에 들려온 부고였다. 물론 아직 코르 삼촌이 생존해 있긴 했지만 빈센트 집안에서 가장 강력했던 구심점이 사라진 것이다. 앞서 빈센트의 어린 시절에서 살펴봤듯이 센트는 자식이 없었기에 빈센트나 테오는 그에게 조카와 자식의 중간쯤 되는 핏줄이었다. 또한 센트는 반 고흐 형제가 미술계에 발을 들이게 한 근원적인 인물이 아닌가. 당연히 큰아버지의 사망은 빈센트에게 많은 생각을 불러왔을 것이다. 어린 시절 큰아버지에게 받은 냉대로 인한 상처는 피해의식으로 마음속에 굳어 있었다. 빌에게 보낸 편지에는 그의 담담한 감정이 그대로 드러난다.

> 큰아버지의 죽음은 엄마와 너에게 그리고 누구보다도 큰어머니에게 큰 사건이겠지. 나에겐 매우 이상한 느낌을 주는 일이야. 왜냐하면 당연히 아주 오래전, 훨씬 이전의 기억을 되짚으면서 그분을 떠올리는데, 그렇게 가까이 알던 사람이 이렇게 낯선 존재가 되어버린다는 게 정말 이상하게 느껴지거든. 넌 이걸 이해하리라 생각해. 이렇게 보면 인생은 마치 꿈과 같아.
>
> 1888년 7월 31일

빈센트와 센트의 관계는 시엔과의 동거로 인해 이미 완전히 끝장나 있었다. 그 때문에 빈센트는 애초에 어떠한 유산도 기대하지 않았고, 실제로 그에게는 아무것도 상속되지 않았다. 그럼에도 이 사실은 마음 한구석에 씁쓸함을 남겼다. 다행히 테오는 어느 정도 금액을 상속받았고, 빈센트의 누이들도 조금씩 분배를 받았다. 이러한 사실은 빈센트에게 약간이나마 부채감을 덜어주는 위안이 되었다. 하지만 어느 정도 시간이 지나자 그의 내재된 분노는 다른 방면으로 터졌다. 그리고 이 분노는 다시금 전의를 불태우는 원동력으로 바뀌었다. 그것은 1886년, 테오가 안드리스와 함께 부소&발라동을 나와 독자적인 사업을 시도했을 때 센트가 그들에게 아무런 도움을 주지 않았다는 점에 대한 비난이었다.

> 우리 큰아버지가 그 차가운 태도 끝에 유산을 남겨준 건 참 고마운 일이긴 하지만, 그와 코르 삼촌이 너에게 독립적으로 사업을 시작할 자본을 빌려주지 않음으로써 사실상 평생 강제 노동에 처하게 만든 건 아닌지 생각하게 돼. 그들의 이런 태도는 분명 큰 잘못이야. 하지만 이 이야기를 더 길게 하진 않을게.
> 이제 돈 문제로 늘 약간의 어려움을 겪을 수밖에 없겠지만, 그렇기 때문에 예술에서 더 많은 성과를 내야 할 이유가 생겼다고 생각해. 내 사랑하는 동생, 그때 너는 나름 독립할 준비가 되어 있었어. 그러니 네가 네 몫의 책임을 다했다고 당당히 느껴도 돼. 인상파 화가들을 다루는 이 사업은 그 화가들의 지원이 있었기에 가능했던 일이야. 그들의 도움이 없었다면 이 일이 이루어지지 않았을 것이고, 설사 진행되었더라도 전혀 다른 방식이 되었을 거야.
>
> 1888년 8월 12일

당시 부소&발라동을 비롯한 주류 미술계는 이미 자리 잡은 인상파와 달리, 각자 새로운 실험을 시도하는 젊은 화가들의 작업을 좋은 투자처로 보지 않았다. 사실 당연한 일이었다. 그러나 테오는 신진 작가들에게 적극적으로 투자하며, 기존의 고루한 관습과 관행을 깨는 젊고 혁신적인 화상이 되고자 했다. 역시나 기성세대인 센트와 코르 삼촌은 테오의 계획을 위험 부담이 큰 사업으로 여겨 투자를 꺼렸다. 반면 빈센트는 여전히 남쪽의 노란 집에서 이 목표를 실현할 수 있다고 믿었으며, 죽은 큰아버지를 비판하면서 테오가 그 뜻을 포기하지 않도록 독려했다. 사실 빈센트는 테오가 독립하는 데 늘 적극적이었다. 실패한 1886년의 시도보다 훨씬 이전인 드렌터 시절에도 테오에게 구필 화랑을 그만두고 독립할 것을 촉구한 적이 있었다.

그는 진작부터 화가들의 조합을 꿈꿨기 때문이다. 아를에 내려오면서 그 계획은 구체화되었고 테오가 파리를 떠나 이 조합에 합류하여 화상을 맡아주길 바랐다. 그러면 여러 화가가 남부 프랑스로 향할 것이고, 노란 집은 남부의 스튜디오가 될 것이란 게 빈센트의 생각이었다. 자신이 생각하는 대로만 되면 모든 화가가 돈 걱정 없이 순수하게 예술 창작에만 전념할 수 있을 거라고 믿었다. 그러면서 빈센트는 고갱을 이 공동체의 중심 인물로 상정했다. 실제로 빈센트는 고갱의 능력이 탁월하다고 생각했다. 하지만 빈센트는 늘 앞만 보고 뒤를 제대로 보지 못하는 것이 문제였다.

빈센트보다 다섯 살 위였던 고갱은 어린 시절을 페루에서 보내며 이국적인 문화에 영향을 받았다. 해군에서 복무한 후 증권 중개인으로 괜찮은 경력을 쌓았지만, 예술에 대한 갈망도 강했기에 처음에는 직업을 유지하면서 1871년부터 취미로 그림을 시작했다. 그러다가 카미유 피사로의 영향을 받는다. 피사로는 고갱에게 그림을 체계적으로 배울 기회를 제공했고 1879년경부터는 인상파 그룹전에 참가하면서 이름을 알린다.

빈센트가 헤이그를 떠나 드렌터로 향하던 1883년, 프랑스 경제의 불황으로 실직한 고갱도 이참에 전업 작가가 되겠다고 결심한다. 그러다가 한술 더 떠서 가족을 팽개치고 브르타뉴 지역의 퐁타벤으로 이주하며 자연주의에서 벗어나 색채와 상징에 집중한 새로운 화풍을 개발한다. 그곳은 예술가들의 중심지였고, 소박한 농촌 풍경과 독특한 지역 문화가 있어 고갱은 큰 영감을 받는다. 또한 그 나름대로 클루아조니즘과 상징주의 기법을 정립하면서 기존의 인상파와 차별화하는 데 성공한다.

빈센트는 파리에서 고갱과 몇 차례 교류하며 그의 작품 세계를 접했다. 고갱의 대담한 색채 사용과 상징주의적 접근은 빈센트의 예술 탐구와 맞닿아 있었다. 고갱의 작품은 그가 파리 시절에 느낀 예술적 한계를 극복할 열쇠처럼 보였을 것이다. 테오 역시 고갱과의 협업이 빈센트에게 예술적, 정신적으로 긍정적인 영향을 미칠 것이라 믿었다. 테오는 고갱을 아를로 초대하기 위해 재정 지원까지 약속했고 결국 두 사람의 협업을 적극적으로 추진한다.

형제의 생각은 순수했지만 고갱은 자신의 이익을 위해 상황을 교묘하게 조종하는 데 능숙한 사람이었다. 빈센트는 고갱을 끌어들이기 위해 테오가 그림을 팔아줄 것이라는 데서 시작하여 종국에는 월 150프랑을 지급할 테니 매달 1점의 유화만 보내면 된다고 유혹한다. 사실 고갱 역시 퐁타벤에서 이루어낸 성취에도 불구하고 지역적인 한계를 느끼고 있었다. 퐁타벤의 소박한 농촌 환경은 그에게 중요한 영감을 주었지만, 새로운 도전과 자극이 필요했다. 고갱은 애매한 태도를 취하거나 한동안 답장을 하지 않는 방법을 이용하여 빈센트의 애간장을 녹인다. 고갱의 성격을 이해하기 좋은 편지의 일부를 다소 길지만 인용해본다.

> 당신이 나에게 남쪽으로 와야 한다고 설득하며 모든 노력을 기울이는 건, 내가 지금 그곳에 없어서 겪는 고통을 더욱 깊게 만드는 일입니다. 귀하가 동업 제안의 일환으로 내게 남쪽으로 오라고 제안했을 때, 나는 당신 동생의 제안을 받고 기쁘게, 마지막 편지에서 단호히 긍정적으로 답했습니다. 나는 북쪽에 작업실을 만드는 건 전혀 생각하지 않습니다. 매일매일 여기서 떠날 수 있게 해줄 판매를 기대하고 있을 뿐입니다. 지금 나를 먹여주는 사람들, 나를 치료해준 의사는 모두 신용으로 그 일을 하고 있고, 그들은 내 그림 한 점, 옷 한 벌도 붙들어두지 않습니다. 그들은 나에게 완벽하게 잘 대해주었습니다. 그들을 떠나는 건 내게 큰 불편을 줄, 나쁜 짓

이 될 겁니다. 만약 그들이 부자거나 도둑이었다면, 내게 아무 상관이 없겠지요. 그래서 나는 기다릴 것입니다. 반면에, 당신이 언젠가 '이미 늦었다…'라고 말해야 한다면, 차라리 지금 바로 이야기해주었으면 좋겠습니다.

당신의 동생이 내 재능을 좋아하고 과대평가할까 봐 두렵습니다. 만약 당신 동생이 저렴한 가격에 유혹받는 수집가나 투기꾼을 찾는다면… 뭐, 그렇게 하세요. 나는 희생을 감수할 것이고, 당신의 동생이 무엇을 하든 간에 나는 그것을 잘했다고 여길 것입니다.

젊은 베르나르가 곧 내 캔버스 몇 점을 들고 파리로 갈 것입니다. 라발은 2월쯤 나를 남쪽에서 찾아오려고 합니다. 그는 1년간 매달 150프랑을 주겠다고 약속한 후원자를 찾았다고 합니다.

사랑하는 나의 빈센트, 당신의 계산은 잘못된 것 같습니다. 나는 남쪽의 물가를 압니다. 레스토랑 비용을 제외하면, 3명이 한 달에 200프랑으로 살림을 꾸릴 수 있다고 확신합니다. 나는 집안을 관리해본 적이 있고, 어떻게 아껴야 하는지 압니다. 네 사람이 있는 경우에도 마찬가지입니다. 숙박 문제에 관해서는, 당신의 집을 제외하고 라발과 베르나르는 근처에 작은 가구가 갖춰진 방을 구할 수 있을 것입니다. 당신이 꿈꾸는 집과 그 배치를 묘사한 방식이 마음에 듭니다. 꼭 보고 싶어 입에 침이 고일 정도입니다!

1888년 9월 26일

어느 순간부터 빈센트는 고갱에게 필사적으로 매달렸다. 그가 부른 어떠한 화가도 아를로 오지 않았지만 오직 고갱만이 들어줄 듯 말 듯 그를 쥐락펴락했기 때문이리라. 고갱이 빈센트에게 보낸 편지를 보면 고갱이 은근하게, 지속적으로 빈센트와 테오 형제에게 협상을 하는 모습을 확인할 수 있다. 퐁타벤에서 발생한 빚을 정리해달라는 것, 라발의 후원자 이상의 지원, 라발과 베르나르도 남부로 데려올 수 있다는 기대감 고취가 그것이다. 어차피 빈센트의 마음은 읽는 데 어려움이 없으니 테오를 통해 최대한의 비용을 뽑아낼 수 있으리라는 계산이었을 것이다.

하지만 고갱에 대해 이해해야 할 부분은 그가 원래 셈에 밝은 금융인이었다는 사실이고 빈센트는 미혼이었던 반면 고갱은 아내와 5명의 아이가 있었다는 사실이다. 그 역시 화가로서 입지가 확고하지 못한 시기였으나 테오를 통해 부소&발라동에 자신의 작품을 확실히 걸 수 있겠다는 기대를 했을 것이고, 일석이조로 빈센트를 통해 후원까지 받을 수 있겠다는 생각을 한 것이다. 물론 그 돈은 테오에게서 나올 테지만 말이다.

또한 재미있는 대목은 이 부분이다. "답장을 매우 늦게 드리게 되었습니다. 하지만 무슨 말을 할 수 있을까요? 저의 병약한 상태와 걱정이 저를 자주 무기력한 상태로 몰아넣어, 행동하지 못한 채 침잠하게 만듭니다. 만약 제 삶을 아신다면, 그토록 많은 방식으로 싸워온 끝에 이제는 숨을 고르는 과정이라는 것을 이해하실 겁니다. 지금은 그저 잠시 휴면 상태에 머물고 있습니다." 이에 빈센트는 고갱의 상태가 매우 나쁠 것이라 지레 짐작하고 걱정한다. 하지만 10월 23일 돌연 아를에 도착한 고갱을 보고 깜짝 놀란다. 이틀 후 테오에게 보낸 편지에는 '고갱이 건강하게 도착했는데, 나보다도 몸이 더 좋아 보여'라는 말로 서두를 시작한다.

노란 집과 〈타라스콩으로 가는 길의 화가〉

빈센트는 고갱이 노란 집에 오기 전인 10월 21일 테오에게 편지를 통해 '시인의 정원' 시리즈의 네 번째 그림을 그리고 있음을 알리면서 작품의 형태를 간략하게 담은 스케치를 보낸다. 아마도 〈론강의 별밤〉을 그린 직후에 시작한 작업이었을 것이다.

이 그림(263쪽)에 그려진 달을 살펴보자. 8일에서 10일 사이, 일몰 시각은 저녁 5시 27분경이며, 시민박명은 저녁 5시 55분, 항해박명은 저녁 6시 28분, 천문박명은 저녁 7시 2분에 끝난다. 각 박명의 지속 시간을 계산해보면 대략 1 대 1.18 대 2.21의 비율임을 확인할 수 있다. 그림 속 연인이 해가 진 저녁 5시 30분쯤 산책을 나갔다가 약 30분이 지난 저녁 6시경, 하늘이 적당히 어두워진 시각에 빈센트의 앞을 지나갔다고 상상해보면 어떨까? 아마도 그때부터는 하늘이 꽤 어두워져서 그림을 그리기 어려웠을 수도 있었겠지만, 이미 가스를 태우는 도시의 가로등들이 켜져서 빈센트가 그림을 그릴 수 있게 도와주었을 것이다.

그 시각 달이 하늘에 떠 있는 각도를 생각한다면 8일이 14.4도, 9일이 18.5도, 10일이 21.63도가 된다. 앞서 〈밤의 카페테라스〉의 하늘 끝단의 각도가 약 32도로 계산되었던 것을 떠올려보자. 너무 고도가 낮으면 나무에 가려서 달이 안 보일 가능성이 높을 것이다. 그렇지만 당시 달의 모습

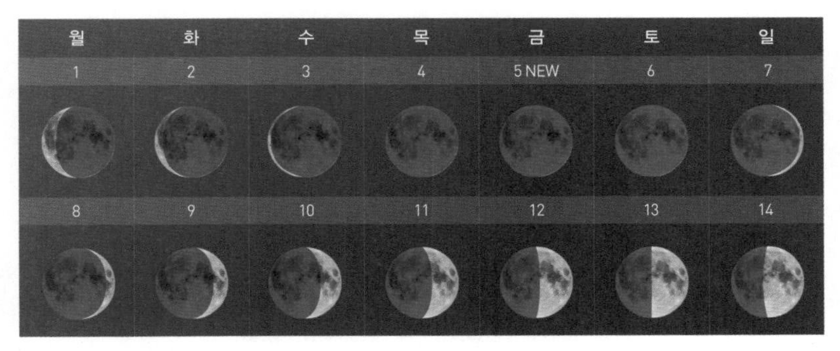

⇡ 1888년 10월 1~14일, 달의 위상.

⇡ 1888년 10월 21일 편지의 스케치와 〈연인〉(1888년 10월)의 흑백 이미지.

으로 보아 11일의 경우 상현에서 바로 이틀 전이므로 그림과는 안 맞는 듯하다. 따라서 10일경의 달이 유력해 보인다.

달이 지는 방향은 서쪽이니 빈센트가 이 작품을 그린 장소가 어디쯤일지, 저런 나무가 있는 곳이 어디일지 궁금해졌다. 아마도 빈센트의 집 앞 라마르틴 광장 근처, 론강 근처에 있는 가로수가 아닐까 싶었다. 하지만 답사를 가서 이 그림을 위한 조사를 한 것이 없으니 오로지 온라인을 이용해서만 자료를 찾아야 했다. 그런데 빈센트가 그린 〈트랭케타이유 다리〉를 감상하다가, 구글어스의 스트리트뷰에 나온 그 장소를 다시 보았더니 놀라운 자연의 신비를 확인할 수 있었다. 그가 그린 가느다란 나무가 134년이 지나 두

〈트랭케타이유 다리〉(1888년 10월)와 2022년의 구글어스 스트리트뷰의 비교.

1950~1960년대 항공사진.

꺼운 나무로 성장한 것이었다. 따라서 지금 그 장소를 찾는 것이 의미가 있을까 싶은 생각이 들었다.

빈센트가 지냈던 생폴 요양소의 방을 분석하다가 지오포르타유에서 1950~1960년대의 항공사진도 제공한다는 것을 알게 되었다. 그 분석을 마친 후 문득 아를의 과거 모습은 어땠을지 궁금해서 살펴보았는데, 흥미롭게도 1944년 미군의 폭격으로 무너진 것으로 알려진 노란 집이 이 항공사진에 찍힌 것을 확인할 수 있었다. 지오포르타유에서 제공하는 또 다른 서비스인 지적도에 노란 집의 위치에 아무런 지번 정보가 없는 것으로 보아, 아마 철거 전의 상태가 촬영된 것으로 보인다.

나는 직업상 설계를 자주 하기 때문에 어딘가 삐딱한 것을 못 참는데, 빈센트의 〈노란 집〉을 볼 때마다 그런 불편함을 느끼곤 했다. 노란 집의 정면 벽과 그 뒤 건물의 벽이 서로 평행이 아닌 것 같은 느낌을 받은

⇡ 〈노란 집〉(1888년 9월).

사람들이 꽤 있으리라 생각한다. 빈센트에 대한 여러 자료를 살피다 보면 1920년대 이전, 정면에서 노란 집을 찍은 흑백사진을 몇 장 볼 수 있는데, 그 사진만 보아서는 내가 느낀 삐딱함의 원인을 알 수 없었다. 그저 빈센트가 원근에 익숙하지 않았나 하고 지나가곤 했다. 하지만 이 항공사진을 통해 비로소 빈센트도, 나도 틀리지 않았다는 것을 알 수 있었다. 노란 집 자체가 뒤의 건물에 비해 약 30도나 틀어져 있었던 것이다.

노란 집의 위쪽에는 지금도 같은 장소에 있는 아를역이 보인다. 노란 집에서 〈밤의 카페테라스〉를 그린 곳은 걸어서 약 800m 떨어져 있는데 비해 〈론강의 별밤〉을 그린 장소는 매우 가깝다. 달이 지는 각도와 나무가 늘어선 모습으로 본다면 〈론강의 별밤〉을 그린 곳에서 남쪽으로 조금 아래, 강이 서쪽으로 휘돌아 나가기 직전의 위치 어디쯤에서 〈연인〉을 그리지 않았을까.

빈센트는 아를에 처음 도착했을 때는 카렐 여관에 머물렀으나, 이곳은 작업 공간으로 적합하지 않다고 판단해 염가로 나온 노란 집을 임대했다. 그는 5월 1일에 카렐 여관에서 짐을 뺐지만 노란 집은 거의 폐허 상태였기 때문에 수리하고 가구를 구비한 뒤인 9월 중순에야 입주할 수 있었다. 그 기간 동안 빈센트는 노란 집 바로 옆에 있는 드 라 가르 카페에 방을 구해 잠을 잤다. 그 이름은 '기차역의 카페'라는 뜻으로 카페이자 술집이었고 여관이기도 했다. 이곳은 아를역에서 내려 처음 마주치는 카페이며, 고갱이 아를에 너무 일찍 도착했을 때도 이곳에서 시간을 때웠다. 드 라 가르 카페는 빈센트가 그린 〈밤의 카페〉의 배경이 되었으며, 고갱도 이곳에서 독특한 눈빛으로 앉아 있는 카페의 주인인 지누 부인을 담은 〈아를의 밤의 카페〉를 그렸다.

노란 집 앞의 넓은 공간이 라마르틴 광장이고 조성된 숲을 지나 철길 쪽으로 가면 사창가가 있었다. 그곳이 바로 앞으로 이어질 비극의 장소 중 한 군데다. 1888년 12월 30일 자 주간신문인《르 포럼 레푸블리캥(Le Forum Republicain)》이 보도한 "지난 일요일 밤 11시 30분, 빈센트 반 고흐라는 네덜란드 출신의 화가가 'Maison de Tolérance No. 1'이라는 집을 찾아가 라셸이라는 이름의 여자를 불러달라고 요청했다"라는 기사에 나오는 장소가 바로 이곳이다.*

다시 작품 〈연인〉의 이야기로 돌아가자. 안타까운 점은 이 작품은 더 이상 전하지 않는다는 사실이다. 분명히 편지 속 스케치에는 명확한 초승달이 보이는데도, 남겨진 흑백사진상으로는 그 모습이 확실하지 않다. 남자와 여자 사이의 윗부분 하늘에 초승달 형태가 얼핏 보이는 것 같기도 하지만 스케치 속 달의 위치와는 맞지 않는다. 나는 빈센트가 자신이 그린

* 2016년 버나뎃 머피가 쓴《반 고흐의 귀》에 나온 아를 상세 지도를 참조했다.

⇡ 최근의 위성사진과 과거의 항공사진 비교.

작품을 다시 그려 테오나 다른 이에게 전할 때 없는 요소를 추가한 경우는 찾지 못했다. 과연 이 작품 속에 달이 있긴 한 것일까?

이 그림이 전해지지 않는 이유는 더 이상 노란 집이 남아 있지 않은 이유와 같다. 바로 제2차 세계 대전 때문이다. 다만 그 주체가 다른데, 노란 집은 미군의 폭격 때문이지만, 〈연인〉은 나치 때문이다. 나치는 현대미술을 퇴폐적 예술로 규정하며 예술계에 심각한 탄압을 가했다. 이들은 전통적이고 보수적인 미학과 이념을 강조하며, 자신들의 이데올로기에 부합하지 않는 예술을 철저히 배격했다. 1937년, 뮌헨에서 개최된 퇴폐 미술전은 나치가 현대미술을 경멸하고 조롱하기 위해 기획한 선전 도구였으며 빈센트를 포함해 피카소, 칸딘스키, 마티스, 샤갈 등 현대 예술가들의 작품 약 650점을 선정해 비정상적이고 비도덕적인 것으로 낙인찍었다. 그렇게 나치는 독일 전역의 박물관과 갤러리에서 2만 점 이상의 현대미술 작품을 몰수했고, 상당수가 파괴되거나 소각되었으며 나머지는 경매로 처분되었다. 현대판 분서갱유가 벌어졌던 것이다.

하지만 나치의 고위 권력자들은 이를 빼돌렸고 특히 유대인이 소유한 작품은 합법적으로 빼앗기까지 했다. 겉으로는 퇴폐적이라고 선전하며 뒤에서는 위선을 떨면서 작품을 모은 것이다. 그런 인간 중 하나가 헤르만 괴링이었다. 그가 수집한 작품 가운데 〈연인〉이 있었으며 이 작품 외에도 위작을 포함한 상당수의 빈센트 작품이 괴링에게 넘어갔다. 그렇게 광기의 전쟁이 끝난 뒤 열린 전범 재판에서 괴링은 교수형을 선고받았으나, 형 집행을 하루 앞두고 조력자의 도움으로 음독 자살했다. 그가 수집했던 많은 작품 중 일부는 원래 소유주에게 반환되었지만, 상당수는 행방이 묘연해졌다. 〈연인〉 역시 그 과정에서 사라진 채, 지금까지 행방이 알려지지 않았다.

〈연인〉은 고갱의 방에 걸어주기 위해 그렸던 작품이다. 빈센트와 테오 사후 이 그림은 판매되었고, 이후 1919년에 작가이자 극작가인 카를 슈테른하임의 아내 테아 슈테른하임이 자신의 소장품을 경매로 내놓는다. 이 경매에는 고갱, 르누아르 등의 작가가 그린 다양한 작품이 있었고 빈센트의 작품은 〈연인〉을 비롯하여 〈우체부 룰랭〉이 출품되었으나 판매되지는 않았다고 한다. 우리가 보는 작품 〈연인〉의 흑백사진은 그때 경매 도록을 제작하기 위해 촬영한 것이다. 이후 이 작품은 독일 베를린으로 넘어가면서 비극적인 운명을 맞는다.

만화같이 예쁜 작품 〈타라스콩으로 가는 길의 화가〉 속의 인물은 다른 사람을 보고 그렸을 수 있겠지만, 분명히 빈센트는 자기 자신이라 생각했을 것이다. 작품 속 짙은 그림자는 강한 태양 빛을 의미한다. 맑은 날이면 해가 뜨자마자 출근하듯 그릴 대상을 찾아다녔을 빈센트를 생각하면 한편으로 참 가엽다는 생각이 든다. 젊은 날의 빈센트가 가족을 힘겹게 하는 모습을 보면서 밉다는 마음도 들었지만, 아를로 넘어온 후의 그를 보면 정말 최선을 다해 노력하고 있다는 생각에 그에게 들었던 나쁜 감정이 모두 사라진다.

하지만 이 작품은 더 이상 우리가 직접 볼 수 없다. 독일에 있다가 전쟁 중에 소실되었기 때문이다. 앞서 살펴봤던 아를의 두 번째 〈해바라기〉

⇡ 〈타라스콩으로 가는 길의 화가〉(1888년 7월).

를 포함, 빈센트의 작품 4점이 제2차 세계 대전으로 인해 파괴되었다(그 밖에 화재로 소실된 2점과 도난당했다가 찾지 못한 작품도 2점이 있다). 또한 앞에서 언급한 〈연인〉 같은 여러 작품이 나치에 의해 실종된 상태다. 폭격을 당한 노란 집과, 〈타라스콩으로 가는 길의 화가〉처럼 나치와 일본은 인류에게 회복 불가능한 상처를 남겼다. 지금 우리가 보고 있는 빈센트의 작품들은 전쟁의 소용돌이 속에서 극적으로 살아남은 것이라 할 수 있다. 사라진 작품에 대한 안타까운 마음은 어쩔 수 없지만, 언젠가 다시 손상 없이 세상에 나와서 우리가, 우리 다음 세대가 볼 수 있기를 희망한다.

반 고흐와 고갱의 공동생활

고갱이 도착하기 직전 빈센트는 정말 사정없이 그림을 그려댄다. 1888년 10월 중순경 탄생한 명작이 바로 〈반 고흐의 침실〉이다. 다른 이라면 생각하기 어려운 다양한 색을 통해 자신의 방을 표현했고 판화 같은 특유의 화풍은 보는 사람으로 하여금 동화와 만화 사이 어딘가로 초대받은 느낌을 준다. 빈센트가 이 작품을 완성한 직후인 16일 테오에게 보낸 편지와 17일 고갱에게 보낸 편지에는 〈반 고흐의 침실〉의 스케치가 있다. 고갱의 답장이 앞서 언급했던 "꼭 보고 싶어 입에 침이 고일 정도입니다!"였다. 요즘 세상 사람들이 집을 마련하고 나서 느끼는 벅찬 감동이 빈센트라고 달랐겠나 싶어서 이 작품을 보면 그의 기쁨이 오롯이 전달되는 듯하다.

빈센트는 이 작품을 얼마나 좋아했는지 1889년 1월 22일 테오에게 쓴 편지에서 "병이 나은 후 내 캔버스들을 다시 보니 가장 마음에 드는 것은 침실이었어"라고 말한다. 그래서인지 그는 이 작품을 두 번이나 더 그린다. 두 번째 작업은 4월경, 동생 테오의 도움을 받아 첫 번째 원작을 트레이싱해 얻은 밑그림을 통해 완성된다. 따라서 이 작품은 초기 버전과 동일한 크기다. 나는 이 두 번째 작품을 보면 당시 귀 절단 사건을 비롯해 세 번의 발작을 겪으며 힘들었을 그가, 삶을 긍정하기 위해 깨알 같은 노력을 하는 듯해 살며시 웃음을 짓곤 한다. 두 번째 〈반 고흐의 침실〉 속 인물화 액

↑ 〈반 고흐의 침실〉(1888년 10월), 〈주아브 부대 중위 폴 외젠 밀리에의 초상〉(1888년 9~10월).
→ 〈반 고흐의 침실〉(1889년), 작품 속 액자 확대.
↓ 〈반 고흐의 침실〉(1889년), 〈자화상〉(1888년).

자를 보라. 어딘가에 연재되는 웹툰의 주인공이 벽에 걸려 있는 듯한 느낌은 나만 받는 것이 아니리라.

세 번째는 빈센트가 생폴 요양소에 있을 때 어머니와 빌에게 선물하기 위해 원화보다 작게 복제한 것이다. 이 작품 속 벽에 걸린 초상은 빈센트의 마지막 자화상을 담고 있다. (이 작품은 1998년 크리스티 경매에서 7150만 달러에 낙찰되었다.) 그 옆의 여인은 누구일까? 빈센트를 좋아한다면 작품 속 액자의 주인공들을 직접 찾아보면서 상상해보면 어떨까? 나는 필요할 때 다음의 두 사이트에서 빈센트의 그림을 찾아보곤 한다. 먼저 추천하는 곳은 'vggallery.com'으로 비교적 정확한 정보로 구성되어 있지만 작품의 견본 이미지가 제공되지 않아 시각적으로 바로 작품을 확인하기에 불편한 면이 있다. 이와 달리 'vangoghworldwide.org'는 견본 이미지를 보면서 작품을 찾기는 편하지만 작품의 날짜에 오류가 좀 있다. 두 사이트를 잘 이용한다면 빈센트의 작품은 모두 섭렵이 가능할 것이다.

웃으며 그의 침실을 구경하다가도 세 작품 속 창문 왼편에 동일하게 걸린 거울일까 싶은 프레임을 보면 다시금 마음이 무거워진다. 노란 집에는 화장실이 없었기에 빈센트는 거울 앞 테이블 위에 작은 세숫대야를 놓고 세면대처럼 사용했을 것이다. 그 앞에 서서 귀를 잘라냈을 빈센트를 생각하면 안타까운 마음이 든다.

1888년 10월 23일, 폴 고갱이 아를의 노란 집에 도착하면서 빈센트와의 공동생활이 시작되었다. 빈센트는 고갱을 존중했고 그의 능력을 높이 샀다. 그뿐 아니라 빈센트가 고갱을 통해 노린 다른 효과가 있었다. 고갱의 아를 방문이 다른 화가들에게도 영향을 줄 것이라는 생각이었다. 고갱은 당시 예술계에서 독창성과 영향력을 인정받고 있었고, 그의 추종자나 동료 화가들이 아를의 노란 집에 합류할 것이라는 기대는 현실적인 바람이었다. 특히, 에밀 베르나르와 샤를 라발 같은 화가들은 고갱과 깊이 교류하던 인물로, 자신에게도 의미 있는 자극이 될 것이라 믿었다.

고갱 역시 파리에서 빈센트를 처음 만났을 때부터 그의 〈해바라기〉를 보고 관심을 가지고 있었다. 파리에서 만났을 때 서로 작품을 교환했는데, 그때 빈센트가 준 작품이 〈해바라기〉 2점이었다. 이에 고갱이 대가로 준 작품은 〈마르티니크의 호숫가에서〉였는데, 이후 반 고흐 형제의 컬렉션이 되어 반고흐미술관에 전시 중이다. 진작부터 고갱의 합류를 염원했던 빈센트는 그를 생각하며 〈해바라기〉를 그렸을 것이고, 고갱을 위한 방에 아를에서 그린 〈해바라기〉를 걸었다.

당시 고갱의 작품은 관심을 받기 시작했고, 특히나 그림의 전시와 판매는 테오의 지원을 통해 이루어졌다. 항상 동생에게 미안한 감정이 있었던 빈센트는 자신과 나이 차이가 그리 많이 나지 않는 고갱에게 부러움과 열등감을 가질 수밖에 없었을 것이다. 그런 마음을 알 리 없는 고갱은 빈센트의 열정을 흥미롭게 여겼지만, 오래지 않아 그의 과도한 에너지와 강렬한 성격에 부담을 느끼기 시작했다. 내심 빈센트는 고갱이 자신의 작품을 좋게 평해줄 것을 기대했고 그로써 자신감을 회복하고 싶었을 것이다. 그렇기에 그가 오기 전 그렇게 많은 작업을 했고 그에게 후한 평가를 받기 위해 다양한 〈해바라기〉 연작을 시도했던 것이다. 하지만 기대만큼의 반응이 없자 불안함을 느꼈다.

두 사람은 서로를 너무 모르는 상태에서 함께 지내게 되었기에 그들의 협업은 시작부터 긴장과 갈등을 내포하고 있었다. 처음 몇 주 동안, 두 화가는 아를의 풍경과 일상에서 영감을 얻으며 함께 그림을 그렸다. 서로의 관점에 대해 논의했지만, 점점 논쟁으로 변해갔다. 빈센트는 고갱의 상징적이고 장식적인 접근 방식을 이해하려 했으나, 자신이 추구하던 즉흥적이고 감정적인 표현과는 거리가 있음을 느꼈다. 고갱은 빈센트의 작업이 지나치게 감정적이고 통제가 부족하다고 여겼다. 서로 좋아하는 작가에 대한 의견도 달랐다. 고갱은 베르나르에게 다음과 같은 편지를 쓴다.

> 아를에서는 완전히 혼란스러운 기분이라네. 풍경도 사람도 너무나 작고 하찮게 느껴져. 전반적으로, 특히 그림에 대해 우리 의견은 거의 일치하지 않아. 그는 도미에, 도비니, 지엠, 위대한 루소를 존경하는데, 나는 그들을 도저히 받아들일 수 없다네. 반면, 그는 앵그르, 라파엘, 드가를 혐오하는데, 이들은 내가 존경하는 사람들이거든. 단지 평화를 유지하기 위해, 저는 "대장님, 당신 말이 맞아요"라고 계속 답하고 있다네. 그는 내 그림을 매우 좋아하지만, 작업을 하고 있으면 항상 뭔가 비판할 점을 찾곤 하지.

가장 큰 문제는 미술에 대한 견해였다. 작화 방법 또한 달랐는데 빈센트는 현장에서 그려야 했지만 고갱은 기억으로 그림을 그렸다. 고갱은 빈센트가 그렇게 그림을 그릴 수밖에 없는 이유를 실력 부족 때문이라고 여겼다. 하지만 그것은 고갱의 오만이었던 것이, 노란 집에서 두 사람이 만나기까지 고갱은 17년 동안 그림을 그렸으나 빈센트가 그림을 그린 기간은 그 절반도 안 되는 8년에 불과했다. 빈센트가 상상과 추상의 세계로 나아가기에는 절대적으로 시간이 부족했던 것이다. 아무튼 미술에서 빈센트에게 얻어낼 것이 없다는 사실을 깨달은 후부터 고갱은 빈센트를 무시했고, 노란 집을 떠날 궁리를 하기 시작한다.

11월이 되면서 갈등은 더 깊어졌다. 빈센트는 고갱보다 부족하다는 생각에 자신감을 잃었지만 그것을 다른 방식으로 표출했다. 사실 빈센트는 고갱을 따라가기 위해 애를 많이 썼다. 11월에 테오에게 보낸 세 통의 편지에는 각각 이렇게 적혀 있다.

현재 고갱은 기억만을 바탕으로 포도밭의 여성들을 그리고 있어. 만약 그가 망치거나 미완성으로 남기지 않는다면, 매우 훌륭하고 독특한 작품이 될 거야. 또한 내가 그렸던 것 같은 밤의 카페를 그리고 있기도 해.

1888년 11월 3일

포도밭을 그린 캔버스를 완성했어. 전부 보라색과 노란색으로 이루어져 있고, 파란색과 보라색의 작은 인물들 그리고 노란 태양이 담겨 있어. 이 캔버스는 몽티셀리의 풍경화 옆에 놓아도 잘 어울릴 것 같아.
앞으로는 종종 기억을 바탕으로 작업하려고 해. 기억을 기반으로 그린 캔버스들은 자연을 직접 보고 그린 연구작들보다 덜 어색하고, 더 예술적으로 보이는 경우가 많아. 특히 미스트랄(론강을 따라 리옹만으로 부는 강한 북풍) 속에서 작업할 때는 더 그렇지.

1888년 11월 10일

고갱은 내가 상상력을 발휘할 용기를 줘. 그리고 상상 속의 것들은 실제로 더욱 신비로운 성격을 띠는 것 같아.

1888년 11월 11~12일

누구나 특징이 있는 법이듯, 빈센트는 대상을 직접 마주할 때 더 많은 영감을 받는 사람이었던 듯하다. 고갱의 조언을 받아들이려고 노력했지만 생각대로 잘 안 되자 빈센트의 잠자고 있던 기질이 다시 나타났다. 배우려 했던 것이 안 되면 어느 순간부터 거부해버리기 시작하면서 원래의 자신으로 돌아가는 행동이었다. 고갱은 빈센트의 불안정한 행동에 지

↑ 〈붉은 포도밭〉(1888년 11월).
↓ 폴 고갱, 〈인간의 불행〉(1888년).

쳤고, 빈센트는 고갱의 냉철한 태도에 상처를 받았다.

위에서 인용한 11월 10일 자 편지 앞부분은 빈센트 생전에 공식적으로 판매된 유일한 작품으로 잘 알려진 〈붉은 포도밭〉에 관한 설명이며 붉은색과 녹색의 화려한 보색대비가 눈에 띄는 작품이다. 이 작품은 단순히 기억만으로 그렸다고 보기에는 구성이 복잡하므로, 직접 현장을 보며 작업했을 가능성이 높아 보인다. 하지만 빈센트가 11월 3일 자 편지에서 언급한 대로, 고갱이 포도밭을 보고 온 후 상상을 통해 〈인간의 불행〉을 그린 것이라면, 이 작품은 풍경화라기보다는 상징적이고 개념적인 그림으로 볼 수 있다. 포도밭이라는 배경에 대한 설명이 없다면, 그림만으로는 무엇을 표현하려 했는지 이해하기 어려울 것이기 때문이다.

뒤에서 다시 나오겠지만 이 작품은 안나 보흐(Anna Boch)라는 화가이자 컬렉터가 400프랑에 구매한다. 그녀는 1909년 〈붉은 포도밭〉을 러시아의 사업가이자 열정적인 컬렉터였던 이반 모로조프(Ivan Morozov)에게 1만 프랑에 판매한다. 이미 이 시기에 빈센트의 명성이 올라가기 시작했기 때문이다. 19년 만에 작품의 가치가 25배나 상승한 것이다. 1909년은 미국과 프랑스 모두 금본위제를 택하고 있었으며 그에 따라 환율을 계산하면 1달러는 5.18프랑이 된다. 즉, 당시 1만 프랑은 1930.89달러라고 할 수 있다.

빈센트가 〈붉은 포도밭〉과 비슷한 시기에 그린 〈알리스캉의 가로수길〉이라는 작품은 2015년 소더비 경매에서 6630만 달러에 낙찰된다. 그렇다면 두 작품의 구매 가격을 2015년을 기준으로 환산해보자. 과거와 현재의 US달러 가치를 소비자물가지수(CPI)로 환산하면 1909년의 1달러는 2015년의 24.18달러에 해당한다. 따라서 1909년에 〈붉은 포도밭〉에 지불한 1만 프랑은 2015년의 가치로 따지면 4만 6662.95달러가 된다. 그런데 이 금액을 〈알리스캉의 가로수길〉의 구매 가격으로 나누면 1420.83

이라는 숫자가 나온다. 즉, 빈센트 작품의 가치가 1909년 대비 2015년에는 1421배 증가했음을 의미한다. 또한 처음 팔린 1890년과 비교하면 3만 5521배 증가한 것이다. 두 작품을 단순 비교하기는 어렵지만 작품성은 〈붉은 포도밭〉이 월등하지 않을까? 그것을 감안한다면 거의 4만 5000에서 5만 배 증가하지 않았을까 싶다.

모로조프는 빈센트의 작품 4점을 포함해 1917년까지 서구 작품의 수집에만 141만 프랑을 지불했다고 전해진다. 19세기 후반에서 20세기 초반까지 파리의 유명한 화상이었던 폴 볼라르(Paul Vollard)는 그를 두고 '흥정하지 않는 러시아인'이라고 불렀다. 2012년 기준 소더비의 추산에 따르면 그의 컬렉션 가치를 50억 US달러로 추산했다고 하니, 왜 부자들이 예술품에 투자하는지 알 것도 같다. 하지만 진정한 승자는 그가 아니라 소련이었다. 러시아제국은 1917년 10월 볼셰비키 혁명으로 멸망했고 모로조프의 재산은 몰수되어 국가로 귀속되었기 때문이다.

이보다 더한 사람은 세르게이 이바노비치 슈킨(Sergei Ivanovich Shchukin)이라는 러시아 컬렉터다. 역시 소더비에서 같은 해 추산한 그의 컬렉션 가치는 무려 85억 US달러였다. 두 인물의 컬렉션은 모두 강제로 국유화되었으나, 두 사람 모두 공식적으로는 국가에 기증을 계획했다고 말했다. 그랬던 두 사람은 왜 모두 러시아를 영원히 떠나 프랑스로 귀화하고 그곳에서 세상을 떴을까? 현재 그들의 컬렉션은 예르미타시와 푸시킨미술관으로 각각 나뉘어 전시되고 있다.

〈붉은 포도밭〉은 현재 모스크바의 푸시킨미술관에 있는데 작품이 단단한 캔버스 천이 아닌 물건을 담는 거친 포대 헝겊에 그려졌다고 한다. 그렇기에 물감이 잘 고착되도록 배경에 밑칠(프라이머)을 꼼꼼히 해야 했는데 그 작업이 부실했다고 한다. 하지만 러시아의 혁명과 세계 대전으로 이동해야 하는 운명은 이 연약한 작품에 많은 충격을 줬다. 안 그래도 작업이 끝난 뒤 확실하게 말리지 않은 상태로 둘둘 말아 테오에게 보내졌기에 물감에 헝겊의 패턴이 찍히고, 워낙 강한 임파스토로 작업되어 물감이 두껍게 칠해져 테오가 펼칠 때 크랙도 발생했다고 한다.

그래서 이 작품은 손상을 우려하여 푸시킨박물관에 소장된 1948년 이후 외부로 반출된 적이 없다고 한다. 그러다가 2021년 8월부터 4개월 동안 대한민국의 LG전자가 장비와 비용을 후원하여 복원 작업을 수행했다. 러시아에 가는 일은 부담스러울 수 있으니, 실제로 현장에서 보는 듯한 느낌이 들도록 잘 구축된 VR 투어를 이용해볼 것을 권한다. 빈센트의 작품 5점이 있는 16번 전시실을 디지털로 관람하면 유난히 많은 고갱의 작품과 들라크루아, 드가, 피사로, 모네, 르누아르 등 이 책에 나오는 다양한 동시대 작가의 작품도 함께 볼 수 있다.

반 고흐 형제의 컬렉션

고갱이 아를에 도착한 것을 알 리 없었던 테오는 마침 고갱이 도착한 당일인 10월 23일 빈센트에게 편지와 전신환 50프랑을 보낸다. 하지만 테오의 의도와 달리 편지를 받은 빈센트는 매우 착잡했을 것이다. 그 편지의 내용인즉, 고갱의 작품인 〈브르타뉴 여인들의 대화〉가 팔려서 그에게 500프랑을 보냈다는 것이었다. 한 번도 작품을 팔아본 적 없는 빈센트는 그 10분이 1에 해당하는 돈을 동생에게 매주 지원받는 상황에 슬픔을 느낀다. 고갱이 와서 기뻤지만 그 마음은 순식간에 가라앉았고 테오에게 장문의 편지를 보낸다. 조금 길지만 그의 절절한 마음을 확인해보자.

> 나는 스스로 정신이 짓눌리고 육체가 지칠 정도로, 계속해서 작품을 만들어야 할 필요성을 느껴. 왜냐하면 결국 나의 지출을 회복할 다른 방법이 전혀 없기 때문이야. 아무것도, 정말 아무것도 없어.
> 내 그림이 팔리지 않는다고 해도 어찌할 수는 없어. 그러나 내 그림이 물감값과, 내가 쓴 매우 적은 생활비 이상의 가치를 지닌다는 것을 언젠가는 사람들이 알게 되겠지. 나는 돈이나 재정에 대해 빚을 지지 않는 것 외에는 아무런 소망도, 다른 관심도 없어.
> 하지만 사랑하는 아우야, 내 빚이 너무 커서 그것을 갚고 나면(아마

그럴 수 있을 거야), 그림을 그리는 고통이 내 평생을 다 소모해버릴 것 같아, 그래서 나는 결국 살아본 적이 없다는 기분이 들지도 몰라. 다만, 그림을 창작하는 일이 점점 더 어려워질 수 있고, 작품의 수량도 지금처럼 많지는 않을 것 같아.

그림이 안 팔려서 느끼는 나의 불안함 때문에, 네가 마음고생을 하지 않을까 걱정돼. 하지만 내가 돈을 전혀 못 벌더라도, 그게 너를 너무 힘들게 하는 것이 아니라면, 나는 마음 편히 먹을게. 하지만 돈 문제를 생각해보면, 이 단순한 진리가 모든 것을 설명해주는 듯해.

50년을 살며 해마다 2000프랑을 쓴다면, 평생 10만 프랑을 쓸 것이니 역시 10만 프랑을 벌어야만 하겠지. 예술가로서 1000점의 그림을 그리고 이를 1점당 100프랑에 판다고 생각해봐. 이건 정말, 정말, 정말로 어려운 일이잖아. 그림 1점에 100프랑을 받는다고 해도… 그래도… 우리의 작업은 때로 너무 무겁게 느껴져. 하지만 어쩔 수 없는 일이지.

고갱과 나, 둘 다 상당 부분에서 더 저렴한 물감을 사용할 것이니 앞으로 타세(Tasset) 화방과 거래를 안 할 것 같아. 우리는 캔버스도 직접 만들 계획이야.

1888년 10월 25일

바로 1년 전 테오의 진을 다 뺄 것처럼 들볶아대던 빈센트는 갑자기 어디 갔는지, 테오에게 진 신세를 어떻게든 갚으려 고군분투하는 빈센트의 발걸음이 〈타라스콩으로 가는 길의 화가〉를 통해 느껴지는 듯하다. 확실히 아를에서 지낸 시간은 빈센트를 성숙하게 한 듯하다. 이 편지를 받은 테오는 다음의 답장을 통해 빈센트의 마음을 다독여준다.

형, 이제는 이 이야기를 꼭 해야 할 것 같아. 나는 돈, 그림 판매 그리고 재정적인 문제들이 존재하지 않는 것처럼 생각하고 싶어. 아니, 차라리 질병처럼 존재한다고 보는 게 더 맞을지도 모르겠어. 돈 문제가 해결되려면 엄청난 혁명, 아니면 여러 번의 혁명이 필요할 테지만, 그 전까지는 마치 천연두처럼 그것을 다루어야 한다고 생각해. 그러니까 돈 때문에 생길 불행을 막기 위한 예방책은 필요하지만, 그 때문에 신경을 곤두세우며 괴로워할 필요는 없다는 거야.
요즘 형이 이 문제를 너무 많이 생각하는 것 같아. 아직 뚜렷한 문제가 있는 건 아니지만, 형이 고통 받고 있다는 게 느껴져. 내가 말하는 '문제'는 가난 같은 걸 말해. 그런 일을 피하려면 형, 천천히 행동하고, 무리하지 말고, 가능한 한 다른 병에 걸리지 않도록 주의해야 한다고 생각해. 형이 내게 빚진 돈을 갚고 싶다고 했지만, 나는 그 빚에 대해 아무렇지도 않아. 내가 정말 바라는 건 형이 이런 걱정에서 완전히 자유로워지는 거야.
나는 돈을 벌기 위해 일해야 해. 우리 둘 다 가진 게 많지 않으니 무리하지 말아야겠지. 하지만 그런 상황에서도 우리는 그림을 팔지 않고도 당분간은 버틸 수 있을 거야. 형이 스스로 열심히 일해야 한다고 느낀다면 그렇게 말해줘. 그래도 우리 둘은 어떻게든 잘해낼 수 있을 거라고 믿어.
하지만 형이 그림 1점을 100프랑에 팔겠다는 계산은 현실적이지 않아. 우리가 100프랑의 가치가 있다고 생각해도, 이 비열한 사회는 예술 작품을 필요로 하지 않는 사람들 편만 들 것이거든. 그러니까 우리도 그렇게 하자. 우리도 돈이 필요 없다고 말하는 거야.
형, 혹시 '미리 준비하면 두 사람 몫의 일을 해낼 수 있다'는 말 들어본 적 있어? 형이 원한다면 나를 위해 해줄 수 있는 한 가지가 있어. 그건 예전처럼 계속해서 우리 주변에 예술가와 친구들의 모임을 만들어주는 일이야. 나는 혼자 힘으로는 전혀 할 수 없지만, 형이 프랑스에 온 이후 이미 그런 모임을 어느 정도 만들어냈잖아. 예술가들이 움직이기 시작하면, 우리가 더 이상 지금처럼 일할 수 없게 되었을 때, 그들이 우리를 따라주지 않겠어? 나는 그럴 거라고 확신해.

1888년 10월 27일

빈센트에 대한 테오의 감정이 절절히 담긴 답장이다. 빈센트는 이 편지를 받고 큰 감동을 받았을 것이 분명하다. 이 편지를 보면 테오가 빈센트의 행동을 확실히 지지한다는 것이 느껴진다. 특히 남프랑스에 스튜디오를 만들고 화가들의 조합을 만들겠다는 생각은 빈센트만의 것이 아니라는 점도 확인된다. 어쩌면 테오는 빈센트가 안트베르펜에 있던 시기까지는 화가로서의 성장 가능성에 반신반의했을 가능성이 높다. 그러나 함께 지내면서 형에게 충분히 가능성이 있다는 것을 부소&발라동의 유능한 매니저가 몰랐을 리가 없다. 따라서 빈센트가 아를로 내려간 이후부터는 형에게 비용을 지원하는 일이 단순한 도움의 차원을 넘어 성공할 가능성이 높은 투자의 개념으로 확장했을 것이다.

반고흐레터스에서는 테오가 받은 급여에서 얼마만큼을 형에게 지원했는지가 구체적으로 정리되어 있다.* 이 자료에 따르면 테오는 1882년부터 1890년까지 보너스를 포함하여 연평균 1만 2000프랑을 받았고, 빈센트에게 연평균 1750프랑을 보냈으므로 자신의 소득 중 14.5퍼센트를 형에게 지출했다고 기록되어 있다. 그렇다고 남는 돈을 다 테오가 쓸 수 있는

* Vincent van Gogh The Letters, *Biographical & historical context*, The financial backgrounds.

것은 아니었다. 그는 부모도 부양하고 빌과 막냇동생 코르의 양육비도 지원해야 했다. 1883년에는 사귀었던 마리에게도 돈이 나갔으며 결혼을 한 이후로는 가장으로서 생활비가 발생했다. 거기에 빈센트가 소모한 상당량의 화구 비용을 지원한 것도 놓쳐서는 안 된다. 테오는 1889년 6월부터 1890년 7월까지 빈센트가 사용한 화구 비용을 정리해놓았는데, 타세 화방과 탕기 화방에서 각각 901.8프랑과 381.25프랑의 물품을 구매했다. 13개월 동안 합쳐서 1283.05프랑이었으니 테오는 형에게 연간 2944프랑, 즉 소득의 24.5퍼센트를 지원했던 것이다.

여기서 드는 생각은 빈센트가 받은 돈이 적은 것인가 하는 의문이다. 아를에서 빈센트와 친하게 지낸 우체부 조제프 룰랭이 5인 가족 부양에 한 달에 135프랑을 쓴 것과 비교한다면 결코 적지 않다. 앞서 언급한 적이 있는데, 빈센트는 이전부터 낭비를 많이 했다. 술과 담배 같은 기호를 위한 비용도 많이 지불했고 35프랑짜리 정장을 사기도 했으며, 주기적으로 성매매 업소도 들락거렸다. 그의 인생에서 마지막 사치였을 테지만 아를에서 사용한 비용은 유난히 과하기까지 했다. 아마 그런 이유로 빈센트는 테오에게 양심의 가책을 점차 강하게 느꼈을 것이다.

이와 달리 테오는 형제의 도의와 화가로서의 성공 가능성이라는 두 가지 요소를 함께 고려했기 때문에 그 많은 비용을 지원했을 것이다. 이는 테오가 빈센트와 고갱의 연합에 찬성하면서 고갱이 요구한 비용을 지불한 것을 통해 짐작이 가능하다. 비록 고갱은 노란 집에 두 달 있었을 뿐이지만 테오는 그에게 400프랑을 보냈다. 그 이유는 매달 작품을 1점씩 받기로 했기 때문이다. 테오가 고갱의 생활고에 신경 써야 할 이유는 전혀 없으므로 그를 지원한 건 순전히 투자의 개념이었다.

이번에는 반고흐미술관에서 공개한 고흐 형제 컬렉션에 대한 글을 통해 화상 테오가 어떤 식으로 빈센트의 작품을 대했을지 살펴보자.* 테오는 구필 화랑이 부소&발라동으로 바뀌는 변화 속에서도, 화랑이 여전히 상업적 수익에만 초점을 맞추는 현실에 한계를 느꼈다. 하지만 테오는 인상파가 주목받기 시작하던 시대를 살아가며, 새로운 작가를 지원하고 그들의 작품을 수집함으로써 자신의 역할을 확장하고자 했다. 이러한 그의 목표는 단순히 예술적 열정을 넘어서, 화상으로서 성공을 거두기 위한 장기적인 비전이기도 했다.

앞서 살펴본 대로 테오는 1886년경 자신의 화랑을 열 계획을 세웠으나 무산된 적이 있다. 결과적으로 형제의 단명으로 그 꿈은 좌절되었으나 테오는 계속 자신의 화랑을 설립할 날을 고대했을 것이다. 실제로 빈센트가 죽기 직전인 1890년, 아들을 낳은 시점부터 테오는 부소&빌라동을 나올 계획을 구체화하고 있었다. 그런 의미에서 사고뭉치였던 빈센트는 어느 순간부터 테오의 비전에서 중요한 역할을 했을 듯하다. 파리에서 형이 보여준 작품의 독창성과 가능성 때문이었다. 빈센트의 작품은 당시로서는 상업적 가치가 부족했지만, 테오는 잠재력을 높게 평가했다.

하지만 그 평가는 타인의 시선으로 볼 때 형제에게 주는 부당한 혜택으로 보일 수 있었기에 자신이 부소&발라동에서 일하지만 정작 빈센트의 작품은 걸 수 없었다. 당시 빈센트는 꽃망울이 터질지 그냥 말라버릴지 알 수 없는 신진 화가였을 뿐이기 때문이다. 그런데 빈센트는 의외의 역할을 했는데, 자신의 작품 수를 늘리는 일 외에도 자기 작품을 동료 화가들과 교환하며 반 고흐 형제의 컬렉션을 풍부하게 만드는 효과도 일으켰다. 이는 형제의 협력과 네트워크의 확장을 보여준다.

반 고흐 형제의 컬렉션은 단순한 열정을 넘어, 당시 예술계의 흐름과 상업적 목표를 반영한 것이었다. 테오는 빈센트를 포함한 신진 작가

* Joost van der Hoeven, The Genesis of the Collection of Art Assembled by Theo and Vincent van Gogh, Works Collected by Theo and Vincent van Gogh.

들의 작품을 수집함으로써 현대미술의 흐름을 이해하고 선도하려 했다. 특히 테오는 빈센트와 그의 동료 예술가들의 작품을 구매하거나 교환하여 컬렉션을 확장했는데, 여기에는 고갱, 로트레크, 세잔 같은 당시 현대미술의 주요 작가의 작품도 포함되었다. 이 컬렉션은 단순히 예술적 가치를 넘어서 테오의 상업적 성공을 위한 중요한 자산으로 여겨졌다.

테오는 빈센트의 작품을 상업적으로 활용하려는 의지와 노력을 보였으며, 이는 단순히 형제를 지원하는 데 그치지 않고 빈센트의 작품이 인정받을 수 있는 시장을 창출하려는 목표로 이어졌다. 이를 위해 테오는 파리의 예술계와 네트워크를 구축하고, 현대미술을 지지하는 컬렉터와 연결되기 위해 노력했다. 그런 의미에서 초창기에 호의로 시작된 지원은 무명 화가 빈센트에 대한 재정적 뒷받침 및 그의 작품이 인정받을 수 있도록 알리는 활동으로 발전한다.

테오와 빈센트가 함께 만든 컬렉션은 단순한 예술 작품의 모음 그 이상이었다. 그것은 테오가 꿈꾼 독립 화상으로서의 비전과 빈센트가 추구한 예술적 열망이 결합된 결과물이었다. 테오의 컬렉션은 투자와 재고로서의 의미뿐 아니라, 당대 현대미술의 가능성을 상징하는 중요한 문화적 유산으로 자리 잡았다. 이 컬렉션은 그의 아내 요한나가 이어받아 관리하면서, 오늘날 반고흐미술관의 기반이 되었다.

1890년 7월 빈센트의 사망 이후 6개월 만에 테오가 갑작스럽게 사망하면서 요한나는 어린 아들을 혼자 양육해야 하는 시련에 내던져진다. 오죽하면 그의 오빠 안드리스가 요한나의 아파트에 들어찬 빈센트의 작품을 다 버리라고 했을까. 하지만 요한나가 빈센트와 테오의 편지를 차근차근 살펴보며 형제의 이야기를 세상에 알리고 빈센트를 불멸의 화가로 만들기 위해 평생을 바쳤기에 지금의 신화가 탄생할 수 있었다. 다음은 그녀가 1891년 11월 15일에 쓴 일기의 일부다.

나는 그를 잃었어, 내 사랑하는, 충실한 남편을. 그는 내 삶을 풍요롭게 하고 가득 채워주었으며, 내 안의 모든 선한 것을 일깨워준 사람이야. 그는 나를 사랑했을 뿐 아니라, 내게 부족한 것이 무엇인지 이해하고 가르쳐주고 싶어 했어. 내가 평생 갈망해온 모든 것을 그에게서 찾았어. 나는 어렸을 때 종종 말하곤 했지. "차라리 단 1년 동안 완전히 행복한 것이 평생에 걸쳐 행복을 나누어 갖는 것보다 낫다"고. 소원은 이루어졌어. 나는 내 행복을 누렸고, 이제 남은 것은 의무야. 살아가고, 사랑스러운 우리 아들, 우리의 소중한 아이, 우리의 사랑스러운 작은 빈센트를 돌보는 의무. (…)

테오는 저에게 예술에 대해 많은 것을 가르쳐주었습니다. 아니, 삶에 대해 많은 것을 가르쳐주었습니다. 그에게 모든 것을 배웠습니다. 가장 큰 행복, 가장 큰 고통, 그 모든 것을 이해하도록 가르쳐주었습니다! 아이뿐 아니라 그는 저에게 또 다른 과제를 남겼습니다. 빈센트의 작품입니다. 가능한 한 많이 보여주고 감상하게 하는 일입니다. 테오와 빈센트가 아이를 위해 모은 모든 보물을 그대로 간직하는 것입니다. 그것도 제 일입니다.

현재 반 고흐 형제의 컬렉션은 그림 약 80점, 드로잉 75점 이상, 판화 70점 이상으로 구성되어 있으며, 빈센트와 동시대 예술가들의 작품이 포함되어 있다. 이는 단순히 예술 작품의 집합이 아니라, 당대 현대미술의 발전 과정을 보여주는, 형제와 요한나가 이루어낸 협력의 증거로 평가받는다.

고갱과의 파국과 첫 번째 발작

고갱은 자기애가 강한 사람이었기에 자신을 위한 투자를 아끼지 않았다. 펜싱을 즐겼고, 건강과 외모에도 신경을 썼다. 이와 달리 빈센트는 예술에 몰두한 나머지 개인위생과 생활에 소홀했다. 작업실은 늘 어질러져 있고, 식사는 불규칙했다. 빈센트의 방이 너무 지저분해서 고갱이 청소를 하면, 그는 도리어 불쾌함을 느꼈다. 고갱은 빈센트의 무질서한 생활 태도를 비판했다. 빈센트는 고갱이 자기중심적이라고 느꼈고, 고갱은 빈센트와 함께 생활하는 것이 점점 어려워졌다. 사실 빈센트는 없는 돈을 들여서 고갱을 위해 이런저런 집기를 장만했지만 고갱은 그 소중함을 전혀 모른 채, 내버리고 자신의 것으로 바꾸었다.

빈센트가 고갱을 위해 준비한 의자 이야기는 미술을 좋아하는 사람들에게 잘 알려진 일화다. 빈센트는 노란 집에 올 고갱을 위해 팔걸이가 있는 고갱의 좋은 의자를 준비했지만, 자신은 낡고 오래된 의자를 사용했다. 이 두 의자는 고갱과 빈센트의 상반된 성격과 위치를 암시하며, 두 사람 사이의 미묘한 긴장도 드러낸다. 빈센트는 자신이 사준 멋진 의자에 앉아 있는 고갱의 초상화를 그리고 싶었을 것이다. 그러나 고갱과의 관계에서 서서히 가지게 된 열등감과 견해의 차이로 자신의 스타일로 고갱을 그리기 어려웠을 것이다. 그러자 빈센트는 고갱의 초상화 대신 사물을 통한

⇡ 〈반 고흐의 의자〉(1888년 12월~1889년 1월).

⇡ 〈폴 고갱의 의자〉(1888년 11월).

의인화라는 재미있는 시도를 한다.

빈센트가 그린 〈반 고흐의 의자〉는 소박하고 실용적인 느낌이며 의자 위에는 그토록 좋아한 담배 파이프가 놓여 있다. 이 작품은 스스로를 상징하고, 자신의 소박함을 드러낸다. 반면 〈폴 고갱의 의자〉는 곡선이 많고 디자인이 화려하며, 살짝 거만한 느낌으로 의자 다리 하나는 화폭을 벗어나 있다. 이는 빈센트가 느낀 고갱의 권위를 표현하려 한 듯하다. 11월 19일에 테오에게 보낸 편지를 통해 두 작품이 동시에 작업 중인 것을 확인할 수 있다. 그런데 왜 그의 의자는 주간의 모습이고, 고갱의 의자는 야간의 모습일까? 빈센트가 이 작품을 그릴 당시는 고갱이 떠날 것을 전혀 염두에 두지 않고 있었기에, 고갱의 부재를 상징하려고 그려 넣은 장치는 아닐 것이다. 같은 편지에서 고갱을 지적이라 칭찬하고, 작업을 보는 것만으로도 엄청난 도움이 된다고 쓴 것을 보면 나쁜 의도나 비판이 담기진 않은 듯하다.

고갱은 1903년 회고록 《전과 후(Avant et Après)》를 마무리하고 사망한다. 향년 54세, 평생 문명의 때가 타지 않은 원시의 세상을 찾아 헤맸던 그의 인생 역시 그리 길지는 않았다. 회고록은 고갱에 대한 관심 부족과 제1차 세계 대전의 여파로 1918년이 되어서야 출판되었는데, 이 책에는 빈센트에 대한 이야기가 많이 담겨 있다. 아래는 아를에 도착했을 때의 내용이다.

> 아를에 도착했을 때, 빈센트는 신인상파에 깊이 빠져 있었고, 그 과정에서 상당히 혼란스러워하고 있었다. 그 사조 자체가 나쁜 건 아니지만, 빈센트의 성격과는 맞지 않았다. 그는 매우 독립적이고 인내심이 부족한 사람이었기 때문이다. 그는 보색 관계를 탐구하며 노란색과 보라색을 사용하는 작업에 매달렸지만 결과물은 어딘가 부족하고, 부드럽기만 한 조화를 이루는 데 그쳤다. 작품에는 강렬한 울림이 결여되어 있었다.
> 나는 그에게 새로운 방향을 제시하고자 했다. 다행히 빈센트는 매우 풍부한 잠재력을 가진 토양 같았고, 이를 통해 놀라운 성과를 낼 수 있었다. 그는 독창적이고 독립적인 성격을 가진 사람으로서, 이웃의 의견에 휘둘리지 않는 강점을 가지고 있었다. 그래서 내가 제안한 변화를 받아들이는 데에도 개방적이었다.
> 이후 빈센트는 본인만의 독특한 스타일을 발견했고, 그의 작업은 하루가 다르게 발전했다. 그는 자신의 내면에 존재하던 강렬한 빛과 색채를 깨닫게 되었고, 이로 인해 작품에 찬란한 태양들이 담기게 되었다. 그는 내가 전한 가르침에 깊이 감사하며, 나와 함께했던 시간을 특별하게 여겼다. 그의 편지에서도 이를 확인할 수 있다.

고갱이 죽기 직전에 마무리한 이 회고록은 이전부터 틈틈이 작성

↑ ↓
〈씨 뿌리는 사람〉
(위, 1888년 6월, 아래, 1888년 11월).

한 원고를 묶어서 완성했을 가능성이 있다. 당시 고갱의 건강이 아주 나빠진 상태였기 때문이다. 사람은 누구나 자신에게 유리하게 기억을 변형시키기 때문에, 회고록을 쓴 시점에서 15년 전의 기억이 얼마나 정확할까 싶지만 '매우 풍부한 잠재력을 가진 토양'이라는 표현은 빈센트의 특징을 잘 나타낸 듯하다. 그럼에도 고갱은 기본적으로 빈센트를 가르쳐야 할 사람으로 인식했으며, 보색을 활용하던 방식을 낮게 평가했다는 것도 확인할 수 있다. 자신이 가르쳐서 빈센트가 완성된 것처럼 표현한 점도 눈여겨볼 부분이다.

물론 빈센트가 여러 편지에서 고갱에 대해 감사 인사를 전하는 부

⟵ 폴 고갱, 〈해바라기의 화가〉 (1888년)와 밑그림.

분도 있고 고갱의 영향으로 상상력이 풍부해진 것도 부인할 수 없는 사실이다. 예를 들어 〈씨 뿌리는 사람〉(1888년 11월)은 빈센트가 그동안 시도하지 않았던 방식의 그림임이 확실하다. 작품 속 태양의 모습은 망원렌즈로 촬영된 사진이 주는, 특유의 압축된 원근감처럼 다가온다. 빈센트가 남긴 그 어떤 태양보다도 강렬한 느낌을 주는 작품이다. 빈센트가 6월에 밀레를 오마주하여 그린 동명의 작품과 비교해보면 프레임을 과감하게 가르는 나무, 거대한 태양 등의 요소는 분명 상상력이 가미된 것이며, 이는 고갱과의 논쟁이 남긴 산물일 것이다. 빈센트라는 잠재된 토양은 분명히 상상으로 그리라는 고갱의 조언을 자신의 방식으로 소화해낸 것이 분명하다. 상상력이 없으면 그리기 힘들었을 〈별이 빛나는 밤〉과 같은 작품도 바로 그 결과물이 아닐까.

두 사람의 파국은 고갱이 빈센트를 그리면서 시작되었다. 고갱은 빈센트의 열정을 존중했지만, 그의 불안정한 성격과 예술에 대한 접근 방식을 이해하기 어려웠고 어느 순간부터는 실력까지 부족하다고 느꼈다. 이러한 긴장은 두 사람의 관계에 균열을 만들었으며, 〈해바라기의 화가〉는 노란 집에서의 생활이 끝장나는 계기가 되었다. 고갱이 빈센트를 그릴 때 그를 무시하는 태도가 은연중에 나왔던 것인지 292쪽과 같이 초상화의 밑그림을 그린다. 이 그림만 봐도 빈센트를 멋있게 그려줄 의도는 전혀 없었던 것으로 보인다.

사실 고갱의 그림은 모든 것이 도발적이었다. 밑그림은 빈센트를 풍자적인 방식으로 묘사하려는 의도가 드러나 있었고, 이는 단순한 초상화가 아니라 빈센트의 한계를 지적하고 자신을 우월하게 보이도록 하기 위한 전략이 아니었을까 싶다.

특히, 고갱은 빈센트의 내면적 불안을 강조하려 했고, 작품 속에 그를 '정신 나간 사람'으로 보이게 하는 요소를 의도적으로 포함했다. 빈센트도 그것을 간파했다. 고갱의 회고록에 따르면 빈센트는 이 그림 속 자신의 모습에 대해 "내가 맞긴 한데, 미친 사람 같소"라고 말했다고 한다. 그뿐 아니라 고갱은 빈센트와 달리 자신은 현실의 모델이나 정물 없이도 창작할 수 있다는 점을 과시했다. 12월, 겨울에도 상상만으로 꽃을 그릴 수 있다는 자신감을 드러낸 것이다. 이는 빈센트가 자연과 모델에 의존하는 작업 방식을 조롱하는 도발이었다.

반 고흐의 귀

크리스마스 직전, 두 사람의 관계는 결국 파국에 이르렀다. 빈센트는 고갱이 자신을 떠나려 한다는 사실을 알고 극도로 불안해했다. 앞서 참조했던 엑상프로방스의 기상 기록을 통해 21일부터 다음 해인 1월 1일까지 비가 간헐적으로 이어진 것을 확인할 수 있었다. 그렇게 내리는 비는 노란 집을 우울함으로 적셨을 것이다. 밤새 비가 내리던 22일 밤, 두 사람 사이에 또 한 번 소동이 있었다. 이 장면 역시 고갱의 회고록에서 확인해보자.

> 며칠 동안, 빈센트의 태도는 점점 더 불안정해졌다. 그는 갑자기 소리를 지르거나 깊은 침묵 속에 고립되곤 했다. 어느 날 밤, 내가 잠든 사이에 빈센트가 내 침대 곁에 서 있는 것을 발견했다. 내가 "빈센트, 무슨 일이야?" 하고 조용히 물으면, 그는 아무 말 없이 천천히 자기 방으로 돌아갔다. 그의 이러한 행동은 나를 더욱 불안하게 만들었다.
> 그날 저녁, 우리는 함께 카페에 갔다. 빈센트는 가볍게 압생트 한 잔을 주문했다.* 그런데 갑자기, 그는 자기 잔을 집어 던지며 내게 그 안의 내용물을 뿌렸다. 나는 반사적으로 피했고, 잔은 맞지 않았다. 나는 그를 붙잡아 카페 밖으로 데리고 나왔다. 우리는 빅토르 위고 광장**을 건넜고, 몇 분 후 나는 그를 침대에 눕혔다. 빈센트는 잠시 후 깊이 잠들었다.

그날 밤, 빈센트는 절망에 빠져 방에서 술을 들이마신 듯하다. 크리스마스와 연말만 되면 늘 무슨 사건이 일어났다. 그는 자신이 있던 모든 곳에서 도망쳤다. 헤이그에서는 시엔을 버렸고, 뉘넌에서는 아버지를 쓰러뜨렸고, 안트베르펜에서는 자신이라는 몸을 무너뜨렸다. 파리에서는 테

* 아를에서는 압생트를 구하기 어려웠다고 한다.

** 라마르틴 광장을 잘못 기억한 것이다.

오를 죽일 뻔했다. 파국을 막고자 그가 처음으로 세운 집이었지만 고갱이 떠나면 자신이 생각했던 노란 집도, 추구하던 이상적인 공동체의 꿈도 다 무너지는 것이었다. 빈센트의 행동은 단순한 충동이 아니라, 그가 겪던 정신적 고통의 절정이었다.

이 무렵 빈센트의 정신적인 문제는 실제로 심각해져갔다. 고갱이 버틸 수 없던 것도 당연했으리라. 결론적으로 그의 가계에 정신적으로 취약한 부분이 있었던 것은 사실이었다. 형제만 보더라도, 둘째 여동생 빌은 1902년 정신이상 증세를 보이기 시작하여 39년 동안이나 정신병원에 있다가 사망한 것으로 전해진다. 빈센트와 나이 차이가 많이 나 접점이 거의 없던 막냇동생 코르넬리스는 형들과 달리 예술과 전혀 상관없는 직업군인(해군)의 삶을 산다. 아마 얀 삼촌의 기질을 물려받았을 것이다. 그는 남아프리카공화국으로 이주했는데, 불과 서른셋의 나이로 요하네스버그에서 자살로 삶을 마친다. 빈센트와 사촌 관계인 얀의 아들 헨드릭 역시 발작 증상이 있었던 것으로 전해진다.

빈센트에 관해 많은 저술을 남긴 마틴 베일리는 2013년에 출간한 《반 고흐의 태양, 해바라기》에서 다양한 근거를 바탕으로 빈센트가 테오에게 약혼 소식을 전해 들은 날이 23일일 것이라고 추론한다. 그의 주장은 충분히 일리가 있다. 고갱과의 마찰로 심약해진 빈센트가 테오의 결혼 소식을 듣고 심각한 공황을 앓았을 가능성은 농후하다. 공황을 경험해보지 않은 사람은 정상적인 사고의 흐름이 이어지지 않는 지리멸렬한 상태를 이해하기 힘들다. 다시 말하면, 자해가 자신에게 치명상을 입힐 거라는 생각으로 이어지지 않기도 한다는 것이다. 〈반 고흐의 침실〉 속 거울 아래 테이블을 떠올려보자. 그 위에 있었을 면도칼을 들고 빈센트는 무슨 생각을 했을까? 이 귀가 없으면 자신이 들었던 이야기를 모두 없었던 걸로 만들 수 있다는 망상에 사로잡혔던 것일까? 잘라도 다시 자라날 것이라고 생각하며 두려움이 아예 존재하지 않았을까?

결국 그는 후대에 전설로 남게 된 첫 번째 행동을 한다. 오랫동안 빈센트가 귓불만 잘랐다는 주장이 지배적이었지만, 버나뎃 머피는 2016년 출간한 《반 고흐의 귀》를 통해 이 사건에 대한 수많은 논란을 종결지었다. 아를 병원에서 빈센트를 치료했던 펠릭스 레 박사가 그린 빈센트의 손상된 귀 스케치가 담긴 문서를 미국에서 찾아낸 것이다. 23일은 겨울치고 많은 24mm 정도의 비가 내렸다. 밤 9시가 지나면서 비가 조금 잦아들자 심각한 공황에 정신이 혼미했던 빈센트는 잘라낸 귀를 들고서 라마르틴 광장 건너 사창가에 있는 라셸에게 "소중히 보관해줘"라고 말하며 건넸다고 한다.

267쪽의 과거 항공사진을 다시 한번 살펴보자. 걸어서 5분도 걸리지 않는 곳이었다. 상식적으로 귓불을 잘라서 주었다면 받아 든 사람이 무엇인지 알기도 어려웠을 것이므로 난리가 날 일이 아니었을 수도 있다. 하지만 빈센트가 건넨 것을 열어보니 거의 온전한 귀 전체였기에 잊을 수 없는 충격으로 다가왔을 것이다. 어쩌면 빈센트는 집을 비운 고갱이 사창가에 있을 것이라 생각하여 무작정 자른 귀를 들고 가서 아는 여성의 이름을 댄 것일 수도 있다. 의도하지 않았더라도 빈센트는 후대에 전설로 남기 위한 첫 번째 일을 저지른 것이다.

빈센트는 다시 침실로 돌아가 쓰러졌고, 과다 출혈로 쇼크 상태에 빠졌을 것이다. 그날 밤에는 비가 거의 멎었기 때문에 노란 집 앞에서부터 시작된 피는 온 집 안을 붉게 물들였다. 빈센트가 병원에서 집으로 돌아온 이듬해 1월 17일 테오에게 보낸 편지를 보면, 피 묻은 침구와 헝겊 등을 세탁하는 데 든 비용이 12.5프랑이라고 쓰여 있다. 추측해보면 그가 흘린 피는 결코 적지 않았을 것이다. 여기서부터의 정황은 고갱의 회고록과 그의 증언을 들은 베르나르가 그것을 다시 알베르 오리에(Albert Aurier, 미술 평론

⇡ 〈의사 펠릭스 레의 초상〉(1889년).

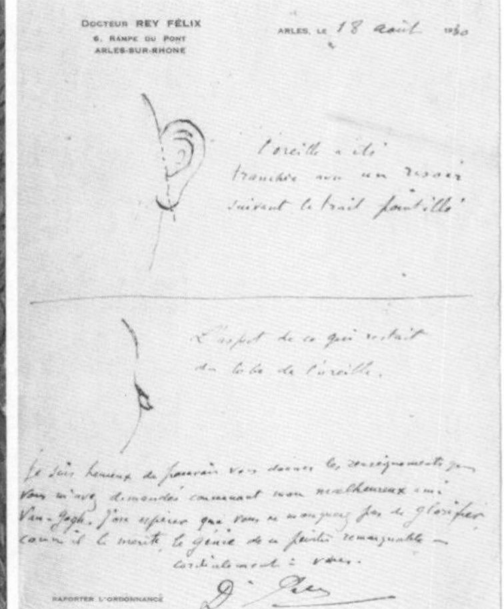

⇡ 버나뎃 머피가 찾은 펠릭스 레의 스케치.

가인 이 사람에 대한 이야기는 뒤에 나온다)에게 편지로 전달한 기록밖에 없다. 고갱의 회고를 요약하면 이렇다.

> 나는 그날 빈센트가 너무 이상해서 노란 집이 아닌 호텔에서 잠을 잤고, 다음 날 집으로 돌아오니 아를의 모든 사람이 집 앞에 모여 있었다. 헌병들이 나를 체포했는데, 집 안이 피로 가득했기 때문이다. 경찰은 내가 빈센트를 죽인 줄 알고 조사를 진행했으며, 나는 빈센트의 상태와 최근 행동을 설명하며 협조했다. 나는 경찰과 함께 노란 집으로 향해 빈센트를 찾아 그의 상태를 확인했다. 빈센트는 침대에 누워 있었고, 귀를 자른 상처에서 출혈이 멈추지 않은 상태였다. 빈센트가 이런 행동을 한 배경을 이해하려 했지만, 그의 정신적 혼란은 내가 감당하기 어려운 수준이었다.

고갱의 회고록과 베르나르가 오리에에게 쓴 편지는 모순이 존재한다. 하나는 시간이 많이 흐른 뒤 쓴 글이고 다른 하나는 고갱이 한 말을 베르나르가 전달한 것이다. 따라서 무엇도 전적으로 신뢰할 수 없다. 그러나 중요한 건 빈센트는 귀를 잃었고 이때부터 정신이 오락가락하는 증상이 나타나기 시작했다는 사실이다.

다음으로 넘어가기 전에 〈의사 펠릭스 레의 초상〉을 소유한 푸시킨박물관의 작품 설명을 아래 인용한다. 빈센트 작품의 운명은 참으로 기구한 것이 많다. 얼마나 많은 그의 작품이 창고에서, 다락에서 망가져가고 있을 것이며 또 사라졌을지 마음이 아프다.

> 이 초상화는 1889년 1월, 빈센트 반 고흐가 정신병 발작을 겪은 후 그렸다. 의사 펠릭스 레는 당시 아를 병원에서 수련의로 근무하며 발작 직후 반 고흐를 치료했던 인물이다. 현대의 증언에 따르면 이 초상화는 모델과 놀라울 정도로 닮은 작품으로 평가받는다. 단순한 구성과 조화를 이루지 않는 듯한 강렬한 색채는 모델의 주요 특징인 신체적 강인함과 자신감을 돋보이게 한다. 반 고흐는 이미지의 본질, 즉 개인의 '삶의 핵심'을 포착하려 했다.
>
> 그러나 예술에 무관심했던 펠릭스 레는 이 초상화를 단지 자신이 치료했던 불행한 정신병 환자의 감사 표시로 여겼다. 그림은 한동안 다락방에 방치되었고, 이후 닭장 구멍을 막는 데 사용되기도 했다. 1900년, 앙리 마티스의 친구인 화가 샤를 카무앙이 반 고흐의 흔적을 따라 아를을 방문했고, 의사 레의 마당에서 이 초상화를 발견했다.

노란 집의 마지막

빈센트와 테오가 1889년 4월에서 5월 초까지 주고받은 편지를 통해 우리는 그들이 생폴 요양소로 들어가는 문제를 두고 얼마나 고민을 깊게 했는지 엿볼 수 있다. 자기 의지로 요양소에 들어간 빈센트의 복잡한 내면을 이해하기 위해 그의 편지 속 문학작품을 들여다보자. 빈센트가 테오나 빌과 주고받은 편지에는 그가 얼마나 문학에 심취해 있었는지를 보여주는 흔적이 가득하다.

현재 반고흐레터스에서 확인 가능한 빈센트가 쓰고 받은 편지는 2009년도판 기준 903통이며 그가 쓴 편지는 820통이다. (안타깝지만 빈센트가 받은 편지는 제대로 보관되지 않아 83통밖에 안 되며 500통 이상이 유실된 것으로 추정된다.) 그는 문학작품에 대한 자신의 감상을 끊임없이 나누며, 때로는 작품 속에서 마음에 남은 유명한 문구를 인용하기도 한다. 그렇게 그가 편지에 언급한 문학, 종교 예술 서적은 놀랍게도 600여 종에 이른다. 빈센트가 썼지만 사라진 것으로 추정되는 300여 통의 편지까지 감안하면 그의 독서 편력은 타의 추종을 불허한다.

아를에 있던 시기인 1889년 10월 중순경, 테오에게 보낸 편지에는 유난히 소설 이야기가 많이 등장한다. 10일의 편지에서는《젬가노 형제(Les Frères Zemganno)》라는 소설을 읽어보았느냐고 물으며, 소설 속 이야기처럼 자신을 위해 많은 돈을 쓰는 테오가 지칠까 봐 두렵다는 걱정을 털어놓는다. 13일의 편지에서는 알퐁스 도데가 쓴 소설의 주인공 '타르타랭'에 관해 묻고, 17일의 편지에서는 모파상, 발자크, 리슈팽의 소설과 피에르 로티의 '국화 부인'에 대해 이야기한다. 하지만 테오가 19일에 보낸 답장에서는 알퐁스 도데의 작품들과 국화 부인에 대해서만 말할 뿐,《젬가노 형제》에 대해서는 아무런 언급이 없다. 이에 빈센트는 3일 후 쓴 편지에서 다시 한번 그 책을 읽어봤느냐고 집요하게 묻는다.

빈센트의 말은 전후 사정을 모를 경우 그저 사소한 질문처럼 보일 수 있지만,《젬가노 형제》에는 각별한 의미가 담겨 있다. 이 책은 에드몽 드 공쿠르가 세상을 등진 동생에 대한 상실감을 담아 1874년에 발표한 소설이다. 공쿠르 형제는 늘 함께 작품 활동을 이어갔지만, 여덟 살 어린 동생이 40세의 젊은 나이에 세상을 떠나며 그들의 협업은 막을 내렸다. (에드몽 드 공쿠르는 우리에게는 잘 알려져 있지 않지만 그를 기려 1903년에 만든 공쿠르상은 현재 노벨상, 부커상과 함께 최고의 권위를 가진 문학상으로 평가받는다.) 독서와 문학을 각별히 사랑했던 빈센트는 특히 인생의 후반으로 가면서 공쿠르에 깊이 빠져들었다.

소설《젬가노 형제》는 형제의 관계와 헌신, 가족애를 주제로 한다. 그래서인지 형제의 결혼과 로맨스는 전혀 작품 속에서 다루어지지 않는다. 내용은 다음과 같다. 형 지아니와 동생 넬로는 가난한 환경에서 태어나, 어릴 적부터 곡예사로 살아가며 세계 최고가 되겠다는 꿈을 품고 서로에게 의지한다. 하지만 서커스는 극도로 위험한 직업이고 노력을 인정받기도 쉽지 않았다. 그러던 중, 공연 도중에 지아니가 균형을 잃는 순간이 발생하고, 그 영향으로 넬로가 착지에 실패하며 치명적인 부상을 입는다. 넬로는 양쪽 다리가 심각하게 부러지고, 다시는 곡예를 할 수 없는 몸이 된다. 이에 지아니는 극심한 죄책감에 시달린다.

이들의 서커스는 기본적으로 듀엣 구성이었기에, 지아니는 혼자서도 무대를 이어갈 방법을 고민하며, 솔로 곡예를 개발하려 노력한다. 서커스는 형제의 유대와 꿈의 상징이었기에, 혼자 공연을 지속하려는 지아니의 시도는 형제애와 잃어버린 꿈을 복구하려는 몸부림이었다. 그러나 넬로는 형이 자신 없이 무대에 서는 것을 견디지 못하며 극심한 우울감과 죄책감을 느낀다. 여기까지만 봐도 빈센트가 얼마나 이 소설에 깊이 몰입했을지 상상이 간다. 동생에게 소설을 언급했던 1888년 10월 중순까지만 해도 빈센트는 젬가노 형제의 깊은 형제애를 반 고흐 형제에 이입하면서 행복해했을 것이다. 하지만 빈센트의 정신이 붕괴되고, 그로 인해 노란 집까지 무너지면서 그는 자신에게 닥칠 운명이 이 소설 속에 복선처럼 담겨 있는 것이 아닌지, 깊은 고민에 빠져들었을 것이다.

소설의 결말은 다음과 같이 이어진다. 지아니는 동생을 밤낮으로 간호하지만 육체적, 정신적으로 점점 지쳐간다. 넬로는 시간이 흐를수록 자신이 형에게 짐이 되었다는 사실을 견딜 수 없어 하며, 더욱 침묵 속으로 빠져든다. 결국 심리적 절망과 신체적 쇠약이 겹쳐 넬로는 회복하지 못하고 세상을 떠난다. 넬로가 죽은 후, 지아니는 형제애와 공유했던 꿈이 사라졌음을 실감하며 곡예사의 삶을 완전히 떠난다. 그는 더 이상 서커스에 머무를 이유를 찾지 못하고, 공연을 그만두며 고독과 공허함 속에서 이야기는 마무리된다.

지난 해 5월, 저돌적인 테오의 청혼을 거절했던 요한나는 1889년 12월, 오빠 안드리스가 있는 파리에 머물고 있었다. 테오는 안드리스와 어떤 이유로 사이가 틀어졌다가 화해했는데 그러던 중 요한나와 사랑에 빠져 결혼까지 약속하게 된 것이다. 테오에게 꿈만 같은 12월이었다. 며칠 후 21일 테오는 어머니에게 "그녀와 그녀의 오빠, 그리고 저는 다시 좋은 친구가 되었습니다. 하지만 어머니, 그것은 불가능했습니다. 저는 그녀를 너무 사랑했기 때문입니다. 지난 며칠 동안 우리가 자주 만나면서, 그녀도 저를 사랑한다고 말했고, 저를 있는 그대로 받아들이고 싶다고 했습니다. (…) 아! 저는 너무 행복합니다"라고 편지에 적어 보낸다. 1889년 12월 23일은 일요일이었다. 서른한 살의 혈기 왕성한 테오와 스물일곱 살의 아름다운 요한나는 함께 미래를 꿈꾸며, 다음 날인 크리스마스이브에 양가의 가족을 만나기 위해 네덜란드로 떠날 계획을 세웠다.

하지만 12월 24일, 부소&발라동에 날아든 고갱의 전보는 예비 부부의 계획을 뒤엎었다. 빈센트가 위독하니 즉시 아를로 오라는 긴급한 소식이었다. 크리스마스이브에 약혼자와 함께 네덜란드로 향하려던 테오는 정반대 방향인 아를행 야간열차에 몸을 실었다. 다음 날 오후, 테오는 안심할 수 있었다. 빈센트가 비교적 온전해 보였기 때문이다. 테오는 요한나에게 다음의 내용을 담은 편지를 보낸다.

> 함께 있을 때 그는 괜찮아 보이는 순간들도 있었어요. 하지만 얼마 지나지 않아 형은 다시 철학과 신학에 대한 걱정으로 빠져들었습니다. 그걸 지켜보는 건 참으로 가슴 아픈 일이었어요. 때로는 그는 고통이 너무 커서 울려고 애썼지만, 눈물을 흘리지도 못했어요. 참 불쌍한 투사고, 너무도 안타까운 고통 받는 사람입니다. 지금으로선 그의 슬픔을 덜어줄 사람이 아무도 없어 보입니다. 하지만 그는 깊고 강렬하게 느끼는 사람입니다. 만약 그가 마음을 털어놓을 누군가를 찾았다면, 아마 일이 이렇게까지 되지는 않았을지도 모릅니다.

그는 펠릭스 레 박사에게 빈센트의 상태가 생각보다 나쁘지 않다는 소견을 전달받는다. 마음이 놓인 테오는 빈센트와 친한 우체부 조제프 룰랭과 개신교 목사인 프레데리크 살레스에게 형의 상태를 전해달라고 부탁한다. 그러고는 크리스마스 다음 날 새벽 기차를 타고 다시 파리로 떠난다. 테오가 아를에서 더 머문다고 해도 병원에서 할 수 있는 치료는 없었다. 그로부터 며칠간 테오의 마음은 너무나 복잡했을 것이다. 돌아오는 봄에는 무사히 결혼식을 치러야 하고, 그사이 어떻게든 형의 정신을 돌려놓아야 했다. 하지만 만에 하나 형이 죽기라도 한다면 결혼은 물거품이 될 수도 있는 것이다.

실제로 26일과 28일 두 번에 걸쳐 룰랭이 전한 절망적인 편지는 테오의 마음을 다시 끝 모를 바닥으로 떨어뜨린다. 그리고 31일에는 살레스 목사로부터 병세가 호전되긴 했으나 정신에 문제가 있다는 소견으로 인해 격리되었고 어쩌면 마르세유나 엑상프로방스의 정신병원으로 이송될 수도 있다는 연락을 받는다. 그러다 돌연 1월 2일 빈센트로부터 편지가 날아든다.

> 너를 안심시키려고 몇 줄 적는다. 이 글은 너도 직접 만난 레 박사의 사무실에서 쓰고 있어. 나는 며칠 더 병원에 머물 예정이고, 그 후에는 집으로 완전히 돌아갈 수 있을 것 같아. 이제 딱 하나 부탁할게. 날 걱정하지 마. 그건 내게도 너무 큰 걱정거리가 되니까.
>
> 1890년 1월 2일

편지의 뒷면에는 "제 예측이 맞았고 그의 과도한 흥분 상태가 일시적이었음을 알리며 안심시켜드리고자 합니다. 며칠 안에 그는 다시 제정신을 찾을 거라고 생각됩니다"라고 적힌 의사 레의 소견도 함께 적혀 있었다. 다음 날인 3일에는 룰랑이 빈센트의 정신이 돌아왔다는 전보를 쳤고(위 1월 2일 자 빈센트의 편지보다 먼저 또는 같이 받았을 것이다) 그리고 같은 날 빈센트가 괜찮아졌다는 내용을 상세히 담은 편지를 추가로 보낸다. 실제로 4일 빈센트는 외출까지 허락받았다. 그날 자신으로 인해 테오와 요한나에게 폐를 끼쳐 미안하며, 다시 병원으로 돌아가야 하지만 곧 퇴원할 것이라는 편지를 쓴다.

1월 7일이 되자 빈센트는 정말 퇴원했다. 그는 즉시 테오에게는 물론 어머니와 빌에게 자신에게 문제가 없다고 안심시키는 편지를 쓴다. 모두 작년 크리스마스의 사건은 잊고 지나갈 해프닝으로 덮고 싶었다. 테오 역시 그렇게 생각했던 것 같다. 그랬기에 빈센트가 오기 힘들다는 것을 알면서도 1월 9일 열릴 약혼식에 초대하는 청첩장을 보낸다. 퇴원한 빈센트는 자신의 건재함을 테오에게 증명하고 싶었다. 테오에게, 고갱에게 보낸 편지에는 지난 크리스마스의 일은 그다지 대수롭지 않은 것이라는 식으로 무마하려는 내용을 담고 있다. 심지어 1월 28일 테오에게 쓴 편지에는 귀가 없는 자신을 웃음의 소재로 삼기까지 한다.

> 난 이 작은 시골에서 열대지방에 갈 필요를 전혀 느끼지 못해. 열대지방에서 창조될 예술을 믿고, 앞으로도 계속 믿을 거야. 그리고 그 예술은 분명 경이로울 거라고 생각해.
> 하지만 뭐, 개인적으로는 내가 너무 나이가 많고 (특히 종이로 만든 귀라도 달게 된다면) 너무 조잡하게 만들어진 인간이라 거기까지 갈 수 없을 것 같아.
>
> 1889년 1월 28일

그 무렵 완성한 작품이 붕대를 감은 자화상 두 편이다. 그런데 왜 하필이면 이런 모습의 자화상을 두 편씩이나 그렸을까 궁금증이 든다. 만약 그의 귀가 회복이 가능한 상처였다면 이런 작품을 그릴 필요가 있었을까? 아마 상처를 직면하고, 치유를 바라는 간절한 몸부림이었을 듯하다. 만

〈귀에 붕대를 감은 자화상〉(1889년).

〈귀에 붕대를 감고 파이프를 문 자화상〉(1889년).

약 그의 귀가 새살처럼 돋아 완전히 회복될 수 있었다면, 그는 이런 그림을 그릴 필요가 없었을 것이다. 하지만 현실은 그렇지 않았다. 그는 자신의 몸에 새겨진 고통의 흔적을 받아들여야 했다. 자화상은 그가 자신의 상처를 받아들여야 한다는 포기와 수긍의 신호였다. 붕대에 감긴 귀는 빈센트의 고통과 수치, 그리고 외부 세계와 단절된 자아를 상징한다. 하지만 그림 속 그의 시선은 무언가를 응시하며 단단한 결의를 보인다. 그것은 절망 속에서도 삶의 의미를 찾으려는 내면적 투쟁이었다.

하지만 형제의 바람은 이뤄지지 않았다. 2월 4일, 다시 빈센트의 정신병이 발발했다. 한 번일 줄 알았던 그의 발작은 지난번보다 더 심했는데, 살레스 목사를 통해 테오에게 전달된 주된 병증은 망상이었다. 레 박사 역시 이번에는 빈센트의 증상을 장기적으로 치료해야 할 수도 있는 질환으로 바라보기 시작했다. 그런데 더 큰 문제는 이웃들이 그를 공식적으로 정신병자 취급하기 시작한 것이었다. 그들은 미친 사람을 내쫓기 위한 준비를 했고 30여 명의 서명이 담긴 탄원서를 시장에게 제출했다.

이 지점에서 버나뎃 머피는 아를 주민들이 모두 빈센트를 선동해 쫓아내려고 한 것이 아니라고 보고, 오히려 빈센트를 쫓아내서 이득을 얻을 수 있는 사람들이 사건을 조작했다고 주장한다. 그녀는 이를 설명하기 위해 빈센트가 1889년 1월 9일 테오에게 보낸 편지를 근거로 제시한다. 빈센트는 이 편지에서 "내가 없는 동안 우리 집 주인이 담배 가게를 운영하는 사람과 계약을 맺어 나를 쫓아내고 담배 가게 주인에게 집을 넘겼다는 이야기를 방금 들었어"라고 적었다.

머피는 이 편지 내용을 바탕으로 사건을 재구성하며, 실제로 이 일로 이득을 얻는 부동산 중개인의 서명을 비롯해 심지어 문맹자의 서명 등 다양한 위조 서명을 확인했다는 점을 지적한다. 또한 지누 부인의 서명 역시 위조된 것으로 밝혀져, 집주인과 부동산 중개인이 빈센트를 내쫓기 위해 탄원서를 주도했을 가능성을 제기한다. 실제로 빈센트가 오기 전에는 폐허 같은 집이었는데 빈센트가 잘 고쳐놓았기 때문에 세를 주기도 좋았을 것이다. 게다가 수리한 비용도 빈센트에게 줄 필요가 사라질 테니 말이다. 나 역시 머피의 주장은 매우 타당하다고 생각한다.

아무튼 그는 이 사건으로 인해 발작이 일어나지 않았음에도 세 번째로 병원에 강제 입원당한다. 하지만 경찰의 조사 등으로 한 달간 병원에 갇혀 있으면서 다시 망상과 발작이 일어났다. 아마 그것은 아를 이웃에 대한 배신감, 정신병자로 낙인찍힌 수치심 그리고 불안정한 빈센트의 정신이 합쳐서 만들어낸 악순환의 결과였을지도 모른다. 처음 발작 이후 별일 아니라고, 어쩌다 한번 일어난 일이라고 생각했던 빈센트는 이 사건을 통해 자신에게 정말 문제가 있음을 인정한다. 그러면서 아를을 떠나 다른 곳으로 이주해야 한다는 살레스 목사의 의견에 수긍한다.

살레스 목사와 레 박사는 테오에게 계속 이 문제를 알렸지만 결혼이 코앞으로 다가온 그에게는 덮어두고 싶은 숙제였다. 또한 계속되는 빈

⇡ 폴 시냐크가 빈센트를 만난 해에 그린 〈카시스, 롬바르곶〉(1889년).

센트의 발작은 분명 자신의 결혼과도 연관이 있을 거라고 생각했다. 혹시 모를 변수를 막기 위해 테오는 빈센트에게 행복을 드러내지도, 결혼식이 언제 어디에서 열리는지도 알리지 않았다. 그렇기에 3월 중순, 폴 시냐크에게 자신의 형을 방문해달라고 완곡하게 부탁한다. 다행히 시냐크는 그 부탁을 수락했고 24일 빈센트를 만나러 아를을 찾았는데, 실로 그날의 방문은 절묘했다. 경찰이 빈센트를 병원으로 끌고 가면서 노란 집의 문을 다시 열지 못하게 자물쇠를 망가뜨렸기에 다시 집에 들어가려면 함께 문을 부술 사람이 필요했다. 자기 집 문을 스스로 부숴야 하는 어이없는 상황에서 빈센트는 시냐크와 대화를 나누며 자신이 화가라는 사실을 인지하는 계기가 되었고 이후 그는 정신적인 안정을 찾을 수 있었다.

Van Gogh's Time
Discovered by Astronomy

7.

그림 속으로의 침잠

생폴 드 무솔로의 유배

빈센트는 많은 것을 내려놓은 상태였다. 젬가노 형제가 그러했듯이 자신과 결코 분리되지 않을 것이라고 생각했던 테오의 결혼은 처음에는 고통 그 자체였다. 테오에게 아내가 생긴 건 자신보다 더 중요한 가족이 생기는 것이며, 동시에 유일한 후원자와 멀어짐을 의미하기 때문이다. 하지만 어느 순간 빈센트는 반 고흐 형제의 방향을 틀어야겠다고 생각한다. 자신은 그러지 못했지만 테오가 가정을 꾸리는 것을 수긍하고 요한나를 가족으로 인정한 것이다. 테오가 결혼식을 올리고 며칠이 지난 4월 24일 빈센트는 아래 내용을 담은 편지를 보낸다.

> 네가 평생을 함께할 동반자가 생겼다고 생각하니, 내 마음이 훨씬 더 편안해졌다고 확신해. 무엇보다도 내가 불행하다고는 생각하지 말아줘.
>
> 1889년 4월 24일

이 시기 테오에게는 다른 근심이 있었다. 약혼부터 결혼까지, 숨가쁘게 달려온 5개월 동안 빈센트의 발작은 테오의 머릿속을 떠나지 않았다. 누가 정신병자가 있는 집안에 시집오고 싶겠는가? 그렇기에 빈센트의 병은 정신병이 아니어야 했으며 잠시 쉬면 나아질 병이어야 했다. 테오는 빈센트가 너무 길지 않게 치료를 받고 나올 수 있는 공립 기관인 엑상프로방스나 마르세유에 있는 정신병원에 가길 바랐다.

하지만 빈센트는 1000여 명이 넘는 환자가 수용된 병원에 들어가는 데 큰 공포를 느꼈다. 살레스 목사는 빈센트의 사정을 잘 알고 있었다. 그런 곳에서는 빈센트만 자유롭게 그림을 그리도록 허락하지 않을 것이고, 상태 역시 더 나빠질 가능성이 농후했기 때문이다. 살레스 목사는 수소문 끝에 생폴 요양소를 찾았고 직접 찾아가 환자가 인간적으로 존중받는 사실을 확인한 뒤 형제에게 추천한다. 그 말을 들은 빈센트는 생폴 요양소에 들어가기로 마음을 먹는다.

> 이달 말에 난 살레스 목사가 소개한 생레미의 요양소나 그와 비슷한 곳으로 가고 싶어. (…) 나는 여기나 다른 곳에서 새로 작업실을 빌려서 혼자 살아갈 힘이 없어. (…) 나를 좀 위로하는 건 정신병도 다른 병처럼 생각하고 있는 그대로 받아들이기 시작했다는 거야. (…) 너와 살레스 목사, 레 박사에게 이달 말이나 다음 달 초부터는 내가 요양소에 입원할 수 있도록 부탁할게.
>
> 테오에게, 1889년 4월 21일

하지만 오락가락은 계속 이어졌다. 요양소에 들어간다고 말은 했지만 정말 그렇게 할 생각을 하니 눈앞이 깜깜했다. 게다가 비용 역시 문제였다(테오가 생폴 요양소에 매달 보낸 돈은 100프랑으로, 아를에 있을 때 빈센트에게 보낸 돈의 절반이 채 안 된다). 아울러 자신의 이야기가 세상에 알려지는 것이 두려웠지만, 혼자 남게 되는 건 더더욱 두려웠던 빈센트는 그럴 바에는 차라리 외인부대에서 5년 정도 복무하는 것이 어떨지도 고민했다. 그는 실제로 정신에 문제가 있는 사람이 입대할 수 있는지 확인해보기까지 했다.

> 요양소에 들어가면 장기적으로 비용이 많이 들어갈 거야. 하지만 다시 혼자 살기 시작하는 건 너무 두려워. 이 마을에 내 사고가 알려지는 것이 두렵고, 배척하게 될 거야. 만약 5년간 외인부대에 입대할 방법이 있다면 난 그렇게 하고 싶어.
>
> 테오에게, 1889년 5월 2일

테오는 빈센트가 결코 군대 생활에 적응할 사람이 아니라는 것을 잘 알고 있었다. 처음에는 상황이 빠르게 나아지기를, 짧게 치료받을 수 있는 시설에서 회복하기를 기대했다. 그러나 시간이 지나면서 그럴 가능성은 희박하다는 것을 깨달았고, 결국 빈센트를 생폴 요양소로 보내는 게 최선이라고 판단했다. 그는 편지에 생레미 요양소에서 감독받는 것도 두려워하는 형이 어떻게 군대를 가겠느냐며, 자신에게 약간의 자금 여유가 있으니 생폴 요양소에 가서 자유롭게 그림을 그리라며 빈센트를 설득한다.

결국 빈센트는 마음에서 노란 집을 내려놓는다. 동생에게 그만 매달려야 한다는 포기 이면에는 자신이 독립해서 어느 정도 다시 좋아질 거라는 희망도 있었을 것이다. 반면 테오는 결혼식 이후부터 신혼생활의 행복한 이야기를 전혀 전하지 않았다. 파리의 신혼집에 대한 건조한 묘사가 전부일 뿐, 자신의 행복이 형에게 슬픔으로 다가가지 않도록 끊임없이 신경 쓰고 배려한다. 그러나 빈센트가 테오를 배려할 방법은 스스로를 봉쇄하기 위해 생폴 요양소로 가는 길뿐이었다.

살레스 목사의 말대로 생폴 요양소는 사립으로 운영되는 시설로 당시 40명 남짓의 환자만 있었기에 빈센트에게는 최적의 환경이었다. 헌신적이었던 그는 빈센트를 도와 1889년 5월 8일 생폴 요양소로 가는 길에 동행한다. 그곳에서 앞으로 빈센트를 돌보게 될 레이몬드 어거스틴 페이롱(Raymond Augustin Peyron) 박사를 만나 테오가 작성한 입원 동의서를 건넸고 화가로서 생활해야 할 빈센트의 입장에서 몇 가지 부탁을 한다. 그러고 나서 살레스 목사는 빈센트가 차분한 상태로 요양소에 잘 도착했고, 그곳에서 새로운 삶을 시작하는 것에 약간 감동받은 것처럼 보인다는 편지를 테오에게 전했다. 요한나는 이에 관해 훗날 출판한《빈센트 반 고흐 서간집》에서 다음과 같이 회고했다.

> 그가 떠날 때 '약간 감동받은 듯 보였다' 란 표현은 진정 마음을 울립니다. 그 작별로 빈센트를 외부 세계와 연결해주던 마지막 끈이 끊어져버렸습니다. 그는 신경증 환자와 정신이상자로 둘러싸인, 가장 극심한 고독보다도 더 견디기 힘든 환경에 홀로 남겨졌습니다. 그의 이야기를 들어줄 사람도, 그를 이해해줄 사람도 없었습니다.

하지만 요양소에 오기 전 정신병 환자들에게 가졌던 공포감은 생각과 달리 자연스럽게 희석되었다. 중요한 사실은 빈센트는 어디를 가든 자신이 이상한 사람이었으나, 여기서는 오히려 자신이 정상인처럼 느껴진다는 것이었다. 항상 다른 사람들과 잘 지내지 못했던 빈센트는 공포스러울 것이라 여겼던 정신병원에서 의외로 편안함을 찾는다. 병실을 배정받은 빈센트는 바로 그다음 날 테오와 요한나에게 아래와 같은 편지를 쓴다.

> (테오에게) 여기 오길 잘한 것 같아. 우선, 이 동물원 안의 다양한 미치거나 이상한 사람들을 보면서, 나의 막연한 공포와 두려움은 사라지고 있어. 그리고 서서히 광기를 다른 병과 다를 바 없다고 생각할 수 있게 되는 것 같아. 환경의 변화가 내게 좋은 영향을 준 듯해.

(요한나에게) 여기에는 상태가 매우 심각한 환자들도 있지만, 내가 처음 가졌던 광기에 대한 두려움과 공포는 이미 많이 줄어들었어요. 여기서는 끊임없이 동물원처럼 끔찍한 울음소리와 고함이 들리지만, 그럼에도 사람들은 서로를 아주 잘 이해하고, 발작이 찾아올 때 도와주기도 한답니다. 내가 정원에서 작업할 때, 모두 와서 구경하곤 해요. 그리고 장담컨대, 그들은 나를 혼자 두는 데 아를 사람들보다 훨씬 신중하고 예의가 있답니다. 여기에서 충분히 오래 머물 수 있을 것 같아요. 아를의 요양소에서는 이렇게 평화롭게 그림 그릴 시간이 없었거든요. 여기서 가까운 곳에 아주 푸르른 밀밭과 소나무, 그리고 회색이나 푸른빛이 도는 작은 산 몇 개가 있답니다. (…) 이제 내 동생이 저녁에 텅 빈 아파트로 돌아가지 않는다는 사실이 정말 기쁘네요.

1889년 5월 9일

페이롱 박사는 다음과 같은 소견서를 작성했다. "그는 우리에게 어머니의 자매가 간질 환자였으며, 가족 내에서도 유사한 사례가 많았다고 말했다. 이 환자에게 발생한 일은 그의 가족 구성원에게 일어났던 일의 연속으로 보인다." 정신적 문제가 자신으로부터 비롯되었다고 생각했던 빈센트는, 의사의 진단을 통해 그것이 집안에 내려오는 것임을 확인하고 안도할 수 있었다.

빈센트는 요양소에 들어온 첫 달부터 많은 그림을 그렸다. 어색해서였을까, 초반 작품에서는 유난스러울 만큼 쓸쓸함이 느껴지지만 점차 그의 시선은 정원 구석, 풀숲의 나방, 오솔길을 거쳐 아이리스로 옮겨간다. 처음 그린 〈아이리스〉에서는 그만의 개성을 느끼기가 어렵지만 그것은 두 번째 〈아이리스〉를 위한 전초전이었다. 이 그림은 빈센트 스스로가 회복되

⇡ 〈아이리스〉(1889년).

었음을 선언하는 듯 느껴진다. 이 작품은 1987년 소더비 경매에 나와서 당시 최고가인 5390만 달러에 오스트레일리아의 금융가에게 낙찰되었는데 그의 자금난으로 인해 1990년, '비공개된 금액'으로 게티미술관이 소유권을 넘겨받는다. 현재 이 작품은 게티미술관의 최고 인기 작품으로, 로스앤젤레스를 찾는 모든 사람이 볼 수 있는 명작으로 전해지고 있다.

자신감을 되찾은 빈센트는 이후 작은 오솔길이 담긴 〈라일락〉을 그렸고 요양소 앞 담벼락 안에 있는 밀밭을 배경으로 해가 떠오르는 풍경인 〈해가 떠오르는 봄의 밀밭〉을 그렸다. 그렇게 그의 시선은 요양소의 구석에서 점차 외부로, 하늘로 옮아갔다. 입소할 때 가져온 물감이 금세 동날 정도였다. 처음에는 주저했지만 요양소 생활에 적응한 빈센트는 1890년 5월 16일 요양소를 떠날 때까지 374일 동안 총 142점의 그림을 그린다.

이곳에 5월에 들어온 것은 돌이켜보면 정말 다행이었다. 봄에서 여름으로 넘어가는 생레미의 자연은 생명력으로 가득 차 있었고, 그것은 빈센트의 지친 마음을 조금씩 회복시켰다. 흥미로운 점은 그가 요양소의 환자들에 대해 가졌던 시선이다. 다음 편지에서 빈센트는 병의 고통과 불안을 담담하게 받아들이며, 비슷한 고통을 겪는 이들과의 공감 속에서 위안을 얻었음을 보여준다. 요양소의 환자들은 서로를 이해하고 도와주는 존재였고, 이는 그를 비웃고 정신병원에 가두려 했던 아를의 주민들과는 완전히 다르게 느껴졌다.

> 비 오는 날 우리가 머무는 방은, 마치 정체된 작은 마을의 3등 대합실 같아. 더군다나 늘 모자와 안경을 쓰고 여행복에 지팡이까지 든, 마치 바닷가의 휴양객처럼 보이는 고상한 미치광이들이 있어서, 그들이 이곳의 승객인 양 풍경을 완성시키거든. (…)
> 한번 그것이 병의 일부라는 걸 알게 되면, 다른 일처럼 받아들이게 되더라. 만약 내가 다른 환자들을 가까이서 보지 못했다면 이런 생각에서 벗어나지 못했을 거야. 그 불안과 고통은 막상 위기의 순간이 닥치면 정말 견디기 어려운 법이니까. 대부분의 간질 환자는 혀를 깨물어 상처를 입는다고 해. 레 박사가 어느 날 나에게, 나처럼 귀를 다친 환자도 있었다고 말한 적이 있어. 또 여기 병원장과 함께 나를 보러 온 다른 의사도 그런 사례를 본 적이 있다고 했어.
> 그래서 이제 나도 이렇게 믿으려 해. 일단 이 병이 무엇인지 알고, 내 상태를 이해하게 되면, 불안과 공포에 그리 갑작스럽게 휘말리지 않도록 스스로가 무언가 할 수 있다고 말이야. 그리고 요즘 들어서 조금씩 나아지고 있어. 지난 5개월 동안 증상이 줄어들고 있으니, 나도 이제는 이겨낼 수 있지 않을까 하는 희망이 생겨. 적어도 예전처럼 심한 위기는 다시 없을 거라고 생각해.

> 여기 나처럼 계속 소리를 지르고 말을 하는 사람이 한 명 있어. 그는 복도에서 메아리치는 소리에서 목소리와 단어를 듣는다고 믿더라. 아마 그의 청각이 너무 예민해져서 그런 것 같아. 나는 시각과 청각이 동시에 문제가 되었는데, 레 박사 이야기로는 이건 간질의 초기 단계에 흔히 나타나는 증상이래.
>
> 1889년 5월 23일

무엇보다 빈센트는 자신의 고통이 특별한 것이 아님을 깨닫고 안도했다. 그는 레 박사와 다른 의사가 언급한 유사한 두 가지 사례를 통해, 귀를 자른 사건마저도 병의 일부로 받아들일 수 있었다. 더 이상 그 일은 비난의 대상이 아니었던 것이다. 병을 이해한 그는 두려워하지 않았고, 공포와 불안을 견딜 힘을 되찾았다. 결국 그는 병을 수용한 것이다. 그런 마음은 그림과 편지 속에 고스란히 녹아 있다.

> 여기서 가끔 셰익스피어를 읽고 싶어. 딕스의 1실링짜리 《실링 셰익스피어》라는 것이 있어. 이 판본은 부족함이 없고, 오히려 더 비싼 책보다 나은 것 같아. 아무튼 나는 3프랑이 넘는 책을 원하지는 않아.
>
> 1889년 6월 18일

이 편지는 〈별이 빛나는 밤〉을 그린 날을 6월 19일로 오해하게 만든 계기가 되기도 했지만, 이번 장에서는 빈센트의 마음 상태를 이해하기 위해 살펴보자. 빈센트는 테오에게 셰익스피어의 책을 부탁한다. 이미 9년 전에도 그는 테오에게 "셰익스피어만큼 신비로운 사람이 누가 있겠는가"라며 애정을 드러낸 바 있었다. 다시 셰익스피어를 찾은 빈센트의 모습은 평온을 되찾으려는 신호처럼 보인다. 빈센트는 1000쪽이 넘는 셰익스피어

전집을 읽으며 일상을 회복하고자 노력했고, 7월 2일에는 테오와 빌에게 각각 편지를 쓴다.

셰익스피어를 보내줘서 진심으로 고마워. 덕분에 나의 변변치 못한 영어를 잊지 않는 데 도움이 될 거야. 하지만 무엇보다 셰익스피어는 정말 아름다워. 잘 알지 못했던 왕에 관한 연작부터 읽기 시작했어. 이전에 다른 것에 정신이 팔려 있거나, 시간을 내지 못해서 읽지 못했던 작품들이지. 《리처드 2세》, 《헨리 4세》, 《헨리 5세》의 절반을 읽었어.
그 시대 사람들이 가진 생각이 오늘날 우리와 같은지 또는 그것이 공화주의나 사회주의 사상과 마주했을 때 어떻게 변하는지에 대해 깊이 고민하며 읽는 건 아니야.
하지만 나를 감동시키는 건, 우리 시대 어떤 소설가들의 작품에서도 느낄 수 있는 것처럼, 셰익스피어 속 사람들이 우리에게 전하는 목소리가 몇 세기라는 시간적 거리에도 불구하고 낯설게 느껴지지 않는다는 거야.
너무나 생생해서 그들을 직접 알고 있고, 그들의 모습을 눈앞에서 보는 것처럼 느껴져.

테오에게, 1889년 7월 2일

테오가 보내준 셰익스피어를 읽는 데 푹 빠져 있어. 마침내 여기서, 조금 더 어려운 독서를 할 수 있을 만큼의 평온함을 얻었어. 우선 왕에 관한 연작을 골랐어. 이미 《리처드 2세》, 《헨리 4세》, 《헨리 5세》를 읽었고, 《헨리 6세》의 일부도 읽었어. 이 작품들이 나에겐 가장 낯선 편이었거든. 《리어왕》을 읽어본 적 있어? 하지만 어쨌든,

내가 이런 극적인 책들을 읽어보라고 네게 강하게 권하고 싶지는 않아. 왜냐하면 나는 이런 책들을 읽고 나면, 언제나 풀 한 포기나 소나무 가지, 밀 이삭을 바라보며 마음을 가라앉혀야만 하니까.

빌에게, 1889년 7월 2일

빈센트의 시선은 이제 나무로 옮겨간다. 그는 요양소 정원에 있는 나무들을 드로잉으로 많이 남겼다. 아쉽게도 내가 답사를 갔을 때는 드로잉 속 나무들을 찾기 어려웠다. 그러다 몇 해 뒤 구해서 본 트랄보의 책에 실린 흑백사진을 통해 그 나무들의 모습을 확인할 수 있었다. 이후 빈센트의 방과 작업실을 조사하던 중 사용한 고해상도 위성사진을 통해, 관광객이 접근할 수 없는 요양소의 내밀한 정원을 들여다볼 수 있었다. 그가 그린 분수와 그 많은 나무 역시 대부분 그곳에 있었다.

요양소 밖으로 나가는 것이 허락되자 그다음으로 시선이 옮겨간 것은 올리브 나무였다. 지금도 그가 그렸을 올리브 나무는 생폴 수도원 앞의 넓은 들판에 빼곡히 펼쳐져 있다. 빈센트가 그렸던 그 많은 사람은 누구 하나 남지 않고 모두 흙으로 돌아갔지만 나무들은 여전히 살아 숨 쉬고 있다. 그의 눈에는 비틀린 올리브 나무가 자신의 굴곡진 삶처럼 여겨졌을까?

한편 올리브 나무와 전혀 다른 형태를 가진, 지중해 인근의 남유럽에서 흔히 볼 수 있는 침엽수인 사이프러스가 빈센트의 눈에 들었다. 〈별이 빛나는 밤〉의 좌측에 서 있는 바로 그 나무다.

여전히 사이프러스는 내 마음을 사로잡아. 나는 이 나무들로 해바라기 연작 같은 작업을 하고 싶어. 아무도 내가 보는 방식으로 표현하지 않았다는 사실이 정말 놀라워. 그 선과 비례가 너무나도 아름다운데, 마치 이집트의 오벨리스크 같아. 그 초록은 정말로 품격 있는 질감을 가지고 있어.
햇빛이 가득한 풍경 속에선 어두운 얼룩 같지만, 내가 상상할 수 있는 가장 흥미로운 어두운 특징 중 하나이자, 정확히 표현하기 가장 어려운 특징이기도 해.
여기서 그것들은 파란 배경에서, 더 정확히는 파란색 속에서 봐야 해.

1889년 6월 25일

그는 이 나무가 가진 비례와 깊은 초록의 색감에 자신의 연작이었던 〈해바라기〉만큼이나 큰 관심을 쏟아 작업한다. 예를 들어 그는 노랗거나 하얀 색상의 하늘에는 올리브 나무를 그려 넣는다. 하지만 유독 이 사이프러스만은 파란색, 하늘색과 같은 다양한 푸른색을 배경으로, 풍경에만 그려 넣는다. 마침내 〈별이 빛나는 밤〉에서는 울트라마린과 코발트블루로 표현된 밤하늘을 배경으로 사이프러스 나무가 근경을 당당히 지배한다.

이후 생레미를 떠날 때까지 사이프러스, 올리브 나무, 정원의 나무 등은 빈센트의 중요한 오브제로 남는다. 특히 그는 생전에 〈별이 빛나는 밤〉을 실패작으로 여겼다고 언급했지만(413쪽 참조), 실제로는 그 작품에 대한 자신의 시도를 끝내 부정하지 않았던 것 같다. 요양소를 떠나기 직전, 그는 다시 한번 금성과 초승달이 뜬 하늘의 중앙에 사이프러스를 그려 넣는다. 많은 이가 빈센트의 사이프러스를 죽음과 연관 짓곤 한다. 하지만 편지에 쓴 문장과 작품을 보았을 때, 사이프러스는 죽음보다는 푸른 하늘 아래 흔들림 없이 서 있는 모습으로, 빈센트가 정해진 틀이나 유행에 휘둘리지 않고 자기 방식대로 그림을 그려온 자세를 상징한다고 볼 수 있다. 부족했던 부분마저 자신의 장점으로 승화시켜 결국 위대한 화가로 남은 그의 여정을 닮은 나무였다.

⇡ 〈사이프러스가 있는 밀밭〉(1889년).

1889년 7월의 발작

1889년 7월 5일, 요한나는 프랑스어로는 처음 편지를 써서 빈센트에게 보냈다. 희망과 기쁨이 가득한 이 편지에서 그녀는 2월쯤 조카가 태어날 거라는 소식을 전했다. 요한나는 뱃속의 아이를 이미 아들이라고 여기며, 그의 이름을 따서 빈센트라고 짓고 싶다고 했다. 빈센트는 이 편지를 받고 바로 다음 날, 다소 두서없고 장황한 임신 축하 편지를 보낸다.

요한나의 소식은 가족에게 아기가 생겼다는 경사스러운 일이었다. 누구라도 자신의 이름이 조카에게 전해진다는 사실에 큰 기쁨을 느낄 만했다. 하지만 요한나는 자신도 모르게 빈센트의 무의식을 건드렸다. 조카가 생긴 기쁨보다는 반 고흐 형제의 완전한 분리가 가까워졌다는 불안을 느낀 것이다. 동시에 경제적 지원이 끊길지 모른다는 공포가 엄습했다.

빈센트는 요한나에게 편지를 받을 때마다 흔들렸다. 그녀가 네덜란드어로 5월 8일에 쓴 편지에는 남편의 형제와 친해지고 싶은 마음이 담겨 있다. 하지만 편지를 받은 빈센트는 더 이상 테오 옆에 자리가 없음을 확인하고 좌절했다.

빈센트는 그렇게 불안정한 상태로 7월을 맞이했고, 아를에 남겨두고 가져오지 못한 그림들을 챙겨오기 위해 계획했던 여행 일정대로 7일에 떠난다. 하지만 우편배달부 룰랭도, 살레스 목사도, 레 박사도, 지누 부인도 그곳에서 자신이 친구로 의지했던 사람은 아무도 만날 수 없었다. 빈센트는 외로웠다. 그의 정신은 언제든지 다시 붕괴될 조건에 놓여 있었다. 다만 요한나는 자신이 보낸 편지가 빈센트에게 어떻게 작용할지 전혀 알 수 없었다.

> 형에게 아무런 편지도 받지 못한 것이 이상해서, 전보를 보내 안부를 물었어. 페이롱 박사께서 편지로 답을 주셨는데, 형이 며칠간 아팠지만 이미 조금 나아졌다고 하더라고. 불쌍한 형, 이 악몽들을 멈추게 할 방법을 내가 알 수 있다면 얼마나 좋을까. 형의 편지가 오지 않았을 때, 왜 그랬는지 모르겠지만 나는 형이 이곳으로 오는 길이고 우리를 깜짝 놀라게 하려는 것만 같았어. 만약 사람들 사이에 있는 게 형에게 조금이라도 도움이 될 것 같고, 형을 기운 나게 하려는 마음을 가진 사람들이 곁에 있는 것이 좋겠다는 생각이 든다면, 우리 작은 방을 떠올려줘. 얼마 전 조(요한나의 애칭)의 어머니가 그 방을 처음 사용하셨는데, 꽤 쓸 만하다고 하셨어.
>
> 1889년 8월 4일

위에 인용한 테오의 편지를 통해 페이롱이 빈센트에게 문제가 발생했음을 알리는 편지를 보낸 사실을 알 수 있으며 자세한 정황은 요한나가 그녀의 자매에게 쓴 편지(1889년 8월 9일)를 통해 확인할 수 있다. 그 내용은 페이롱으로부터 8월 3일 토요일 오후 6시에 빈센트가 아프다는 전보를 받았고 다음 날인 4일 일요일 오후 4시에 그의 증상이 적힌 편지를 받았다는 것이었다.

19세기 말 프랑스는 철도 기반의 우편 시스템을 이용했기 때문에 빠른 배송이 가능했다. 국가 간에도 익일 전송이 가능했고, 생레미 시절 빈센트의 편지 역시 하루 만에 전달되는 상황을 자연스럽게 볼 수 있다. 거기에 더해 프랑스의 전보 전송 시스템은 인편이 아닌, 이미 전선을 통해 주요 도시나 중요한 통신 노드에 있는 텔레그래프역과 연결되어 전기신호로 전송되었다. 따라서 빈센트의 안부를 묻는 테오의 전보를 받은 페이롱은 8월 3일 전보와 편지를 동시에 썼고, 전보는 당일에, 편지는 다음 날 들어갔음을 추정할 수 있다.

빈센트가 7월 14일(또는 15일)에 테오에게 보낸 편지와 8월 22일에 보낸 편지 사이에는 약 40일의 공백이 있다. 많은 사람이 이를 근거로 그가 발작을 일으킨 시기를 7월 중순으로 추정한다. 그러나 빈센트가 발작 이후 약 40일 동안 전혀 그림을 그리지 못했다고 보는 것은 비약일 수 있다. 발작 이후 회복까지 걸린 시간은 귀를 자른 첫 발작에서 15일, 두 번째에서 12일, 세 번째에서 21일이었는데 이 기간은 발작의 여파와 더불어 비교적 평정을 되찾은 시간까지 포함한 것이다.

페이롱의 전보와 편지는 왜 연락이 없냐는 테오의 전보에 대한 회신으로 작성된 것이므로 여름 발작의 시점을 추정할 근거로 사용하기는 부적합하다. 그렇다면 생레미에서 처음 발작이 시작된 시점은 언제일까? 7월 중순에 발작이 발생했음에도 전보를 받고 나서야 이를 알렸다면, 발작이 비교적 심각하지 않았을 가능성도 있다. 반면 7월 하순에 발작이 발생했다면, 상황이 급박하여 즉각 알리지 못했을 가능성도 고려할 수 있다.

요한나가 8월 16일에 빈센트에게 보낸 편지를 통해 몇 가지를 유추해보자. 빈센트는 해외로 떠나는 막내 코르에게 남길 편지를 14일에 파리의 테오에게 보냈다. 15일에 도착한 이 편지는 16일 오전에 코르에게 전해졌다. 그런데 빈센트는 테오에게는 따로 안부를 묻는 편지를 남기지 않았다. 그래서 요한나는 테오에게도 편지를 보내달라고 요청했던 것이다. 이는 이전에는 없었던 일로, 빈센트가 테오에게 어떤 불편한 감정을 품고 있었을 가능성을 시사한다.

아무튼 빈센트가 8월 14일경에는 편지를 쓸 수 있을 정도로 회복했음을 확인했다. 이번에는 8월 22일 테오에게 쓴 편지를 살펴보자.

> 며칠 동안 나는 아를에 있었을 때처럼, 아니 그보다 더 심하게 완전히 괴로워했어. 이런 발작이 앞으로도 반복될 거라고 생각하니 정말 끔찍하구나. 목이 부어서 나흘 동안 아무것도 먹지 못했어. 이런 이야기를 하는 것이 너무 불평을 늘어놓는 것 같지는 않기를 바라는데, 네게 이런 상황을 말해야 내가 아직 파리나 퐁타벤으로 갈 상태가 아니라는 것을 알릴 수 있을 듯해서야. 그나마 간다면 샤랑통(파리 인근의 정신병원) 정도겠지. (…)
> 내가 더러운 것을 주워 먹는 것 같다고 하더라. 하지만 발작 중 기억은 흐릿하고, 어딘가 수상쩍은 느낌이 드는 게 사실이야. 여기 사람들이 화가에 대해 가진 선입견 때문인지도 모르겠어. (…)
> 이번 새로운 발작은 말이야, 사랑하는 동생아, 내가 들판에서 그림을 그리고 있던 중에, 그것도 바람이 많이 부는 날에 나를 덮쳤어. 그럼에도 그 캔버스는 끝냈으니, 곧 네게 보내줄게.
>
> 1889년 8월 22일

이 편지는 특이하게도 목탄으로 쓰였는데, 자해를 방지하려는 이유 때문이었을 것이다. 테오가 자신들의 작은 방이 있는 파리로 오라는 권유를 담은 편지에 대한 답도 담고 있는데, 여기서 빈센트는 자조적인 감정을 드러낸다. 그는 파리나 퐁타벤으로 갈 상태가 아니고, 간다면 샤랑통 정도라고 답했다. 이 말의 실제 의미는 '임신한 아내가 있는 너희 집에 정신이 온전치 못한 내가 어떻게 가겠어, 파리 근처 정신병원이나 갈 수 있겠지'였을 것이다. 이는 빈센트가 자신의 상황을 잘 이해하고 있음을 보여준다.

이제 위 편지의 마지막 문장을 생각해보자. 바람이 많이 불던 날 들판에서 그림을 그리던 중 새로운 발작이 왔는데, 그럼에도 캔버스를 완성했다는 내용이다. 이것은 무엇을 의미할까? 이전처럼 강력한 발작이 아닌, 제어가 가능했던 상황임을 말하는 것이 아닐까? 아니면 발작을 일으킨 빈센트 옆에 있던 누군가가 상황을 수습하고 그리다 만 캔버스를 그의 작업장에 옮겨준 것일까?

그의 편지가 멈춘 40일 중 7월의 엑상프로방스 지역 기상 기록을 확인하면 19일 아침부터 20일 아침까지는 비가 왔으므로 그림을 그리러 나가기는 어려웠을 것이다. 편지에 언급된 바람을 생각해야 하는데, 빈센트가 이전부터 그림 그리기 불편하게 한다고 불평했던 미스트랄은 주로 11월부터 4월에 불었다. 이와 달리 여름에 부는 미스트랄은 더위를 식혀주는 고마운 바람이었는데 유독 그해 7월에는 잠잠했다. 그나마 바람이 좀 불었던 날은 27일에서 29일 사이였으므로 문제가 생겼다면 그즈음일 것이다.

그는 물감과 테레빈유를 마셨다고 전해진다. 그것은 정신이 온전치 못한 빈센트에게 알코올과도 같은 존재였다. 테레빈유는 송진을 증류해서 만드는 기름으로 독성을 가진 물질이다. 특히 섭취 시 눈, 입, 목 부위의 통증, 복통, 메스꺼움, 구토, 혼란, 경련, 의식 상실, 호흡 부전 및 심장마비를 유발할 수 있다고 하는데 이는 목이 부었다는 그의 증상과 공통점이 있다. 그가 발작이 와서 테레빈유를 마시고 더 심각해진 것인지, 온전한 상태에서 마신 뒤 발작이 왔는지는 알 수 없다. 하지만 발작은 일어났고, 위 편지에 따르면 아를에 있었을 때보다 더 심하게 괴로웠다고 한다. 따라서 테레빈유를 마신 날로부터 적어도 8월 13일까지는 관찰 대상 환자였을 것이다.

⇡ 〈채석장 입구〉(1889년 7월).

빈센트가 보리나주에서 겪은 일을 생각하면 왜 채석장 근처에서 발작이 발생했는지 짐작해볼 수 있다. 깊숙한 마르카스 탄광에 직접 내려갔던 경험, 그로부터 며칠 후 있었던 아그라프 탄광의 대규모 붕괴 사고…. 채석장의 풍경은 성직자가 되려다 실패했던 시절의 기억을 봉인한 그의 정신에 균열을 냈다. 이미 붕괴 직전에 있던 빈센트는 이 기억의 해제로 과거를 생생히 떠올리게 되었고 다시 정신을 놓아버렸을 것이다.

빈센트가 발작을 일으킨 시점을 그의 편지를 통해 조금 더 생각해보자. 9월 5일 편지에서는 자신이 6주 동안 밖에 나가지 못했다고 했으니, 7월 25일부터 야외 활동을 하지 못했음을 의미한다. 그러나 9월 10일의 편지에서는 야외에 나가지 못한 지 두 달이 되었다고 언급했으니, 그렇다면 7월 10일부터 나가지 못했음을 뜻한다. 마지막으로 9월 19일 편지에서도 야외에 나가지 못한 지 두 달이 되었다고 말했는데, 이는 7월 19일을 기준으로 한 것이다. 이처럼 시점이 일관되지 않는다는 점은 그의 기억에 오류가 있었음을 시사한다.

빈센트의 편지에서 나타난 '6주'와 '두 달'이라는 표현의 차이는 기억의 정확성과 모호함의 정도를 반영한다고 볼 수 있다. '6주'는 발작 시점에 가까운 시기에 쓰여, 상대적으로 명확한 기억에 기반한 세밀한 계산으로 보인다. 반면 '두 달'은 발작으로부터 더 시간이 흐른 뒤에 쓰인 표현으로, 시간이 지나며 기억이 모호해지고 대략 어림잡은 결과일 가능성이 크다.

시간이 흐를수록 사람의 기억은 세부적인 정확도를 잃고 큰 단위로 단순화되는 경향이 있다. 특히 빈센트처럼 혼란을 겪는 상태에서는 기억의 경계가 흐려지기 쉽다. 따라서 '두 달'이라는 표현은 대략적인 시간을 나타내는 것일 뿐 아니라, 시간이 지나면서 기억의 명료도가 희미해진 상태를 보여주는 단서로도 해석될 수 있다. 결론적으로, '6주'와 '두 달'의 표현 차이는 발작 시점과의 시간적 거리감에서 비롯된 기억의 변화를 보여주며, 이는 빈센트의 정신 상태와도 깊은 연관이 있을 것이다.

정확한 치료 과정과 처방된 약물의 복용 상태를 알 수 없기 때문에, 빈센트가 처음 생폴 요양소에 입소했을 때 느낀 평온함은 약물의 영향일 가능성을 배제할 수 없다. 그렇다면 약물 투약이 줄어들면서 발작이 다시 일어난 것일 수도 있다. 그의 발작은 약물을 줄이거나 끊을 경우 즉각 나타났을 가능성이 있으며, 한 번 발생하고 끝나는 것이 아니라 파동처럼 반복되었을 것이다. 다만, 발작이 아주 심하지 않은 시기에는 그림을 그릴 수 있었을 것이다.

거장의 탄생

많은 사람을 그린 아를 시기와는 달리, 생폴 요양소에 거주하던 시기 빈센트의 작품에는 모델을 구하기 어려운 상황 때문에 인물화가 적다. 대신 빈센트가 천착한 것은 들판의 밀밭, 사이프러스, 올리브 나무, 하늘과 별이었다. 아를에서의 그림이 갖고 있던 윤곽선들과 안정적인 형태는 때론 불꽃으로 때론 소용돌이로 변화한다. 색상은 강렬한 원색에서 톤을 낮춘 차분함으로 변한다. 그렇게 생폴 요양소에서 빈센트는 자신만의 화풍을 정립한다.

9월 초부터 조금씩 작업을 시작한 빈센트는 9월 6일에 보낸 편지에서 캔버스 10미터, 물감(큰 튜브 11개, 작은 튜브 3개)과 붓을 요청한다. 그는 다시 그림 그릴 준비를 한 것이다. 하지만 발작 이후 그는 환자의 자아와 그림을 그리는 자아로 나뉘었다. 발작을 겪고 난 빈센트는 그동안 친근하게 느끼던 다른 환자들을 이상한 사람이라고 표현하면서 이질감을 드러냈다. 9월에 테오에게 보낸 편지들을 살펴보면, 빈센트의 정신 상태가 맑지 않았음을 알 수 있다. 그동안 고마움을 느꼈던 가톨릭 수녀들이 이제 미신이나 믿는 존재로 보였고, 페이롱에게 자신을 파리로 데려갈 수 있느냐고 묻기도 했다. 심지어 자신과 같이 지낼 의사가 확실하지도 않았던 화가 피사로와 함께하려 하거나, 요양소에서 도망칠 생각까지 편지에 적었다.

⇡ 장프랑수아 밀레의 〈씨 뿌리는 사람〉(1850년)과 빈센트의 〈씨 뿌리는 사람〉(1881년 4월 및 1890년 1월 하순).

장황하고 지리멸렬한 사고의 흐름은 그가 얼마나 불안정했는지를 그대로 보여준다.

이와 달리 화가 빈센트는 이전보다 더 사납게 그림을 그린다. 그는 1889년 9월 중순부터 생레미를 떠나는 이듬해 5월 중순까지 8개월 동안, 약 150점의 작품을 그려냈다. 그림이 상당수 유실되었고, 1889년 크리스마스에 일어났던 또 한 번의 발작을 감안한다면 거의 하루에 1점꼴로, 폭풍처럼 작업한 것이다. 모네의 경우 한 작품에 수개월에서 수년의 시간을 들이는 경우도 있었고 특히 말년에 집중했던 〈수련〉 연작에는 30여 년을 쏟아붓기도 했다. 세잔 역시 모네와 비슷한 시간을 들여 작품을 완성했다. 이는 작품 수를 통해 비교 가능하다. 빈센트는 화가로 살아간 10년간 유화와 드로잉을 약 2000점 남겼다. 하지만 모네는 60년 동안 2500점을 남겼고, 세잔은 40년 동안 1300점을 남겼다.

발작이 일어난 후 밖에 나가는 데 제약이 많았던 9월에는 자화상을 비롯하여 요양소에서 자신을 돌보는 사람들을 모델로 오랜만에 인물화를 그린다. 이 시기 이후로 궂은 날씨가 이어질 때는 꾸준히 모네, 밀레나 들라크루아의 작품을 모사하곤 했다. 화가 지망생이었던 1881년 에턴에서 펜과 잉크로 그린 〈씨 뿌리는 사람〉과 두 번째 발작을 겪은 후 그린 〈씨 뿌리는 사람〉을 밀레의 원작과 비교해보자. 1881년 작품은 펜으로 그린 48.1×36.7cm 크기의 흑백화였고, 유화로 그린 1890년 작품은 크기가 81×65cm로 대형 작품이다. 이전 작품이 모사에 치중했다면 이후 작품은 작가의 재해석이 입혀져 빈센트만의 개성으로 드러난다 할 수 있다.

⇡ 장프랑수아 밀레, 〈저녁: 하루의 끝〉과 빈센트의 모사(1889년 11월).

밀레의 〈저녁: 하루의 끝〉을 모작한 것을 보면 원작 자체가 갖는 어두움을 보다 밝게 표현했다. 밭의 이랑이나 농기구는 보다 사실적으로 풍부하게 그려져 있다. 특히 주목할 것은 원작에는 없는 눈썹같이 가는 초승달을 중앙에서 우측 상단에, 그것도 반도 안 되게 잘라서 집어넣은 것이다. 잘린 달을 넣은 것은 원작을 해치지 않으면서도 새로운 느낌을 주려는 실험으로 보인다. 통째로 넣었다면 원작과 다른 이질감에 충돌하겠지만, 이런 시도는 신선함을 더한다. 빈센트의 작품 중 이렇게 달이 잘려 들어간 사례는 이 그림이 유일하다.

9월 말에는 그해 여름에 그렸던 많은 작품을 모아 두 번에 걸쳐 테오에게 보낸다. 9월 28일경에 보낸 작품 중 하나가 바로 〈별이 빛나는 밤〉이다. 밖에 나갈 수 있었던 10월부터는 발작이 일어나기 전의 상태로 돌아가 그림에 모든 힘을 쏟는다. 그 와중에 테오와 편지를 통해 그림에 대한 끊임없는 토론을 벌이고 있었다.

생폴 요양소에 들어가면서 빈센트의 화풍에는 많은 변화가 일어난다. 대상의 표현을 위해 강렬한 색채에 집중했던 아를 시기와 달리, 이제는 형태의 역동성이 두드러졌다. 혹자는 이것을 그의 정신적 불안정성을 나타내는 근거로 들기도 하지만, 그보다는 빈센트가 상상력을 통한 환상의 표현을 적극적으로 탐구했기 때문에 나타난 결과라고 생각된다. 철저히 그림을 팔아야 하는 입장이었던 테오 역시 형의 그림이 변화했음을 즉각 감지했고, 특히 〈별이 빛나는 밤〉에 비판적인 평가를 내렸다. 빈센트는 자신의 작업을 옹호했지만, 테오의 비평은 마음 깊은 곳에 상처를 남겼다.

11월 말 베르나르에게 보낸 편지에서 그 감정이 잘 드러난다. 빈센트는 자신만의 확고하고도 내밀한 영성을 바탕으로 베르나르가 그린 성경을 주제로 한 작품을 폭행하다시피 비판한다. 그는 편지에서 "구도가 평범하고 색채도 조화롭지 않다"고 말했는데, 이는 단순한 기술적 비판이 아니라 '네가 그런 주제를 감당할 능력이 있느냐'는 지적이었다. 이는 빈센트가 가진 종교적 주제에 대한 경외심이 지나치게 발현한 것이었다.

이어 그는 "또다시 큰 별들을 그리며 길을 잘못 들어버렸고, 결국 또 한 번 실패하고 말았어"라는 말로 〈별이 빛나는 밤〉을 작업하며 느낀 자신의 고뇌를 설명한다. 이는 그가 신성을 표현하려고 시도했으나, 결과적으로 과장되거나 지나치게 추상적이 되었음을 인정한 것이다. 이러한 경험을 통해 빈센트는 '추상적 접근은 매혹적이지만 위험하며 한계가 있다'고 인식하게 되었고, 베르나르에게 '자네는 그 주제를 감당할 준비가 되어 있지 않다'고 경고했다.

덧붙여 그는 "추상은 매력적이지만 마법의 땅이며, 곧 벽에 부딪힌다"고 언급하며, 자신 역시 추상적 접근의 유혹을 느꼈지만 현실과의 단절에서 오는 한계를 절감했음을 보여준다. 따라서 빈센트는 성화를 작업하기 위해서는 추상이 아닌 현실과의 투쟁을 통해 도달해야 한다고 느꼈다. 반면, 베르나르는 충분히 현실과 싸워보지도 않고 주제의 본질조차 제대로 이해하지 못했다고 비판한 것이다.

결국 이 편지를 끝으로 베르나르와 빈센트는 더 이상 연락을 주고받지 않게 되었다. 하지만 빈센트가 〈별이 빛나는 밤〉을 그리면서 얼마나 많은 고뇌를 했는지 살펴볼 수 있는 중요한 기록으로 남았다. 실제로 그는 〈별이 빛나는 밤〉 이후 달이나 금성이 떠 있는 저녁 풍경만 그릴 뿐 더 이상 밤하늘을 그리지 않는다. 빈센트가 꿈꾸던 밤하늘 풍경 연작의 마지막 작품이 된 것이다. 여담이지만 베르나르는 생전에 이렇게 연락이 끊어져 버렸음에도 장례식에 참석한 것은 물론이고 빈센트 사후 테오와 요한나와 함께 그를 알리기 위한 노력에 가장 많은 도움을 준 화가였다.

빈센트에게 가장 큰 결핍은 꾸준한 반복을 통해 무의식적으로도 현실을 복제해낼 수 있는 기술, 즉 기초 실력이었으나 그것은 전통적인 방식의 훈련을 통해야 가능한 일이었다. 그러나 늦은 출발에 대한 조바심과 타고난 기질은 긴 시간을 요하는 단련을 거부했다. 하지만 화가 빈센트는 운이 좋았다.

1839년 루이 다게르가 개발한 사진 기술은 수 시간 이상의 노출이 필요했던 기존 기술을 혁신하며 짧은 노출로도 사진 촬영이 가능하게 했다. 즉, 더 이상 멈추어 있지 않은 대상도 기록하게 된 것이다. 이듬해에는 다게르 타입 카메라를 이용해 존 윌리엄 드레이퍼가 달 촬영에 성공해 '세계 최초의 천체사진' 타이틀을 거머쥐었다. 당시 사진 기술의 핵심은 지금의 필름에 해당하는 감광판 기술의 발전이었다. 앞다투어 감광 성능을 높인 기술이 개발되었고 드디어 1850년대에는 야외 사진이 시도되었다.

이후 사진의 대중화는 미국의 조지 이스트먼이 1888년에 개발한

롤필름과 휴대용 카메라 덕분에 이루어졌다. "버튼을 누르면 나머지는 저희가 알아서 해드립니다(You press the button, we do the rest)"라는 유명한 슬로건과 함께 출시된 이 카메라가 바로 '코닥 No.1'이었다. 1890년대 들어 사진은 점차 신문과 잡지의 시각 자료로 자리를 꿰찬다. 물론 자연스럽게 회화 작업의 도구로도 자리 잡기 시작했다.

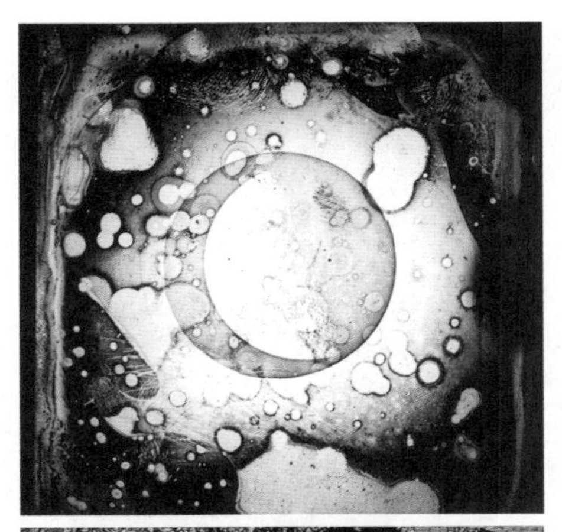

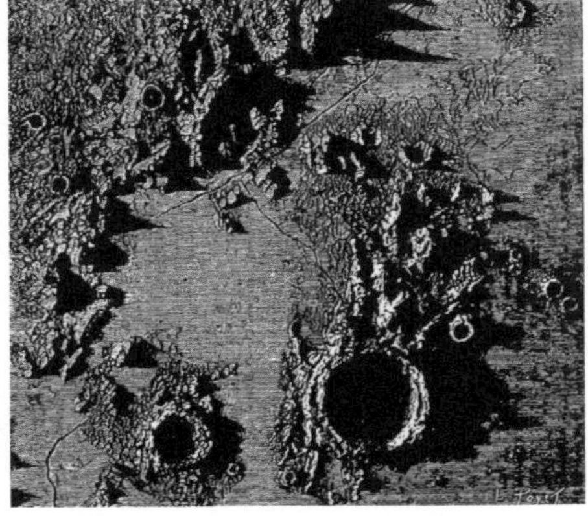

↑ 세계 최초로 달 사진을 찍은 윌리엄 드레이퍼의 1840년 3월 26일 촬영본.
↓ 《르 아스트로노미》(1882년 1월 호)에 실린 달의 크레이터.

사진은 외부 세계를 정확하고 빠르게 기록할 수 있는 도구였다. 이에 전통적인 회화의 역할을 대체할 수 있게 되면서 화가들은 그림을 그리는 이유가 무엇인가 하는 근본적인 질문에 맞닥뜨렸다. 그에 대한 답변이 바로 인상파의 등장이었다. 그럼에도 화가들은 카메라와 경쟁했고 심지어 카메라로 찍은 세상을 캔버스에 복제하기도 했다. 카메라가 화가의 자리를 빼앗은 게 아니라 자유를 주었다는 바를 인식하지 못한 것이다.

영리한 화가들은 표현에 집중하기 시작했다. 하지만 그들 대부분이 기존의 맥락에서 발전해나갔다면, 빈센트는 철저히 홀로 그 과정을 이

⇡ 추상화 같은 형태의 〈협곡〉(1889년 가을).

루어내며, 자신만의 방법으로 대상을 재해석하는 데 탁월한 거장이 되어 있었다. 따라서 빈센트는 카메라와 싸울 이유가 없었다. 아를에서 생레미로 넘어가며 이미 그의 표현력은 카메라가 도달할 수 없는 방향으로 뻗어나간 것이다.

정규 과정을 밟지 않은 빈센트는 거칠 것이 없었다. 그의 빠른 작업은 초고해상도 필름의 입자처럼 거칠지만 어디서도 본 적 없는 새로운 표현을 만들어냈다. 강렬한 색채와 감정적인 붓질은 후대 표현주의의 기초가 되었고 우연처럼 야수파도 이끌어냈다. 그의 형식적 실험과 내면적 메시지 전달은 상징주의를 원숙하게 만드는 거름이 되었다.

그렇지만 가장 중요한 것은 추상이었다. 자기도 모르게 그는 진정한 추상의 마중물이 되었다. 빈센트의 결핍은 다작으로 이어졌고, 다작으로 인한 돌연변이는 추상의 징검다리가 되었다. 생레미를 떠나기 직전부터 죽음에 이르기까지 쏟아낸 작업은 단순한 창작이 아니었다. 삶의 끝자락에서 모든 것을 불태운 기록이었고, 마지막으로 자신을 재해석한 변주였다.

마지막 겨울

서둘러 몇 줄 적어볼게. 벌써 1년 전이구나, 내가 그 발작을 겪었던 게. 지금은 상황이 좀 더 나아졌으니 그 일로 너무 불평할 건 없을 것 같아. 그래도 가끔은 발작이 다시 찾아올까 봐 두려울 때가 있어. 그래서인지 계속 예민한 상태로 남아 있는 것 같아.

빌에게, 1889년 12월 23일

다행히도, 꽤 심했던 흥분이나 혼란의 발작이 다시 지나갔고, 후유증도 거의 느끼지 않아. 말하자면, 매일의 나와 별반 다르지 않은 상태야.
그리고 내일부터 날씨가 괜찮다면 바로 작업을 시작하려고 해. 오늘은 정말 온화한 날씨야, 봄 햇살이라고 할 만해. 어제는 산책하다가 들판에서 벌써 꽃이 핀 민들레를 봤어. 곧 데이지와 제비꽃도 피어나겠지.
이곳의 겨울은 정말 아름다워. 북쪽과 완전히 똑같지만, 조금 더 밝은 느낌이야.

빌에게, 1890년 1월 4일

⇡ 밀레의 작품을 모작한 〈첫 걸음마〉(1890년 1월).

처음 발작이 일어나고 1년이 되는 시점, 그로서는 다음 상황이 예견될 수밖에 없었다. 1889년 12월 24일은 빈센트의 다섯 번째 발작이 일어난 날이다. 그는 물감을 먹어 자해했고 요양소의 의료진은 긴급 처치로 그를 살려냈다. 빈센트 생의 마지막 크리스마스도 그렇게 요란스럽게 지나갔다.

빈센트는 혼란스럽지만 담담했다. 두 번째 발작은 생각보다 쉽게 극복했다. 새해가 되면서 그가 한 작업은 바로 밀레의 〈첫 걸음마〉를 따라 그리는 것이었다. 아마 빈센트의 머릿속에는 곧 태어날 조카가 떠올랐을 것이다. 조카의 탄생이 그를 힘들게 하는 것일까? 그는 왜 이겨내지 못했을까? 무의식이 그를 갉아먹었지만 의식은 자신의 이름을 딴 조카를 기다렸음이 분명하다. 빈센트는 1월, 상황이 좀 진정되자 페이롱에게 요청해서 아를로 외박을 다녀온다. 빈센트는 지누 부인의 초상을 그리고 싶었다. 하지만 그녀는 아파서 만날 수 없었고, 그는 어쩌면 사창가를 다녀왔을 것이다. 그렇게 생폴 요양소로 다시 돌아왔지만 이내 그의 세 번째 발작이 일어난다. 1월 21일부터 1월 30일까지 발작과 망상에 사로잡혔지만 이전만큼은 아니었다. 빈센트는 생폴 요양소에서 점점 더 지쳐갔고 고향 브라반트가 그리웠다. 너무 오래 남쪽에 머물렀다는 생각이 들었다. 과연 이곳에서 자신이 나아지고 있는지, 비관이 머릿속에서 커져갔다.

정신이 든 빈센트는 요한나가 29일에 보낸 편지를 뒤늦게 확인할 수 있었다. 조카가 곧 세상에 나올 거라는 소식이었다. 함께 전달받은 이야기는 산후조리를 돕기 위해 오빠의 파리 집에 온 빌과 함께《메르퀴르 드 프랑스(Mercure de France)》에 실린 빈센트에 대한 이야기를 읽었다는 것이었다. 하지만 그는 무슨 상황인지 알지 못했다. 그리고 31일은 조카 빈센트 빌럼 반 고흐가 태어난 날이었다. 빈센트는 조카의 탄생과 테오로부터 전달받은 자신에 대한 기사가 실렸다는 소식으로 정신이 얼얼한 상태였다. 생폴 요양소에서 고통스러운 시간을 보내던 그때, 파리의 평단에서 어떤 일이 벌어지고 있는지 빈센트는 전혀 몰랐던 것이다. 테오가 내용을 다시 자세히 전해주었고, 조금씩 진정을 하며 어떤 상황인지 생각해보았다.

> 아기가 벌써 힘차게 울기 시작했어. 조가 건강을 회복하고, 형이 우리를 보러 와서 조와 이 작은 아이를 만난다면 얼마나 기쁠지 모르겠어! 이야기했듯이 아이 이름은 형의 이름을 따서 짓기로 했어. 그리고 이 아이가 형처럼 결단력 있고 용감한 사람이 되기를 간절히 바라고 있어.
>
> 테오로부터, 1890년 1월 31일

빈센트는 어머니에게 편지를 쓴다. 조카를 위해 꽃이 핀 아몬드나무를 그리고 있으며, 자신도 이제 인정받기 시작했다는 내용을 담았다. 드디어 그림이 팔렸다는 소식도 전했고, 고갱이 자신과 함께 안트베르펜에서 공동체를 만들고 싶어 한다는 이야기도 한다. 이것은 사실이었고 지난 22일에 고갱이 보낸 편지에 적혀 있던 제안이었다. 빈센트가 평단에서 주목받기 시작하면서 자신에 대한 관심이 떨어지자 의도적으로 빈센트에게 다시 접근한 것이다.

드디어 유배된 빈센트의 연구를 알아보는 시선이 나타나기 시작했다. 1890년 1월 18일 브뤼셀에서 열린 레 뱅(Les XX)*이 주관한 뱅티스트(Vingtistes) 전시회에 빈센트의 작품 6점이 고갱, 베르나르, 피사로, 시냐크 등의 그림과 함께 전시되었고, 심지어 입구 맞은편 가장 좋은 자리에 배치되었다. 이미 빈센트의 작품은 1889년 9월 초에 있었던 독립예술가협회 전시**에서 주목받은 바 있었고, 그 덕분에 파리 밖의 화가를 위한 이 전시회에도 초청을 받을 수 있었다. 우스꽝스러운 소동이 있었다. 빈센트의 〈해바라기〉를 경멸하며 전시회의 다른 작품들까지 조롱했던 화가 앙리 드 그루(Henri de Groux)가 그 발단이었다. 그는 자기 작품을 철수시키면서 논란을 키웠고, 그의 행동은 로트레크와 시냐크의 격분을 샀다. 두 사람은 그루와 결투를 벌이겠다고까지 하며 나섰고, 결국 이 사건으로 그루는 '레 뱅'에서 제명되었다.

화가 빈센트의 생애에서 가장 중요한 사건도 이때 일어난다. 그가 지난 11월 고갱과 함께 아를에서 그렸던 〈붉은 포도밭〉을 안나 보흐라는 화가이자 수집가가 400프랑에 구입한 일이었다. 성에서 확인할 수 있듯, 그는 〈시인〉의 모델 외젠 보흐의 누나였고 레 뱅의 유일한 여성 회원이었

* 프랑스어로 '20'을 의미한다. 벨기에의 아방가르드 예술 단체로, 20명의 회원으로 구성되었으며, 전통적인 예술 아카데미의 보수성에 반기를 들어 현대적이고 혁신적인 미술 운동을 이끄는 데 중점을 둔 그룹이다.

** 1889년 9월 초 파리에서 열린 전시는 세계 박람회(Exposition Universelle)와 연계된 특별 전시로, 독립예술가협회가 주최했다. 이 전시는 네덜란드와 프랑스 예술가들의 작품을 포함하여 국제적인 예술 흐름을 조명했으며, 〈론강의 별밤〉과 〈아이리스〉가 출품되었다. 빈센트의 작품이 국제적 주목을 받는 계기가 된 전시였다.

다. 빈센트가 세상을 떠나기 전 유일하게 제대로 된 가격에 팔린 작품으로도 잘 알려져 있는데, 1889년 당시 가장 잘나가는 화랑의 매니저인 테오가 부소&발라동에서 받았던 월급이 약 333프랑이었던 것을 생각해보면 400프랑은 결코 적은 금액이 아니었다. 테오가 1890년 3월 19일에 형에게 보낸 편지를 보면, 그림을 판매한 돈을 부쳐주겠다는 말을 한다. 사실 빈센트가 그린 작품의 기본적인 소유권은 테오에게 있었기에 그 돈은 테오가 받는 것이 맞다. 하지만 처음 그림을 판매한 돈을 받는 기쁨을 형이 느끼기를 바랐을 것이다.

> 브뤼셀에서 형의 그림값이 입금되었어. (…) 돈을 보내줄까? 형이 원할 때 언제든지 쓸 수 있도록 준비해두었어. 사랑하는 형, 건강에 대한 더 좋은 소식을 들을 수 있기를 바라. 형의 작은 대자를 보면 마음이 한결 나아질 거야. 이번 위기를 극복하고 회복되면, 페이롱 박사에게 파리로 오는 것이 괜찮은지 확인해봐.
>
> 테오로부터, 1890년 3월 19일

이 전시회를 계기로 당시 중요한 간행물이었던 《메르퀴르 드 프랑스》 1890년 1월 호에는 알베르 오리에*라는 젊은 평론가가 '고립된 자, 빈센트 반 고흐'라는 제목으로 무려 6쪽에 걸쳐 그의 작품에 대한 자세한 글을 실었다. 세상에 공개된 빈센트의 작품뿐 아니라 탕기 영감이 보관해

* 몇 달 후 빈센트가 사망한 뒤에도 오리에는 테오와 편지를 주고받았다. 테오는 오리에가 "단순히 그림을 그릴 재능의 크고 작음을 평가한 것이 아니라, 그림을 읽고 이로써 그 사람을 명확히 이해했던" 최초의 사람이었다며, 그를 높이 평가했다. 테오는 오리에에게 빈센트의 전기를 집필하고, "특정 편지들의 정교한 삽화와 복제본을 포함한 책"을 만드는 데 도움을 요청하기도 했다. 안타깝게도, 오리에는 1892년에 27세라는 젊은 나이에 요절한다. 만약 그가 오래 살았다면 빈센트는 더 빨리 유명해질 수도 있었을 것이다. 하지만 아이러니하게도 그렇지 않았기 때문에 테오와 요한나로 이어지는 반고흐컬렉션은 오래도록 이어져 지금의 빈센트반고흐재단에 귀속될 수 있었을 것이다.

온 미공개작까지 포함한 것이었다. 특히 빈센트의 색채와 표현을 "강렬하고 금속적인 보석과 같은 품질"로 묘사했으며 "광기와 싸우는 천재"라는 수식까지 얻는다.

1월 26일 자 《라르 모데르네(L'Art Moderne)》에 실린 뱅티스트 전시회 관련 기사에서도 빈센트의 작품은 아래와 같은 평론을 통해 찬사를 받는다.

> 그는 색채를 통해 사물에 대한 상징적 시각을 구현하려 했던, 독특하고 기묘한 예술가다. 바로 빈센트 반 고흐다.
> 방문자여, 〈해바라기〉, 〈담쟁이덩굴〉 그리고 특히 〈몽마주르의 붉은 포도밭〉 같은 이 요란하고 소란스러우며 무질서한 그림들 앞에서 처음 느끼는 충격을 이겨내보라. 그리고 다시 눈을 떠 이 3점의 특별한 그림을 똑바로 바라보며 스스로에게 물어보라. 그 격렬한 혼돈과 강렬하고 원색적인 색감의 풍요로움이, 현실을 마주했던 당신의 마음 깊은 곳에 남은 흔적, 어쩌면 아물지 않은 상처를 놀라운 강도로 되살려내는 것은 아닌가?

1890년의 평론이 처음은 아니었다. 이미 지난여름부터 빈센트의 독창성을 감지한 네덜란드의 화가이자 평론가인 조셉 야코프 이삭슨(Joseph Jacob Isaäcson)은 테오의 집에서 그의 작품을 본 이래 빈센트를 주목하고 네덜란드 신문인 《드 포르트푀유(De Portefeuille)》에 기고하던 자신의 칼럼 〈파리 편지〉에 그를 소개한 바 있다. 테오는 이 기사를 정리해 빈센트에게 보냈다.

그해 3월, 파리에서 독립예술가협회전이 열렸고 빈센트의 작품 10점이 소개된다. 빈센트의 그림은 상당한 주목을 받았고 테오와 요한나는 빈센트를 대신해 축하를 받았다. 테오의 편지를 통해 이 전시회에서 최고의 작품은 빈센트의 것이라고 모네가 말했다는 내용도 확인할 수 있다.

> 전시회에서 형의 작품은 정말 성공적이었어. 얼마 전 길에서 만난 듀즈(Ernest Duez)는 "당신 형에게 찬사를 보낸다"며, 그림이 정말 훌륭하다고 전해달라고 말했어. 모네는 이 전시회에서 형의 그림이 최고라고 했어. 다른 많은 작가들 역시 나에게 그렇게 말했어. 세레(Armand Serret)는 형의 다른 캔버스를 보려고 우리 집을 찾아오기까지 했어, 너무 기뻤어.
>
> 1890년 4월 23일

이 전시회는 빈센트의 작품을 세상으로 연결해주었으며 무명 화가에서 탈출하는 계기가 되었다. 반년 남짓 기간의 전시를 통해, 게다가 그의 고향인 네덜란드도 아닌 프랑스에서 이러한 평가를 받았다는 사실은 빈센트가 얼마 지나지 않아 최고의 화가로 올라설 것이라는 방증이었다. 오랫동안 형을 후원해온 테오 역시 마찬가지로 젊은 화상으로서 성공을 눈앞에 두고 있었다.

프로방스를 떠나며

사실 저는 그 아이의 이름을 제 이름이 아닌, 아버지 이름을 따서 지었으면 더 좋았을 거라 생각했습니다. 요즘 들어 아버지를 자주 떠올리거든요. 하지만 이미 이름이 정해진 만큼, 바로 그 아이를 위해 그림을 그리기 시작했습니다. 그들의 침실에 걸릴 그림입니다. 푸른 하늘을 배경으로 한, 크고 하얀 아몬드 꽃 가지 그림을 그리고 있습니다.

어머니에게, 1890년 2월 19일

작업은 순조로웠어. 마지막으로 그린 꽃 피는 나뭇가지는 아마도 내가 가장 차분하고 신중하게 작업한 최고의 작품이었을 거야. 안정된 마음으로 더욱 확실한 터치를 담아 완성했지. 그런데 그다음 날, 짐승처럼 망가져버렸어.

테오에게, 1890년 3월 17일

〈아몬드 꽃〉은 빈센트가 시간을 많이 들여 작업한 몇 안 되는 작품 중 하나였다. 특히 주제에 과감히 접근해 필요 없는 부분을 잘라낸 구성은 파격적이었고, 따뜻하고 화사한 색감에 아름다움이 넘치는 작품이었다.

↑ 〈아몬드 꽃〉(1890년 2월).

이 그림이 일본 판화의 영향을 받은 것은 잘 알려진 사실이며, 그 속에서 많이 드러나는 주제인 벚꽃과 이 작품 간에 유사성이 있음은 우리도 쉽게 알아차릴 수 있다. 빈센트는 더 많은 꽃을 그려 넣을 계획이었던 것 같다. 하지만 테오에게 보낸 편지에서 말한 것처럼 다음 날 있었던 발작 때문에 작업을 멈출 수밖에 없었고, 편지를 쓸 무렵에는 아몬드 나무 꽃이 다 져버렸을 것이다. 그럼에도 이 그림을 받은 테오는 만족했고 정말 기뻐했다.

이 작품은 빈센트가 조카 빌럼에게 준 선물이었다. 테오가 죽은 후 반 고흐 형제의 컬렉션은 요한나가 상속받는다. 요한나는 화가 빈센트를 알리기 위해 노력했는데, 가장 좋은 방법은 작품이 유명한 미술관에 걸리는 것이었다. 하지만 이 그림이 그곳의 대표작이 된 이유는 요한나와 빌럼이 가족의 유산이라 여긴 〈아몬드 꽃〉만은 끝까지 판매하지 않았기 때문이며, 이후 이 작품은 1962년 반고흐미술관 설립을 위해 빈센트반고흐재단으로 이관되어, 지금은 암스테르담에서 직접 만날 수 있다.

페이롱의 환자 관리에는 문제가 있었다. 그는 환자의 간절한 부탁을 잘 들어주는 경향이 있었다. 생폴 요양소에서 겪은 세 번째 발작에서 회복한 빈센트는 다시 아를에 다녀오게 해달라고 간청했고 페이롱은 이를 들어주었다. 다음 날, 빈센트는 아를의 길거리에서 발견되었고, 그가 밤에 무엇을 했는지는 아무도 알 수 없었다. 결국 그는 빈센트를 담당했던 푸레가 모는 마차에 실려 돌아왔을 것이다. 빈센트는 지누 부인에게 그녀의 초상화 〈아를의 여인〉을 선물하려던 것 같지만, 이 작품은 그때 사라졌다. 2월 22일의 발작은 마지막이었지만 가장 강력했다. 금방 끝날 줄 알았던 페이롱의 생각과 달리 오래 고통이 지속되었다. 위에 인용한 아몬드 나무에 대한 설명을 담은 편지는 그가 정신이 돌아온 3월 17일에 작성한 것이다. 그는 골고다 언덕을 오르듯 고통 속에서 그림을 그렸고, 마지막 발작은 빈센트의 그림을 완전히 바꿔놓았다.

4월 29일이 테오의 생일이란 것을 떠올린 순간 빈센트의 머리는 명징해져 동생에게 편지를 쓴다. 테오에게 세필 붓과 캔버스, 대량의 물감을 요청한다. 고통이 던져놓은 영감을 표현해야 했다. 이와 동시에 빈센트는 오리에의 평론에서 공포를 느낀다. 차갑던 세상이 그에게 언제 그랬느냐는 듯 갑자기 다가왔다. 그토록 원하던 관심이었지만, 가면의 시선을 느끼자 잠시나마 행복했던 빈센트의 감정은 불안으로 변주되었다. 그는 이

날의 편지에서 테오에게 자신에 대한 평론을 멈추라고 오리에에게 부탁해 줄 것을 요청했다. 그리고 같은 날 어머니와 빌에게 쓴 편지에 다음과 같이 적는다.

> 제 작품이 성공을 거두었다는 말과 기사를 읽었을 때, 곧바로 후회하게 되지 않을까 두려웠어요. 화가의 삶에서 성공이란 대부분 최악의 일이 되는 것 같습니다.
>
> 1890년 4월 29일

떠날 시간은 다가오고 있었다. 자연스럽게 외부로부터 변화가 시작되었다. 독립예술가협회전의 성공이 계기가 되었다. 이제 빈센트는 평단에서 자주 거론되는 인물이었고 더 이상 유배되어 있을 이유가 없었던 것이다. 테오를 통해 빈센트의 사정을 전해 들은 피사로는 그의 치료를 돕기 위해 가셰 박사를 소개한다. 빈센트라는 인물에 관심이 생긴 가셰 역시 자신이 있는 오베르로 이주할 것을 추천했다. 생폴 요양소의 시간은 이제 얼마 남지 않았다. 페이롱만 동의한다면 빈센트는 떠날 수 있었다.

발작이 멎은 후부터 생애 마지막 행선지인 오베르로 떠나기 전까지 빈센트는 분출하듯 작품을 쏟아낸다. 마지막 발작이 그에게 남긴 결과였다. 그중 테오에게 보낸 편지에 등장한 문구가 차용되어 작품의 제목이 된 〈북쪽의 기억〉과 〈오두막과 사람〉은 주목할 만하다. 빈센트가 처음 남프랑스에 도착했을 때 엄청난 폭설을 경험하긴 했지만, 일반적으로 이곳은 눈이 많이 오는 지역이 아니다. 따라서 작품에서처럼 각도가 좁은 지붕을 가진 집들은 그곳에서 보기 어렵다. 하지만 그림 속의 집들은 이곳에선 보기 어려운 뾰족한 각도의 지붕으로 그려져 있다. 당연히 그는 다시 브라반트를 꿈꾸었던 것이다.

⇡ 〈북쪽의 기억〉(1890년 3~4월).

중앙 하단에 보이는 두 사람은 누구일까? 어쩌면 자신과 동생을 그려 넣은 것이 아닐까? 이 작품은 프로방스에서 받은 에너지를 모두 소진한 빈센트가 새로운 영감을 받을 장소로 떠날 준비가 되었음을 암시한다. 이 두 작품은 빈센트가 상상 속의 대상을 그리는 데 주저하지 않음을 보여준다. 윤곽선의 특징도 크게 바뀌는데, 직선 없이 전부 굽은 선으로 대상을 그렸다. 빈센트는 더 이상 어떤 사조에 얽매이지 않고 느끼는 대로 대상을 표현했다. 이 시기부터 나타난 그의 독특하고 강렬한 붓놀림은 이후 20세기 초에 나타나는 표현주의에서 드러나는 작가의 내면과 그를 통해 드러나는 왜곡된 세계라는 특징의 시초가 된다.

5월 11일, 테오가 보낸 등기우편과 150프랑의 전신환이 빈센트에게 도착했다. 정말로 생폴 요양소를 떠날 시간이 된 것이다. 이곳의 작업은

⟵ 〈오두막과 사람〉
(1890년 4월).

5월 13일에 그린 〈꽃병에 담긴 백장미〉로 마무리되었다. 빈센트는 출발 준비를 시작했다. 1년 넘게 머물렀던 곳을 떠나려니 그림을 그리는 것보다 짐 싸는 일이 더 힘들었다. 그즈음 완성한 8점의 작품은 건조 후 보내달라고 직원들에게 부탁해두었고, 아를에서 구입했던 침대를 오베르에서 쓰기 위해 발송을 부탁하는 편지를 룰랭에게 보냈다.

정리를 마친 빈센트가 생폴 요양소를 나선 날은 5월 16일 금요일이었다. 그의 짐은 30kg이었다. 타라스콩역에 도착한 빈센트는 '17일 오전 10시 리옹 도착'이라는 전보를 테오에게 보낸다. 그가 처음 생레미에 왔을 때도 지금처럼 아름다운 5월이었다. 리옹으로 향하는 기차에 올라타는 순간을 끝으로 2년 3개월여의 치열했던 남부의 시간은 마무리되었다.

1889년 5월 8일, 페이롱 박사에 의해 처음 작성된 빈센트의 환자

기록지는 그가 리옹으로 떠난 날, 역시 페이롱 박사의 다음 기록이 추가되며 마무리되었다.

> 환자는 대부분 차분한 상태를 유지했지만, 요양소에 머무는 동안 2주에서 한 달간 이어진 발작을 몇 차례 겪었습니다. 발작 중에는 극심한 불안에 시달렸으며, 유화 물감을 삼키거나 램프를 채우던 직원에게서 몰래 가져온 석유를 마시는 등 자살을 시도했습니다.
> 마지막 발작은 아를 여행 후 발생했으며 약 두 달간 지속되었습니다. 그러나 발작 사이의 기간에는 환자가 완전히 차분하고 명료했으며, 열정적으로 그림 작업에 몰두했습니다.
> 오늘 그는 북프랑스로 이주하기 위해 퇴원을 요청했습니다. 그는 그곳의 기후가 건강에 더 나을 것이라고 믿고 있습니다.
>
> 퇴원일: 1890년 5월 16일
>
> 코멘트: 회복(Guérison)

전보를 받은 테오는 빈센트가 오다가 발작을 일으키지 않을까 하는 걱정에 잠을 이루지 못했다. 그는 요한나와 빌럼을 두고 아침 일찍 리옹역으로 향했다. 기다리는 동안 머릿속에 많은 생각이 스쳐 지나갔다. 아를의 병원에 누워 있던 형을 본 것이 1년 5개월 전이었다. 그 사이 결혼을 했고, 아이가 태어났다. 10여 년 동안 빈센트를 지원할 수 있었던 원동력은 형의 예술에 대한 스스로의 감각과 믿음이었다. 빈센트는 자신감을 잃고 주저했지만, 테오의 믿음은 흔들리지 않았다. 이제 빈센트는 더 이상 무명의 화가가 아니었다. 그의 믿음대로 파리의 미술계는 그를 주목하기 시작했다. 지난 10년간의 노력이 드디어 꽃을 피울 것이라 생각했다.

타라스콩에서 출발한 기차가 리옹역으로 들어섰다. 빈센트를 태우고 출발한 파리행 열차는 어둠 속을 가르며 달렸고, 마침내 그가 플랫폼에 내렸다. 두 사람은 마차를 타고 테오와 요한나가 사는 몽마르트르 근처 피갈 지구로 향했다. 현관문이 열리고 요한나는 남편과 빈센트와 마주했다. 병자 같은 사람일 줄 알았는데, 빈센트는 건장하고 넓은 어깨를 가진 남자였다. 그가 보내온 초상화에서 보던 그 인물이 요한나 앞에 서 있었다. 그는 건강한 안색과 얼굴에 미소를 띤 올곧은 사람처럼 보였다. 심지어 남편보다 훨씬 강해 보였다.

집에 도착한 테오는 빈센트를 빌럼의 요람이 있는 방으로 이끌었다. 잠든 조카를 본 빈센트의 가슴에는 복잡한 감정이 차올랐을 것이다. 가족과의 관계가 자신에게 어떤 영향을 미쳤는지 그 흔적을 느꼈을지도 모른다. 발작과 혼란의 근원이 과연 요한나와 조카 때문이었을까, 아니면 단지 내면에서 일어난 갈등의 반영이었을까. 그런 질문과 상관없이 그의 뺨에는 눈물이 흘렀다.

테오의 집에서 빈센트는 자신이 창조한 수많은 작품과 다시 마주할 수 있었다. 거실 벽에는 〈론강의 별밤〉과 〈아를의 풍경〉이, 피아노 위에는 〈아몬드 꽃〉이, 침실에는 〈꽃피는 과수원〉이, 그리고 식당의 벽난로 위에는 〈감자 먹는 사람들〉이 걸려 있었다. 그곳은 빈센트의 그림으로 가득 찬 최초의 반 고흐 미술관이었다. 방과 벽마다 그의 그림이 차 있었고, 전시되지 못한 작품들이 여기저기 수납되어 있었다. 그럼에도 공간이 부족했기에 나머지 그림은 탕기 영감의 화방에 채워져 있었다. 빈센트를 사랑하는 현대인들이 그 시대로 여행을 떠나, 이 공간들에서 그의 작품과 처음 대면할 수 있다면 얼마나 경이로울까? 빈센트는 자신의 작품이 이토록 사랑받을 것이라고 짐작할 수 있었을까?

그동안 파리 미술계가 어떻게 변했는지 알고 싶었던 빈센트는 일요일 아침 테오와 함께 에펠탑 앞의 샹드마르스 공원에서 열린, 국립미술협회(Société Nationale des Beaux-Arts)가 주최한 전시를 관람한다. 파리를 떠난 이후로 처음 보는 전시였다. 그곳에서 피에르 퓌비 드샤반(Pierre Puvis de Chavannes), 카롤루스 뒤랑(Charles Emile Auguste Durand), 오귀스트 로댕(Auguste Rodin)의 작품을 감상할 수 있었다. 월요일에는 탕기 영감의 화방에 있는 그림을 확인하러 갔다. 하지만 빈센트는 빈대가 들끓는 환경과 작품 보관 상태에 충격을 받는다. 생레미에서 자신을 불태우면서 쏟아낸 작품이 마치 버려진 것 같았다.

오랜 유배 생활 때문이었을까. 파리의 번잡함은 빈센트에게 어울리지 않았다. 테오 가족과 함께하는 시간조차 어색하게 느껴졌고, 약속했던 요한나의 초상화도, 빌럼을 그릴 의욕도 사라졌다. 오래전부터 꿈꿔온 은은한 가스등 불빛 아래 노란 서점을 그리고 싶었던 생각마저 희미해졌다. 결국, 처음 계획했던 일주일을 다 채우지 못하고 빈센트는 떠나기로 마음먹는다. 20일 아침, 빈센트는 리옹역에 맡겼던 짐을 다시 싣고 마지막 종착지가 될 오베르로 향하는 열차에 올랐다.

Van Gogh's Time
Discovered by Astronomy

8.

생레미의 밤하늘 탐사

빈센트의 방

창문에는 쇠창살이 있지만, 그 너머로 울타리 안 밀밭 한 구역을 볼 수 있어. 그것은 반 호이엔(Van Goyen) 스타일의 풍경처럼 보이고, 아침이면 그 위로 태양이 찬란하게 떠오르는 모습을 볼 수 있어. 여기는 30개가 넘는 빈방이 있어서 내가 작업할 수 있는 또 다른 방도 있어.

1889년 5월 23일

여기서 이상한 환자들과 함께 살기 위해 일하며 최선을 다하고 있어, 불안해. 강제로 아래층으로 내려가려 해도 허사야. 그리고 바깥공기를 마시지 못한 지 두 달이 넘어가고 있어.

1889년 10월 10일

두 편지의 내용처럼 빈센트는 동쪽으로 창이 난 2층 병실에서 생활했으며, 1층에 따로 마련된 작업실에서 그림을 그렸다고 전해진다. 지금도 생폴 요양소는 의료 시설로 운영되고 있기 때문에, 환자를 위한 구역과 관광객을 위한 구역이 분리되어 있다. 그래서 2019년 답사 때 그가 그린 요양소 안쪽 풍경의 상당 부분은 실제로 볼 수 없었다.

↑ 복제된 빈센트의 방에서 동쪽으로 난 창밖 풍경.

359쪽 1번 그림은 빈센트가 그린 자신의 방 창문 모습이다. 현재 관람객에게 공개된 빈센트 방의 창문 구조는 2019년의 답사에서 촬영한 2번 사진으로 확인이 가능한데, 서로 형태가 다르다. 빈센트의 그림에는 창문 안쪽의 덧문 위에 별도의 채광창이 있다. 사실 현재 공개된 빈센트의 방은 복제된 공간이다. 이 역시 2층에 있으며 바로 맞은편에는 욕조 2개가 덩그러니 놓인 치료실도 함께 복원되었다. 빈센트가 지낸 방은 아니지만 그가 창밖으로 어떤 풍경을 보았는지 상상해보는 데는 도움이 되었다.

〈별이 빛나는 밤〉을 추적하기 위해, 그가 정확히 어느 방에 있었는지는 문제가 되지 않는다. 다만 그가 어느 방향을 보았는가는 중요하다. 재현된 방의 창문으로 보이는 풍경은 정확히 동쪽이었다. 빈센트가 바라본 풍경 속 나무는 이제 130년 이상 나이를 먹었지만 그때 빈센트가 본 별은 지금도 변함없이 떠오른다. 나는 빈센트가 보았던 새벽 동쪽 하늘을 추적할 수 있으리라는 확신이 들었다.

현장을 살펴본 후 복제된 방을 둘러보던 중 그의 방 창문이 눈에 들어왔다. 만약 빈센트가 이런 구조에서 〈별이 빛나는 밤〉의 장면을 포착했다면 1889년 6월 19일 남쪽 밤하늘에 있던 달을 보기 어려웠을 것이기 때문이다. 그 이유는 2번 사진에서 보이는 것처럼, 요양소 방의 내측 벽과 건물 외벽 사이가 상당히 두꺼워서다. 따라서 내측 유리창을 열지 않으면 달을 보기 불가능했을 것이고, 열더라도 창문턱에 매달려서 철창에 얼굴을 들이밀어야 달을 볼 수 있게 된다. 과연 그렇게까지 해서 달을 봐야 할 필요가 있었을까? 또 하나 시야를 가릴 요소가 있다. 3번 사진을 보자. 재

⇡ 〈창살이 있는 창문〉 스케치(1890년 3~4월) 및 현지답사 사진.

현된 빈센트 방의 창문은 사진에서 오른쪽 것이다. 하지만 그가 실제로 쓴 방의 창이 사진 왼쪽의 창처럼 건물의 구조물로 가로막혔다면 남쪽 하늘을 보기가 어려워진다. 물론 이것은 추정이다.

이번에는 1층에 있었다는 작업실을 생각해보자. 그의 작업실은 별도로 재현된 공간이 없으니 빈센트가 남긴 유일한 힌트인 〈작업실의 창문〉을 통해 추적해야 한다. 이 방을 상상하기 위해 창문 이야기를 조금 더 해보자. 프랑스 프로방스 지역의 창문은 독특한 특징이 있는데, 빈센트의

빈센트의 창문 모델링.

창문 스케치에서도 볼 수 있는 것처럼 나무로 만든 덧문인 창문 셔터가 그것이다. 셔터는 여름철 햇볕을 차단하고 겨울에는 외풍을 막는 역할을 하며 보통 백색이나 파스텔 톤으로 많이 칠한다.

다음 특징은 두꺼운 벽과 깊은 창턱이다. 프로방스의 집들은 보통 두꺼운 석재 벽으로 만들어져 창문이 깊숙이 들어가 있다. 이에 창턱에 화분이나 소품을 놓아 장식하는데, 〈작업실의 창문〉에도 유리병 등이 보인다. 그리고 오래된 건축물에서는 아치형의 상단 구조를 흔히 볼 수 있다. 네 모퉁이가 모두 사각인 빈센트의 침실 창과 달리 〈작업실의 창문〉에서는 위쪽이 둥글게 처리된 전형적인 프로방스 스타일의 창문이 보인다.

나는 빈센트의 작업실을 추적하기 위해 3D 설계 소프트웨어로 그의 작업실을 간단하게 구현해 보았다. 하지만 알고 있는 치수가 하나도 없기 때문에, 작품 속에 걸린 그림을 바탕으로 작업을 시작했다. 〈작업실

⇡ 〈작업실의 창문〉(1889년 9~10월).

⇡ 〈요양소 정원의 나무들〉(1889년 10월).

의 창문〉은 1889년 9월에서 10월 사이에 그려진 것으로 알려져 있는데 우측 하단에 배치된 캔버스가 바로 〈별이 빛나는 밤〉으로 추측된다. 빈센트가 그린 여러 장의 〈사이프러스가 있는 밀밭〉(1889년 7월, 1889년 6월, 1889년 6~7월)은 모두 사이프러스가 캔버스 우측에 서 있는 구도지만, 오직 〈별이 빛나는 밤〉만 사이프러스가 좌측에 있기 때문이다.

이 작품의 치수인 92.1×73.7cm에 맞추어 나무 프레임을 만들고, 가상의 빈센트 작업실에 걸어보았다. 그 위에는 세로 구도로 그려진 나무 그림 중 가장 비슷한 형태이면서 33.5×41.6cm 크기로 〈별이 빛나는 밤〉과 배치했을 때 가장 비율이 유사한 〈요양소 정원의 나무들〉을 벽에 걸었다. 이는 2019년 뉴욕 크리스티 경매에 나와서 4000만 달러에 낙찰되어 현재는 개인 컬렉터가 소유한 작품이다.

상상 속 빈센트의 작업실에 두 작품을 걸고 나서 다음으로 배치한 것은 키가 170cm 정도 되는 마네킹이었다. 출처가 정확하지는 않지만 빈센트의 키를 조사해보면 그 정도였다는 의견이 많아 선택했다. 이것은 중

↑ 내가 서 있는 사진(좌측), 같은 곳을 다른 각도에서 찍은 사진.

요하지 않은 터라 일단 넣어두었다. 이후 창문턱의 높이는 115cm 정도로 맞추고 그림 비율에 맞게 창문을 만들었다. 정보가 없기 때문에 모든 것은 〈작업실의 창문〉의 비율에 맞추어 설계했다. 그랬더니 위의 둥근 부분을 포함한 크기가 140×250cm인 시원한 창이 그려졌다. 다만 34cm 높이의 보편적인 와인 병을 배치하니 작품 속 유리병의 크기와는 상당한 차이가 있었는데 빈센트가 그린 건 훨씬 더 큰 것이 아니었나 싶다.

자, 이제 현실 속 유리창과 비교해보자. 2019년의 현지답사는 지금 시점에서 볼 때 준비가 부족했기에 정작 필요한 사진이 없었다. 아쉬운 대로 과거에 찍은 사진과 '위키미디어 커먼스'에 업로드된 조건부 사용 허용 이미지를 비교해 둥근 1층 창문의 크기를 대략이나마 짐작할 수 있었다. 위의 우측 사진의 오른쪽 창이 〈작업실의 창문〉 형태와 비슷한 것을 확인할 수 있다. 사진에서 나의 키와, '동일한 창'이라고 적어둔 곳을 통해 〈작업실의 창문〉 높이를 추정해보자. 내 키가 180cm임을 감안하면 둥근 창은 내 키보다 훨씬 더 커 보인다. 모델링에서 2.5m로 추정한 창의 높이가 비율상 비슷하다고 볼 수 있다. 이렇게 빈센트의 작업실을 대략적으로나마 구성해보았다.

빈센트가 바라본 풍경

이제 같은 근경을 가진 4점의 유화 작품을 통해 빈센트가 남긴 힌트를 찾아보자. 이 문제를 풀기 위해서는, 잠시 학창 시절에 배운 계절의 변화가 생기는 이유를 떠올려야 한다. 중학교 교과과정에서 학습하는 내용이지만 기억이 안 나는 이들을 위해 잠시 복습해보자. 지구는 364쪽 그림처럼 약 23.5도 기울어진 채 태양 주위를 공전한다. 이 기울기가 바로 계절 변화의 주요한 이유로, 여름과 겨울 동안 태양이 뜨고 지는 위치가 달라지는 원인이 된다.

여름에는 지구의 북반구가 태양 쪽으로 더 기울어져 있어(364쪽 그림 왼쪽), 태양 빛이 북반구로 더 직접적으로 들어온다. 이 때문에 태양은 북동쪽에서 떠오르고, 낮 동안 더 높은 고도를 유지하기에 해가 떠 있는 시간이 길다. 즉 해가 일찍 뜨고 늦게 진다. 반대로 겨울에는 북반구가 태양에서 멀어지는 방향(364쪽 그림 오른쪽)으로 기울어진다. 이 시기에 태양은 남동쪽에서 떠오르고, 낮 동안의 고도가 낮아지며 해가 떠 있는 시간이 짧아진다. 이 시기의 태양 빛은 여름보다 더 비스듬히 들어오기 때문에 에너지가 약하다.

364쪽 아래 그림은 동지와 하지 때 태양의 움직임을 보여준다. 하지에는 태양이 더 북쪽에서 떠오르고 하늘에서 더 높은 호를 그리면서 이동하는 것과 달리, 동지에는 태양이 더 남쪽에서 떠올라 낮게 이동하며 짧은 호를 그린다. 이제 이 설명을 기억하고 365쪽의 1번과 2번 작품을 살펴

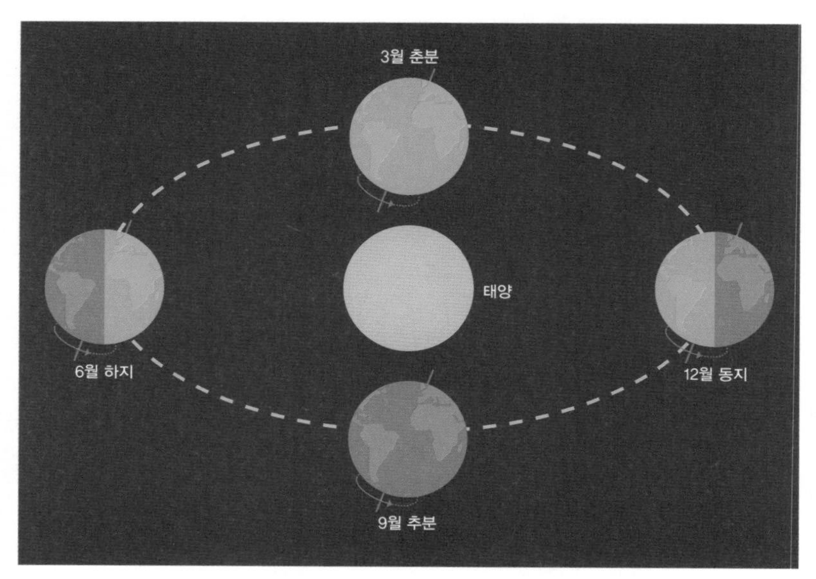

기울어진 채 태양 주위를 공전하는 지구.

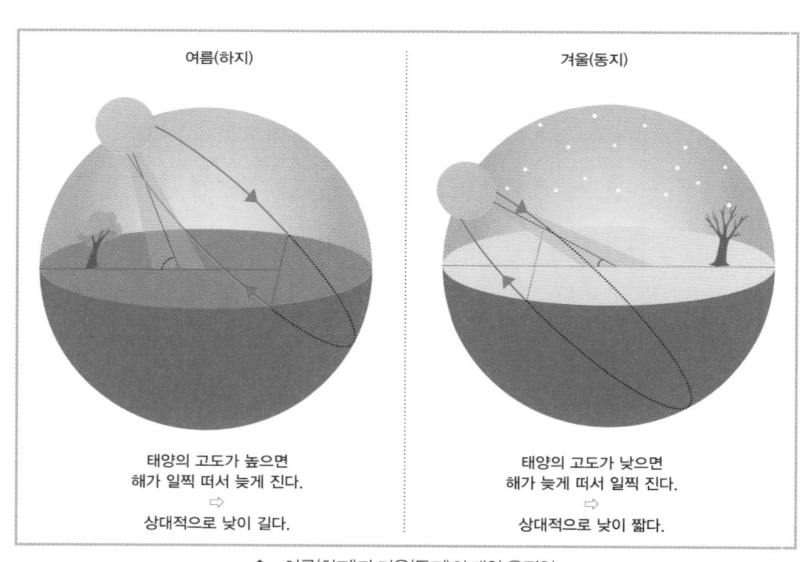

여름(하지)과 겨울(동지)의 태양 움직임.

⇡ 위성 지도와 그림 비교.

보자.

2019년 생폴 요양소에 답사를 다녀온 후, 나는 같은 풍경을 그린 유화 6점을 차례대로 들여다봤다. 하지만 그 어떤 작품도 내가 봤던 풍경과 겹치지 않았다. 즉, 내가 본 풍경이 아니었던 것이다. 가장 먼저 눈에 들어온 것은 묘한 각도를 가진 정면과 왼편 벽의 교차 각도였다(그림 3, 직각이 아닌 모서리). 내가 본 정원의 담벽들은 서로 반듯하게 직각으로 교차했기 때문이다. 작품만으로 볼 때 왼쪽 모서리는 90도보다 커 보였고, 오른쪽 모서리는 직각 같았다. 빈센트는 왼쪽 모서리에 더 가까운 방에 있었던 것으로 보이며, 전체 형상은 2층에서 내려다보는 듯한 느낌이었다.

지오포르타유가 제공하는 20cm 해상도의 초고해상도 위성 지도 서비스를 통해 생폴 요양소 지도를 확인했더니 내 궁금증은 바로 해결되었다. 빈센트가 작품을 그린 곳은 접근할 수 없는 지역이었던 것이다. 요양소의 면적은 생각보다 훨씬 넓었다. 관람객이 돌아볼 수 있는 지역과 분리된, 기역자형 건물이 북쪽에 따로 있었다. 위 그림에서 확인 가능하듯 담장 모서리는 예상대로 전혀 직각이 아니었고 설계 소프트웨어로 측정해보니 112도로 확인되었다. 이를 바탕으로 빈센트가 이 풍경을 바라본 위치는 근경(모서리의 위치)과 원경(태양의 일출 각도)을 통해 대략적으로 추정할 수 있었다.

그런데 아무리 생각해도 해당 위치는 위성 지도에 보이는 다른 건축물 때문에 시야가 가려질 것 같았다. 이 의문 역시 지오포르트타유에서 제공하는 60년 전에 촬영된 항공사진 지도를 통해 해결되었다. 생폴 요양소는 어떤 시점에 증축되었던 것으로, 시야를 가릴 것으로 예상했던 건축물은 과거에 없었던 것이다.

다시 1, 2번 작품으로 돌아가보자. 1번은 〈해 뜨는 밀밭〉이며 작품을 그린 시기는 5월 23일의 편지를 통해 추정했다. 2번은 그가 11월 19일 테오에게 보낸 편지를 통해 추정했다. 이 편지에서 빈센트는 1890년 1월에 브뤼셀에서 열릴 뱅티스트 전시회에 출품할 작품 6점을 결정한다고 했다. 앞서 다룬, 그가 최초로 그림을 판매한 바로 그 전시였다. 그중 1점이 바로 2번 〈푸른 밀밭의 일출〉이며 편지에서 '현재 작업 중'이라고 테오에게 말한 작품이다.

편지 자료를 통해 1번은 대략 5월 25일로, 2번은 11월 20일로 추정했다. 앞에서 여러 번 이야기한 대로 달은 하늘에서 위치가 날마다 크게 바뀌지만 태양은 그 차이가 비교적 작다. 따라서 열흘 이내의 오차는 아주 큰 오류를 만들지 않는다. 367쪽의 그림이 빈센트가 바라본 태양의 일출 방위각이며, 이 자료를 바탕으로 현장에서 방위와 함께 실측을 한다면 빈센트가 바라본 하늘의 각도를 정확하게 계산하는 데 도움이 될 것이다.

직각이 아닌 담벽 모서리의 비밀은 풀었으나 아직도 풀리지 않은 문제가 있다. 작품 속에서 공통적으로 저 멀리 보이는 알필산의 모습이다.

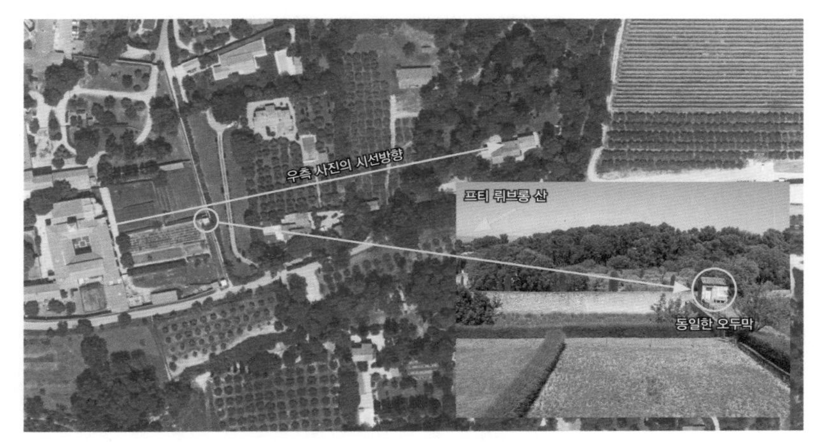

⇡ 빈센트의 복제된 방에서 조금 더 북쪽에 있는, 2층 창에서 촬영한 동쪽 풍경.

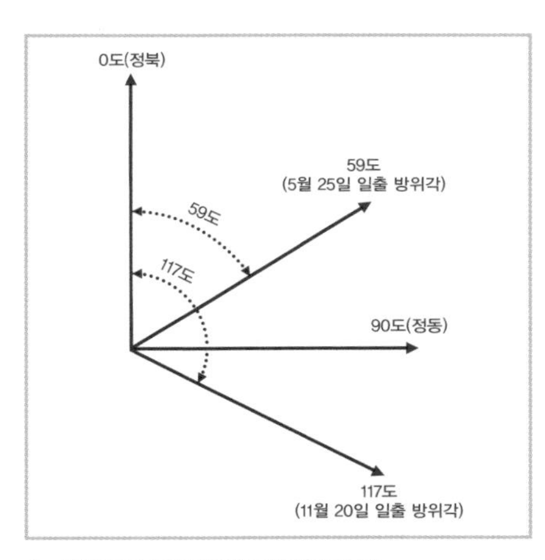

⇡ 빈센트가 바라본 태양의 일출 방위각.

358쪽에 수록된 복제된 빈센트의 방에서 찍은 창밖의 풍경을 다시 한번 살펴보자. 그리고 위의 사진을 살펴보자.

이 사진은 빈센트의 복제된 방에서 조금 더 북쪽에 있는, 현재는 창살이 없는 2층의 창에서 촬영한 동쪽의 풍경이다. 빈센트 작품의 동쪽에 보이는 알필산(해발고도 약 500m)은 이곳에 없다는 것을 확인할 수 있다. 저 멀리 보이는 산은 직선거리로 약 23.2km나 떨어진 프티 뤼브롱산(해발고도 약 700m)이다. 거리가 멀어 평지에서 보이는 프티 뤼브롱산의 고도각은 1.7도 남짓이므로 빈센트는 없는 풍경을 그려 넣은 것이다. 생레미의 알필산은 빈센트가 있는 생폴 요양소를 기준으로 남쪽 방향에 있다. 이곳은 요양소와 가깝기 때문에 동

↑ 〈생폴 요양소의 정원〉(1889년)과 〈작업실의 창문〉 부분 확대.

일한 조건으로 계산하면 고도각이 14도 정도 나온다. 따라서 빈센트는 작품마다, 남쪽에 있는 알필산을 동쪽에 있는 것처럼 그려 넣었다.

트랄보는 빈센트가 작업실로 사용한 방은 1층에 있고 요양소의 정원과 알필산맥을 바라볼 수 있다고 했다. 그의 저서에 〈작업실의 창문〉과 거의 같은 구도로 촬영한 아치형 창문의 흑백사진이 담겨 있으므로, 트랄보는 실제 작업실이 어디인지 안내받았을 것이다. 그렇다면 위 그림처럼 〈작업실의 창문〉에서 가로 창살과 겹쳐 보이는 것이 먼 담장이고, 그 위에 연둣빛으로 보이는 부분이 멀리 보이는 산이 아닐까 생각된다. 자, 이것은 매우 중요한 문제다. 왜냐하면 이쪽에서 보이는 시야가 남쪽이기 때문이다.

그렇다면 빈센트가 그린 〈별이 빛나는 밤〉을 비롯하여 그 많은 일출과 월출, 담장 속 밀밭 같은 가까운 풍경은 모두 자신의 병실에서 바라본 것을 바탕으로 그렸다는 뜻이 된다. 그리고 먼 풍경은 작업실에서 보이는 알필산을 그려 넣은 것이다. 원래 시간이 흐를수록 원경보다는 근경에 역동적인 변화가 더 많고 자세히 보이는 법이 아닌가. 따라서 빈센트는 병실에서 보이는 가까운 풍경을 기억했다가 작업실에서 그렸을지도 모른다.

하지만 그런 작업 방식은 그가 선호하지 않았다는 것을 빈센트의 생애를 통해 확인했다. 혹시 자신의 방에서도 그림을 그릴 수 있는 여벌의 화구를 준비하지 않았을까? 어쩌면 스케치가 가능한 정도로만 단출하게 구성했을 수도 있다.

트랄보의 묘사대로라면, 빈센트의 작업실 창을 통해 볼 수 있는 풍경은 생폴 요양소의 내측 정원임이 분명하다. 가상의 작업실 속 〈별이 빛나는 밤〉 위에 걸었던 〈요양소 정원의 나무들〉이 작업실 창을 통해 보이는 풍경 중 하나였을 것이다. 어쩌면 빈센트가 1889년 여름의 발작을 겪고 맞은 가을 무렵 세로 구도로 나무를 많이 그린 이유가 그것일지도 모른다. 작업실 외부인 자신의 2층 병실로는 테레빈유를 들고 올라가지 못하게 했을 것이기 때문이다.

빈센트의 작품에서 원경으로 그려진 알필산은 밖에 나가서 본 풍경이거나 작업실에서 보이는 남쪽의 풍경일 것이다. 특히, 그는 담장 안 밀밭 풍경을 유화와 드로잉으로 10편 이상 남겼다. 그 풍경은 아마 눈을 감고도 그릴 수 있을 정도로 익숙했을 것이다. 생폴 요양소 시절, 사람들이 사는 생레미 마을 풍경을 그린 작품은 극히 드물다. 이를 보면 그는 요양소 밖 시내 쪽은 거의 가지 않은 듯하다. 대신 빈센트는 창문으로 보이는 가까운 풍경을 자주 화폭에 담았다. 어쩌면 창문은 과거 안트베르펜 시절 대장장이에게 부탁해 직접 제작한 그림틀을 떠올리게 했을지도 모른다. 그림틀은 구도를 잡고 비례를 실수하지 않기 위해 사용한 도구로, 파리 시절에도 자주 활용했다.

빈센트에게 창문은 세상을 담는 새로운 틀이자, 구속을 넘어선 자유로움의 경계였다. 창은 더 이상 그의 현실을 가두는 울타리가 아니었다. 오히려 세상과 별빛으로 이어지는 통로가 되어주었다. 빈센트는 그 창을 통해 보이는 풍경 속에서 〈별이 빛나는 밤〉을 탄생시켰다.

↑ 〈생레미의 알필산〉(5월 하순).
↓ 〈폭풍 후의 밀밭〉(1889년 6월 초순 추정).

생폴 요양소에서 평온을 찾은 빈센트는 작품 속 원경에 동쪽으로 난 자신의 창에서 보이지 않는 알필산을 자주 담는다. 알필산은 비교적 평탄한 생레미 인근에 홀로 불쑥 솟아오른 석회암 덩어리라 울퉁불퉁 날카롭게 보이는 것이 인상적이다. 이 산은 빈센트가 생레미에서 그린 많은 풍경화에 단골로 등장한다. 372쪽의 작품들을 감상하며 알필산의 특징을 살펴보자.

7월 2일 테오에게 보낸 편지에는 〈추수하는 사람〉에 관해 "가장 최근에 시작한 것은 작은 수확꾼과 큰 태양이 있는 밀밭이야. 보라색 벽과 언덕 배경을 제외하고 캔버스 전체가 노란색이야"라고 설명하고 있다. 두어 달이 지난 9월 5일경 테오에게 쓴 편지를 통해 이 그림을 수정하여 완성한 날짜를 추정할 수 있다. 빈센트에게 이 그림은 꽤나 중요한 의미가 있었다. 두 번이나 다시 그린 몇 안 되는 작품이기 때문이다.

두 번째 그린 작품은 첫 번째 작품을 작업하면서 동시에 그린 것으로 알려졌는데, 작은 나무를 하나 그려 넣었고 하늘의 색에 녹색을 더 섞는다. 빈센트가 이 그림을 테오의 집에 걸어두라고 했던 걸로 비추어보면, 두 번째 작품을 더 마음에 들어 했던 것 같다. 세 번째 작품도 비슷한 시기에 그려졌지만 앞선 두 작품에 비해서는 조금 작고 앞선 두 그림은 테오에게 동시에 전달되었지만 이것은 한참 시간이 지난 후 전해진다.

나는 〈별이 빛나는 밤〉의 풍경에 관한 단서로 이 그림들이 중요하다고 생각했다. 그가 생레미에서 그린 모든 그림을 책에 담을 수는 없지만, 이 시기에 그린 많은 풍경화는 좌측이 낮고 우측이 높은 형태의 원경을 공통적으로 갖고 있다. 더불어 앞에서 확인한 바와 같이 요양소의 담장과 알필산이 함께 그려진 풍경은 서로 다른 방향에서 보이는 풍경이 합쳐진 것이다. 빈센트는 특이한 형태를 가진 알필산을 자주 그렸기 때문에 실제 풍경을 보

↑ 〈추수하는 사람〉(1889년 6월 하순 추정).
→ 〈추수하는 사람〉(두 번째 판, 1889년 9월 초순).
↓ 〈추수하는 사람〉(세 번째 판, 1889년 9월).

지 않고서도 얼마든지 캔버스에 재현할 수 있었을 것이다.

즉, 〈별이 빛나는 밤〉을 그릴 때 역시, 실제 풍경을 보지 않고도 자신이 본 별이 가득한 하늘과 생레미에서 가장 좋아했던 알필산이라는 원경 소재를 재구성했을 가능성이 크다. 그는 이 장면을 수없이 그렸던 경험 덕분에, 시각적 기억 속에 이를 확실히 자리 잡게 했을 것이다. 더불어 〈추수하는 사람〉을 통해 빈센트가 생레미에서도 자신의 풍경화를 다시 그리는 작업을 했음을 확인할 수 있다. 이 과정에서 그는 원작을 참조하여, 알필산이 포함된 장면을 반복적으로 그리면서 그 풍경을 더욱 선명히 기억할 수 있었을 것이다. 나아가 복제된 알필산의 모습은 다른 작품의 레퍼런스로 활용되었을 것이다. 이 점들을 종합적으로 고려할 때, 〈별이 빛나는 밤〉 역시 빈센트가 자신의 기억과 상상을 창조적으로 활용해 완성했을 가능성을 검토해야 한다.

이전에 살펴본 〈밤의 카페테라스〉와 〈론강의 별밤〉에서 드러나는 빈센트의 작업 방식을 보면, 서로 다른 지상의 풍경과 밤하늘 풍경을 한 화폭에 담았음을 확인할 수 있다. 즉, 그의 '별 그림'은 단순히 보이는 풍경을 담는 데 그치지 않고, 자신이 깊이 공감하거나 의미를 부여한 장면을 선택하고 조합하여 표현한 것이 특징이다.

한편, 빈센트는 자연현상의 중요한 특징을 정확하게 포착하는 데 탁월했는데, 〈달이 뜨는 풍경〉을 통해서도 이를 확인할 수 있다. 이 그림은 오랫동안 저무는 태양으로 알려져 있었다. 그런데 천문학자인 텍사스 주립대학의 도널드 올슨 교수가 현지답사와 천문 시뮬레이션을 통해 1889년 7월 13일 밤 9시경에 달이 떠오르는 모습이라고 주장했고 이것이 인정받으면서 그림 속 태양은 달이 되었다. 나는 올슨 교수가 천문학적으로 주장하는 부분에 대해서는 이견이 없다. 하지만 〈별이 빛나는 밤〉을 조사하면서 그가 생각한 날짜에 문제가 있다는 것을 확인했다. 뒤에서 이 내용을 다룰 것이다.

달은 지구에서 보이는 모든 천체(소행성, 혜성, 인공 천체를 제외하고) 중 시간당 움직이는 각도가 가장 크기 때문에, 생각보다 많은 증거를 제공한다. 오늘 밤 동쪽 어딘가에 있는 첨탑 끝에서 떠오른 어떤 별은 내일 밤 약 4분 일찍 뜨지만, 달은 이미 살펴본 바와 같이 하루에 평균 50분씩 늦게 뜬다. 따라서 특정 지점과 달이 만나는 장면은 그 시간을 계산할 수 있는 강력한 증거가 된다. 만약 그 배경에 별까지 더해지면, 거의 완벽하게 시간을 알아낼 수 있다.

아침 별

혼자서 엉망진창으로 살던 빈센트에게 요양소의 규칙적인 삶은 나쁘지 않았다. 그는 요양소 생활에 잘 적응했고 작업도 생각대로 잘 진행되었다. 정해진 식사를 했으며 규칙대로 일찍 잠들고 새벽에 눈을 떴다. 아를에 있을 때도 새벽같이 일어나서 그림을 그리러 나갔던 그다.

빈센트는 지난해부터 항상 별을 그릴 생각을 했다. 그렇기에 생폴 요양소에 들어온 이후로 날이 맑으면 동쪽으로 난 창문을 통해 새벽하늘을 꾸준히 쳐다봤을 것이다. 그러던 어느 날 생폴 요양소에 처음 왔을 때는 보이지 않던 밝은 별이 갑자기 눈에 띄었고 그에 대한 이야기를 테오에게 남긴다. 정확한 작성 일자가 확인되지 않는 이 편지는 1889년 5월 31일에서 6월 6일 사이에 작성된 것으로 반 고흐 연구자들은 추정한다. 우리는 우리 방식대로 편지를 쓴 날짜를 추측해보자.

> 오늘 아침 해가 뜨기 훨씬 전, 창밖으로 들판을 바라보았어. 아침 별 외에는 아무것도 보이지 않았는데, 그 별은 매우 크게 보였어.
>
> 1889년 5월 31일~6월 6일

그해 엑상프로방스의 기상 기록을 살펴보면 5월은 비교적 비가

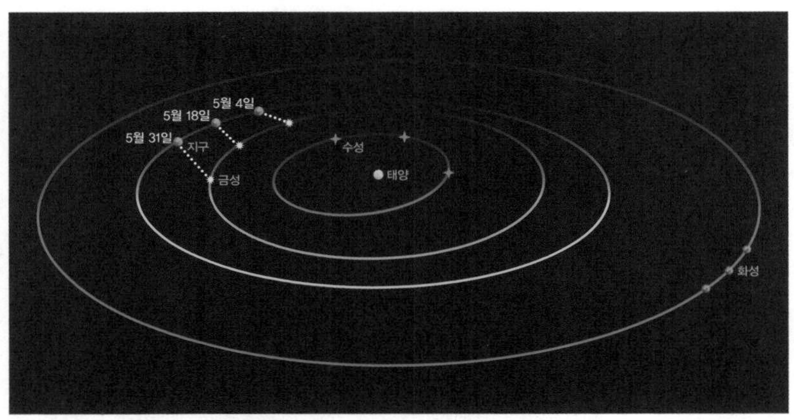

⇡ 1889년 5월 금성과 지구의 움직임.

갔았다. 빈센트가 도착한 5월 8일부터 시작된 비는 간헐적으로 이어지다 11일 아침엔 거센 비가 22.3mm나 내리고 난 후 멎었다. 12일이 잠시 맑았고, 13~16일은 내내 흐렸다. 17~20일에는 날씨가 괜찮았다. 그리고 21일부터 28일까지는 내내 흐렸다. 그 사이였던 22일에서 23일에는 비가 많이 내렸다. 빈센트가 "비 오는 날 우리가 머무는 방은, 마치 정체된 작은 마을의 3등 대합실 같아"라고 편지에 적은 날이 바로 23일이었고 그날 밤부터는 맑아졌다. 다음 날인 24일은 다시 흐려졌다가 밤에 잠시 맑았고, 25일부터 28일까지 또 비가 왔다. 27일 저녁에 내린 비는 무려 32.2mm나 되었다. 그 비는 28일 오후 무렵 멎었으며 이후 29일에서 31일 사이 사흘간은 매우 청명했다. 6월 초에는 4일과 5일을 제외하고 내내 구름이 오락가락했다. 하지만 그 두 날도 5월 하순만큼 맑지는 않았다.

천체관측에 대한 지식이 없는 사람이라면 금성과 별을 구별하기 어렵다. 그런데 만약 누군가 저녁이나 새벽에 "저 별 정말 밝다"라고 말한다면 금성일 가능성이 매우 높다. 너무 밝아서 눈에 잘 띄기 때문이다. 실제로 빈센트가 새벽에 본 아침 별도 금성이었다. 금성은 하늘 전체를 통틀

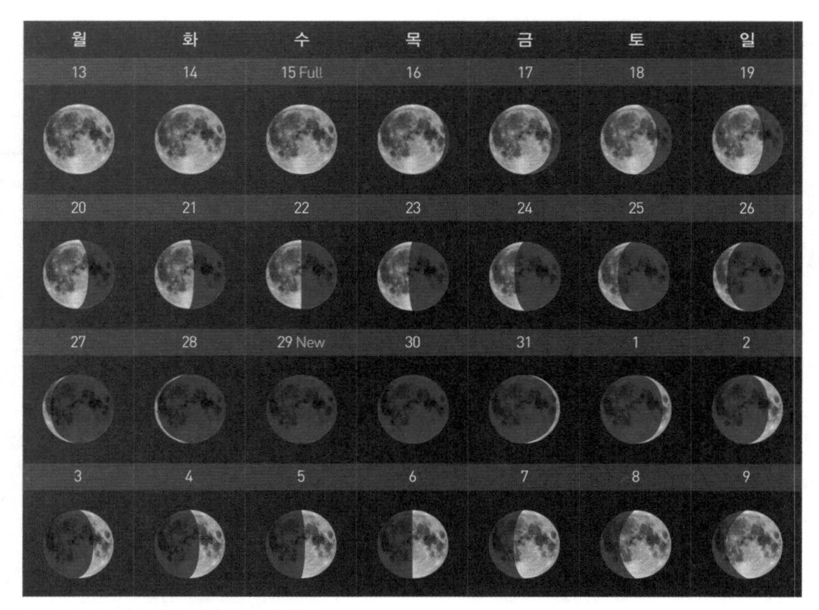

↑ 1889년 5월 13일~6월 9일, 달의 위상.

어 태양과 달 다음으로 밝은 천체다. 금성이 저녁 서쪽 하늘에서 보일 때는 해가 진 후 잠시 보였다가 이내 태양을 따라 지평선 아래로 내려간다. 그렇게 매일매일 태양과 가까워지다가 어느 순간 태양을 따라잡아 추월하는데, 그 변곡점 이후에는 태양이 뜨기 전 동쪽 새벽에 보이기 시작한다. 1889년 5월 초가 그런 시기였으며, 5월 중하순부터는 새벽하늘에서 금성을 볼 수 있었다. 그해 금성은 그즈음부터 7월 초순까지 점점 관측하기 좋아진다.

지구의 안쪽을 도는 수성과 금성을 내행성이라 하고, 바깥쪽을 도는 화성 등을 외행성이라 한다. 행성의 움직임은 트랙을 도는 러너와 비슷한데, 안쪽 트랙을 도는 행성은 바깥쪽 트랙을 도는 행성을 결코 따라잡을 수 없다. 이는 첫째, 안쪽 트랙의 길이가 더 짧기 때문이며 둘째, 태양에 가까울수록 공전 속도가 더 빠르기 때문이다(케플러의 제3법칙에 따른 결과다). 이러한 이유로 금성이 지구를 추월할 때, 우리에게 보이는 금성의 상대 위치는 급격하게 변한다. 375쪽 그림을 보면 5월 4일에는 지구와 금성의 위치가 가까운데 18일, 31일이 되면 그 위치가 쑥쑥 변한다.

날이 맑았던 17일부터 21일 아침 사이는 금성이 뜨고 나서 곧 해가 뜨기 때문에 아주 잠시 동안만 금성을 볼 수 있다. 게다가 이 시기에는 달이 밝고 새벽 시간에 내내 떠 있었기에, 가뜩이나 어두운 가을철의 별들이 더 안 보이는 조건이 형성되어 있었다. 빈센트가 이 하늘을 보았더라도 인상적인 느낌은 받지 못했을 것이다. 그래도 그 나흘 중 하루인 5월 18일 금성의 관측 여건을 생각해보자. 그리고 편지를 쓴 날로 예측되는 날 중 맑았던 날인 5월 31일과 6월 5일의 경우도 얼마 동안 관측이 가능했을지 조사해보자. 이번에도 시간의 기준은 아를의 LMT로 한다.

먼저 확인해야 하는 것은 각 날짜의 일출 시각과 각각의 박명 시각이다. 다음으로 금성은 태양같이 강력한 빛이 아니기 때문에 장애물이 있으면 볼 수 없다. 따라서 금성이 뜨고 나서도 야트막한 산 위로 더 올라와야 하기에 지평선에서 최소 5도는 떠오른 시간을 기준으로 해야 한다. 한편 지평선 근처에서는 별빛이 통과해야 하는 대기의 두께가 하늘 꼭대기 부근에 비해 두꺼워서 빛의 굴절과 산란이 심해지며 더 많은 빛이 흩어져 원래 밝기보다 어둡다. 또한 공기 중에 있는 먼지와 입자도 일부 빛을 산란시키고 흡수한다. 이와 비슷한 원리로, 평상시에는 눈부신 태양도 지평선에 가까워지면 빛의 강도가 약해지고 붉어지면서 맨눈으로 쉽게 볼 수 있다.

내 생각에 금성이 인상적으로 보이는 순간은 세 번 있다. 첫 번째는 깜깜한 밤하늘에서 다른 별들과 함께 빛나는 금성이다. 두 번째는 시민박명이 시작되기 10분 전, 대부분의 별은 사라지고 지표면은 아직 어둡지만 푸른빛을 머금은 하늘과 지평선을 은은히 물들인 노을 속에서 보이는 금성이다. 마지막은 시민박명이 10분 정도 경과된 시점으로, 환한 지상 풍경과 노을로 붉어진 하늘에서 빛나는 금성의 모습이다. 그 시간이 지나면

하늘이 너무 밝아서 금성이 눈에 잘 안 들어온다. 이에 금성이 떠오른 후부터 시민박명이 10분 경과된 시간까지가 중요하므로 그 시간과 박명시간을 다음 표와 같이 정리했다.

| 1889년 5월, 6월의 금성 관측 가능 시간 |

날짜	천문박명 시작	항해박명 시작	금성출(5도) (관측 가능 시간)	시민박명 시작	일출
5월 18일	02:25	03:14	03:55 (25분)	03:56	04:30
5월 31일	02:05	02:59	03:17 (48분)	03:45	04:20
6월 5일	02:00	02:57	03:07 (66분)	03:43	04:18

5월 중순에서 6월로 들어서면 금성이 떠오르는 시각은 점차 빨라지므로 관측 여건이 좋아진다. 예상대로 5월 중순에는 금성이 잘 보이는 시간이 짧다. 따라서 빈센트가 금성을 처음 인식했을 것으로 생각되는 시점은 충분한 관측 시간이 확보된 5월 29~31일이다. 빈센트가 어쩌다 하루 새벽하늘에 아침 별이 뜬 것을 보고 편지에 적었을 것 같지는 않으니 사흘간 그 별을 바라보다 5월 31일에 쓴 건 아닐까? 아니면, 6월 1일부터 3일까지 흐려서 별을 못 보다가 4일 또는 5일에 다시 목격된 아침 별이 신기해서 편지에 적은 것일 수도 있다. 따라서 내가 생각해본 편지의 작성일은 5월 31일, 6월 4일, 5일이다.

빈센트가 편지에 적은 "아침 별 외에는 아무것도 보이지 않는다"는 말은 매우 중요한 의미를 갖는다. 그 묘사는 금성이 인상적으로 보이는 두 번째 순간을 말하는 듯하다. 그러므로 이 편지는 새벽 3시 33분에서 35분 사이의 순간을 담고 있는 것이다. 한편 그즈음의 새벽하늘에는 달이 없어서 어두운 별도 잘 보였을 텐데, 빈센트는 금성 바로 위에 있던 양자리를 전혀 인식하지 못했음을 의미한다. 5월 31일 금성의 밝기는 -4.48등급으로, 양자리의 알파 별인 2.0등급 하멜과 비교하면 약 391배의 밝기 차이가 난다. (50W의 LED 등이 켜진 방의 밝기와 그 방에 촛불 1개를 켜놓았을 때의 밝기 차이가 대략 385배라고 계산했던 〈달의 운동〉 편을 떠올려보자.) 금성처럼 압도적으로 밝은 천체를 보고, 그와 비교해 밝기 차이가 심한 양자리 같은 어두운 별 무리에 주목하지 못하는 것은 자연스럽다. 따라서 양자리 근처의 별을 〈별이 빛나는 밤〉에 담진 않았을 것으로 생각된다.

이 사실의 검증을 위해 첫 번째 답사 때 촬영한 74쪽의 양자리 사진을 다시 살펴보자. 그날 생레미의 정확한 박명시각은 아래 표와 같다. 사진을 촬영한 시각은 2019년 6월 17일 새벽 3시 20분(LMT, 아를)이므로 항해박명 지속시간의 절반(56퍼센트)을 조금 넘긴 시점이다. 이 시간이 되면 하늘은 실시간으로 환해지며 사진에는 어느 정도 별이 찍히지만 눈으로는 2등성의 별을 거의 볼 수 없다. 이에 그 시간을 '하늘이 거의 밝아졌다'라는 느낌이 시작되는 기점으로 삼자.

이번에는 빈센트가 편지를 쓴 날, 그 하늘에서 양자리가 어떻게 보이는지 사진으로 확인해보자. 1889년 6월 5일을 기준으로, 금성은 새벽 3시 7분에 떠오른다(항해박명이 22퍼센트 경과한 시점). 따라서 같은 박명 조건(03:03, LMT, 아를)에 찍힌 2019년의 사진은 381쪽의 것과 같다. 이 시간

| 2019년 6월 17일의 오전 박명 시간(현대 시간과 환산) |

시간대	천문박명 시작	항해박명 시작	시민박명 시작	일출
현지 시간 (CEST)	03:22	04:34	05:22	05:58
LMT (아를)	01:54	02:53	03:44	04:17
각 박명의 지속 시간	0:59	0:48	0:36	-

에는 확실히 별들이 구분이 되며, 양자리를 비롯하여 다양한 별이 충분히 눈으로 보일 때다.

사진 속에는 양자리, 삼각형자리, 페가수스자리, 물고기자리가 들어 있으며 유명한 별자리인 안드로메다자리와 페가수스도 있다. 381쪽 시뮬레이션은 6월 5일 새벽 3시(항해박명 3분 경과) 빈센트가 실제로 바라봤을 가능성이 높은 밤하늘로 바로 앞에서 나열한 별자리들을 확인할 수 있다. 중간 하단부의 지평선 위에 떠오른 것이 금성이며, 그 바로 위에 양자리가 있다. 하지만 그는 보지 못했던 것이다. 나는 '아침 별 외에는 아무것도 보이지 않는다'*라는 말을 통해 많은 힌트를 찾을 수 있었다.

이제 위대한 화가, 빈센트 반 고흐에 관한 나의 연구는 이전에 그를 연구한 사람들과는 조금 다른 시각과 방향으로 흘러갈 것이다.

* 빈센트는 안트베르펜 시기까지 네덜란드어로 편지를 썼고 파리로 건너간 이후부터는 대부분의 편지를 프랑스어로 썼는데, 생레미에서 쓴 이 편지도 프랑스어로 작성되었다. 그런데 빈센트가 금성을 'l'étoile du matin'이라고 표현했다는 것에서 그가 이 별이 금성이라는 사실을 인지했을 가능성도 염두에 두어야 한다. 우리나라에서 저녁 금성을 개밥바라기, 새벽 금성을 샛별이라고 부르는 것처럼, 프랑스 문학에서도 금성을 'l'étoile du matin(아침 별)', 'l'étoile du soir(저녁 별)', 'l'étoile du berger(목동의 별)'로 사용한다. 독서 경험이 풍부한 그였기에 충분히 생각해볼 만한 가정이다.

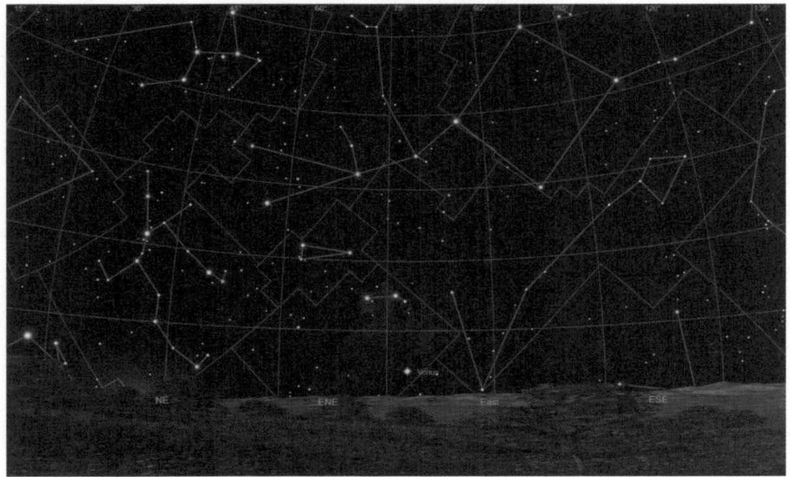

⇡ 양자리(2019년 6월 17일, 03:03, LMT, 아를).
⇣ 6월 5일 새벽 3시의 밤하늘 시뮬레이션.

달과 금성의 시뮬레이션

작품 속 달의 모습

보임이 말한 그날, 생레미의 하늘은 어땠을까? 빈센트의 〈별이 빛나는 밤〉 속 달의 모습을 살펴보자. 부분 확대한 이 달의 월령은 며칠일까? 사실 이런 형태의 달은 현실에 존재할 수 없다. 보임은 논문에서, 빈센트가 처음에는 하현보다 더 둥근 달을 그렸지만 어색하다고 느껴 현재의 형태로 수정했다고 주장한다.

그 근거로는 첫째, 그믐달의 형태가 어색하다는 점, 둘째, 원래 더 둥근 달이었으나 내부에 수정된 흔적이 남아 있다는 점, 셋째, 윤곽선을 완성해보면 불룩한 하현달에 가깝다는 점, 넷째, 지나치게 강한 달의 후광은 더 밝은 달을 그렸던 증거라는 점이다.

하지만 나는 그 의견에 결코 동의할 수 없다. 감각적인 빈센트의 표현 스타일을 생각할 때 왜 어색한 형태가 수정의 근거라 할 수 있을까? 또한 내부의 수정은 작업의 방식일 수도, 형태를 잡아가는 과정에서 나타난 붓질일 수도 있기에 과도한 해석이다. 또한 보임의 주장대로 그림 속 별이 양자리라면 빈센트는 4등급보다 어두운 별에도 후광을 그려 넣었는데, 그것은 어떻게 설명할 것인가.

⇡ 〈별이 빛나는 밤〉 부분 확대.

⇡ 〈별이 빛나는 밤〉(1889년 6월)의 드로잉.

〈별이 빛나는 밤〉을 모사한 드로잉의 달은 원작보다 더 날카롭다. 매우 흥미로운 이 작품이지만 빈센트의 편지 속에서는 언급되지 않는다. 다만, 1889년 7월 2일 테오에게 보낸 편지에 대한 '반고흐레터스'의 주석 16번에 따르면, 파리로 보낼 10점의 작품 중 하나가 이 드로잉일 가능성이 제기되어 있다. 그러나 이 드로잉이 실제로 그 시기에 전달되었다는 증거는 없다. 〈별이 빛나는 밤〉이 6월 하순경에 그려졌다는 통념을 바탕으로 이 작품도 그 시기에 전달된 것으로 추정한 것이다.

작품 속 달의 모습은 굳이 예를 들자면 금환일식이 일어날 때 태양을 가린 달의 모습과 유사하다. 하지만 금환일식에서 작품 속 형상처럼 드라마틱한 C 자 모습을 보기는 어렵다. 이유가 무엇일까? 일식은 달이 태양의 앞을 지나는 현상이다. 따라서 지구에서 바라보는 두 천체의 크기가 일식의 형태를 결정한다. 태양과 달의 실제 지름 차이는 약 400배나 되지만, 태양에 비해 달이 압도적으로 지구와 가깝기 때문에 둘의 시직경은 0.5도로 거의 같다.

달이 타원궤도로 지구를 공전하는 것처럼, 태양을 공전하는 지구의 공전궤도 역시 타원이기에 태양과 가까워졌다 멀어지기를 반복한다.

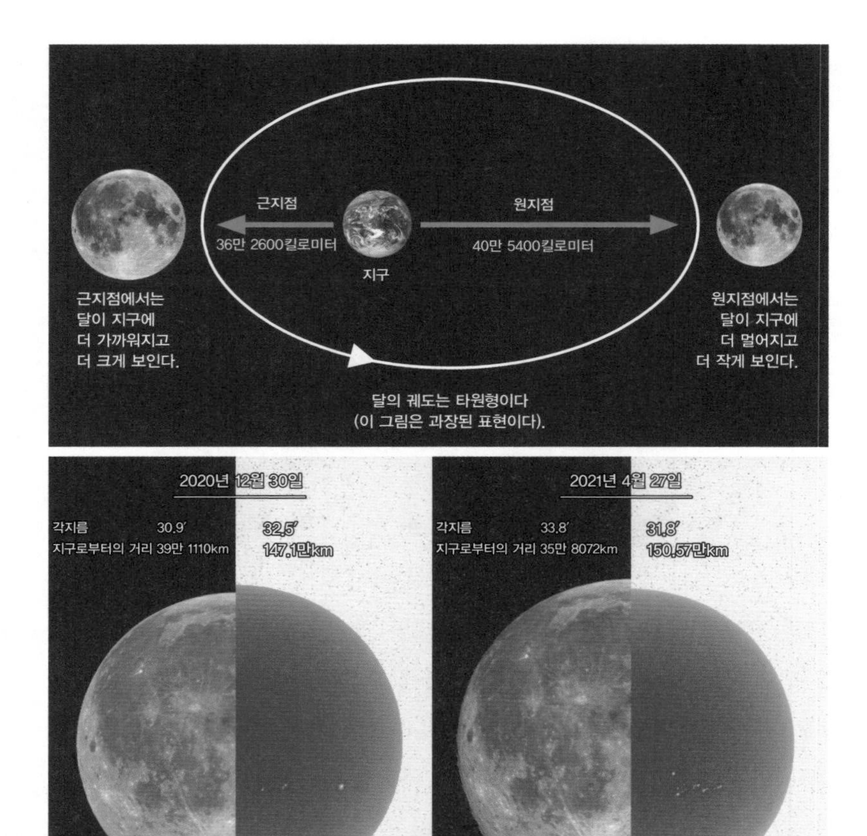

↑ 달의 근지점과 원지점
(위 © Ángel R. López-Sánchez, Moon image: Paco Bellido, 아래 © soumyadeepmukherjee).

위 그림은 서로 가까워지는 근지점과 멀어지는 원지점에 따른 달과 태양의 시직경 차이를 보여주며 생각보다 차이가 큰 것을 확인할 수 있다. 지구보다 달의 공전궤도가 더 찌그러져 있기 때문에 시직경 변화의 폭은 달이 한참 더 크다. 달의 시직경이 큰 상태에서 일식을 맞이하면 태양이 완전히 가려지는 개기일식이 발생한다. 반대로, 달의 시직경이 작아지면 태양을 다 가리지 못해 금환일식이 나타난다. 일식 중에서도 관측 위치에 따라 개기일식과 금환일식이 모두 나타나는 경우가 있는데, 이는 특별히 하이브리드 일식이라 부른다. 작품 속 달의 모습은 금환일식 때 나타나는 태양의 모습과 가장 유사하다 할 수 있다.

↑ 금환일식(©NASA).

하지만 빈센트는 인생을 살면서 단 한 번도 개기일식을 본 적이 없다. 하지만 그의 일생에도 몇 번의 부분일식은 있었다. 가려진 양이 너무 작은 것은 빼고 조사를 해보니 열 살 전에는 두 번이 있었다. 다섯 살인 1858년 3월 15일 준데르트에서는 위의 금환일식 사진만큼은 아니지만, 태양이 약 90퍼센트나 가려진 부분일식이 있었고 일곱 살인 1860년 7월 18일에는 태양의 80퍼센트가 가려진 부분일식이 있었다. 하지만 그것을 기억할 수 있을까? 날씨가 어떠했는지도 모를 일이다.

빈센트가 열네 살이 된 1867년 3월 6일에는 태양의 75퍼센트가 가려진 부분일식이 있었다. 그리고 그가 열일곱 살, 헤이그로 건너가 일을 시작한 다음 해인 1870년 12월 22일에는 80퍼센트나 가려진 부분일식이 있었다. 태양의 빛은 정말 강력해서 이 정도로 많이 가려져도 육안으로는 어두워짐을 느끼지 못한다. 하지만 그 가려진 태양의 형상을 볼 수 있었다면 분명히 신기한 광경으로 빈센트의 뇌리에 남았을 것이다. 물론 관건은 날씨다. 빈센트 인생의 마지막 일식은 오베르에서 관측 가능했던 1890년 6월 17일에 있었는데 가려지는 양이 적은 부분일식이었다.

당시 사람들은 일식을 어떻게 인식했을까? 19세기 후반 신문에

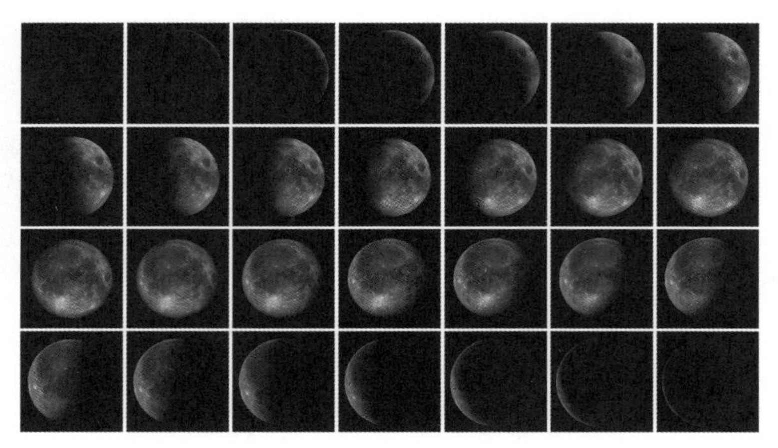

↑ 달의 위상 변화 시뮬레이션.

서 대중에게 어떤 식으로 일식을 예보했는지, 아울러 그것을 보려는 사람들의 의지가 어느 정도였는지는 조사하지 못했다. 하지만 당연히 천문학자들에게 일식은 언제나 중요한 기회였다. 특히 1880년대는 태양 연구가 중요한 발전을 이룬 시기였다. 흑점 주기는 물론, 일식 동안에만 관측할 수 있는 코로나를 사진으로 기록하는 기술도 활발히 사용되었다. 1851년, 요한 폰 노이실(Johann von Neischl)이 최초로 코로나를 사진으로 찍었고, 19세기 후반에는 코로나와 홍염을 상세히 기록한 사진들이 등장한다.

빈센트가 일식을 언급한 적이 있는지 확인하기 위해 '반고흐레터스'에 접속해 일식을 검색했는데 몇 건의 편지가 나오지만 모두 빅토르 위고가 말한 '마치 빛을 가리는 등대처럼(comme un phare à éclipse)'을 인용하면서 나오는 단어일 뿐이다. 따라서 작품 속 달이 일식을 모티프로 했다는 증거는 전혀 찾을 수 없으니 이 이야기는 여기에서 마무리하자.

달의 위상 변화 시뮬레이션을 보면 달이 차오르다가 중간에서 보름달이 되며, 다시 그믐달로 변한다. 이 중에서 고른다면 맨 아래 줄의 그믐달이 빈센트의 작품 속 달과 가장 유사할 것이다. 그렇다면 〈별이 빛나는

↑ 1889년 6월 19일의 달 시뮬레이션.

밤>의 달은 그의 상상을 바탕으로 과장해서 그린 그믐달이라고 생각하는 것이 가장 합리적이지 않을까?

보임과 휘트니 모두 천체투영관에 방문해서 오퍼레이터의 도움을 받아 가상의 밤하늘을 시뮬레이션했다. 천문학에 문외한인 보임은 전적으로 아벨을 통해 지식을 습득했을 것이다. 두 사람은 모두 천체투영기를 담당 엔지니어 없이 직접 작동시킬 수 없으므로 다양한 상황에 시간을 바꿔가면서 테스트를 하기에는 제약이 있었을 것이다. 이와 달리 나의 회사는 여러 곳의 천문대를 직접 운영하는 덕분에 천체투영기를 사용해서 비교적 편안하게 보임과 휘트니 같은 작업을 할 수 있다. 하지만 그들이 <별이 빛나는 밤>에 관한 논문을 쓰던 시절과 지금은 상황이 많이 변했다. 이제는 PC나 스마트폰을 이용한 시뮬레이션이 훨씬 간편하며 무료로 제공하는 소프트웨어조차 성능이 매우 뛰어나다. 따라서 나는 빈센트가 바라보았을 밤하늘을 다양한 시간으로 시뮬레이션할 수 있었다.

1889년 6월 19일에 떠 있던 달의 시뮬레이션을 보자. 만약 당신이 빈센트라면, 이 달을 어떻게 그렸을까? 물론 예술에 단 하나의 정답만 존재할 수는 없지만 보름에서 하현으로 넘어가는 이 둥근 달을 보며, 과연 작품 속의 그믐달을 그릴 동기를 얻을 수 있을까? <별이 빛나는 밤>이 양자리 별을 그렸다는 가설에서 첫 번째 물음표가 떠오르지만, 하현에 가까운 달을 보고 특유의 과장된 그믐달을 그렸다는 생각은 더 큰 의문을 남긴다. 나는 빈센트가 그날 밤 실제로 떠 있던 반달을 보며 그믐달의 형상으로 그렸다고 생각하지 않는다. 그는 이 작품을 포함해 여러 작품에서 달을 그렸고 형상도 사실적으로 반영했다. 빈센트의 작품은 항상 자연의 정확성을 바탕으로 하면서도 자신의 내면적 해석과 감정을 담은 결과물이었기 때문이다.

1889년의 금성

'아침 별 외에는 아무것도 보이지 않는다'는 내용이 담긴 편지를 쓴 6월 초순 이후 금성은 점점 더 일찍 떠올랐다. 아래 그림은 1889년 5월에서 9월 사이 매일 새벽 3시 17분에 보이는 금성의 위치를 보여준다. 금성은 7월 22일경 가장 높이 올라왔다가, 점차 고도가 낮아져 9월 하순이 되면 더 이상 관측이 어려워진다. 주변의 그림은 해당 날짜에 망원경으로 관측할 때 보이는 금성의 모습으로, 밝기가 함께 적혀 있다. 9월 11일과 5월 31일의 금성을 비교해보면, 가장 눈에 띄는 변화는 금성의 지름이다. 모양 역시 변하는데, 금성이 크게 보일 때는 그믐달처럼 보이다가 시간이 지나며 하현의 형태로 변하고, 가장 작아졌을 때는 보름달의 모습에 가까워진다. 이는 마치 북반

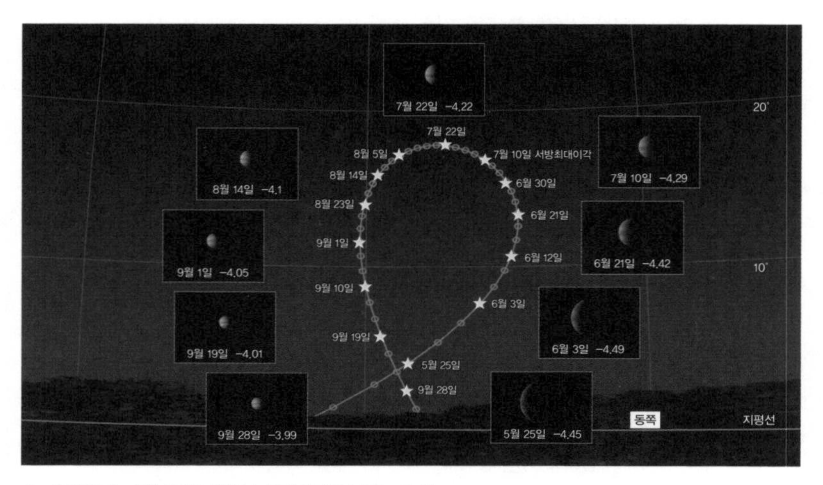

↑ 1889년 5~9월 오전 3시 17분, 생레미에서 보이는 금성.

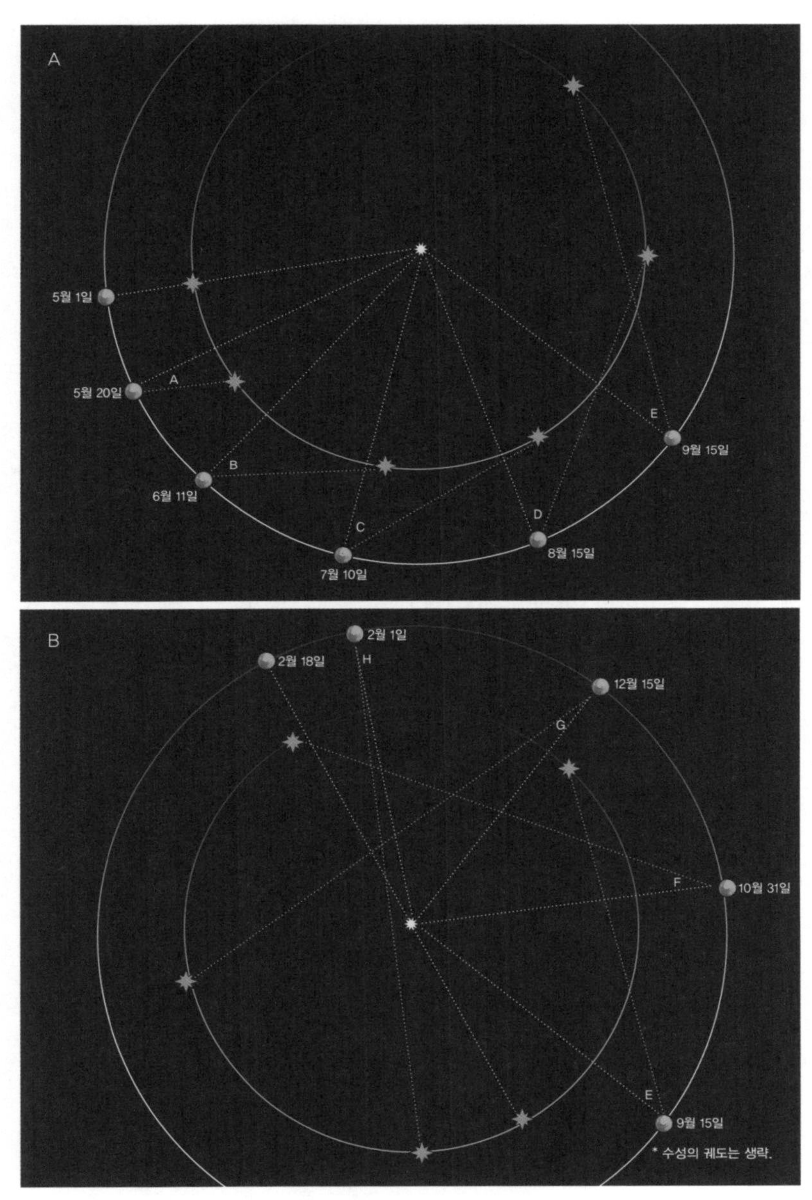

⇡ 금성과 지구의 움직임 A(1889년 3~9월)와 B(1889년 9월~1890년 2월).

구에서 달이 변화하는 순서와 반대되는 형태처럼 보인다.

389쪽 그림 A와 B에서 노란 선은 지구와 태양 사이의 거리를, 붉은색 선은 지구와 금성 간 거리를 나타낸다. 지구궤도는 거의 원에 가깝기 때문에 이 선의 길이는 일정하다고 간주할 수 있다. 반면 붉은색 선은 지구, 금성, 달 순서로 늘어서는 그림 A의 5월 1일에는 가장 짧고 시간이 지나면서 점차 길어지다가 그림 B의 2월 18일 지구, 태양, 금성의 순서로 늘어설 때 가장 길다. 이 붉은색 선이 가장 짧을 때 금성과 지구가 가장 가깝기 때문에 가장 크게 보이며 그 크기는 약 60초각이 된다. 이때를 '내합이 일어난다'고 한다. 반대로 가장 멀어져 작게 보일 때는 약 10초각이 된다. 이때는 '외합이 일어난다'고 한다. 이 두 순간은 지구와 달의 관계와 유사하며 달이 안 보이는 삭의 시기가 내합과, 달이 보름으로 보이는 망의 시기는 외합과 유사하다. 하지만 내합(지구, 금성, 태양 순서)과 외합(지구, 태양, 금성 순서) 모두 금성과 태양이 겹쳐 보이기 때문에 지구에서 관측이 쉽지 않다. 아울러 지구 시점에서 볼 때 금성은 늘 태양 근처에 있기 때문에 한밤중에는 절대 관측할 수 없으며 저녁이나 새벽에만 볼 수 있다.

기둥에 목줄이 묶인 강아지를 생각해보자. 기둥을 바라보지 않고 강아지만 보고 싶어도 목줄의 길이가 일정하기 때문에 강아지가 어디로 가든 기둥과 함께 보일 수밖에 없다. 강아지가 왼편이나 오른편의 끝으로 가면 그나마 기둥과 거리가 떨어져 보이겠지만 그 각도에는 한계가 있을 것이다. 그림 A에서 5월 1일이 내합이 일어난 날이다. 시간이 지나 금성과 지구가 공전을 하면 태양과 지구와 금성 사이에 각도(A, B, C, D, E)가 생겨 금성 관측이 가능해진다. 이 각도는 지구와 금성이 서로 태양을 공전하면서 발생하며 47~48도 이상 벌어지지 않는다.

다시 말해 금성도 기둥에 묶인 강아지처럼 일정 각도 이상 멀어지지 못하는 것처럼 보인다. 7월 10일경에 만들어지는 각도 C가 그에 해당하며, 이를 '서방최대이각'이라 부른다. 이는 서쪽 방향의 최대이각(最大離角)이라는 뜻으로, 금성이 태양보다 서쪽에 있는 상태에서 가장 큰 각도로 멀어지기 때문에 붙은 이름이다. 새벽에 금성이 보이는 것은 태양보다 금성이 먼저 뜨기 때문이다. 즉, 태양을 기준으로 보면 금성이 서쪽에 있는 상태가 된다. (먼저 뜬 천체는 나중에 뜬 천체보다 서쪽에 위치한다.)

시간이 더 지나 8월이나 9월의 위치로 가면 D와 E의 각도는 다시 좁아진다. 그림 B에서 볼 때, 금성과 지구는 거리상 훨씬 멀어졌으나 F, G의 각도가 점점 좁아지면서 금성은 태양과 점점 가까워지는 것처럼 보인다. 1890년 2월 1일 이후 금성은 태양과 거의 겹쳐 보이기 시작하며 그 각도는 점차 0에 가까워진다. 그러다가 2월 18일은 지구, 태양, 금성이 늘어서는 외합의 시기가 된다. 두 그림을 통해 우리는 금성의 내합에서부터 외합에 이르는 과정을 살펴보았다.

눈썰미가 좋은 독자라면 '지구 시점에서 보이는 금성' 그림에서 왜 서방최대이각이 발생한 7월 10일이 아닌, 7월 22일에 금성의 고도가 더 높은지 궁금할 수 있다. 최대이각이란 지구와 상관없이, 태양으로부터의 최대 각도를 나타내는 천문학적 계산의 결과다. 하지만 실제 금성의 관측 고도는 행성의 공전궤도 기울기, 지구의 자전, 지구상의 위치 등 복합적인 요소에 영향을 받기 때문에 차이가 발생한다.

이제 시간이 더 지나면 외합의 위치에 있는 금성은 다시 내합의 위치로 올 것이다. 달의 위상 변화 한 주기를 삭망월이라 하며 29.53일인 반면, 금성은 회합주기라고 부르며 583.92일이다. 다만 삭망월의 중심은 지구이고, 금성 회합주기의 중심은 태양이다. 태양과 지구, 금성이 만드는 움직임은 태양과 지구, 달이 만드는 움직임보다 훨씬 더 복잡하기 때문에 그 좌표의 연구는 천문학 계산을 더 정교하게 만드는 데 기여했다.

정리해보면, 금성은 1889년 5월 1일의 내합을 거치면 방향이 바꿔어서 금성이 태양보다 먼저 떠오른다. 그렇게 되면 금성은 태양보다 서쪽의 위치로 향하며 새벽에 관측 가능해진다. 5월 말 이후로 금성은 점점 고도가 높아지면서 6월 초에 빈센트는 '아침 별'이라고 인식했고, 점차 밝아지는 금성이 선사하는 새벽 광경은 그에게 큰 영감이 되었을 것이다. 빈센트는 늘 새벽에 일어났을 것이며 세상과 연결된 유일한 통로인 동쪽 창으로 밤하늘을 바라봤다. 심지어 빈센트를 구속하는 쇠창살을 마음속에서 자유자재로 지워버리는 능력까지 갖춘 상태였다.

정말 1889년 6월 19일뿐일까?

이제 생폴 요양소에 있던 빈센트의 시간으로 떠나보자. 1889년 6월 19일의 박명과 일출 시각 등은 표를 통해 살펴볼 수 있다. 항해박명이 시작되는 새벽 2시 52분은 별이 총총한 밤하늘 풍경을 볼 수 있는 임계 시간이다. 그래서 시뮬레이션은 그보다 10분 전인 1889년 6월 19일 새벽 2시 42분, 빈센트 병실의 창이 향한 방향과 같은 정동쪽의 하늘로 구현했다. 이날 달은 밤 12시 21분에 떴기에 이미 남동쪽 하늘로 멀어졌다. 이 시각 금성은 5.87도 고도에서 밝기를 뽐내며 멋지게 떠 있다. 시간이 지나 새벽 3시 1분이 되면 먼동이 터옴을 느낄 수 있다. 어두운 별들은 서서히 사라졌지만 여전히 금성은 화려하게 보인다. 워낙 밝았던 이날의 금성은 시민박명이 시작되고도 한참을 파란 하늘에 떠 있다가 일출 직전 사라진다.

| 1889년 6월 19일의 금성 관측 가능 시간 및 일출, 박명 시각 |

날짜	천문박명 시작	항해박명 시작	금성출(5도) (관측 가능 시간)	시민박명 시작	일출
1889년 6월 19일	01:53	02:52	02:40 (91분)	03:40	04:16

〈론강의 별밤〉을 통해 밤하늘 풍경의 화각은 28mm 렌즈와 유사하다는 것을 확인했다. 따라서 이번 시뮬레이션도 같은 렌즈로 살펴보자.

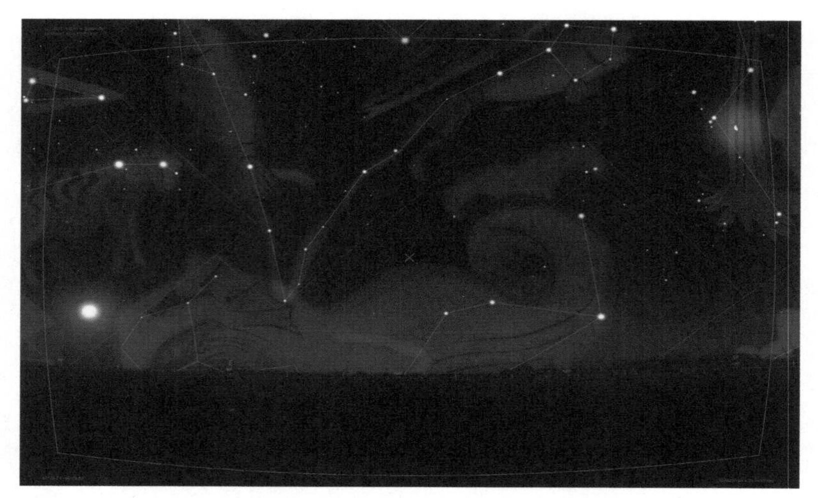

⇡ 1889년 6월 19일 02:42(LMT, 아를), 28mm 렌즈 화각.

시야의 중심을 정동쪽(방위각 90도)으로 맞추면 화각 안에 달이 들어오지 않았다. 만약 달까지 동시에 보고 싶다면 창턱이 깊은 빈센트 방 창문에 바싹 붙어 서서 바라본다 생각하고 남쪽으로 16도 회전한 방위각 106도를 시야의 중심으로 맞추면 양자리는 시야 중앙 왼편 끝단에, 금성은 왼쪽 하단에, 달은 오른쪽 위에 겨우 들어온다. 하지만 아무리 봐도 이 화각 모두에서 보이는 금성, 달, 양자리는 작품 속 구성과 전혀 비슷하지 않다. 만약 표준렌즈를 쓴다면 세 대상을 동시에 화각 안에 담을 수 없으며, 더욱 넓게 찍히는 광각렌즈를 쓴다면(답사 때 사용한 24mm 렌즈처럼) 지금도 작게 보이는 양자리는 더욱 작게 보일 것이다.

다시 말해 〈별이 빛나는 밤〉에 나오는 '별', '금성', '달'이라는 세 가지 주제가 어우러지는 구성이 아니었다. 특히 달이 너무 멀리 떨어져 있다. 〈빈센트의 방〉에서 다루었던 것처럼, 이날 빈센트는 과연 달을 볼 수 있었을까? 차라리 3일 뒤인 6월 22일이 작품 속 천체의 배열과 비슷하다 할 수 있다. 이날은 19일에 비해 달이 1시간 18분 더 늦게, 양자리와 비슷한 시간

↑ 1889년 6월 22일, 02:42(LMT, 아를), 50mm 렌즈 화각.

에 뜨며 세 대상의 거리가 서로 가깝다. 그래서 이 시뮬레이션은 표준렌즈의 화각으로 구성했다.

다음 표는 엑상프로방스의 기상 기록으로, 15일부터 22일까지의 운량이 기록되어 있다. 이 기상 기록은 하루 세 번의 시기에 맞춰 기록하며, 운량은 구름이 없으면 0으로, 가득이면 9로 표시한다. 예를 들어 20일 오전 6시에는 운량이 4다. 비는 20일 6시에 10mm가, 22일 저녁에 12mm가 왔다고 기록되었다.

| 엑상프로방스 지역의 1889년 6월 중순 운량 기록 |

	10일	11일	12일	13일	14일	15일	16일	17일	18일	19일	20일	21일	22일	23일	24일	25일	26일	27일	28일
6시	1	0	0	9	9	0	0	0	3	9	3	0	3	10	1	0	2	0	0
정오	1	0	0	0	2	1	2	6	9	10	0	3	2	9	1	0	10	3	0
21시	0	0	0	7	1	1	0	3	9	10	0	0	10	1	0	0	4	0	0

19일 6시의 운량은 7이고, 전날 21시의 운량은 6으로 기록되었다. 따라서 이날 새벽에는 별을 보기 힘들었을 가능성이 높다. 22일 6시의 운량은 4로, 전날 21시의 운량은 2로 기록되었다. 나는 밤을 자주 새우다 보니 밤새 맑다가 해가 뜨면 구름이 생기는 경우를 자주 경험했다. 이는 밤에는 대기가 안정된 상태로 맑은 하늘이 유지되고, 태양이 뜨면서 지표면이 가열되며 대류가 활발해져 구름이 형성되기 때문이다. 따라서 22일 새벽 시간에는 맑았을 가능성도 열어두어야 한다. 다만 수기 기록부의 22일 칸에는 "하루 종일 약간 흐리고, 저녁에는 비와 천둥"이라고 적혀 있었다. 기상 기록은 6월 19일, 22일 모두 좋지 않다.

이번에는 달이 관측에 미치는 영향을 살펴보자. 앞서 언급했듯 내가 처음 답사를 갔던 2019년 6월 16일 새벽 2시 42분에 달은 98.2퍼센트의 위상으로 거의 꽉 찬 보름달이었기 때문에 별을 보기 좋은 조건이 아니었다. 하지만 양자리와 달 사이 거리는 146.5도로, 꽤 멀리 떨어져 있었다. 이와 달리 1889년 6월 19일 새벽하늘의 하현(위상 62.99퍼센트)은 더 어둡지만 양자리와 거리는 약 55도로, 비교적 가깝다. 이 조건을 통해 어떤 경우가 양자리 관측에 더 불리한지 단순 계산을 통해 확인할 수 있다. (공식은 궁금해할 분을 위해 적은 것이니 결과만 보고 넘어가도 문제없다.) 달빛의 밝기는 위상의 제곱에 비례한다고 가정할 경우 다음 계산을 통해,

$$(0.6299)^2 = 0.3968,\ (0.982)^2 = 0.9643$$

$$0.9643 / 0.3968 \approx 2.43$$

98.2퍼센트의 달이 62.99퍼센트의 달보다 2.43배 더 밝다는 것을 확인할 수 있다. 이번에는 빛의 양은 거리의 제곱에 반비례하는 광도 반비례 법칙을 통해,

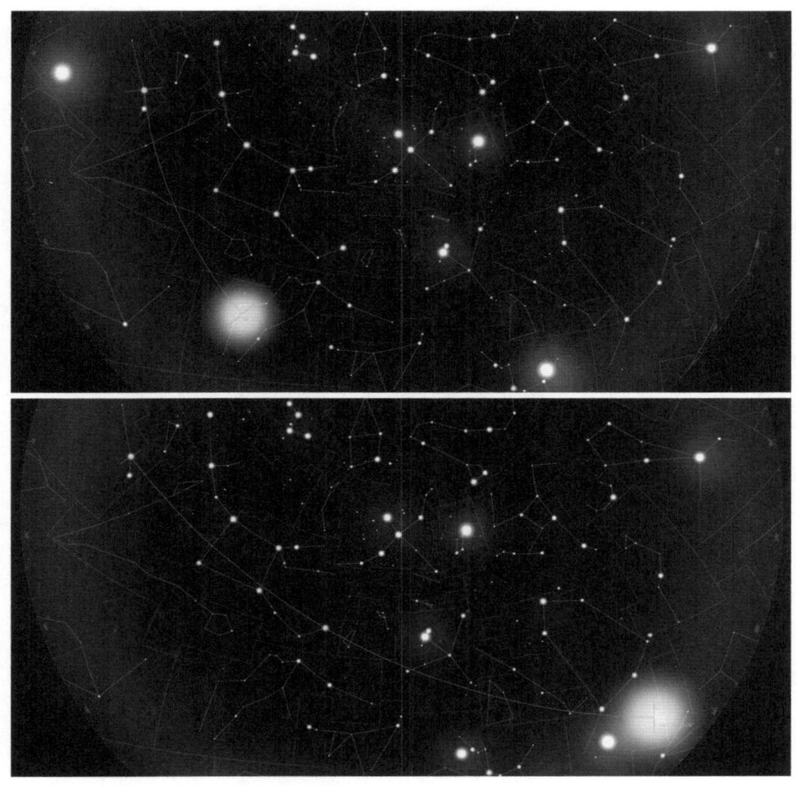

↑ 1889년 6월 19일, 달과 양자리의 거리(55도).
↓ 2019년 6월 17일, 달과 양자리의 거리(146.5도).

$$1889\text{년 6월 19일의 영향} = 0.3968/(55^2) = 0.000131,$$

$$2019\text{년 6월 17일의 영향} = 0.9643/(146.5^2) = 0.000045$$

$$0.000131/0.000045 \approx 2.91$$

로 계산되며, 내가 관측한 날에 비해 1889년 6월 19일의 달이 양자리에 약 2.9배 더 큰 영향을 끼친다는 것을 확인할 수 있다. 이는 다시 말해, 내가 양자리를 본 날의 달보다 1889년 6월 19일의 달이 훨씬 더 양자리를 보기 어렵게 만든다는 것을 의미한다. 밝은 빛은 별을 관측하는 데 막강한 방해가 된다. 심지어 빈센트는 달이 없는 시기에 금성 옆에 있는 양자리도 보지 못하고, 아침 별 외에는 아무것도 보이지 않는다고 했다. 그런데 하현이 되기 직전의 달이 방해까지 하는 조건이라면 양자리를 볼 수 없었다고 생각하는 것이 합리적인 추론이다.

물론 내가 관측한 날이 1889년 6월 17일처럼 금성이 그 자리에 있진 않았지만, 있더라도 분위기가 바뀔 만한 밤하늘 풍경이 아니었다. 빈센트는 별의 색깔까지 구분해서 그려 넣었던 사람이다. 하지만 달이 밝아서 잔별이 사라지면 아예 보는 것 자체가 불가능하다.

〈별이 빛나는 밤〉의 주연은 '금성'이나 '달'이 아니라, 바로 '별'이라고 생각한다. 이 작품이 명작이 된 것은 좋은 영화가 그러하듯 '달'이나 '금성' 같은 훌륭한 조연이 있기 때문에 가능한 것은 아닐까? 따라서 나는 달이 떠 있되, 가느다랗게 떠서 밝고 어두운 많은 별을 함께 볼 수 있는 상황을 찾아야 한다고 생각했다. 바로 그것이 시각적으로 별이 총총 떠 있구나, 하는 느낌을 받기 위한 기본적인 조건이기 때문이다. 그리고 두 번째 현지답사였던 2019년 7월 30일, 달이 뜨지 않았던 그날의 밤하늘에서 빈센트가 130년 전에 봤던 하늘을 짐작할 수 있었다.

그럼 〈별이 빛나는 밤〉을 1889년 6월 19일에 그렸다고 추측하게 된 이유를 확인해보자. 내가 의아했던 것은, 이 그림을 연구한 전문가들이 작품 속 별 무리가 양자리라고 말하는 것은 좋은데 '왜 다른 날짜로 반박하는 의견이 없는가'였다. 그러다 보니 〈별이 빛나는 밤〉을 6월 하순에 그린 증거가 너무나 확실하여, 그보다 늦게 그렸을 가능성을 조사할 필요 자체가 없었던 건 아닌가 하는 생각까지 들었다. 그래서 이 작품에 관련된 편지 및 다른 작품을 살펴보고, 내 생각에 모순이 없는지 확인해보았다.

반 고흐 형제는 네 통의 편지에서 이 작품을 언급하는데 빈센트는

'별이 빛나는 하늘의 작업', '밤의 작업', '밤의 효과' 등으로 적었고, 테오는 '달빛의 마을'이라고 불렀다. 편지는 프랑스어로 작성되었으므로 다음의 표를 참고하여 이 편지들을 살펴보자.

| 빈센트의 편지에 나타난 〈별이 빛나는 밤〉 |

작성일	편지 번호	송신	수신	프랑스어 원문	영어 번역
1889년 6월 18일	782	빈센트	테오	étude de ciel étoilé	New Study of a starry sky
1889년 9월 20일	805	빈센트	테오	étude de nuit Effet de nuit	Night study Night effect
1889년 9월 28일	806	빈센트	테오	Effet de nuit	Night effect
1889년 10월 22일	813	테오	빈센트	le village au clair de lune	The village in the moonlight

1889년 6월 18일 빈센트의 편지

보임의 논문에는 그림 속 밤하늘을 재현하기 위해 그리피스천문대의 천체투영기를 "마침내 자신이 〈별이 빛나는 밤〉을 완성했다고 빈센트가 테오에게 들뜬 마음으로 편지를 쓴 그날"*인 1889년 6월 19일로 맞추었다고 적혀 있다(휘트니는 기상 기록을 기반으로 6월 15~18일로 추정). 논문 속 해당 날짜의 주석에 따르면, 이 편지의 날짜는 휠스케르에 의한 것**이라고 적혀 있다. 그 편지(1889년 6월 18일)의 중간쯤 적힌 문장에서, 빈센트가 어떻게 이 작품을 언급했는지 프랑스어와 영어, 한국어 번역을 통해 살펴보자.

* 원문은 다음과 같다. "The day Vincent wrote excitedly to Theo that at last he had executed his Starry Night."

** "The dating of this letter has been challenged and revised to "June 17 or 18" by the renowned van Gogh scholar, Jan Hulsker."

- Enfin j'ai un paysage avec des oliviers et aussi **une nouvelle étude de ciel étoilé**(프랑스어 원문).
- **Enfin,** I have a landscape with olive trees and also **a new study of a starry sky**(1912년 요한나가 영어로 번역).
- **At last I have** a landscape with olive trees, and also **a new study of a starry sky**(반고흐미술관에서 2009년에 번역, 반고흐레터스의 번역과 동일).
- 마지막으로 올리브 나무가 있는 풍경과 별이 빛나는 하늘에 대한 새로운 연구가 있어(국문 번역).

보임의 서술과는 달리, 이 문장에는 흥분된 감정이 전혀 없다. 담담하게, 새로운 'étude'가 있다는 사실을 밝히고 있을 뿐이다. 편지에서 함께 언급한 올리브 나무가 있는 풍경은 〈올리브 나무들〉(1889년 6~7월)로 알려져 있다. 이 문장만으로 볼 때, 그림을 완성 또는 거의 완성했다는 의미로 해석하기에는 무리가 있다. 빈센트가 이 편지에 적은 원어에서 굵게 표시한 부분을 읽어보면 다음과 같다.

- une nouvelle étude(하나의 새로운 연구): Une(하나의, 어떤), nouvelle(새로운), étude(연구, 습작)
- de ciel étoile(별이 빛나는 하늘의): de(~의), ciel(하늘), étoile(별이 빛나는)

이는 별이 빛나는 하늘을 주제로 한 새로운 작품을 시작했거나 현재 작업 중임을 나타낼 것이다. 특히 'nouvelle'이라는 형용사를 사용함으로써 이전에도 같은 주제로 작업했음을 암시한다.

프랑스어 문장의 분석

- Enfin j'ai un paysage avec des oliviers et aussi une nouvelle étude de ciel étoilé.

위 문장에서 'un paysage avec des oliviers(올리브 나무가 있는 풍경)'와 'aussi une nouvelle étude de ciel étoilé(그리고 별이 빛나는 하늘에 대한 새로운 연구)'은 병렬로 연결되어 있다. 따라서 새로운 연구는 앞의 올리브 나무가 있는 풍경과 별도로 언급된 별이 빛나는 하늘만을 수식한다고 해석하는 것이 일반적이다. 이와 더불어 수식어인 'une nouvelle étude de'는 보통 바로 가까운 대상과 결합하려는 경향이 강한 프랑스어의 특성상 뒤에 오는 명사구(여기서는 별이 빛나는 하늘)만을 수식한다. 만약 두 대상(올리브 나무와 별이 빛나는 하늘)을 모두 수식하려 했다면, 문장을 다르게 구성했을 가능성이 크다(예: un paysage avec des oliviers et aussi une nouvelle étude portant à la fois sur les oliviers et sur le ciel étoilé).

즉, 프랑스어 문장에서 'et aussi'가 사용된 방식과 문맥을 고려할 때 'nouvelle étude(새로운 연구)'는 'ciel étoilé(별이 빛나는 하늘)'만을 수식한다고 보는 것이 더 자연스럽다. 따라서 위 문장은 '올리브 나무가 있는 풍경은 완성했고, 별이 빛나는 하늘에 대한 새로운 연구 작품은 진행 중이다'로 해석해야 한다.

'Étude'의 사용 예시

이번에 살펴볼 것은 'Étude'의 사용 예시로, 빈센트는 편지에서 'étude'를 다양한 맥락에서 썼다. 예시를 통해 알아보자.

〔예시 1〕 해바라기에 대한 언급

원문: Je suis en train de faire des études de tournesols.

번역: 나는 해바라기에 대한 연구들을 하고 있어.

해석: 여기서 'études'는 해바라기를 주제로 한 여러 작품이나 스케치를 의미한다. 작업이 진행 중이거나 여러 시도를 하고 있음을 나타낸다.

〔예시 2〕 인물화에 대한 언급

원문: J'ai fait une étude d'une femme au café.

번역: 나는 카페에 있는 여인의 연구 작품을 그렸어.

해석: 'étude'는 특정 인물을 주제로 한 작품을 가리키며, 완성되었는지 여부는 명확하지 않다. 즉 새로운 주제나 인물을 탐구하고 있음을 나타낸다.

〔예시 3〕 풍경화에 대한 언급

원문: Les études que j'ai faites des champs de blé (…)

번역: 내가 그린 밀밭의 연구 작품들 (…)

해석: 여기서 'études'는 밀밭을 주제로 한 여러 작품을 의미한다. 다양한 각도나 기법으로 밀밭을 탐구했음을 나타낸다.

〔예시 4〕 나무와 하늘의 연구

원문: Je me régale de faire des études des arbres et de ciel, je trouve toujours quelque chose de nouveau.

번역: 나무와 하늘에 대한 연구를 하는 것이 정말 즐겁고, 매번 새로운 것을 발견해.

해석: 반 고흐는 나무와 하늘을 주제로 한 'études'를 진행하며 연구 과정에서 기쁨과 신선한 발견의 즐거움을 느낀다. 여기서 그는 작품 속 자연을 표현하는 과정에서 매번 새로운 것을 발견하는 즐거움을 표현하며, 이 작업이 단순한 연습이 아닌 예술적 만족감을 주는 과정임을 드러낸다.

빈센트는 'étude'를 미완성 작품, 연습작, 완성된 작품 모두를 가리키는 데 사용했다. 이는 그의 작업이 항상 탐구적이고 실험적인 성격을 띠었기 때문이다. 따라서 맥락에 따라 의미를 파악해야 한다. 특히 작업의 진행 상태나 그의 의도에 따라 'étude'의 의미는 달라진다.

편지에서 그가 작업의 세부 사항이나 감정을 공유하는 방식을 보면, 완성 여부보다 주제나 탐구 과정에 초점을 맞추는 경향이 있다. 따라서 'une nouvelle étude de ciel étoilé'는 완성된 작품이 아닐 수도 있다. 빈센트가 새로운 주제에 대한 탐구를 시작했거나 진행 중임을 나타낼 수도 있다.

'Étude'는 작업의 상태를 직접적으로 나타내지 않는다. 내가 조사한 바에 따르면 빈센트는 'étude'라는 단어를 작품이 완성되었는지 여부와 상관없이 사용했다. 즉, 편지의 문맥이 중요하다. 그가 편지에서 어떤 감정으로, 어떤 상황에서 'étude'를 언급했는지를 고려해야 하는 것이다. 예시 4와 같이, 새로운 아이디어에 대한 흥분, 작업 과정에서의 발견 등을 표현할 때 'étude'를 사용하기도 했다.

'Étude'의 네덜란드어 표현

설명한 바와 같이(380쪽 각주 참고) 빈센트는 안트베르펜 시기 이전에는 네덜란드어로 편지를 작성했다. 따라서 그가 쓴 편지(1882년 1월 8

일 또는 9일, 헤이그)에서 프랑스어 'Étude'는 어떤 단어로 쓰였는지 확인해 보자.

네덜란드어 원문: Enfin ik weet het nog niet maar hetzij nu hetzij later, ik moet dat toch eens maken want ik heb het dezen zomer zoo bekeken en hier in de duinen zou ik een goede **studie** van den grond en de lucht kunnen maken en dan de figuren er brutaal in. Toch hecht ik niet zoo heel veel aan die **studies** en hoop natuurlijk ze nog heel anders en beter te maken maar de brabantsche typen zijn karakteristiek en wie weet of er nog geen partij van te trekken is. Mogten er bij zijn die ge houden wilt ga gerust uw gang maar die waar ge niet aan hecht wil ik wel heel graag terug hebben. Door het bestudeeren van nieuwe modellen zal ik van zelf attent worden op de fouten in de proportie van mijn **studies** van dezen zomer en daarmee rekening houdende zijn ze mij alligt nog nuttig.

반고흐미술관 영문 번역: Anyway, I don't know what yet, but whether it's now or later, I must do it sometime, because I took a look at it this summer, and here in the dunes I could make a good **study** of the earth and the sky and then boldly put the figures in. Though I don't value those **studies** so very much, and hope of course to make them very differently and better, but the Brabant types are distinctive, and who knows how they might be put to use. If there are some among them you'd like to keep, then by all means, but I'd very much like to have back those you don't value. By **studying** new models I'll automatically become alert to the mistakes in the proportion of my **studies**(번역상 추가된 부분) of this summer and, taking that into account, they can easily be of use to me.

한글 번역: 글쎄, 아직 잘 모르겠지만, 지금이든 나중이든 내가 그걸 한 번은 만들어야 한다는 것을 알고 있어. 이번 여름에 그것을 잘 살펴봤고, 여기 모래언덕에서 땅과 하늘에 대한 좋은 **연구**를 할 수 있을 거야. 그리고 그 후에 인물들을 대담하게 포함시킬 수 있겠지. 하지만 나는 그 **작업**들에 그렇게 많은 가치를 두지는 않아. 당연히 그것들을 더 다르게, 그리고 더 나은 방식으로 만들고 싶어. 하지만 브라반트 사람들의 유형은 독특하고, 누가 알겠어? 거기에서 어떤 이점이 있을지. 만약 네가 마음에 드는 것이 있다면, 자유롭게 가져가도 돼. 하지만 네가 관심 없는 것들은 내가 정말로 다시 가져가고 싶어. 새로운 모델들을 **연구**하다 보면, 이번 여름에 내가 그린 **작업**들에서의 비례 오류를 자연스럽게 알게 될 거야. 그리고 그 점을 염두에 두면, 그것들이 여전히 유용할 수 있어.

빈센트가 프랑스어로 'étude'라고 표현한 단어에 해당하는 네덜란드어는 'studie'다. 결국 이 언어는 영어의 'study'에 해당한다고 할 수 있다. 한글 번역은 'studie'를 문맥에 따라 '연구' 또는 '작업'으로 번역했는데, 전혀 어색함이 없다. 따라서 위와 같이, 프랑스어의 'étude' 역시 습작이라고 번역하기보다는 연구 또는 작업으로 표현하는 것이 적당하다고 생각한다.

작품을 그리고 편지에서 언급하는 데 걸린 기간

빈센트가 쓴 편지에서 자신의 그림을 언급한 예로 〈사이프러스〉(1889년 6월)를 생각해보자. 407쪽 아래 스케치는 "별이 빛나는 하늘에 대한 새로운 연구"라는 내용을 담은 6월 19일의 편지를 쓰고 엿새 뒤인 6월 25일에 쓴 편지의 한쪽 구석에 그려진 것이다. 이 스케치는 원작 〈사이프러스〉를 간략히 묘사한 것으로, 나무와 달의 형상과 위치까지 거의 동일하다. 따라서 원작은 편지를 쓰기 전에 그렸을 가능성이 매우 높다.

작품 속에 보이는 달은 낮에 뜨는 가는 초승달로, 빈센트가 아침별을 보았다는 내용을 담은 편지를 쓴 시기에 그렸을 것으로 추정된다(376쪽에 있는 1889년 5월 13일~6월 9일의 달 위상 달력을 참조, 편의상 본문에 명기한 달의 위상은 해당일 오후 12시를 기준으로 하여 퍼센트로 표현했다). 작품 속에 보이는 날카로운 달은 6.72퍼센트 정도 찬, 6월 1일보다는 크고 12.23퍼센트인 2일 또는 19.17퍼센트인 달이 뜬 3일의 모습으로 보인다.

하지만 6월 1일부터 3일까지 내내 아침과 낮에는 흐리다가 밤이 되면 맑아지는 날씨가 이어졌다. 따라서 빈센트는 6월 4일이 되어서야 그날 뜬 27.35퍼센트인 달을 보거나 5일에 뜬 36.56퍼센트인 달을 볼 수 있었을 것이다. 6일은 다시 흐렸기 때문에 7일이 되어 상현(57.82퍼센트)이 된 달을 저런 형태로 그리진 않았을 듯하다. 따라서 이 그림은 4일이나 5일에 그렸음을 의미한다. 즉, 이 작품을 통해 빈센트는 6월 초순에 그린 이 작품을 약 20일이 지난 6월 25일에 쓴 편지에 언급했음을 확인할 수 있다.

이와 달리 그림을 그리자마자 또는 그림을 그리는 중에 쓴 편지에 스케치를 그려 넣은 경우도 있다. 2017년 뉴욕 크리스티 경매에 나온 〈쟁기질하는 사람이 있는 밭〉(1889년 12월 1~15일)이 그 경우다. 그해 9월 초 테오에게 보낸 편지(1889년 9월 2일)에는 해당 작품을 설명하는 스케치가 그

↑ 〈사이프러스〉(1889년 6월) 2점.
←··· 1889년 6월 25일 편지 속 스케치.

려져 있다. 이 편지에는 상세한 스케치와 설명을 통해 해당 그림을 그리는 중임을 명확하게 알리고 있기 때문에 그림을 그린 시점에 대한 오해의 소지가 없다. 그 내용은 아래와 같다.

> 어제 나는 다시 일을 조금 시작했어. 내 창문에서 보이는 것을 그렸지, 노란 그루터기가 있는 밭을 가는 모습이야. 보랏빛을 띤 갈아엎은 땅과 노란 그루터기 띠의 대비 그리고 배경의 언덕들이 보여.
>
> 1889년 9월 2일

1889년 9월 2일 편지 속 스케치.

〈쟁기질하는 사람이 있는 밭〉(1889년 9월 1~15일).

몇 가지 경우를 살펴볼 때 6월 18일 편지에 "별이 빛나는 하늘에 대한 새로운 연구"라는 말이 적혀 있다는 사실만으로는 〈별이 빛나는 밤〉이 완성된 증거로 삼긴 어렵다고 생각한다. 빈센트가 산에 올라 마을을 그린 스케치, 아를에서 그린 〈론강의 별밤〉 등을 되뇌며 어떻게 별을 그려야 할지 기본적인 구상을 시작한 시기가 6월 하순이고, 그림은 더 시간이 지나서 완성된 것으로 보인다. 하지만 8월에는 발작을 겪었고, 정신을 차린 9월 20일과 28일에 테오에게 쓴 편지에서 비로소 이 작품을 언급했고 작품의 이름은 '밤의 습작(étude de nuit)', '밤의 효과(effet de nuit)'라고 칭한 것이 아닐까 추측해봤다.

비슷한 화풍으로 그린 세 작품

9월 20일경 테오에게 쓴 긴 편지에는 자신의 정신적 고통과 우울에, 예술 활동에 대한 열망이 드러남과 동시에 자신감을 상실한 모습이 보인다. 그러나 무엇보다 중요한 것은 테오에게 보낼 10여 점의 그림을 설명하는데 그중 하나인 〈별이 빛나는 밤〉이 '밤의 습작'이라는 이름으로 등장한 것이다. 작품을 해설할 때는 '밤의 효과'라고 표현한다.

↑ 〈올리브 나무들〉(1889년).

> 흰 구름과 산을 배경으로 한 '올리브 나무들', '달이 뜨는 모습' 그리고 '밤의 효과', 이것들은 구도 면에서 과장된 거야. 그림의 윤곽선은 오래된 목판화처럼 뒤틀려 있어. 올리브 나무들은 다른 습작보다 더 특징적인데, 나는 초록 풍뎅이와 매미가 더위에 날아다니는 시간을 표현하려고 노력했어.
>
> 1889년 9월 20일

빈센트는 〈별이 빛나는 밤〉, 〈달이 뜨는 풍경〉, 〈올리브 나무들〉의 세 작품을 비슷한 화풍으로 그렸다고 말했다. 〈별이 빛나는 밤〉과 〈올리브 나무들〉을 함께 소장한 뉴욕현대미술관에서는 이 두 그림을 '주광 파트너(Daylight Partner)'라고 설명한다. 물론 이 사실이 세 그림을 동시에 그렸음을 증명하지는 않지만 비교적 비슷한 시기일 거라고 유추할 수 있다. 실제로 이 세 그림을 나란히 놓고 보면, 서로 많이 닮았다. 빈센트가 편지에 쓴 대로 과장된 구도와 구불구불한 선을 볼 수 있는데, 풍경의 외곽선이 거칠게 흐르며 강한 율동감이 그림을 압도한다.

1889년 9월 20일 편지에는 더 이상 '밤의 습작'에 대한 설명은 없으나 '초록 풍뎅이와 매미가 더위에 날아다니는 시간'이라는 표현을 통해 이 그림들을 그린 시기는 한여름임을 시사하며 〈별이 빛나는 밤〉을 그린 시기 역시 유사할 가능성을 내포하고 있다. 〈올리브 나무들〉을 그린 시간의 단서는 없다. 하지만 〈달이 뜨는 풍경〉이 1889년 7월 13일경에 그려졌다는 천문학자의 연구가 있다. 그렇다면 〈별이 빛나는 밤〉은 어떨까?

두 달이나 늦게 그림을 보낸 이유는?

빈센트는 9월 20일에 편지를 보내면서 〈월출〉, 〈올리브 나무들〉 등을 함께 보내려고 했다. 하지만 한 번에 많은 작품을 보내다 보니 운송비가 비싸 여드레 후인 9월 28일에 쓴 편지와 함께 다른 작품과 함께 전달한다. 그날 작성된 편지의 내용은 다음과 같다.

> 이미 받았을 그림 꾸러미에 3점의 작업이 빠졌다는 것을 설명하기 위해 한마디 더 적는다. 그걸 빼니 운송비가 3.50프랑 덜 들어서 그랬어. 그래서 다음에 보낼게. 아니, 오늘 다른 그림들과 함께 보내마. 다음과 같은 그림들이야.
> 밀밭, 밀밭과 사이프러스, 같은 주제, 담쟁이덩굴, 사이프러스 습작, 추수하는 사람, 같은 주제, 올리브 나무들.
> 그리고 앞서 이야기한 세 작업 '양귀비', '밤의 효과', '달이 뜨는 모습'도 있어. 곧 어머니와 여동생에게 주고 싶었던 4~5점의 작업과

> 함께 더 작은 캔버스도 몇 점 보내줄게. 이 작업들은 지금 말리고 있어. 10호와 12호 크기의 캔버스로, '밀밭과 사이프러스', '올리브 나무들', '추수하는 사람', '침실'의 축소본과 작은 자화상이야.
> 그들에게는 좋은 출발이 될 것이고, 너와 나, 자매들이 모두 작은 그림 컬렉션을 갖는 것은 어느 정도 즐거운 일이 아니겠니. 나는 그들을 위해 최고의 그림들을 축소판으로 만들 예정이야. 그래서 그들이 '붉은 포도밭', '녹색 포도밭', '분홍빛 밤나무' 그리고 네가 전시한 '밤의 효과'를 가졌으면 좋겠어.

편지에는 '밤의 효과'라는 표현이 두 번 나타나는데 첫 번째는 〈별이 빛나는 밤〉을, 두 번째는 '네가 전시했던'이라는 수식을 통해 〈론강의 별밤〉을 말하는 것임을 알 수 있다. 즉 빈센트는 별이 그려진 두 그림을 모두 구분 없이 '밤의 효과'라고 했다.

중요한 사실은 이것이다. 그해 여름의 중간, 빈센트의 정신에 문제가 생겼던 것은 사실로 확인되지만, 왜 6월 19일에 그린 그림을 이제야 보낸단 말인가? 게다가 물감이 잘 마르는 뜨거운 여름날이 이어지고 있었는데 말이다. 설령 알려진 것처럼 그에게 발작이 찾아온 게 7월 중순이었더라도 그 전에 그림을 보낼 기회는 두 차례나 있었다. 빈센트는 7월 2일경 10개의 캔버스, 7월 15일경에는 4개의 캔버스를 테오에게 보냈다. 아를에서는 어땠을까? 9월 말경 그린 〈론강의 별밤〉은 〈밤의 카페테라스〉와 함께 10월 13일 파리로 보낸다. 완성한 지 고작 보름 만에 보낸 것이다.

테오의 평론과 빈센트의 항변

테오는 다음의 편지에서 '달빛 아래의 마을(le village au clair de

lune)'이라는 이름으로 〈별이 빛나는 밤〉을 칭하며 간략하게 평가한다.

> '달빛 아래의 마을'이나 '산'과 같은 새로운 캔버스에서 형이 무엇을 추구하는지 잘 알겠어. 하지만 나는 스타일을 추구하는 것이 사물의 진정한 느낌을 빼앗는다고 생각해.
>
> 1889년 10월 22일

테오는 〈별이 빛나는 밤〉을 전달받았기 때문에 이 평가를 했을 것이고, 그 시점은 편지를 쓴 10월 22일 이전이 될 것이다. 빈센트는 예상과 다른 평에 마음이 상했을까? 그에 대한 답장에서 자신이 그림을 그리는 기법을 바꾼 이유를 설명하며 반박한다.

> 네가 이전 편지에서, 스타일을 추구하는 것이 종종 다른 특성을 해칠 수 있다고 했지만, 사실 나는 스타일을 추구하는 데 크게 끌려. 내가 말하는 스타일이란 더욱 남성적이고 의지가 강한 드로잉을 의미해. 이것이 나를 베르나르나 고갱과 더 비슷하게 만든다면 어쩔 수 없겠지만. 하지만 시간이 지나면 너도 여기에 익숙해질 거라고 생각해.
>
> 1889년 11월 3일

빈센트는 마음에 드는 작품을 완성하면 작업 의도와 표현 방법을 소상히 적어 편지로 보내곤 했다. 하지만 그의 작품 중 후대에서 이토록 사랑받는 〈별이 빛나는 밤〉은 지금까지 살펴본 세 통의 편지에서 언급된 것이 전부다. 이유는 무엇일까? 앞에서 다루었던 빈센트가 베르나르에게 보낸 편지를 다시 살펴보자.

고갱이 아를에 있을 때, 자네도 알다시피 나는 두어 번 추상적인 작업에 빠져들었던 적이 있네. 요람을 흔드는 여인, 검은 여인이 노란 도서관에서 소설을 읽는 장면 같은 것들 말이야. 그때는 추상이 매력적인 길로 느껴졌어. 하지만 친구여, 그건 마치 마법의 땅 같은 곳이어서 금방 벽에 부딪히게 된다네. 물론, 평생을 현실과 맞서며 탐구하고 싸운 후에야 그 길을 시도할 수 있을지 몰라. 하지만 나는 그런 것들로 머리를 싸매고 싶지 않아. 그래서 지난 한 해 동안은 자연을 기반으로 한 작업에만 매달렸고, 인상파니 뭐니 하는 건 거의 신경 쓰지 않았어.

하지만 또다시 큰 별들을 그리며 길을 잘못 들어버렸고, 결국 또 한 번 실패하고 말았어. 이제는 그런 짓이 정말 지겹기만 해.

1889년 11월 26일

테오가 〈별이 빛나는 밤〉을 좋게 평가하지 않자 빈센트는 그 작품을 더 이상 언급하지 않는다. 그러다가 베르나르에게 보낸 편지에서는 아예 실패작이라고 규정지었다. 빈센트는 여러 편지를 통해 자연의 풍경과 현상을 작품의 중심 주제로 삼았다고 말하곤 했다. 또한 자연을 단순히 묘사하는 것뿐 아니라, 자연을 통해 인간의 감정을 표현하고자 했다. 그가 상상에 기댄 작업이나 추상적인 접근보다는 직접 본 것을 기반으로 하는 데 더 집중한 이유는, 지난해 노란 집에서 고갱과 있었던 일 때문이리라.

편지에는 저렇게 썼지만 〈별이 빛나는 밤〉은 특성상 빈센트의 상상력이 반드시 필요한 작품이었으며 그 어떤 작품보다 내면의 표현이 강하게 반영된 작품이라 할 수 있다. 이미 빈센트는 앞에서 살펴본 대로 "나는 사이프러스 나무가 있거나 노랗게 익은 밀밭 위로 펼쳐진 별이 빛나는 밤을 그리고 싶어"라고 테오에게 말한 바 있다. 빈센트의 작품을 통틀어 그의 말에 적합한 작품은 바로 〈별이 빛나는 밤〉뿐이다. 이는 빈센트가 지난 1888년 4월 9일 이후로 이 작품을 머릿속에서 계속 구상해왔음을 뜻한다. 그러나 테오로부터 받은 예상치 못한 비평은 '자신의 상상력이 만들어낸 작품에는 한계가 있는가' 하는 좌절과 함께 더 이상 밤하늘을 그려야 할 의미를 잃게 했을지도 모른다.

과거의 서적들

이 연구를 시작한 초반에 나는 천체를 관측해온 경험을 바탕으로 〈별이 빛나는 밤〉이 7월에 그려졌을 가능성을 진지하게 생각했다. 하지만 천문학적인 조사를 마무리한 뒤 문헌 조사를 시작하면서 최근 나온 서적과 자료를 살펴보니 하나같이 6월 19일을 가리키고 있었다. 그래서 아예 과거의 자료를 보고자 했고, 확인했던 책이 요한나가 엮은《빈센트 반 고흐 서간집》(1978년)과 트랄보의《빈센트 반 고흐》였다. 이 책들은 보임의 견해와 전혀 상관이 없기 때문이었다.

> '불평 없이 고통을 감내하라'는 교훈을 빈센트는 잘 배웠다. 8월에 그 교활한 질병이 다시 그를 덮쳤을 때, 완전히 치료되기를 기대했던 그는 절망적으로 말했다. "더는 용기나 희망을 가질 수 있을 것 같지 않다…."
>
> 《빈센트 반 고흐 서간집》, L쪽

1978년에 미국에서 발간된 편지 전집의 서문 이후에는 요한나가 직접 서술한 빈센트의 생애가 있다. 빈센트가 생레미에서 처음 발작을 일으켰을 때는 비록 그녀가 빈센트를 직접 만나기 전이지만 테오의 곁에 있었기 때문에 당시 상황을 잘 알았다. 그런 그녀가 "8월에 그 교활한 질병이 다시 그를 덮쳤을 때"라고 표현했다는 사실에 주목해야 한다.

아쉽게도 트랄보의 책에는 작품이 그려진 시기에 대한 언급은 없다. 다만 작품에 대한 견해만 존재할 뿐이다. 트랄보는 편지(1889년 6월 18일) 중 "나는 고갱이나 베르나르의 최근 캔버스를 보지는 못했지만, 내가 말한 두 작업이 그들과 감정적으로는 유사하다고 꽤 확신해"라고 적은 부분을 주목했다. 이 문장은 "마지막으로 올리브 나무가 있는 풍경과 별이 빛나는 하늘에 대한 새로운 연구가 있어" 바로 뒤에 나온다.

그는 고갱의 회화적 구상을 '자연적 요소'와 '그의 상상력'이 혼합된 것이라고 설명했다. 이와 연결하여, 빈센트가 말한 두 작업이 고갱의 작품들과 감정적으로 유사하다는 언급은, 〈별이 빛나는 밤〉과 〈올리브 나무들〉 역시 사실과 상상의 융합을 기반으로 그렸음을 의미한다고 분석한다. 나는 빈센트가 천체를 담은 이전의 작품들 〈밤의 카페테라스〉, 〈론강의 별밤〉, 〈달이 뜨는 풍경〉, 〈연인〉, 〈사이프러스〉를 비롯하여 태양이 등장하는 그의 작품 대부분이 사실을 기반으로 했듯 〈별이 빛나는 밤〉의 상상 역시 사실이 바탕이 되었다고 생각한다. 따라서 이제부터는 빈센트가 어떤 하늘을 바라보고 상상을 발전시켰는지 살펴볼 것이다.

Van Gogh's Time Discovered by Astronomy

9.

1889년 7월 22일의 풍경

〈별이 빛나는 밤〉의 탄생 조건

〈별이 빛나는 밤〉의 풍경을 확인하고자, 즐겨 사용하던 천문 시뮬레이션 소프트웨어에서 빈센트의 밤하늘을 처음 확인해본 날은 2019년 6월 3일이었다. 처음에는 1889년 6월 19일 새벽 시간 중에서 세밀하게 조사하다가 시간을 뒤로 돌리다 보니 '차라리 6월 22일의 하늘이 더 그릴 만하지 않을까?'라는 생각이 머리에 맴돌았다. 그리고 별생각 없이 하루씩 시간을 뒤로 돌리기 시작했다. 금성과 거의 같은 고도로 조금 더 북쪽에 있는 플레이아데스라는 산개성단*이 눈에 들어왔다. 작은 망원경으로 보면 정말 아름답게 보이는 이 별 무리는 비슷한 시기에 동시에 태어난 젊은 별이 아기자기하게 모여 있다. 조금 더 북쪽으로 눈을 돌리면 마차부자리 또한 지평선 위로 올라온 것을 확인할 수 있다. 이제 반대편의 여름철 별들이 사라진 새벽의 틈을 겨울철의 별자리들이 비집고 나오는 시간이 된 것이다.

그러던 중 갑자기 전율이 느껴졌다. 플레이아데스성단의 바로 아래 위치한 히아데스성단의 형태와 작품 속 별들의 패턴 간의 유사성이 머리를 스친 것이다. 더 시간을 돌려 7월 초가 지나자 플레이아데스성단과

* 한곳에서 태어난 수십 개에서 수천 개의 별이 모여 있는 무리다. 주로 우리은하의 밝고 별이 많은 영역에서 발견되며, 별들이 비교적 젊고 느슨하게 묶여 있는 것이 특징이다. 별의 탄생과 진화를 연구하는 데 중요한 대상이다.

히아데스성단을 품은 황소자리는 동트기 전 예상했던 모습으로 지평선 위로 올라왔으며 중순에 이르자 금성이 황소자리를 향해 서서히 움직이기 시작했다. 그리고 마지막 퍼즐의 빈칸을 찾아가듯 달은 그 형상을 반달에서 그믐달로 바꿔가며 작품 속 자신의 자리로 들어가는 것이 아닌가!

빈센트가 편지에 아침 별이라고 언급한 금성을 6월 초순부터 매일 바라봤다면, 밝은 별이 날이 갈수록 점차 고도를 높여가는 모습에 꽤나 신기함을 느꼈을 것이다. 시간이 지나 6월 21일경이 되면 북반구는 낮의 길이가 가장 긴 하지를 맞이한다. 하지 무렵에는 다른 때보다 유난히 박명 시간도 길어진다. 그렇기에 박명이 새어 들어오지 않는 순수한 어둠의 시간은 겨우 3시간 42분밖에 안 된다. 하지만 그날이 지나면 밤의 시간은 다시 길어진다.

며칠이 지난 6월 24일, 빈센트는 금성과 달이 가깝게 만난 그 모습을 보았을까? 그날 두 천체는 새끼손가락 2개 정도 두께에 해당하는 거리인 약 2.24도로 접근한다. 그날 달의 위상은 15.62퍼센트밖에 안 되는 가느다란 것이었고, 해가 떠도 볼 수 있었을 터다. 하지만 빈센트는 이미 한 달 전 낮에 보이는 그믐달을 배경으로 〈사이프러스〉를 그린 바 있다. 그렇기에 생레미에서 눈여겨본 다른 주제들에 밀려 또다시 소재가 되기는 어려웠을 것이다.

다음 날인 25일은 달이 금성을 지나쳐 더 동쪽으로 향한다. 즉, 금성이 달보다 먼저 떠오른다. 이날의 달은 위상이 9.2퍼센트밖에 안 될 만큼 정말 가늘다. 여름철에 볼 수 있는 가장 가느다란 달이었을 것이다. 지평선 위에 잠시 떠 있다가 해가 뜨면 금성과 함께 사라져서 그날부터 며칠간 빈센트의 창에서 달을 보기 어려웠을 것이다. 달은 사람들에게 많은 감동과 영감을 준다. 나는 〈별이 빛나는 밤〉을 구상하게 된 강력한 동기가 달일 것이라고 생각한다.

어떤 모양의 달이 별과 가장 잘 어울릴까? 달이 밝으면 별이 제대로 안 보이니 별과 달이 어우러지는 풍경을 생각한다면, 달빛은 최대한 어두운 편이 좋다. 초승달이나 그믐달처럼 '가느다란 달'이 하늘에 떠 있을 때, 특히 그 옆에 금성 같은 밝은 행성이 함께 빛나면, 많은 사람이 몽환적이고 신비롭다는 감정을 느낀다.

푸른 하늘에 뜬 달을 볼 수 있었던 24일, 25일은 날씨도 맑았기에 작품을 그릴 때 누구보다 부지런했던 빈센트라면 그 두 날의 새벽하늘을 보았을 것이다. 그 무렵 빈센트는 바쁘게 움직였다. 이집트의 오벨리스크처럼 선과 비율이 아름다운 사이프러스 나무로 '해바라기' 연작 같은 작업을 하고 싶다는 내용을 담았던 편지가 바로 6월 25일에 작성된 것으로, 그는 당시 12개의 캔버스를 작업한 상태였다. 하지만 창작욕에 불탔을 빈센트의 마음속에는 이미 아를에서 구상한 〈별이 빛나는 밤〉이 자리 잡기 시작했을 것이고 매일 새벽 창밖을 바라보며 조금씩 변하는 밤하늘 풍경을 주시했을 것이다.

여름의 한가운데를 지나는 7월 중순의 밤하늘은 1년 중 가장 화려하다. 긴 노을이 멀어지고 땅거미가 내려앉으면, 밤하늘을 가장 찬란하게 수놓는 여름철 별자리들이 저마다 존재를 뽐내는 듯하다. 그럼에도 밤을 환히 밝힐 만큼 강렬한 별은 없어, 하늘은 여전히 어둠으로 가득하다. 그러나 가장 어두운 곳에서야 비로소 자신을 온전히 드러내는 밤하늘 최고의 뮤즈, 은하수가 하늘의 남북을 가로지르며 마치 처음부터 그 자리에 있었던 것처럼 고요히 등장한다.

은하수는 점점 기세를 더해가며, 자정을 넘기면 그 속에 품고 있던 백조자리, 독수리자리, 궁수자리 같은 별자리가 여름밤이라는 뮤지컬의 주인공이 되어 절정을 향해 빛난다. 쉴 새 없이 몰아치던 별빛이 사위고 새벽 3시가 되면, 바라보는 이의 마음조차 외롭게 만드는 가을철 별자리들

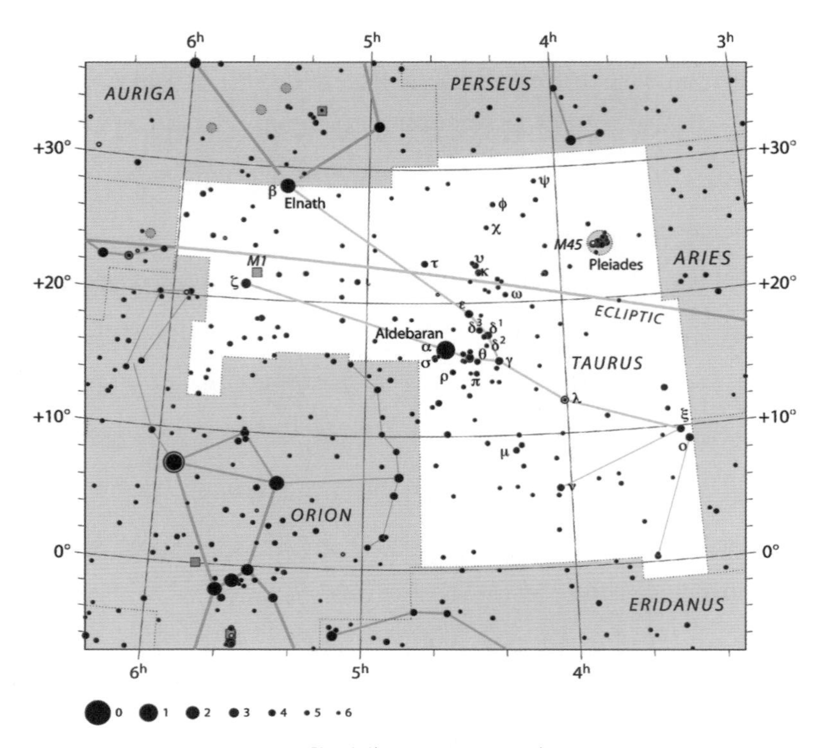

↑ 황소자리(IAU, Sky & Telescope).

이 하늘의 꼭대기를 차지한다. 이 어두운 별자리들은 공연이 끝난 텅 빈 객석처럼 적막해 보인다.

하지만 이 적막함도 잠시, 동쪽 지평선에서 떠오르는 화려한 겨울철 별자리들이 새로운 무대를 준비한다. 여름의 새벽에 보이는 겨울 별자리는 철 이른 과일 같은 기대감을 일으킨다. 그 시작은 황소자리다. 처음 보는 사람도 뇌리에 쉽게 새길 만큼 독특한 인상을 가진 별자리로, 뿔처럼 생긴 고유의 V 자 패턴은 황소라는 이름을 가장 잘 표현한 모습이 아닐까 싶다.

황소자리는 1등성인 알파 별 알데바란을 포함한 별자리면서 황도십이궁에 속하여 많은 사람에게 사랑받는 별자리다. 아울러 황소자리의 상당히 많은 부분에 겨울철 은하수가 지나가고 있어 매우 많은 별을 볼 수 있는 별자리기도 하다. 황소의 얼굴에 해당되는 짧은 V 자의 별 무리인 히아데스성단이 자연스럽게 베타 별인 엘나스와 제타(ζ) 별 알헤카와 연결되어 긴 V 자 형태를 갖는 날카로운 뿔의 형상으로 확장된다. 누가 설명해주지 않아도 쉽게 상상할 수 있으며 한 번만 봐도 쉽게 잊히지 않는 독특한 형태를 가졌다.

황소자리에는 또 하나의 볼거리가 있는데, 황소의 어깨에 해당하는 부위에는 플레이아데스성단이 있다. 이 성단은 맨눈으로 볼 때는 작아 보이지만 실제 크기는 약 1도에 달할 정도로 큰 대상이다. 좁은 지역에 별들이 집약되어 맨눈으로도 잘 보이며 시력이 좋으면 성단에 포함된 3~6등급의 밝기를 가진 별을 6~7개로 분리해서 볼 수 있다. 이에 그리스신화에서 일곱 자매 님프 또는 공주에 관한 전설이 전해진다. 그뿐 아니라 이 성단은 전 세계 다양한 문화권에서 탄생한 전설을 품고 있다. 이에 여섯이나 일곱과 관련된 신화와 많이 연결된다. 우리나라에서는 '좀생이별'이라 불렀고 중국, 일본 등 아시아를 비롯해 아라비아, 이슬람, 슬라브족, 켈트족 및 아메리카 부족들까지 대부분의 문화권에서 플레이아데스성단을 인식하고 신화를 부여했다. 이는 예술가에게 영감을 줄 수 있는 대상임을 뜻한다.

하지만 더 중요한 것은 V 자 형태의 히아데스성단이다. 각지름이 약 5.5도나 될 만큼 거대하여 과거에는 이 대상을 산개성단이라고 인식하지 못했다. 그러나 19세기 후반에서 20세기 초반에 걸친 연구를 통해 이 별들이 중력적으로 묶인 산개성단이라는 사실이 과학적으로 밝혀졌고, 지구에서 약 153광년 떨어졌음이 확인되었다. 황소자리의 1등성인 알데바란은 히아데스성단과 시각적으로 겹쳐 보일 뿐, 실제로는 포함되어 있지 않다.

히아데스성단 역시 선사시대부터 알려져 있다. 호메로스의《일리

아드》에도 등장하며, 영국에서는 4월 소나기와 관련이 있다고 전해진다. 이는 고위도의 4월 저녁 하늘에 히아데스성단이 보이면 강한 비가 내리는 지역적 특성과 연결되었을 가능성이 크다. 특히 히아데스성단은 플레이아데스성단과 함께 황도의 황금문(Golden Gate of the Ecliptic)을 형성하는 별 무리로 태양과 달, 행성이 그 사이를 통과할 때 하늘의 관문을 열고 닫는다는 상징적인 의미로 여겨졌다. 이처럼 히아데스성단은 고대로부터 사람들의 눈에 띄었으며, 다양한 지역에서 독특한 이야기를 만드는 원천이 되었다.

빈센트가 요양소에 온 이래 맑은 날은 많지 않았다. 하지만 그는 아를에서 지난해를 보냈기 때문에 이맘때의 날씨가 변화무쌍하다는 것을 잘 알고 있었다. 5월은 빈센트가 좋아하는 밀밭이 푸른빛을 머금고 바람을 타며 자라나는 시기였다. 가끔 맑은 날이면 어딘가 펼쳐져 있을 푸른 밀밭을 그리고 싶었지만 지금은 창밖으로 보이는 담장 안의 밀밭을 보면서 만족할 수밖에 없었다. 생각했던 것보다 시설은 괜찮았고 아를의 주민들에게 고통 받던 순간을 생각하니 차라리 이곳이 훨씬 편하다는 생각도 들었을 것이다. 오히려 그림에 집중하기 좋은 환경이었다. 빈센트는 도착하자마자 바로 요양소 정원의 풍경들을 꼼꼼히 그리기 시작한다.

지난 5월 말 며칠 동안 이어진 맑은 새벽하늘에 보인 아침 별은 빈센트의 마음을 설레게 했을 것이다. 그러다가 6월 1일부터 3일까지는 흐린 아침이 이어지고 4일과 5일에 다시 맑아지는데, 빈센트가 그때 다시 금성을 보았다면 고도의 변화를 조금 더 쉽게 체감하지 않았을까 생각된다. 아마 빈센트는 이 무렵부터 세 번째 야경화를 그리기 위한 구상을 시작했을 것이다.

하지만 빈센트는 금성 외에는 보이지 않는 풍경에서 의아함을 느끼지 않았을까? 왜 아를에서, 생트마리에서 본 아름다운 밤하늘과 달리 아무것도 보이지 않고 고요한지 말이다. 별을 그려야겠다는 생각은 시작되었지만 금성 하나만으로는 아직 화가에게 강한 영감을 불러일으키지 못했을 것이다. 아마도 그 시기에는 5월 27일에 미친듯이 쏟아부은 사나운 비가 만들어낸 황폐해진 담장 안 밀밭이 더 좋은 소재였을 듯하다.

6월이 지나자 빈센트는 풀레(Jean-François Poulet) 또는 다른 직원을 동행한 외출이 허락된다. 그때 처음으로 생레미 시내를 나간 빈센트는 아직도 자신이 완전하지 않다는 것을 느낄 수 있었다. 모르는 사람들과 낯선 물건을 보는 것만으로도 고통스러웠다. 이에 빈센트는 생레미에서는 오로지 그림만 그리면서 회복에 집중할 것을 결심했다. 다행히 그림을 그릴 때는 평화로웠기 때문이다. 주변을 돌아다닐 수 있게 되자 빈센트는 나무를 그리기 시작했다.

6월 4일 또는 5일에 작업한 풍경은 캔버스를 세로로 세워 그린 사이프러스였다. 화면을 뚫고 나올 듯한 사이프러스를 그려 넣고 그 뒤는 알필산과 구름으로 채웠다. 그리고 남은 파란 하늘에 오늘 떠오른 달을 넣었다. 반달에 가까워 보였지만 빈센트는 날카로운 달을 그렸다. 그 달이 사이프러스가 서 있는 풍경에 더 알맞아 보였기 때문이 아닐까? 이렇게 달의 위상이 더 날카롭게 바뀌는 것은 앞으로 살펴볼 빈센트의 달에서 나타나는 큰 특징이다.

빈센트에게 달은 언제나 친근하고 특별한 존재였다. 특히 보리나주에서의 삶은 고독과 실패에 대한 좌절로 얼룩져 있었지만, 새벽에 길을 나설 때마다 그를 쫓아오며 비춘 것은 오직 하늘에 떠 있는 그믐달이었다. 새벽이 익숙했던 그에게 달은 단순히 풍경이 아니라 고독한 삶에서 자신을 지켜봐준 소중한 존재였을 것이다. 그것이 빈센트가 〈별이 빛나는 밤〉 오른쪽 구석에 달을 위한 공간을 마련한 이유였지 않을까.

야간에 동쪽밖에 볼 수 없는 환경은 빈센트가 제대로 된 밤하늘을 보기 어렵게 만든 조건이었을 것이다. 그로 인해 빈센트는 어떤 밤하늘 풍경을 그려야 할지 막막했을 듯하다. 아를에서는 밤마다 가스등을 켜고 작업할 수 있었지만, 이곳에서는 그런 자유를 누릴 수 없었다. 그렇기에 그는 저녁 식사를 마친 뒤 파라핀 램프 아래에서 편지를 쓰거나 책을 읽는 것이 할 수 있는 전부였다. 사실 빈센트가 아름다운 밤하늘을 보지 못했던 건 별이 잘 보이는 시간을 맞추기 어려웠기 때문일 것이다.

아마도 어느 날 밤, 옆방에서 들린 환자의 고함에 빈센트가 잠에서 깨어났다면, 자신이 별을 볼 수 없었던 이유를 깨달았을 것이다. 현대인들은 달이 뜨는 시각과 여러 가지 정보를 바탕으로 언제 별이 잘 보이는지 알 수 있지만 그 당시 사람들이 별이 총총히 떠 있는 아름다운 광경을 보기 위해서는 날씨, 월령, 밤하늘의 방향 같은 모든 것이 우연적인 요소가 되어 맞아떨어져야 했다. 결국 빈센트는 어느 날 밤, 밤새도록 밤하늘을 바라보았을 것이다. 1888년 6월, 생트마리에서 보았던 은하수가 그의 창 너머에도 펼쳐졌을 터다. 반짝이는 별들은 은빛 강처럼 흘렀다. 아를의 포럼 광장에서 밤의 카페를 그릴 때 담은 여름철의 대삼각형도, 론강에서 봤던 별들도 모두 볼 수 있었을 것이다. 그렇게 오래도록 하늘을 바라보던 빈센트의 머릿속에 새로운 야경화에 대한 계획이 조금씩 들어서지 않았을까?

이 무렵 빈센트의 삶은 그 어느 때보다 고달팠다. 아침 식사를 마치면 바로 작업을 시작했다. 하루 종일 캔버스 앞에서 쉼 없이 그림을 그리고, 저녁이 되면 와인 한 잔과 함께 식사를 하며 하루를 마무리했다. 그날은 그렇게 사라지고, 또 다른 날이 찾아왔다. 6월 9일, 테오에게 보낸 편지에 빈센트는 이렇게 적었다. "작업이 끝난 후엔 지루해서 죽을 지경일 때도 있지만, 그렇다고 다시 무언가를 시작하고 싶은 마음은 전혀 들지 않아." 생레미의 생경한 풍경이 눈앞에 펼쳐지는 이 시기를 놓칠 수 없다는 조바심이 그를 더욱 몰아붙였다. 하지만 조바심만으로는 부족했다. 일찍부터 눈을 떠 작업에 몰두했지만, 몸은 점점 그를 따라주지 못했다.

6월 11일부터 14일까지, 많은 양은 아니었지만 비가 계속해서 내렸다. 이런 날 빈센트는 기존 작업들을 보수하거나 창밖의 풍경을 그리며 하루도 헛되이 보내지 않았다. 창틀 밖만 바라보던 빈센트에게는 새로운 풍경이 필요했다. 어쩌면 빈센트는 풀레에게 마을을 내려다볼 수 있는 높은 곳으로 데려가달라고 부탁하지 않았을까? 빈손으로는 들어줄 것 같지 않아, 며칠 전 테오가 보내준 초콜릿을 함께 건넸을 수도 있다.

빈센트가 마을 스케치를 그린 장소까지 가려면 꽤나 걸어야 했을 것이다. 하지만 걷는 것에는 자신 있었다. 아침 일찍 요양소를 나서서 서쪽으로 한참 걷던 풀레와 빈센트는 앞서거니 뒤서거니 하며 언덕길을 지나 그곳에 도달할 수 있었다. 알필산은 돌이 가득하다. 하지만 그리 높지 않은 산이라 등산은 생각보다 금세 끝났다. 정상에 이르자 저 멀리 뾰족한 성당의 첨탑과 둥근 돔이 보였을 터다. 마을의 집들이 옹기종기 모여 있는 모습이 내려다보였고 빈센트는 그 장면을 새로운 야경화의 마을 풍경으로 삼으리라 생각했을 것이다.

7월의 밤하늘

맑았던 1889년 7월 15일 저녁, 생폴 요양소 빈센트의 방에서 그와 함께 앉아 별을 본다고 생각해보자. 그날 생레미의 해 지는 시각은 저녁 7시 39분경이다. 하지만 시민박명은 이제 시작됐기 때문에 제대로 별을 보려면 1시간은 더 기다려야 한다. 밤 9시가 가까워지면 여름철의 은하수로 물든 그의 창문을 볼 수 있을 것이다. 하지만 어느새, 은하수가 다시 사라지고 있음을 인지할 수 있다. 무슨 일일까? 창문 가까이 다가서서 남동쪽 하늘을 바라보면 이유를 알게 된다. 밤 9시 50분쯤이면 보름에 가까운 달이 떠올라 온 하늘에 영향을 끼치기 때문이다. 이렇듯, 밝은 달은 은하수의 관측을 방해한다. 아름다운 풍경과 마주치기 위한 조건은 생각보다 까다롭다.

1889년의 금성은 6월 27일을 끝으로 양자리에서 황소자리로 자리를 옮긴다. 그즈음인 7월 초순이 지나면 빈센트는 특이하게 빛나는 플레이아데스성단을 보았을 것이다. 그리고 며칠 후 마침내 노란 별들이 반짝이는 히아데스성단을 마주했을 것이다. 그해 7월 초는 5일과 6일 아침을 제외하고는 12일까지 맑은 날씨가 지속되었다. 특히 10일, 11일, 12일 새벽에는 달빛의 영향을 받지 않으며 어두운 새벽하늘에 영롱하게 떠 있었을 히아데스성단과 금성이 만들어낸 풍경이 시작되는 시기였다.

6월 중하순경, 하지를 지나면 해는 조금씩 늦게 뜨고 빨리 지므로

↑ 히아데스성단(©송정우).

밤의 시간은 길어진다. 그 틈을 타 새벽 해 뜨기 직전이 되면, 가을철 별자리로 가득하던 하늘의 동편에는 겨울철 별자리가 올라오기 시작한다. 이 겨울철의 별자리는 등장하자마자 빠르게 새벽 시간을 장악해나간다. 따라서 빈센트가 바라볼 수 있는 동쪽 하늘의 새벽 풍경은 감상할 시간이 조금씩 더 늘어나기 시작했다.

7월 12일을 기준으로 본다면, 금성은 이미 떠 있기 때문에 히아데스성단에 위치한 알데바란이 떠오르기만 하면 된다. 그 시간은 대략 2시 30분부터이며, 항해박명이 절반쯤 진행된 3시 30분까지 감상이 가능하다. 대상이 히아데스성단이라는 것은 알 수 없었지만 노란색 밝은 별과 주변의 잔별들이 만드는 조화 그리고 아침 별이 만드는 몽환적 풍경에 매료되었을 것이 분명하다. 이 무렵 빈센트는 드디어 세 번째 야경화를 그려야 할 때가 왔음을 느끼고 별을 스케치하기 시작했을 듯하다.

| 1889년 7월 12일, 22일, 30일의 일출, 박명 시각 및 알데바란이 뜨는 시각 |

날짜	천문박명 시작	항해박명 시작	알데바란 (5도)	시민박명 시작	일출
7월 12일	02:12	03:07	02:34	03:52	04:28
7월 22일	02:29	03:20	01:54	04:03	04:37
7월 30일	02:43	03:31	01:23	04:13	04:45

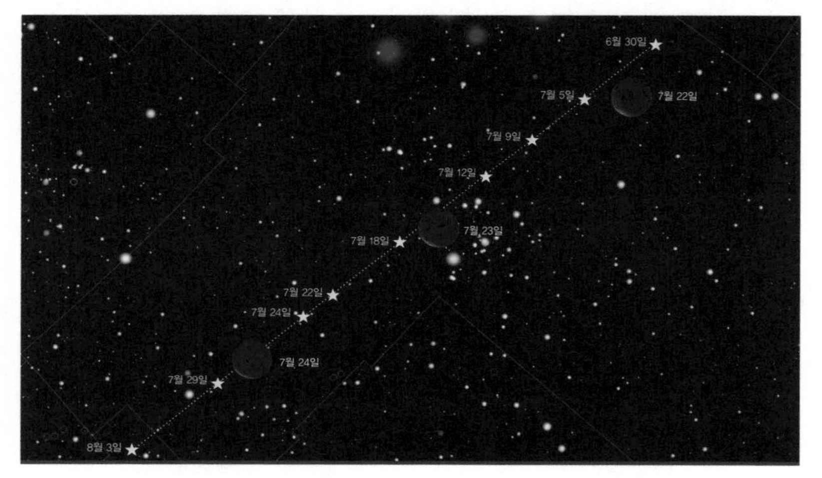

↑ 1889년 7월 황소자리를 중심으로 금성, 달의 움직임.

위의 그림은 황소자리를 배경으로 금성과 달이 어떻게 움직이는지를 설명한다. 7월 22일, 23일, 24일에만 달이 황소자리에 위치한다. 그 밖의 날에는 금성이 황소자리 앞을 가로지른다. 처음 히아데스와 금성이 만나는 날은 7월 12일 무렵이며 18일경에는 히아데스를 지나쳐 황소의 아래쪽 뿔을 향해 나간다.

7월 5일, 요한나에게 들은 임신 소식에 빈센트의 머릿속은 복잡해졌다. 그는 혼란을 떨쳐내기 위해 더욱 작업에 몰두했다. 이 시기 그는 밀밭의 풍경에 큰 관심을 두었다. 강렬한 태양 아래 밀밭에서 그림을 그리던 그는 강한 미스트랄 덕분에 더위를 견딜 수 있었다. 하지만 남프랑스에서 두 번째 여름을 맞이하며, 빈센트의 마음 한편에는 고향에 대한 그리움이 생기기 시작했다. 이곳에서는 메밀이나 유채꽃을 전혀 볼 수 없으며, 풍경이 단조로웠다. 빈센트는 꽃이 만발한 메밀밭이나 유채밭 또는 아마밭을 한번 그려보고 싶었다. 그러고 보니 남프랑스에서는 이끼로 덮인 농가의 지붕이나 헛간, 오두막 등을 전혀 볼 수 없었다. 떡갈나무 숲도 없고, 스퍼리풀도 없고, 너도밤나무 울타리도 없다. 진짜 황야나 고향에서 보던 자작나무도 이곳에는 없었다.

그 무렵 빈센트는 아들을 걱정하는 어머니가 보내온 편지를 보며 고향에 대한 기억에 사로잡혔을 것이 분명하다. 병실에 앉아 빈센트는 곧 일흔을 맞이할 어머니에게 자신의 상념을 담은 편지를 7월 8일에서 12일경에 쓴다. 그 때문일까, 〈별이 빛나는 밤〉의 풍경에는 프랑스보다는 고향인 브라반트 지역에서 보이는 뾰족한 지붕의 집들이 담겨 있다.

7월 10일, 11일, 12일은 하루 종일 맑았다. 빈센트는 이 시기 〈달이 뜨는 풍경〉을 그렸을 것이다. 천문학자 올슨은 그림 속 풍경이 13일 저녁 9시 8분경에 해당한다고 조사해서 《스카이앤드텔레스코프》 2003년 7월 호에 기사로 발표했다(나는 이 잡지를 30년째 구독 중이다). 올슨 역시 프랑스 기상청의 기록을 참고해서 조사했다고 하지만, 내가 조사한 기록과는 차이가 있다. 이날 저녁 엑상프로방스는 물론 인근의 몽펠리에도 구름이 끼었던 것으로 기록되어 있다. 그날의 특이 사항을 적는 엑상프로방스의 기록부에는 '아침과 저녁에는 흐리고 정오에는 조금, 아침에 안개 낌'이라고 나온다. 따라서 이 작품이 그려진 날은 올슨이 생각한 13일이 아닐 수도 있고, 달 또한 보름이 되기 며칠 전의 모습일 수 있다.

⇡ 〈달이 뜨는 풍경〉(7월 중순 추정).

기상 기록이 아니더라도, 올슨의 추론에는 의문점이 존재한다. 첫 번째, 풍경 속 밀밭은 요양소 담장 안의 모습이다. 따라서 〈빈센트의 방〉에서 확인한 대로 작품의 배경인 알필산은 빈센트의 방에서 보이는 장면이 아니다. 만약 올슨이 조사한 것처럼 달이 저곳에서 떠오른다면, 이는 빈센트가 그 장면을 방에서 본 게 아님을 의미한다. 두 번째는 올슨이 주장한 시각은 정신병 환자가 있는 생폴 요양소에서 밖을 다니는 것이 허락될 시간이라 하기에는 너무 늦다. 그날 해가 지는 시각은 저녁 7시 41분이며 시민박명은 8시 16분에 끝난다. 세 번째는 배경 하늘이 낮의 풍경처럼 보인다는 것과 밀단의 그림자가 달에 의한 것이라기보다는 태양과 더 연관이 있어 보인다는 점이다.

따라서 나는 10일, 11일, 12일 중에 뜬 달의 모습이 아닐까 생각한다. 답사 때 알필산의 독특한 형상을 찾아볼 생각을 하지 못해 자세한 계산을 위한 정보가 없다. 이에 올슨이 했던 조사를 바탕으로 간단한 계산을 해 보자. 다행히 그 역시 생레미의 시간을 UT+19분으로 계산했기에 시간을 변환할 필요가 없다. (천문학자로서 이런 부분은 생각이 같아서 편하다.) 올슨이 예상한 달이 뜨는 시각이 저녁 8시 31분이었는데, 38분 후로 추정했다는 것은 알필산 너머로 떠오르는 시간을 반영한 것으로 추측된다. 따라서 그 시간을 각도로 환산하면 약 4.6도가 되므로, 10일, 11일, 12일에 해당 각도로 달이 떠오르는 시간을 찾으면 되고, 계산에 따르면 10일은 저녁 5시 56분, 11일은 저녁 7시 10분, 12일은 저녁 7시 10분이다.

빈센트가 이 장면을 그린 이유는 〈별이 빛나는 밤〉의 전초 작업이 필요했기 때문이 아닐까. 먼저 〈달이 뜨는 풍경〉 속 밀단은 동남쪽 높이 뜬 태양(작품을 기준으로 1시에서 2시 사이의 방향)이 만드는 그림자로 보인다. 태양 빛은 강력해서 다양한 반사광이 뒷면에도 빛을 비추기에 작품과 같은 풍경을 볼 수 있다. 물론 보름달도 그림자를 드리울 정도로 강력한 광원이다. 하지만 정말로 보름달이 만드는 그림자였다면, 작품 속 밀단은 형태만 구분이 될 정도여야 정상이며 그 방향 역시 달의 정반대를 향해야 한다. 따라서 이 작품의 전경은 낮의 풍경으로 채워진 것이 아닐까 추측한다.

〈달이 뜨는 풍경〉에 담긴 보름에 가까운 달은 밤새도록 하늘에 떠 있다. 그러다 점차 기울어 하현에 이르면 달은 점점 뜨는 시간이 늦어지다 밤 12시 30분경에 떠오르며, 달 자체도 확연히 어두워지기에 보름 때보다는 어두운 별들이 한결 잘 보였을 것이다. 그러다가 22일에 더 늦게 떠오른 달은 화가와 다시 만날 운명이었다.

13일과 14일은 날이 많이 흐렸다. 15일에서 17일은 맑았지만 달이 밝았다. 하지만 히아데스성단과 금성은 이미 그 자체로 훌륭한 오브제다. 북두칠성 같은 대상은 눈을 감아도 형태를 기억할 수 있지만 히아데스성단은 모양이 다소 생소하게 느껴졌을 것이다. 또한 매일 조금씩 위치가 바뀌는 금성을 어떻게 배치해야 할지도 고민했을 듯하다. 마침내 빈센트는 창밖으로 보이는 별 무리를 종이에 스케치했고, 1층 작업실 이젤에 걸린 캔버스에 별의 위치를 잡아나갔을 것이다.

반 고흐만의 성도

↑ 1889년 7월 22일 새벽 3시 00분의 밤하늘.
↓ 50mm 렌즈 화각과 85mm 렌즈 화각.

마침내 1889년 7월 22일, 그 풍경으로 달이 침범했다. 히아데스, 알데바란, 금성, 달이 한 풍경에 들어온 것이다. 아침 별을 제외하고 아무것도 없다고 생각했던 하늘은 고작 50일 사이에 히아데스성단과 알데바란 그리고 달이 들어오면서 전혀 다른 모습으로 변해 있었다. 빈센트는 그 모습에 압도되었을 것이다.

어쩌면 빈센트는 22일 이후의 새벽하늘을 며칠 더 바라본 후 본격적인 작업을 시작했을지도 모른다. 만약 그렇다면 눈썹같이 가느다란 그믐달이 위 그림보다 더 금성과 가까워진 장면을 목격했을 것이다. 하지만 화폭 좌측에 강렬하게 자리 잡은 사이프러스를 생각한다면 화폭 우측에 달을 배치해서 비례를 살리고 싶었을지도 모른다. 그래서 나는 1889년 7월 22일 이후 며칠 간의 밤하늘이 〈별이 빛나는 밤〉 속에서 재현되었다고 생각한다. 435쪽 그림 속 붉은색 프레임은 사람의 눈과 가장 비슷한 느낌을 주는 50mm 표준렌즈의 화각을 표시한 것이다. 따라서 〈별이 빛나는 밤〉 속 풍경은 표준렌즈보다 더 좁은 화각인 85mm 렌즈와 비슷한 구성을 가졌음을 확인할 수 있다. 이는 야외에서 별을 그린 이전의 두 작품과 다른, 창을 통한 관측이라는 조건을 생각하면 충분히 이해가 된다.

앞에서 살펴본 〈사이프러스〉를 통해(407쪽) 빈센트가 그린 달의 형태는 원래 모습보다 더 뾰족하다는 것을 확인할 수 있었다. 7월 22일에 뜬 달의 위상도 앞에서 살펴본 6월 4일(27.35퍼센트)의 달과 유사한 28.44퍼센트다. 따라서 두 작품 속 달의 위상은 거의 같으며, 표현 방식 역시 동일하다.

| 엑상 프로방스 지역의 1889년 7월 운량 기록 |

		10일	11일	12일	13일	14일	15일	16일	17일	18일	19일	20일	21일	22일	23일	24일	25일	26일	27일	28일
하늘 상태	6시	1	0	0	9	9	0	0	0	3	9	3	0	3	10	1	0	2	0	0
	정오	1	0	0	0	2	1	2	6	9	10	0	3	2	9	1	0	10	3	0
	21시	0	0	0	7	1	1	0	3	9	10	0	0	10	1	0	0	4	0	0

엑상프로방스의 기상 기록 아카이브를 다시 한번 살펴보자. 이번에는 새벽 6시의 하늘 상태가 중요하다. 가장 맑은 것을 0으로, 흐린 것을 10으로 나타냈는데 5일, 6일, 13일, 14일, 19일, 23일 새벽을 제외한 모든 날이 맑았고, 비는 19일에 10.5mm, 20일에는 2mm만 기록되어 있다. 22일 새벽의 날씨는 전날인 21일 밤 9시는 0으로 완전히 맑았고 그다음 날인 22일 새벽 6시는 3으로 적혀 있다. 7월 기상 기록부 뒤에 있는 기록란

⇡ 밤하늘의 구름이 오로라와 함께 보이는 모습(©송정우).

22일 부분에는 '정오까지 구름 조금. 저녁에는 흐림. 소나기. 번개'라고 적혀 있기 때문에 그 하늘을 보는 데 구름으로 인한 문제는 크게 없었을 것이다.

어쩌면 이 책의 서두에서 말했던 것처럼 〈별이 빛나는 밤〉의 원경인 알필산 위에 있는 하얀 부분은 구름일 가능성이 충분히 있으며, 별들 사이에 하얗게 보이는 흐름 역시 구름일 수 있다. 위 사진은 오로라 관측 도중에 구름이 나타나서 함께 찍힌 경우이긴 하지만(빈센트가 이런 오로라를 봤을 리는 없다), 구름이 달빛에 어우러져서 화려한 풍경처럼 보이는 경우는 종종 만날 수 있다.

〈별이 빛나는 밤〉이 내 생각대로 황소자리와 달, 금성을 그린 것이 맞다면, 빈센트는 7월 초순부터 새벽녘 하늘의 아침 별과 황소자리의 만남을 지켜보다가 7월 22일 이후 그 자리에 들어선 그믐달을 보며 풍경을 완성했을 것이다. 매일 변하는 달과 금성의 위치를 고려한다면 화가 빈센트는 천문학자처럼 정확한 지점에 금성, 달을 그려 넣을 필요가 없음을 염두에 두자. 이에 나는 아래와 같이 세 가지의 경우로 7월 22일의 밤하늘을

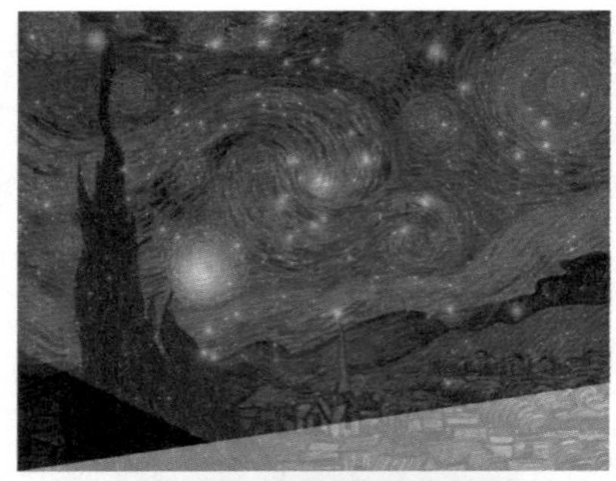

↑ 가정 1. 알데바란을 금성에 맞추고 밤하늘의 비례 그대로 배치했다.
⋯→ 가정 2. 히아데스를 작품 속 밝은 별에 맞추어 뒤틀어서 배치하여 최대한 별을 맞추었다.
↓ 가정 3. 7월 22일 금성과 달의 위치에 맞추어 밤하늘 풍경을 작품에 배치했다.

〈별이 빛나는 밤〉에 배치해봤다. 가정 1은 작품 속 금성의 자리에 알데바란을 배치한 것이다. 히아데스성단이 들어간 모습이 풍경과 큰 괴리감을 만들지 않는 것을 확인할 수 있다.

히아데스 역시 화가가 정확하게 그릴 필요가 없음을 고려해야 한다. 따라서 히아데스를 보며 받은 느낌을 작품에 녹이는 것을 감안하여, 가정 1에서 맞춘 히아데스성단의 모습에 뒤틀기를 이용해 조금 더 별을 많이 매칭해봤다. 가정 2가 가장 높은 가능성을 지녔다고 생각한다.

가정 3은 7월 22일 하늘의 실제 정확한 비례에 금성과 달만 넣은 모습이다. 이는 현실성이 가장 낮다고 할 수 있지만 빈센트가 바라봤을 하늘을 이해하는 데 가장 유사한 감정을 전달할 수 있다고 생각한다.

지상의 위치를 종이에 그린 것을 지도라고 부르듯, 천문학자들이 밤하늘의 별을 종이에 그린 것은 별 지도, 성도라고 한다. 성도를 그리려면 별들 사이의 각도를 정확하게 측정해야 하기에 천체사진이 없던 당시에는 육분의 같은 특수한 도구를 이용했다. 하지만 빈센트는 새벽에 본 별들의 모습을 스케치에 담았다가 날이 완전히 밝은 후 스튜디오로 가서 작품 속의 풍경에 맞추어 별의 위치를 변화시키면서 비례를 잡았을 것이다. 사실 〈론강의 별밤〉 속 북두칠성은 당시 일반 사람들에게도 잘 알려진 유명한 대상이니 그 모습을 너무 일그러뜨릴 수 없었을 것이다. 그러나 빈센트가 바라봤을 이 풍경은 그럴 필요가 전혀 없다. 따라서 유사한 방식으로 금성과 달도 풍경 속에 재배치했을 것이라고 상상해본다. 따라서 각 별들 사이의 정확한 거리와 각도를 재는 것은 의미가 없다.

〈별이 빛나는 밤〉의 밤하늘 풍경은 85mm 망원렌즈로 바라본 화각과 비슷하다고 말했다. 그렇다면 1차 답사에서 찾아낸, 이 작품의 지상 풍경과 비슷한 〈마을의 조감도〉 속 풍경(70쪽)은 어떤 렌즈로 찍은 화각과 비슷할까? 놀랍게도 120mm에서 135mm 망원렌즈의 화각과 비슷하다. 실제로 그는 그 풍경을 보았고 의도적으로 광활한 전경이 아닌, 그 좁은 영역만을 골라내 스케치했다.

마치 마음 한구석에 남은 기억의 조각처럼, 빈센트는 그 협소한 풍경에 집중했다. 〈별이 빛나는 밤〉을 그릴 때 그에게는 자신에게 깊은 인상을 남긴 장면 하나가 더 중요했을지 모른다. 특히 뾰족한 지붕들은 그의 기억 속 고향의 모습이 담겨 있다. 넓은 풍경에서 길을 잃기보다는, 좁은 시야로 마음속 깊은 곳을 응시한 것은 아닐까? 아마도 그는 고향의 감정과 기억을 그 작은 풍경에서 찾아내 작품에 풀고 싶었을지도 모른다. 좁지만 깊은 시선, 그것이 그가 협소한 지상 풍경을 작품에 녹여낸 이유를 설명할 수 있는 이유인 듯하다.

캔버스의 빈틈

'구글아트 프로젝트'는 〈별이 빛나는 밤〉을 약 7억 1300만 픽셀의 고해상도 이미지로 촬영하여 온라인에 공개했다. 나는 이 이미지를 활용해 작품을 자세히 살펴보면서 캔버스의 직물조직이 그대로 드러날 만큼 여백이 상당히 많다는 사실에 놀랐다. 같은 밤하늘 연작이라 할 수 있는 〈밤의 카페테라스〉는 사람 주변과 쇼윈도 부분에서만 캔버스 질감이 약간 보이며 〈론강의 별밤〉에서는 모서리를 제외하고는 빈틈이 보이지 않는다. 그렇다면 이 빈틈은 빈센트가 의도한 것일까, 아니면 다른 이유가 있는 것일까?

〈별이 빛나는 밤〉은 가장 가까운 사이프러스, 마을과 산, 밤하늘 이렇게 세 가지 풍경이 조합되어 있다. 이 중 사이프러스, 마을과 산의 경우 밤하늘에 비하면 빈틈이 없다고 할 만큼 촘촘하게 채색되었다. 이 사실로 미루어 각각의 풍경을 독립적으로 작업했으며 그린 시간이 서로 다를 가능성을 제기할 수 있다. 즉, 밤하늘 풍경을 가장 마지막에 채색했을 가능성이 높다고 할 수 있다. 더 나아가서 작업 환경의 조도가 높지 않은 시간에 밤하늘 풍경을 작업한 것이 아닌가 하는 생각도 든다.

다른 두 작품의 밤하늘에 비해 〈별이 빛나는 밤〉에서 시도한 밤하늘의 표현 방법은 놀라울 만큼 변화가 크다. 다른 두 작품은 어두운 배경을

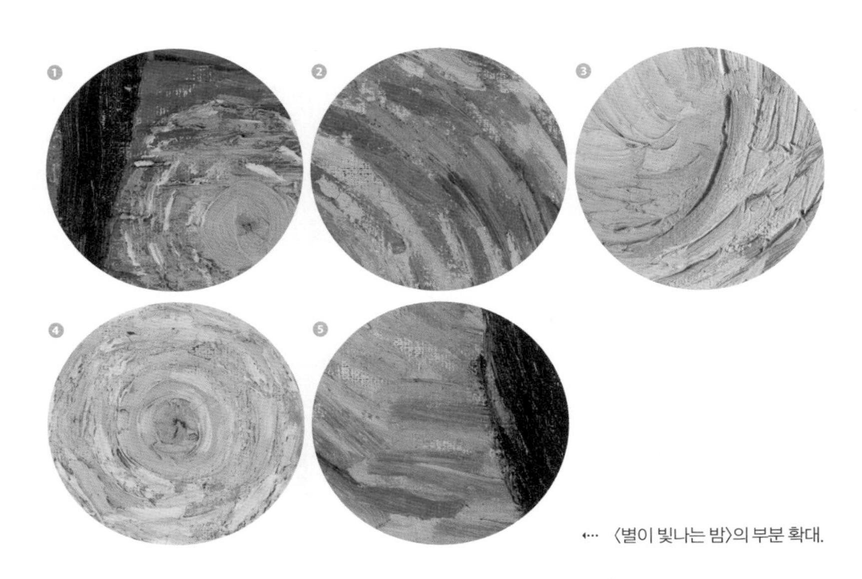

←… 〈별이 빛나는 밤〉의 부분 확대.

촘촘히 채우는 데 초점을 맞추었다면, 〈별이 빛나는 밤〉의 밤하늘은 단순한 배경에 머무르지 않는다. 그 자체가 율동을 갖고 별들과 어울리는 대상이나 다름없기 때문에, 붓 터치 하나하나가 서로 연결성을 갖는다. 나는 작품 속 중앙의 가장 큰 소용돌이 부분을 표본으로 삼고, HSV 색상 모델*로 변환해 사용된 물감을 분석해보았다. 캔버스의 바탕색(베이지)을 제거할 경우 밤하늘의 지배적 색상은 다음 다섯 가지로 확인된다.

진한 코발트블루: H(220~240도), S(80~100퍼센트), V(60~80퍼센트)
중간 톤의 울트라마린: H(200~220도), S(60~80퍼센트), V(70~90퍼센트)
연한 하늘색: H(190~210도), S(40~60퍼센트), V(80~100퍼센트)
따뜻한 회색: H(40~60도), S(10~30퍼센트), V(60~80퍼센트)
에메랄드그린: H(160~180도), S(30~50퍼센트), V(70~90퍼센트)

위의 색상으로 밤하늘을 칠하다가 다른 색으로 변경할 경우, 중간 건조 시간을 충분히 확보하지 못하면 건조되지 않은 밑색이 새로운 색과 섞이는 오염이 많이 생길 것이다. 하지만 많은 시간을 들이지 않는 빈센트의 작업 특성에도 불구하고 〈별이 빛나는 밤〉은 그러한 오염이 발생한 곳이 드물다. 어쩌면 이는 캔버스의 빈틈을 모두 채우려는 관념을 과감하게 깨고, 색이 겹치지 않도록 색들 사이에 공간을 남김으로써 오염을 방지했

* HSV 색상 모델은 색상(hue, 0~360도), 채도(saturation, 0~100퍼센트), 명도(value, 0~100퍼센트) 세 가지 요소로 색을 표현한다. 색상은 0도의 빨강에서 시작하여 120도의 초록을 거쳐 240도의 파랑을 지나 360도에서 다시 빨강으로 돌아온다. 채도는 색의 선명도를 나타내며 0퍼센트는 무채색을, 100퍼센트는 가장 순수한 색을 의미한다. 명도는 밝기를 나타내는 것으로, 가장 어두운 상태인 0퍼센트에서 가장 밝은 상태인 100퍼센트 사이의 값으로 표현된다. 이 방식은 실제 화가들이 물감을 다루는 방식과 유사해서 회화 작품 분석에 유용하다. RGB가 빨강, 초록, 파랑의 혼합으로 색을 만드는 것과 달리, HSV는 우리가 색을 인식하는 방식에 더 가깝기 때문이다. 예를 들어 작품 속 소용돌이에서 다양한 파란색 톤을 분석할 때, HSV에서는 동일한 색상값을 유지하면서 채도와 명도만 조절하여 쉽게 구분할 수 있다.

기 때문이 아닐까?

물론, 여러 가지 색이 섞여 표현되는 것은 임파스토 기법의 일반적인 특징으로, 방법의 우열을 논할 거리는 아니다. 하지만 빈센트는 밤하늘 풍경을 기존과 달리 율동으로 표현하는 데 시간을 많이 들이지 않기 위해 빈틈을 적절히 활용한 것으로 보인다. 초고해상도 이미지를 보기 전에는 이러한 빈틈을 인식하지 못했다는 사실은, 빈센트의 방식이 작품의 완성도를 전혀 떨어뜨리지 않았음을 의미한다.

이러한 분석이 지나친 해석적 접근일 수 있다는 것은 물론 잘 알고 있다. 어쩌면 차후에 보정할 계획으로 작업 시간을 벌기 위한 방법일 수도 있다. 따라서 나는 1889년 7월 하순에서 8월 초순에 발생한 발작이 이 작품에 영향을 끼쳤을 가능성도 있지 않을까 짐작해보았다.

파리를 거쳐 아를로 넘어온 빈센트의 가장 큰 변화는 색채였다. 하지만 생레미에서 겪은 고통은 다시 한번 빈센트를 변화시키는데, 그것은 색조의 변화였다. 이제 그는 절제된 색조를 통해 내면의 슬픔을 전하고 있었다. 그 변화는 테오보다 요한나가 더 먼저 느꼈다. 빈센트와 테오가 세상을 떠나고 한참 후에 서간집을 낸 요한나는 생레미 시기의 빈센트의 작품에 대해 이렇게 말했다.

> 더 이상 그것은 아를 시기의 경쾌하고, 밝고, 승리의 감정으로 가득 찬 작품이 아니었습니다. 이전 해의 노란색 교향곡에서 울려 퍼지던 날카로운 클라리온 소리 대신, 더 깊고 슬픈 음색이 들려왔습니다. 그의 팔레트는 더욱 차분해졌고, 그림의 조화는 마치 단조로 전환된 듯한 느낌을 주었습니다.

빈센트의 인생을 추적하며 그의 작품을 남은 생의 시간과 연결 짓다 보면, 슬픔과 고통이 고스란히 작품을 타고 전해지는 순간이 있다. 그러다가도 다른 작품에서 물감이 마를까 싶을 정도로 두껍게 덧칠된 붓질을 떠올리면 '살아 있다'고 외치는 빈센트의 기백이 전해지는 듯해 안도할 때도 있었다.

두 번째 답사

사실 2019년 7월의 두 번째 답사는 7월 27일 새벽의 풍경을 찍는 것이 목적이었다. 그날은 1889년 7월 22일과 비교하면 달의 위치는 거의 동일했고 위상은 29.56퍼센트로, 1889년 7월 22일의 28.44퍼센트와 놀라울 정도로 비슷했다. 금성이 없는 것을 빼면 차이가 없을 정도였다.

인천공항에서 2019년 7월 18일 오후 12시경 출발한 비행기는 8개의 타임존을 거슬러 12시간 40여 분을 비행하여 바르셀로나 엘프라트 공항에 도착했다. 스페인 남부를 일주하는 스케줄을 소화한 뒤 드디어 25일 밤 11시, 다시 생레미로 출발했다. 쉬지 않고 450킬로미터를 달려 생폴 수도원에 도착하니 하루가 지난 26일 2시 30분이었고 그때부터 2차 답사의 촬영이 시작되었다. 하루 먼저 시작한 이유는 불행히도 27일 기상예보가 나빴기 때문이다.

촬영 당시 달은 황소자리에 꽤 접근한 상태로 위상은 39.38퍼센트였는데, 가장 큰 문제는 풍경이 생각보다 인상적이지 않다는 것이었다. 내 짐작이 틀렸나 싶어 걱정했는데, 사실 이날의 가장 큰 문제는 대기 중에 습기가 많아 하늘이 전반적으로 뿌옜던 것이다. 또한 카메라의 구도도 잘못 잡아서 예상보다 히아데스성단이 오른쪽에 치우쳐 떠올랐다. 결국 중간에 화면 구도를 바꾸고 이참에 24mm 렌즈가 아닌 50mm 렌즈로 바꿔서 테스

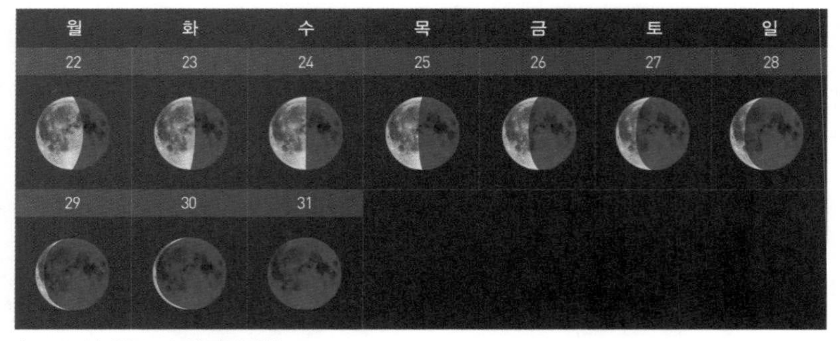

⇡ 2019년 7월 22~31일, 달의 위상.

⇡ 2019년 7월 26일, 03:40(LMT, 아를), 50mm 렌즈 화각.

트 촬영을 했다.

이날의 성과는 모든 것이 어중간했다. 원래 계획은 26일, 27일 촬영에 집중하는 것이었지만, 26일의 촬영 실패로 머릿속이 복잡해졌다. 게다가 27일부터 지중해 일대는 흐린 날씨가 예정되어 있었기 때문에 여기서 무작정 기다린다고 소득을 기대할 수도 없었다. 이에 일출 직전 카메라를 철수하고 다시 450km를 반대로 달려 숙소가 있는 바르셀로나로 돌아갔다.

2019년 7월 28일, 03:50(LMT, 아를, 편의상 같은 시간대로 계산했다), 50mm 렌즈 화각.

다행히 지중해와 떨어진 내륙지역은 새벽부터 맑을 것이라는 예보가 있었기에 그날 밤 비를 맞으면서 바르셀로나에서 100km 정도 떨어진 카르도나라는 스페인의 내륙 마을로 향했다. 소금이 나오는 산으로 유명하다는 것은 한참 후에나 알게 되었고, 다만 그곳에 전망대가 있었기에 또다시 날을 새우고 촬영했다. 비록 목표일은 하루 지났지만 어쩔 수 없었다.

생레미와는 직선거리로 약 330km, 동남쪽에 위치한 곳으로 도착 시각은 CEST 기준 밤 12시 45분이었다. 이 정도 거리 차이는 생레미에서 보이는 모습과 거의 다를 것이 없기에 촬영을 준비했다. 도착 직후만 해도 산 위로 구름이 많이 지나갔지만 새벽 1시를 지나자 먼 산 위에 구름만 좀 남아 있을 뿐 거짓말처럼 하늘은 맑아졌다. 동쪽을 향한 카메라 시야에 가장 먼저 들어온 것은 막 떠오른 양자리였다. 이날 달은 황소자리와 함께 떠오를 것이기 때문에 그 시각에 보이는 양자리는 달빛의 방해 없이 깜깜한 배경에서 빛났다. 하지만 역시, 달이 없음에도 그 모습은 전혀 인상적이지 않았다.

새벽 3시 26분, 카메라 화각 안에서 달이 보이기 시작했다(아를의 LMT로 변환하면 새벽 1시 45분). 이때부터, 조금씩 기다리던 모습이 드러나기 시작했다. 달과 함께 보이는 황소자리의 풍경은 압도적이었다. 이날 20.15퍼센트였던 달의 위상은 눈으로 보이는 별빛을 거의 방해하지 않는

⋯ 카메라 센서가 동시에 표현할 수 있는 밝기 범위에는 제약이 있다.

수준이었고, 나는 빈센트가 보았을 풍경을 상상할 수 있었다.

다만 이런 풍경을 사진으로 담기에는 기술적 한계가 있다. 사람의 눈은 밝기가 밝은 대상과 어두운 대상을 동시에 보는 능력이 뛰어나다. 이 사진은 실내 풍경을 촬영한 것으로, 실내의 모습은 구분되지만 창밖의 모습은 노출 과다로 제대로 구분되지 않는다. 이처럼 카메라 센서가 동시에 표현할 수 있는 밝기 범위에는 제약이 있으며, 이를 다이내믹 레인지(dynamic range)라고 한다.

다이내믹 레인지는 가장 밝은 부분과 가장 어두운 부분 사이의 명암 차이를 기록할 수 있는 능력을 의미한다. 이 범위가 넓으면 밝은 부분과 어두운 부분 모두를 세부적으로 표현할 수 있지만, 범위가 좁을 경우 밝은 부분은 하얗게 날아가거나 어두운 부분은 검게 뭉개질 수 있다. 따라서 상대적으로 밝은 달과 극단적으로 어두운 별처럼 명암 차이가 큰 상황에서는, 카메라의 다이내믹 레인지가 사람의 눈보다 좁기 때문에 모든 세부 정보를 담아내기 어렵다. 카르도나에서 찍은 449쪽 두 사진은 모두 노출 시간을 4.5초로 촬영했으나 우측 사진은 센서의 감도를 좌측보다 5배 더 높여서 찍었다. 이에 좌측 사진에는 달의 형상이 보이지만 별이 거의 안 보이고, 우측 사진에서 달 부분은 노출이 오버되어 형태를 구분하기 어렵지만 별이 잘 보인다.

답사를 가서 촬영한 별 사진은 한 장의 노출 시간이 10~30초다.

카르도나에서 찍은 사진.

이보다 더 길어지면 지구의 자전 효과가 반영되어 점이 아닌 선의 형태로 촬영된다. 문제는 달과 별이 함께 찍히는 경우인데, 별에 시간을 맞출 경우 달은 과다 노출이 된다. 하지만 문제는 10~30초 역시 별의 적정 노출 시간으로는 부족하다는 점이다. 원래 별을 제대로 찍으려면 천체를 추적하는 적도의라는 장치 위에 카메라를 탑재해서 오랜 시간을 들여 촬영해야 한다. 예를 들어 앞의 429쪽의 히아데스성단 사진은 1분씩 노출을 준 사진 60장을 합성한 것이다. 즉, 1시간을 노출한 사진이므로 눈으로 본 것보다 훨씬 더 화려하다.

이런 이유로 어떻게 촬영을 해야, 빈센트가 보았을 밤하늘 풍경을 전달할 수 있을지 고민되었다. 게다가 추가적인 문제가 있으니, 문명의 발전이 만들어낸 야간의 불필요한 빛이 그것이다. 2015년 이전만 해도 도시의 광해는 주로 가로등에 쓰이는 수은등이나 나트륨등이 원인이었다. 그렇기에 그 등이 주로 방출하는 가시광선의 파장을 제거하는 필터를 이용해 광해를 피할 수 있었다. 하지만 2015년경을 기점으로 경제성이 높고 성능이 좋아진 LED 가로등으로 급격하게 대체되면서 밤하늘은 이전보다 훨씬 더 밝아졌다. LED의 경우, 가시광선 전체의 연속 파장이 방출되기 때문에 특정 파장을 제거하는 광해 필터의 기술로는 피할 방법조차 없어 더 큰 문제가 된다.

⇡ 생레미의 사이프러스 가로수 길(2019년 7월 29일, 21:30, CEST)

이제 두 번째 답사의 마지막 이야기를 해보자. 출국일은 7월 30일 오전이었다. 카르도나에서 마지막으로 촬영을 할 예정이었는데, 안도르에서 확인한 30일 새벽의 기상예보는 쾌청함 그 자체였다. 그래서 안도르에서 460km 떨어진 생레미로 향했다. 쉬지 않고 달렸기에 해 지기 한참 전인 저녁 8시 30분에 도착할 수 있었다. 벌써 세 번째 촬영이다 보니 이번에는 〈별이 빛나는 밤〉의 구성처럼 화각 왼편에 사이프러스를 한 그루 배치하고 싶었다. 이러한 풍경을 찾기 위해 차를 타고 1시간 정도 헤맸고 다행히 사이프러스로 가로수 길을 만들어둔 도로를 찾을 수 있었다. 그날의 박명 정보는 아래와 같다. 이날 촬영한 사진을 통해 각 박명 시 하늘의 느낌을 확인해보자. 21시 30분에 찍은 위의 사진은 장소 스케치를 위해 촬영한 것으로, 시민박명 때 보이는 대표 현상인 노을이 잘 드러난다.

| 2019년 7월 29~30일 생레미 지역의 일출몰 및 박명 시각(CEST) |

날짜	일몰	시민박명 끝	항해박명 끝	천문박명 끝	천문박명 시작	항해박명 시작	시민박명 시작	일출
7월29~30일	21:07	21:41	22:22	23:10	04:22	05:10	05:52	06:25

촬영은 천문박명이 끝난 밤 11시 10분경부터 시작했다. 렌즈는 그동안의 경험에 의해 1889년 7월 22일의 밤하늘 재현에 적합하다고 판단한 50mm 표준을 선택했다. 그런데 카메라 화각에 담긴 사이프러스의 오른편에 양자리가 등장하려면 적어도 새벽 2시는 되어야 하고, 황소자리가 들어

↑ 양자리(50mm, f/3.2, 11.0s, ISO1600, 2019년 7월 30일, 01:50, CEST, 5매 합성).
↓ 황소자리(50mm, f/3.2, 11.0s, ISO1600, 2019년 7월 30일 04:20, CEST, 5매 합성).

오려면 거기서 2시간 남짓이 또 지나야 했다. 그렇게 시간을 비효율적으로 사용할 수는 없기에 앞서 224쪽 론강의 사진이 이날 새벽, 두 곳에서 동시에 촬영한 것이다. 카메라와 삼각대는 촬영이 진행되도록 생레미에 그대로 두고, 나는 그곳에서 약 30km 떨어진 아를로 차를 타고 이동했다.

아를로 넘어가서 〈밤의 카페테라스〉의 포인트에서 잠시 사진을 찍고 바로 론강으로 넘어갔다. 그리고 여벌로 가져간 카메라와 삼각대를 이용해 〈론강의 별밤〉 구도를 확인하기 위한 사진을 찍은 후 다시 생레미로 복귀했다. 이 두 번째 답사 때, 열차나 버스를 제외하고 직접 운전해서 이동한 거리만 총 3530km였다. 부지런히 움직인 덕분에 귀국하는 마지막 날까지 알차게 사진을 찍을 수 있었다.

위의 두 사진은 무월광 조건에서 2시간 40분의 시간 차이를 두고 촬영한 것이다. 이미 설명한 대로 지구의 자전 효과를 이용해 공전 효과를 상쇄하면 이 두 사진은 각각 6월 19일 4시 34분의 양자리와 7월 22일 새벽 4시 52분의 황소자리와 같은 구도를 갖는다. 이를 빈센트의 시간인 생레미의 LMT로 다시 변환할 경우 각각 새벽 2시 53분과 3시 11분이 된다. 그런데 6월 19일 양자리가 떠오른 그 시각에는 이미 하늘이 밝아오기 시작했을 것이기 때문에 이날 찍은 사진보다 별이 훨씬 적게 보였을 것을 감안해야 한다. 이 두 장면 중 어떤 모습이 더 빈센트에게 인상적이었을까?

이번에는 각 박명 상태에 따라 밤하늘이 어떻게 보이는지 확인해 보자. 기존에 시도했던 촬영에서는 대상에 따라 렌즈를 바꾸거나 노출 시간을 변경했기 때문에, 각각의 촬영 시 빛의 조건이 달라져서 밤하늘 밝기를 비교하기 어려웠다. 하지만 이번에는 생레미에서 29일 촬영을 시작하고 30일 새벽 5시 41분까지 카메라 구도를 바꾸거나 삼각대를 옮기지 않았으며 모든 촬영에 걸쳐 빛의 입사 조건을 동일하게(50mm, f/3.2, 11.0s, ISO1600) 맞추었기에 하늘의 밝기가 어떻게 변하는지 확인하기 좋았다. 이 6장의 사진은 사진 구도상 태양과 가장 먼, 오른쪽 상단 구석을 잘라낸 것이다.

정말 예민한 천문학 장비들은 천문박명이 시작되면 즉시 대상의

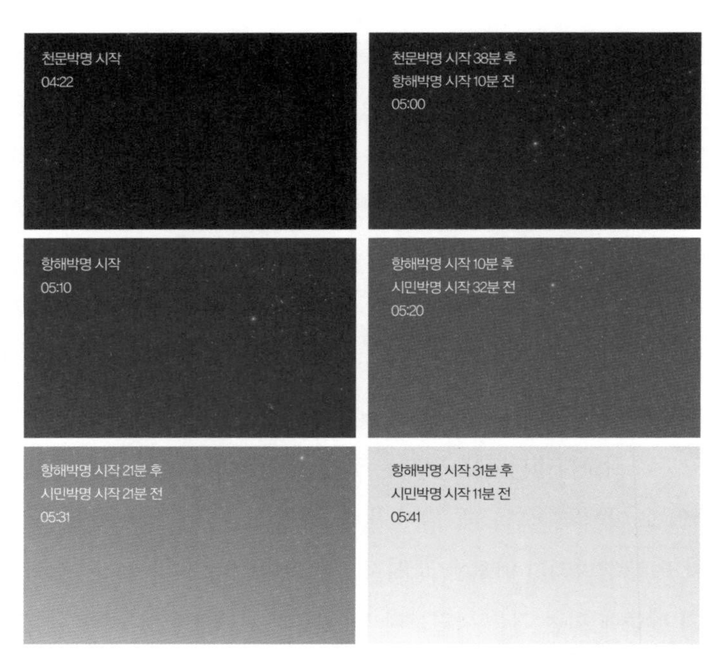

↑ 박명 상태에 따른 밤하늘, 시간은 CEST.

⇡ 달(50mm 중앙부 크롭, f/2.8, 1/4s, ISO400, 2019년 7월 30일, 05:44, CEST).

배경이 되는 밤하늘의 밝기 변화가 감지되지만, 이런 풍경사진 같은 둔감한 천체사진 촬영 시에는 천문박명의 종료가 10분 정도 남은 시간이 되어야 배경이 밝아지는 것을 확인할 수 있다. 약 10분 간격으로 촬영한 사진들을 순서대로 보면 항해박명 종료 시 사진은 없는데, 촬영하지 못한 것이 아니라 그 사진은 전체가 모두 하얗게 노출 오버되었기 때문이다. 따라서 시민박명 중에는 왜 별이 안 보이는지를 짐작할 수 있을 것이다. 또한 내가 촬영에 사용한 디지털카메라의 다이내믹 레인지는 천문박명에서부터 항해박명 종료 약 10분 전까지의 시간밖에 담지 못한다는 것도 알 수 있다.

이번 답사의 마지막 사진은 가늘게 떠 있는 실 같은 달을 찍으며 종료되었다. 자세히 보면 달의 그림자 부분이 함께 보이는데, 이를 지구조(地球照, earthshine)라고 한다. 달의 지구조는 태양 빛이 지구에서 반사되어 달의 어두운 부분을 비추기 때문에 보인다. 이는 주로 그믐달이나 초승달 때 관찰되는데, 이 시기에는 태양 빛을 받은 지구의 낮에 해당하는 면이 다

↑ 2033년 7월 22일 서울 기준 새벽 3시 20분경 동쪽의 하늘.

시 태양 빛을 강하게 반사하기 때문이다. 즉, 그믐달의 밝은 부분은 태양 빛을 직접 받은 것이고, 지구조 부분은 지구를 통해 건네받은 태양 빛이 보이는 것이다. 지구조는 시민 박명의 중간 시간 무렵이 되면 거의 보이지 않는다. 그 이유는 배경 하늘의 밝기보다 지구조가 더 어둡기 때문이다.

빈센트가 〈별이 빛나는 밤〉을 그렸거나 영감을 받았을 것이라 내가 주장하는 1889년 7월 22일에서부터 24일의 새벽하늘에는 위와 같이 지구조가 함께 보이는 달이 떠 있었다. 따라서 금성과 함께 보였을 풍경은 가히 몽환적 환상 그 자체였을 것이다. 이 지구조에 대한 과학적인 설명은 이미 레오나드로 다빈치로부터 제안되었고, 19세기 후반에는 이미 원리가 잘 알려져 있었다. 빈센트 역시 이 지구조라는 현상을 이해하지는 못해도 관찰은 할 수 있었을 것이다.

마지막으로 빈센트가 보았을 이 풍경과 비슷한 모습이 언제 또 보일지 계산해보았다. 추천할 날들은 2025년 7월 21일, 2028년 7월 18일, 2033년 7월 22일, 2036년 7월 19일, 2041년 7월 23일로, 북반구의 중위도에서는 새벽 해 뜨기 전 동쪽 하늘에서 비슷한 풍경을 볼 수 있을 것이다. 이날 중 1889년과 가장 비슷한 날은 2033년이며 서울 인근에서 보이는 모습은 위의 그림과 같을 것이다.

10.

오베르에서 진 별

마지막 별

2007년 서울시립미술관에서 열린 '불멸의 화가: 반 고흐'전에서 봤던 〈사이프러스와 별이 있는 길〉을 모니터를 통해 바라보니 감회가 남다르다. 벌써 20년이 다 되어가는 일이라 자세히 기억나지는 않지만, 작품의 손상을 막기 위해 갤러리의 조명이 생각보다 어둡게 설정되어 있었고 사진도 촬영할 수 없었던 듯하다. 때문에 어떤 매개물 없이 오로지 머릿속에 남은 기억으로만 그 전시회를 되뇌어야 하는데, 가장 먼저 떠오르는 건 그만의 놀라운 색감이다. 어떻게 그 어두운 조명 아래서 이 작품이 그토록 찬란하게 보였을까? 심지어 117년이 넘었기에 바랜 색도 많았을 텐데, 그것은 빈센트의 원화가 갖는 힘이라고 설명할 수밖에 없을 듯하다. 이제 빈센트가 생레미를 떠나기 전에 작업한, 달을 그려 넣은 두 작품을 이야기해보자.

빈센트는 1890년 4월 29일에 보낸 편지를 통해 마치 생폴 요양소에서 떠나지 않을 것처럼 다량의 물감(아연 화이트 12개, 코발트 3개, 베로네세 그린 5개, 일반 레이크 1개, 에메랄드그린 2개, 크롬(1) 4개, 크롬(2) 2개, 오렌지 리드 1개, 울트라마린 2개)과 세필 붓 6자루를 테오에게 요청했다. 이 화구는 5월 11일의 편지를 통해 빈센트가 받았음을 확인할 수 있고, 캔버스 작업도 여전히 진행 중임을 알린다. 그가 생레미를 떠난 것이 5월 16일이니 화구를 받은 11일부터 15일까지는 물론, 그 전에도 작업은 쉬지 않고 이어졌다.

⇡ 〈황혼 속 산책〉(1889년), 〈사이프러스와 별이 있는 길〉(1890년 5월 12~15일).

〈황혼 속 산책〉은 여러 이름이 있지만, 이 작품을 소장한 상파울로 미술관에서 부르는 이름을 사용하기로 하자. 이 책도 이제 마지막으로 향하고 있으니, 이 형태의 달은 분명 초승달이며, 저녁의 서쪽 풍경임을 짐작할 수 있을 것이다.

빈센트가 1890년 6월 24일 편지에 언급한 '산을 담은 작은 캔버스'가 〈황혼 속 산책〉을 말하는 것으로 보이는데도 1889년 10월에 그렸을 거라고 추정하는 사람도 있다. 내 생각에는 곡선으로 사물을 표현한 풍경화 및 동글동글한 인물 드로잉이 1890년 겨울의 발작 이후에 나타난다는 점과, 노란 옷을 입은 여인의 몸짓에서 1890년 5월이 맞다고 본다. 빈센트는 테오가 생일 선물로 보낸 렘브란트의 에칭 판화를 복제하겠다고 마음먹었고, 그 콘셉트 스케치가 담긴 편지를 1890년 5월 2일에 보낸다. 그러고 나서 완성한 작품이 251쪽에 나온 〈라자로의 부활〉(1890년 5월 초)이다. 두 여인의 팔 형태가 거울 대칭으로 비슷하지 않은가? 이 작품에서 또 흥미로운 점은 파란 옷을 입은 수염이 있는 남자가 빈센트 자신을 그린 것이라는 의견이다.

이 두 작품이 그려진 시기를 이해하기 위해서는 빈센트가 생레미에서 후기에 그린 다른 작품들과의 연관성을 조사해야 한다. 1890년 6월 24일 편지에서 〈황혼 속 산책〉을, 1890년 5월 24일 편지를 통해 〈사이프러스와 별이 있는 길〉을 그린 시기를 추정해볼 것이다. 이를 위해 9점의 작품을 표로 정리했다. 뒤의 설명을 확인할 때 이를 참조하면서 읽으면 어려움이 없을 것이다.

| 편지에 언급한 생레미 후기 작품의 번호와 규격 |

1890년 6월 24일 편지의 언급	다른 편지의 언급	작품 번호	규격(cm)
아이리스	레몬 노랑 배경에 몹시 이질적인 보색의 효과가 있는 아이리스(5월 11일)	F678	73.9×92.7
	분홍색 배경에 녹색, 분홍색, 보라색의 조합을 통해 조화로운 아이리스(5월 11일)	F680	93×73
장미 그림	밝은 녹색 배경에 장미 캔버스(5월 11일)	F681	90×71
	녹색 꽃병에 꽂은 황록색 배경에 분홍색 장미(5월 13일)	F682	72×93
밀밭 풍경	녹색 모퉁이를 그린 다른 그림, 약간 신선해 보임(5월 2일)	F672	64.5×81
-	정원의 신선한 풀(5월 4일)	F676	91.5×72.5
	정원의 신선한 풀 (크로키, 5월 4일)	F672	81×64.5
산을 담은 작은 캔버스	-	F704	47×52
별과 함께 그려진 사이프러스 그림	아래쪽에서 그려온 별과 사이프러스 그림(6월 17일)	F683	73×92

〈사이프러스와 별이 있는 길〉은 두 통의 편지에서 정확한 설명이 등장한다. 고갱에게 쓰고 부치지 않은 편지(1890년 6월 17일)와 테오에게 쓴 편지(1890년 6월 24일)가 그것인데, 두 편지는 모두 오베르로 이주한 후에 작성되었다.

저에게는 저 아래쪽(생레미)에서 그려온 별과 사이프러스 그림이 있습니다. 마지막으로 한 번 더 시도해본 작품입니다. 밝지 않은 달이 뜬 밤하늘, 지구의 불투명한 그림자 속에서 겨우 모습을 드러낸 가느다란 초승달, 그리고 과장된 밝기로 묘사된 별이 함께 어우러집니다. 그 별은 핑크와 초록의 부드러운 빛으로 빛나며, 짙은 푸른색 하늘 위에 구름들이 흘러갑니다.
아래쪽에는 키 큰 노란 갈대가 도로를 따라 늘어서 있고, 그 뒤로는 낮은 알필산맥의 푸른 능선이 보입니다. 오래된 여관의 창문에서는 은은한 오렌지색 조명이 새어 나오고, 그 곁에는 크고 곧게 솟은 어두운 사이프러스 한 그루가 우뚝 서 있습니다. 도로 위로는 노란 마차를 끄는 흰 말 한 마리가 지나가고, 뒤이어 늦은 산책을 즐기는 두 사람이 보입니다. 매우 낭만적인 풍경이지만, 동시에 '프로방스' 적인 느낌을 담고 있다고 생각합니다.

고갱에게, 1890년 6월 17일

저쪽(생레미)에서 보낸 그림들이 이제 도착했어. 아이리스는 잘 마른 상태고, 네가 마음에 드는 작품이 있기를 바란다. 장미 그림도 있고, 밀밭 풍경, 산을 담은 작은 캔버스, 그리고 별과 함께 그려진 사이프러스 그림도 있어.

테오에게, 1890년 6월 24일

빈센트는 이 작품을 아꼈던 것으로 보인다. 그랬기에 고갱에게 쓰고, 부치지 않은 6월 17일 편지에서는 이 작품을 스케치와 함께 상세히 묘사한다. 아울러 6월 24일 편지에 언급한 7편의 작품과 번호 및 규격은 위의 표를 참조하자. 여기서 비교해보면 〈황혼 속 산책〉으로 추정되는 '산을 담은 작은 캔버스'가 실제로도 가장 작다는 것을 확인할 수 있다.

5월 24일 작성한 부치지 않은 편지에는 생레미에 아직 8개의 캔버스가 있다고 적혀 있다. 그중 7개는 5월에 작성한 네 통의 편지(5월 2일, 5월

⇡ 드로잉 〈연인이 산책하는 겨울 풍경〉(1890년 3~4월).

⇡ 〈도로의 마차와 사람〉(1890년 3~4월).

4일, 5월 11일, 5월 13일)를 통해 어떤 작품인지 확인된다. 만약 빈센트가 센 캔버스의 개수가 8개 정확하다면 〈사이프러스와 별이 있는 길〉은 편지가 쓰인 5월 13일과 15일 사이에 그렸을 것이고 11일에 받은 울트라마린 물감으로 밤하늘을 채웠을 것이다.

하지만 9개를 8개로 오인했을 경우도 생각해야 한다. 당시는 손 편지를 전송하던 시절인 만큼 다양한 실수가 발생할 수밖에 없었다. 지금처럼 보낸 메일함을 열어 자신이 썼던 말을 확인할 수 있는 시절도 아니니 말이다. 따라서 그 경우 〈황혼의 산책〉은 〈사이프러스와 별이 있는 길〉과 함께 5월 13일 이후에 그렸을 것이다. 이에 마르지 않아서 추후에 발송을 부탁한, 생폴 요양소에서 그린 마지막 작품일 가능성이 높다.

잠시 여기서 드 라파이유(Jacob-Baart de la Faille)라는 인물에 대해 이야기해보자. 그는 빈센트 반 고흐의 작품을 체계적으로 분류한 최초의 학자이며, 작품에 F 번호(de la Faille에서 유래)를 부여한 사람이다. 이러한 체계적인 정리 방식을 미술계에서는 '카탈로그 레조네(Catalogue Raisonné)'라고 부르는데, 해당 예술가의 작품 특성, 제작 시기 등을 고려해 정리한다. 드 라파이유는 빈센트 반 고흐의 카탈로그 레조네를 1928년에 최초로 출

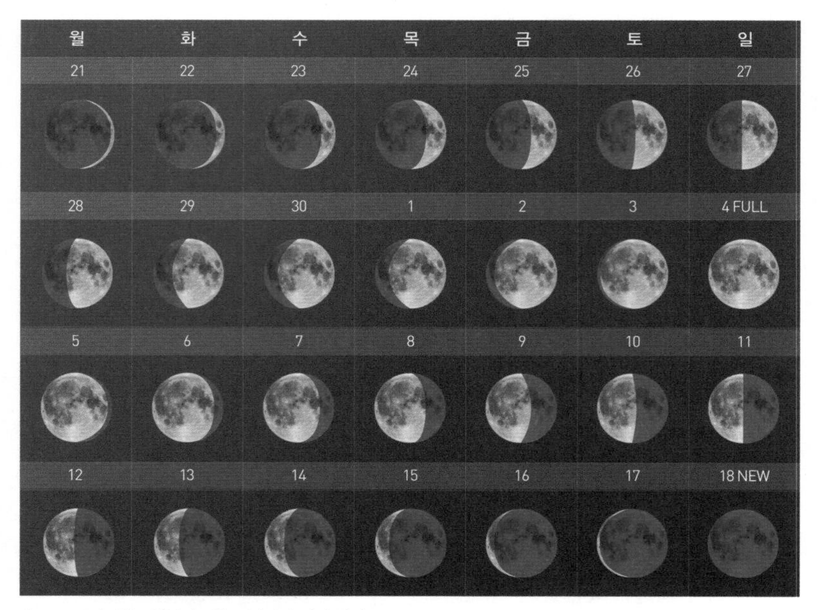

↑ 1890년 4월 21일부터 5월 18일까지 달의 위상.

간했다. 이후 오류와 누락을 보완하고, 새로 발견한 작품을 추가하며 위작 여부를 검토한 1970년판의 카탈로그 레조네 번호가 현재 반 고흐 작품 연구의 표준으로 사용되고 있다. 이 책이 사용하는 카탈로그 레조네 번호 역시 1970년판이다.

461쪽의 두 드로잉은 드 라파이유의 연구 자료와 RKD(네덜란드 미술사 연구소)의 연구를 통해 1월에서 4월 사이에 그린 것으로 정리되었는데, 〈황혼 속 산책〉의 커플, 〈사이프러스와 별이 있는 길〉의 마차 그림과 그 형태가 매우 유사하다. 이를 통해 빈센트는 두 작품의 구성을 이미 진작에 마쳤음을 알 수 있다. 따라서 유화를 5월에 그렸다고 반드시 그 시점에 뜬 달을 그린 것이라 전제할 수는 없을 것이다. 살펴본 대로 이미 이 시기 빈센트는 거장의 반열에 올라선 상태였다.

위의 달력은 4월 21일부터 5월 18일까지 달의 위상 정보를 보여준다. 5월 1일부터 16일 사이에는 작품 속의 모습과 비슷한 달이 뜬 적이 없다. 따라서 가장 유사한 달이 뜬 4월 23일과 24일의 상황을 조금 힘을 빼고, 편하게 접근해볼까 한다. 이번에 나는 빈센트가 고갱에게 쓰고 부치지 않은 편지(1890년 6월 17일)의 내용으로 내가 의역한, '과장된 밝기로 묘사된 별'에 대해 생각해보고자 한다. 프랑스어 원문과 그 번역은 "une étoile(하나의 별) à éclat exageré(과장된 밝기를 가진), si vous voulez(만약 당신이 원한다면)"다. 재미있는 것은 '만약 당신이 원한다면'이라는 표현이다. 이것은 고갱과 다시 협업을 하게 되면 이 그림을 수정할 수 있다는 의미일까, 자신의 표현 의도를 전달하기 위한 그저 문어체의 수사적인 표현일까? 중요한 것은 그 별의 밝기가 과장되었다는 점이다.

사람들은 으레 빈센트의 작품 속에 나타난 별이라고 하면 금성을 떠올리곤 한다. 하지만 나는 저 문구를 통해, 꼭 금성이어야 할 이유가 있을까 하는 생각이 들었다. 왜냐하면 저 시기는 금성이 전처럼 잘 보이는 때가 아니기 때문이다. 잠시 개념을 생각해보자. 금성이 새벽에 보이면 태양보다 서쪽에 있음을 의미한다. 헷갈리면 464쪽 그림처럼 남쪽 방향을 바라보고 서 있다고 가정하고, 주먹 쥔 왼손의 엄지와 새끼손가락만 활짝 펴고 왼팔을 수평으로 곧게 펴자. 그럼 팔은 동쪽을 향하고 있을 것이다. 이제 새끼손가락은 태양이고, 엄지손가락은 금성이라 생각하자. 팔을 하늘 꼭대기인 천정 방향으로 회전할 경우, 금성의 뒤로 태양이 떠오르는 것이다. 그러면 금성 입장에서 늦게 떠오르는 태양이 동쪽이고, 태양 입장에서는 먼저 떠오른 금성이 서쪽이다. 이때 금성이 태양과 가장 멀리 떨어질 때 만들어지는 각도가 서방최대이각이다.

이번에는 저녁의 금성을 생각하기 위해 오른팔을 천정 방향으로 뻗고 오른쪽 손가락은 방금 전과 동일한 형태로 만들자. 자, 이번에는 천정 방향의 오른팔이 수평으로 내려온다. 새끼손가락인 태양이 먼저 내려오면

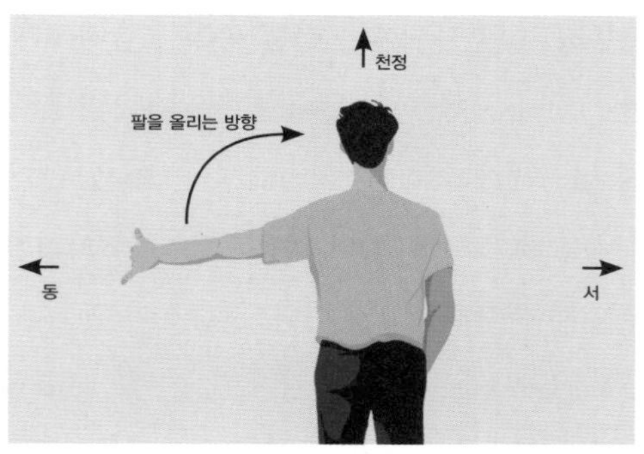

서방최대이각.

해가 지고, 엄지손가락인 금성이 하늘에 아직 남아 있다. 먼저 지는 천체는 아직 지지 않은 천체의 서쪽에 있는 것이다. 따라서 금성이 저녁에 보인다면 태양의 동쪽에 있는 것이고, 태양과 가장 멀리 떨어질 때 만들어지는 각도가 동방최대이각이다.

수성은 금성보다 안쪽 궤도를 돌기 때문에 금성에 비해 만들어지는 각도가 작다. 따라서 금성의 최대이각은 47.8도까지 벌어지는데, 수성은 27.8도가 최대의 이각이 된다. 그로 인해 수성은 가장 보기 좋은 조건이 된다 해도 태양과 멀리 떨어지는 데 한계가 있어 늘 보기 까다롭다. 465쪽 그림은 비교적 흥미로웠던 날인 1890년 4월 23일 금성과 수성의 모습이다. 함께 적혀 있는 각도는 태양과 지구 그리고 각 행성이 만드는 각도로, 금성이 15.9도, 수성은 14.7도다. 즉, 지구에서 볼 때 서로 겹칠 정도까지는 아니지만 꽤 근접해 보였던 날이다.

이날 해가 지는 시각은 LMT로 저녁 6시 52분이고, 항해박명은 저녁 8시 1분에 끝난다. 이에 밝은 별이 잘 보일 시각인 저녁 7시 51분의 하늘을 살펴보면, 수성과 금성은 서로 1.9도의 각도로 접근했기에, 망원경으로 관측했다면 꽤나 신기한 모습이 펼쳐졌을 것이다. 그러나 그 시점이면 두 행성 모두 지평선과의 각도가 겨우 3도밖에 안 될 정도이므로 사실상 관측이 불가능하다.

이 이야기를 하는 이유는 빈센트가 금성과 수성이 겹쳐 보이는 모습을 보고 〈사이프러스와 별이 있는 길〉의 별을 그렸다는, 내 생각에는 가능성이 매우 희박한 주장이 있기 때문이다. 앞서 살펴본 수성과 금성 사이에는 태양이나 달을 나란히 4개 정도 늘어놓을 수 있기 때문에 꽤나 먼 거리에 해당한다. 오히려 이를 통해 알 수 있는 사실은 내행성을 관측하기 위해서는 관측 시점이 상당히 중요하다는 것이다. 즉, 정확한 때를 맞추어 관측을 해야 한다.

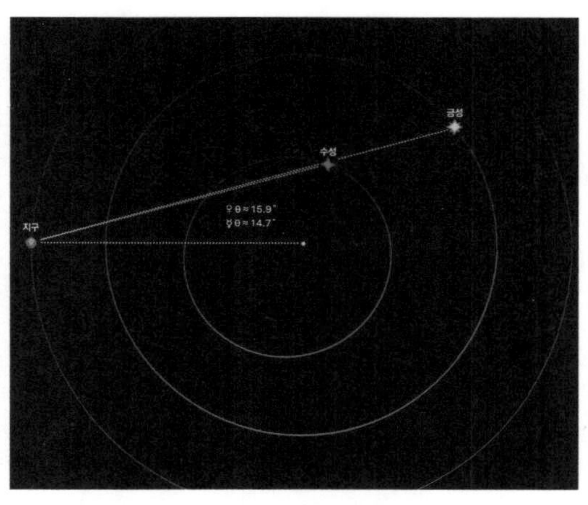

⇡ 1890년 4월 23일 수성, 금성과 지구의 상대 위치.

나는 〈사이프러스와 별이 있는 길〉이 갖는 풍경의 특성을 이해하는 것이 선행되어야 한다고 생각한다. 빈센트는 고갱에게 보내지 못한 편지에, "그 뒤로는 낮은 알필산맥의 푸른 능선이 보입니다", "오래된 여관의 창문에서는 은은한 오렌지색 조명이 새어 나오고"라고 말했다. 이를 통해 첫째, 인용에 따르면 정면으로 보이는 서쪽 풍경은 산맥의 능선이며, 생각보다 고도가 높음을 의미한다. 따라서 달이나 별이 꽤나 높이 떠 있어야 함을 암시하는 것이다. 둘째, 작품 속 풍경의 시간은 밤을 의미한다. 실제로 하늘에는 노을의 붉은 기가 전혀 없다. 그러면 어떤 유추가 가능할까? 이쯤 되면 기상 기록을 봐야 할 것이다. 엑상프로방스의 기록에 따르면 22일, 23일, 24일 저녁 9시의 구름 상태는 각각 4, 4, 2였다. 별이 잘 보일 조건이라 말하기는 어렵다.

이에 나는 이번에도 새로운 의견을 내볼까 한다. 내가 생각하는 작품 속 별은 베텔게우스다. 나에게 가장 큰 힌트는 "과장된 밝기로 묘사된 별"이었다. 사실 금성은 아무리 조건이 안 좋아도 -4등급을 항상 유지한다. 즉, 실제로 밝은 별이기에, 빈센트가 볼 수 있는 가장 밝은 별인 금성을 그렇게 표현했다는 것이 좀 어색하게 느껴졌다. 따라서 나는 빈센트의 말을 금성이 아닌, 별을 과장되고 밝게 그렸다는 의미로 받아들였다. 이 경우, 이날의 밤하늘 풍경은 광각렌즈로 바라본 하늘이라 생각할 수 있다.

467쪽 시뮬레이션은 지평선 위로 높이 솟은 산의 고도각을 약 15도로 잡은 것이다. 이는 고도 약 700m인 알필산을 2.6km 정도 떨어진 곳에서 바라본 것과 비슷할 것이다. 〈사이프러스와 별이 있는 길〉과 〈황혼 속 산책〉은 서로 비슷한 배경을 갖고 있으니, 두 작품은 서로 참조되지 않았을까? 그런 의미에서 두 달은 모두 4월 23일의 것이 아닐까 생각된다.

물론 당시 빈센트의 행적에 대한 정보가 부족해 많은 가정과 전제를 깔고 하는 것이므로, 작품 속 하늘과 비슷한 하늘을 찾는 것에 의의를 두는 것이다. 406쪽의 〈사이프러스〉(1889년 6월)를 통해 살펴본 대로 실제로는 아주 가늘지 않은 달을 변형해서 그렸을 가능성도 생각할 수 있을 것이다. 그럴 경우 4월 23일이 아닌 다른 날이 될 것이고, 만약 24일이라면 프로키온과 더 잘 어울리는 조합이 탄생할 것이다. 나의 취지를 이 책에서 일관되게 설명했으므로 충분히 이해하리라 믿는다.

빈센트의 마지막 금성

앞서 〈월출〉을 다룰 때 언급한 올슨은 현지답사를 진행했고, 나와 같은 방식인 컴퓨터 시뮬레이션을 통해 〈저녁의 하얀 집〉 속의 별은 1890년 6월 16일 저녁에 떠 있던 금성이라는 사실을 알아냈다. 그리고 이를 잡

⇡ 달과 베텔게우스.

지 《스카이앤드텔레스코프》 2001년 4월 호에 발표했다. 나는 이 잡지를 구독하고 있기에 당시에 읽어보았고, 사실 그때는 '그런가 보다' 정도로 받아들였다. 그로부터 18년이 흘러 나 역시 비슷한 주제를 위해 답사를 하고, 또 6년이 더 흘러 책을 쓰게 될 줄은 어떻게 알았겠는가?

> 두 번째 작업은 밤하늘의 별 아래 푸르름 속에 자리 잡은 하얀 집을 묘사하며, 창문에는 주황빛 불빛이 비치고, 짙은 초록의 나무와 함께 어두운 분홍빛이 더해져 있다.
>
> 테오에게, 1890년 6월 17일

빈센트는 이 작품에 대해 위와 같이 언급했다. 이 작품을 조사하는 과정은 올슨이 2014년에 출간한 《천문 탐정(Celestial Sleuth)》에 자세히 나온다. 앞서 이 책에서도 다룬 〈월출〉과 〈사이프러스와 별이 있는 길〉을 조사하는 과정도 포함되어 있다. 책을 읽어본 결과, 오베르 마을 사람들의 도움을 받아 작품 속의 진짜 집을 찾는 과정이 흥미로웠다. 작품 속의 집과 비슷하게 생긴 다른 집이 있어서 생긴 일이었는데, 오베르의 상점에서 파

⇡ 〈저녁의 하얀 집〉(1890년 6월).

는 안내 책자와 지도에 그 다른 집이 안내되어 있다고 한다. 실제 주소는 2'5/27 Rue du Général de Gaulle, Auvers-sur-Oise'라고 한다.

같은 책의 설명에 따르면, 다락방을 개조하면서 지붕창이 추가되었고 2층 중앙의 작은 창은 메워졌다고 한다. 135년이 넘어가는 집을 개조해서 살고 있다는 사실이 놀라운데, 19세기에 지은 집에서 살고 있다는 뜻이니 말이다. 오베르는 빈센트가 지내던 시절, 이미 파리에 사는 사람들이 주말에 놀러 가는 교외 마을이었다고 한다. 이 지역이 제2차 세계 대전의 화마를 피할 수 있었기에 가능한 일일 수도 있지만, 이런 풍경이 보존된 프랑스가 신기하게 느껴진다.

올슨이 조사한 〈저녁의 하얀 집〉의 경우 기상 정보 역시 내가 참조한 지역의 기상 정보와 완벽하게 일치했다. 이에 내가 더 확인할 천문학

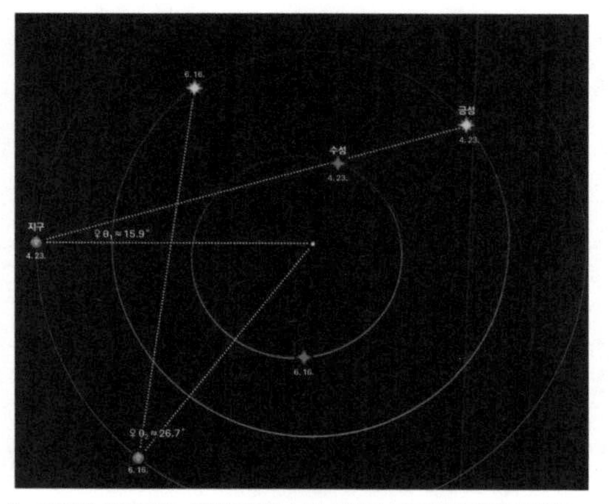

1890년 4월 23일~6월 16일의 수성, 금성과 지구의 상대 위치 변화.

적 조사는 없어 보인다. 이제 빈센트가 그린 마지막 금성이 태양계에서 어떤 위치에 있었는지 확인해보자. 이 그림은 앞서 확인했던 4월 23일의 지구, 금성 그리고 수성이 54일 만에 이동한 각도를 보여준다. 금성의 이각은 이전보다 10.8도 증가한 26.7도가 되었기 때문에 이전보다 훨씬 관측하기 좋은 위치로 이동한 것이다.

오베르와 파리는 경도에서 큰 차이가 나지 않는다. 따라서 파리와 동일한 시간대로 운영되었을 듯하여 파리천문대를 기준으로 한 시간대인 PMT(GMT+0.16)로 시간을 계산했다. 한편 이 시기는 위도가 높은 지역이라면 백야가 일어난다. 오베르는 그 정도로 위도가 높지는 않지만 특이한 박명 현상이 일어난다. 보통 천문박명이 끝나면 밤이 오고, 다시 그 밤이 지나면 천문박명이 와야 하는데, 그 사이의 밤이 사라지는 현상이 나타나는 것이다. 따라서 일반인은 모를 정도의 수준이지만 1890년 6월 16일 오베르의 천문박명 시간은 총 4시간 19분이나 이어진다.

금성의 고도를 생각해보자. 일몰 시간은 저녁 8시 7분이고, 시민박명은 8시 50분에 끝난다. 따라서 〈저녁의 하얀 집〉과 같은 색상의 하늘 밝기라면 그 중간 정도의 시각인 저녁 8시 30분 정도가 되지 않을까 싶다. 그 시각 금성의 고도는 14도 정도가 유지되는데, 느낌상 작품 속 금성의 높이는 조금 더 높아 보인다. 전경의 건물이 다락을 포함하면 3층이나 다름없기 때문이다. 그렇다면 하늘은 더 밝을 테고 금성은 쉽게 보이지 않았을 것이다. 빈센트가 살짝 더 올려 그리지 않았을까? 여기서 금성의 이야기는 마무리하려고 한다. 그는 생애 마지막 금성을 그렇게 하얀 집의 하늘에 새겼다. 이 작품이 자신의 마지막으로 남긴 밤하늘이 될 줄은 끝내 알지 못한 채.

마지막 달

2019년 5월 14일, 뉴욕 소더비 경매에 비교적 생소한 빈센트의 그림이 출품되었다. 작품명은 〈두 농부가 있는 저녁 풍경〉, 크기는 가로 48cm, 세로 63cm이며, 종이에 붓과 잉크, 흑색 초크, 백색 초크로 그려졌다. 빈센트의 드로잉 중 상당수는 유화 작품과 연결되어 있다. 하지만 이 그림은 연결된 유화의 존재를 확인할 수 없기에 현재로서는 단독 작품으로 보인다.

더불어 〈두 농부가 있는 저녁 풍경〉은 다른 드로잉에 비해 상당히 큰데, 〈별이 빛나는 밤〉의 드로잉(1889년 6월)도 가로 63cm, 세로 47cm이므로 거의 같은 크기라 할 수 있고 가치가 상당하다 평가할 수 있다. 그 이유 때문인지 드 라파이유는 1928년에 발간된 첫 번째 카탈로그 레조네에 이 작품을 〈별이 빛나는 밤〉의 드로잉과 같은 시기에 그린 것으로 추정하여 기록했다. 그러다가 또 다른 빈센트 연구자인 리즈베스 헝크(Liesbeth Heenk)는 작품이 그려진 종이를 분석한 1994년 논문인 〈반 고흐 다시 보기(Revealing van Gogh: An Examination of his Papers)〉를 통해 〈두 농부가 있는 저녁 풍경〉을 오베르에서 그린 것으로 발표한다.

최종 낙찰가는 302만 US달러로, 소더비에서 예상했던 금액의 최저가에 가까웠다. 주요 미술품 경매 시스템은 낙찰가의 50퍼센트 가까운

↑ 달 부분 상세 그림.
← 〈두 농부가 있는 저녁 풍경〉 (1889년 6~8월).

금액을 작품에 저당을 걸고 빌려주고 있다. (이는 예술품 가격에 거품을 끼게 하는 요인으로 우려가 많다.) 낙찰가가 낮았던 이유는 작품의 보존 상태 때문인 것으로 보인다. 드 라파이유의 초기 기록에는 보라색 잉크라고 묘사된 것들이 현재는 갈색 톤이 강한 미약한 보라색으로 변한 것이 많다. 예를 들어 빈센트가 사용했을 거라고 생각되는 것 중 하나인 갈루스 잉크의 경우 처음에는 회색빛을 띤 연한 갈색이나 푸르스름한 색으로 보이는데, 이는 철염(ferric sulfate)과 갈산(tannic acid)이 결합된 상태이기 때문이다. 그러나 산소와 반응하면 산화되어서 짙은 살구색이나 거무스름한 색으로 변한다.

한편 19세기 후반에 많이 사용된 아닐린염료로 만들어진 잉크는 오래되면 거의 보이지 않게 되는 상황에 이르는 경우도 발생한다. 또한 저품질 잉크는 종이 섬유 자체도 부식시킬 수 있어서 드로잉 작품은 유화 작품보다 보존에 더욱 각별히 주의해야 한다. 이는 빈센트가 쓴 편지에 사용된 잉크와 종이에서도 동일하게 발생되는 현상이다.

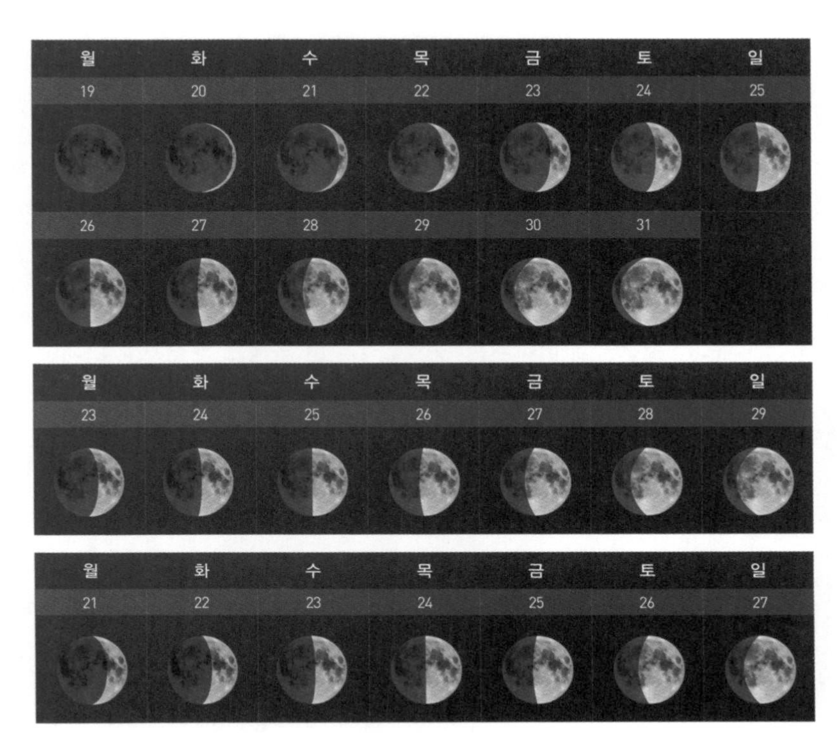

↑ 상현이 포함된 시기의 1890년 5, 6, 7월, 달의 위상.

결국 색이 진해지면 작가가 예상하지 못한 선이 더 도드라지는 현상이 나타나고 사라질 경우는 더 말할 것도 없는 상황이 된다. 이에 따라 작가가 원래 의도했던 작품의 의미를 후대에서 알 수 없게 되는 것이다. 그래서 빈센트의 작품 속, 들판에서 일하는 두 농부가 현재 잘 보이지 않는 것이고, 풀을 표현한 잉크는 오히려 더 진해졌으리라 추측한다. 달의 광선이 파동으로 퍼져 나가는 모습 또한 처음에는 매우 강렬한 느낌을 주었을 것이다.

빈센트의 편지에서는 이 작품에 대한 언급을 찾을 수 없다. 따라서 힝크의 연구가 아니었다면 나는 이 달을 생레미의 어떤 시기에 뜬 달로 생각하고 소개할 뻔했다. 하지만 힝크 덕분에, 우리는 이 작품이 빈센트가

↑ 오베르에서 보이는 달의 모습 시뮬레이션
(1890년 5월 26일 오후 2시 1분부터 밤 10시 29분까지 84.7분 간격).

그린 마지막 달이라는 사실을 알게 되었다. 달 부분 상세 그림을 살펴보자. 의도적으로 달의 한쪽 면을 확실한 직선으로 그린 것을 확인할 수 있다. 따라서 이 달은 명확하게 반달이며 그중에서도 낮에 뜨는 상현임을 인식할 수 있다. 상현이면 날짜 추정이 훨씬 명쾌해진다. 이제 빈센트가 오베르에서 지낸 70일 동안 상현달이 뜬 날을 살펴보자.

빈센트의 몸에 총알이 날아든 날은 7월의 상현을 지난 날이었다. 따라서 빈센트는 오베르에서 세 번의 상현을 볼 수 있었다. 473쪽 달력을 통해 추측되는 날짜는 5월 26일, 6월 25일, 7월 24일이다. 이번에 중요하게 생각해야 할 부분은 저 달이 뜬 시점의 시간이다. 왜냐하면 앞에서 살펴본 바와 같이 달력에는 보름달로 나오지만 실제로는 보름이 아닌 날이 있는 것처럼, 그 현상은 반달에서도 나타나기 때문이다. 따라서 저 달이 뜬 시각에 정확한 달의 위상을 퍼센트값으로 확인하여 검증할 필요가 있다. 〈낮에 나온 반달〉이라는 동요도 있듯, 반달은 낮에 볼 수 있다. 따라서 이번에는 박명 시각은 확인할 필요가 없다.

반달은 떠올라서 질 때까지 어떤 식으로 보일까? 위의 그림은 1890년 5월 26일 오후 2시 1분부터 밤 10시 29분까지 84.7분 간격으로 오베르에서 보이는 달의 모습을 시뮬레이션한 것이다. 관측자가 보는 시점에서 달이 회전하는 것을 확인할 수 있다. 따라서 빈센트가 달의 그림자 경계를 정확하게 그렸다면 이 각도를 통해 시간을 계산해낼 수 있다. 하지만 그럴 가능성은 높지 않을 듯하니 이 단서는 떠오르는 달의 모습에 더 가깝다고 생각하는 정도로만 사용할 것이다.

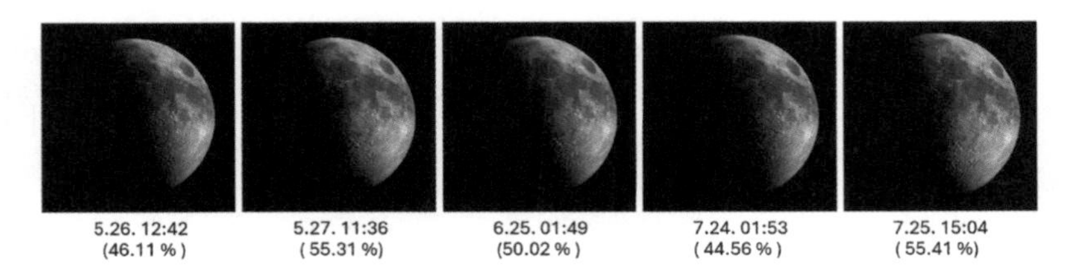

↑ 1890년 5~7월 상현에 가까운 달 시뮬레이션.

이제 본격적으로 달의 모습을 확인하자. 천문학 시뮬레이션 소프트웨어에서 오베르 지역의 위도와 경도를 지정하고, 시간대는 파리의 시각인 PMT(GMT+0.16)로 설정한 후 5월 26일, 6월 25일, 7월 24일 월출 후 약 2시간 뒤의 달의 위상을 퍼센트로 확인했더니, 각각 46.11퍼센트, 50.02퍼센트, 44.56퍼센트가 나왔다. 상현은 50퍼센트여야 하는데, 조금 모자라다. 이에 그다음 날에 해당하는 5월 27일과 7월 25일을 추가로 조사했더니, 각각 55.31퍼센트와 55.41퍼센트가 되어 조금 넘친다. 날짜별로 그 모습을 시뮬레이션해보니 위와 같다.

이 달이 뜬 날의 기상을 확인하기 위해 다시 프랑스 기상청에 접속했다. 온라인에서 열람 가능한 곳 중에 오베르와 가장 가까운 곳은 북쪽으로 약 40킬로미터 떨어진 보베 지역이었다. 앞선 자료들과 동일하게 오전 6시, 정오, 저녁 9시 세 번의 기점으로 나누어 하늘 상태(완전 맑음, 맑음, 흐림, 매우 흐림 등)와 풍향, 기압이 정리되어 있고 그날의 총강수량이 나와 있다. 문제는 이 기상 기록은 다른 곳에 비해 작성한 사람이 글자를 너무 작게 썼고 잉크의 보존 상태 또한 좋지 않다는 점이었다. 따라서 여러 종류의 AI로, 이 알아보기 힘든 필기체를 HTR(Handwritten Text Recognition) 기술을 이용하여 분석했다.

| 보베 지역에서 상현달이 뜨는 기간의 기상 조사 |

	5월 25일	5월 26일	5월 27일	5월 28일	6월 24일	6월 25일	6월 26일	7월 23일	7월 24일	7월 25일	7월 26일
6시	비	구름	구름	비	구름	안개	구름	맑음	흐림	맑음	흐림
정오	비	구름	구름	비	구름	맑음	맑음	맑음	흐림	구름	흐림
21시	구름	구름	구름	구름	맑음	맑음	맑음	구름	흐림	구름	흐림
강수량 (mm)	10	–	–	–	0.3	–	–	–	–	–	–

↑ 6월 25일 오후 1시 49분경의 모습 시뮬레이션.

이 자료에 따르면, 빈센트가 오베르에서 상현달을 볼 수 있었던 날은 오후 어느 시점부터 저녁 9시에 이르기까지 맑았던 6월 25일 또는 26일이었을 것으로 보인다. 특히 형태가 상현달에 가장 가까웠던 날도 6월 25일이었던 만큼, 달이 뜬 지 2시간이 지난 오후 1시 49분경의 모습을 위와 같이 상상해보았다. 낮에 뜨는 반달이기 때문에 빈센트가 그린 하늘은 실제로는 푸른빛이었을 것이다.

넓은 시야가 캡처되어 있기 때문에 지평선이 휘어 보인다. 가장 밝은 빛은 태양, 화면 좌측의 동그란 빛은 달이다(시야가 너무 넓어서 반달로 표현이 안 된다). 지평선에서 시작하여 위로 올라간 선들이 만난 곳은 하늘 꼭대기인 천정이며, 그 천정과 남, 북을 가로지르는 선이 자오선이다. 자오선은 고도 30도마다 표시가 되어 있다. 태양을 관통하는 선은 태양이 지나가는 길인 황도다. 빈센트 작품에서 농부들은 달 아래 즈음에 서서 태양 빛을 우측에서 받으며 일하고 있었을 것이다.

달의 절반이 밝고 절반은 어두운 상현달은 빛과 어둠, 의식과 무의식, 선과 악 등 상반된 개념이 공존하는 모습을 나타낼 수 있을 것이고 미치거나 정상인 그의 양극성 또는 균형을 은유한다. 나아가 상현달은 아직 완전한 상태인 보름달에 도달하지 않았지만, 달이 커지는 방향으로 움직이고 있기 때문에 미래에 대한 열망과 기대를 상징한다. 따라서 그는 위대한 화가가 되기 위해 더 많은 그림을 그리고자 했을 것이다. 고통스러웠던 1878년 10월에 그렸을 〈오 샤르보나주〉 속 빈센트의 그믐달은 12년이 지난 1890년 6월의 상현달로 끝을 맺는다.

2019년에 시작된 〈별이 빛나는 밤〉에 대한 궁금증을 풀기 위한 연구는 오랫동안 멈춰 있던 적도 있었다. 그 기간 우연히 마주친 빈센트의 작품들은 나를 답답하게 했다. 왜 이렇게 그의 밤하늘에 더 깊이 다가서지 못하는 걸까? 실마리를 찾지 못해 힘겨웠지만, 빈센트의 생각을 이해하려 그를 다룬 수많은 책을 읽다가 그의 삶에 끝 모르고 빠져든 어떤 순간이 있었다. 밤을 새우고 아침에 잠깐 잠들었던 그날 나는 생레미 빈센트의 방에서 그와 함께 〈별이 빛나는 밤〉 속 그 밤하늘을 바라보며 끝없이 이야기를 나누었다. 잠에서 깬 나는 이제 꿈까지 꾸는구나 싶어 웃음이 나왔지만 그날 이후로 밤하늘을 바라보는 빈센트의 생각이 내 머릿속에 전달되는 느낌을 종종 받곤 했다. 결국 멈췄던 발걸음을 다시 움직이게 한 건 빈센트가 남긴 별빛이었다. 이제 그가 내준 숙제를 마친 기분이 든다. 마지막으로 빈센트 생애의 끝부분을 짚어야 할 시간이다.

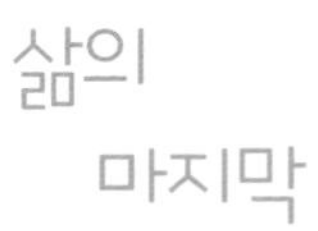

삶의 마지막

빈센트는 자신의 병이 남부에서 온 것이라 믿었다. 그리하여 다시 북부로 가면 나을 거라 생각했다. 병을 치료해줄 것이라 믿은 사람은 카미유 피사로가 소개해준 가셰 박사였고 그가 사는 곳이 바로 오베르쉬르우아즈였다. 이 지명은 '우아즈강 근처 오베르'라는 뜻으로 목가적인 조용한 동네였으나 1886년 샤퐁발역이 개통되면서 파리까지 가는 데 1시간도 걸리지 않아, 주말이면 전원 나들이, 보트 놀이를 즐기기 위해 파리지앵이 몰렸다. 이와 더불어 오베르는 빈센트가 모네만큼이나 존경했던 샤를 프랑수아 도비니가 살던 곳이었는데, 1878년 그의 사망 이후에도 부인은 그 집에 계속 거주하고 있었다. 역시 좋아했던 화가 세잔도 몇 년간 거주하며 작업을 했고 카미유 피사로는 옆 마을인 퐁투아즈에 살고 있었다. 이것이 빈센트가 오베르로 온 이유였다.

빈센트의 오베르 시기를 생각하면 무엇이 그를 죽음으로 이끌었는지에 대한 궁금증이 그 어떤 일보다 앞선다. 먼저 살펴볼 것은 오베르에 도착하고 며칠이 지나 작성한 부치지 않은 편지(1890년 5월 24일)와 발송한 편지(1890년 5월 25일) 두 통이다.

나 역시 크게 혼란스러워질까 두렵구나. 그리고 내가 어떤 조건 아래 떠났는지 전혀 모른다는 것이 이상하게 느껴진다. 과거처럼 한 달에 150프랑씩, 세 번에 걸쳐 지급되는 것이 맞는지 모르겠구나. 테오는 아무것도 정하지 않았기에, 처음부터 나는 혼란 속에서 떠났어. (…)

1년에 150프랑짜리 작은 방 3개를 얻을 수 있어. 더 좋은 곳이 없다면 이곳으로 할 생각이지만, 더 나은 곳을 찾고 싶구나. 어쨌든 탕기 영감의 빈대가 득실거리는 구멍보다는 나을 거야. 게다가 나만의 거처를 마련할 수 있을 뿐 아니라, 손질이 필요한 캔버스들을 고칠 수도 있을 거야. 이렇게 하면 그림이 덜 훼손될 것이고, 작품들을 잘 정리해서 약간의 수익도 낼 가능성이 높아질 거야. 내 그림이 아닌 베르나르, 프레보, 러셀, 기요맹, 제냉의 캔버스들이 거기에 있었기 때문이야. 거기는 맞는 장소가 아니야.

다시 말하지만 내 것에 대해서가 아니야, 그 캔버스들은 일정한 가치를 지닌 상품이며, 앞으로도 가치를 유지할 거야. 그걸 방치하는 건 우리 경제적 어려움의 원인 중 하나야.

월초에 적어도 일부라도 내 몫을 보내달라고 굳이 부탁해야 한다는 것이 나를 조금 슬프게 하는구나. 하지만 모든 일이 잘되도록 할 수 있는 한 최선을 다할 거야.

1890년 5월 24일

테오 부부를 공동 수신인으로 쓴 이 편지를 살펴보면 오베르에서 지낼 생활비에 대한 협의가 파리에서 이루어지지 않았고, 방치된 그림으로 인해 상처 받은 마음, 오베르에 도착한 지 나흘이 지났는데 생활비가 도착하지 않아서 생긴 조바심이 느껴진다. 그런데 이 편지를 쓴 다음 날인 25일 일요일, 테오로부터 편지와 50프랑이 전해진다. 이에 빈센트는 이 편지를 부치지 않고 오베르에서 지내던 라부 여관방의 짐 꾸러미에 처박은 듯하다. 테오가 보낸 편지는 보존되지 않아 내용을 알 수 없고, 답장으로 쓴 5월 25일 편지는 유사한 내용을 담고 있으나 어조는 완전히 달라진다. 고작 나흘간 돈을 받지 못했을 뿐인데, 빈센트는 왜 그렇게 불안해했을까?

주치의가 될 가셰 박사는 아마추어 화가였으며 수집벽이 있는 괴짜였다. 하지만 빈센트의 정신적 문제를 치료하기 위해 어떠한 방법을 썼다는 기록은 별달리 전해지지 않는다. 도리어 전기치료 등 당시에는 혁신적이었는지 몰라도 현재로서는 의학적 효용을 인정받지 못하는 대체 요법에 더 관심이 많은 사람이었다. 요한나는 가셰의 방이 중세 연금술사의 작업실 같다고 말했다. 심지어 테오가 건강에 대한 조언을 구하자 하루에 맥주를 2리터씩 마시라는 처방을 한다. 빈센트는 오베르에 도착한 날, 바로 가셰 박사를 만났으나 그 역시 좋은 인상을 받지 못했고 '가셰도 자신이 겪고 있는 것만큼 심각한 문제가 있어 보인다'고 테오에게 편지(1890년 5월 20일)를 쓴다. 부치지 못한 편지에는 더욱 강한 불신이 담겨 있다.

> 나는 가셰 박사를 절대 의지해서는 안 된다고 생각해. 우선, 그는 나보다 더 아프거나, 아니면 나와 똑같이 아픈 것 같아. 그건 그렇다 치더라도, 소경이 소경을 인도하면 둘 다 도랑에 빠지는 게 아니겠니?
>
> 1890년 5월 24일

하지만 다음 날인 5월 25일, 테오에게 50프랑이 도착해서 그런지 가셰에 대한 마음도 완전히 풀렸고 가벼운 농담을 담아 새로 편지를 써서 보낸다.

그는 매우 이성적인 사람처럼 보여. 하지만 의사로서 자신의 일에 대해, 내가 그림에 느끼는 것만큼 낙담한 상태더라. 그래서 나는 그에게 내 직업과 기꺼이 바꿔줄 수 있다고 말했어. 어쨌든, 결국 그와 친구가 될 수 있을 거라 믿게 되었지.

1890년 5월 25일

빈센트의 생각대로 두 사람은 꽤 친해졌다. 특히 몇 해 전 아내를 잃었다는 가셰의 말에 빈센트는 큰 연민을 느꼈으며 마음의 고통은 물론 서로의 외모까지도 닮았다고 생각한다. 이 만남을 통해 전설적인 초상화 〈가셰 박사의 초상〉(1890년 6월)이 탄생한다. 한편 가셰 자신도 이 그림을 갖고 싶어 했기에 두 번째 버전을 다시 그린다. 자세히 다루지 못했지만, 빈센트는 아를에서 우체부 조제프 룰랭과 그의 아내 오귀스틴 그리고 지누 부인을 모델 삼아 다양한 방법으로 초상화를 그리며 연구한다. 모델이 마땅치 않았던 생레미에서는 주로 자화상을 통해 인물화에 천착했다. 그러다가 오베르에서 가셰가 선택된 것이다. 빈센트는 초상화에 대한 확고한 신념이 있었다.

내가 그림을 그리면서 다른 모든 것보다 더 열정적으로 생각하는 건, 바로 초상화야. 특히 현대적인 초상화. 나는 색을 통해 초상화를 표현하려고 노력하고 있고, 이런 방식을 추구하는 사람은 분명 나 혼자가 아니야. 사실, 내가 이 모든 걸 완벽하게 할 수 있다고는 생각하지 않아. 하지만 나도 그 방향으로 노력하고 있어. 내가 그리는 초상화가, 한 세기가 지난 뒤 사람들에게 환영 같아 보일 수 있으면 좋겠어. 그래서 사진처럼 똑같이 그리기보다는, 우리 자신이 가진 열정적인 감정을 표현하려고 해. 그리고 그 감정을 강조하

⇡ 〈가셰 박사의 초상〉 첫 번째 작품(1890년 6월)과 두 번째 작품(1890년).

기 위해, 우리 시대의 색채 감각과 과학을 활용하고 싶어. 가셰 박사의 초상에는 햇볕에 그을려 뜨겁게 달아오른 벽돌 같은 얼굴빛, 붉은 머리카락, 흰색 모자를 담았어. 배경은 풍경과 푸른 언덕으로 이루어져 있고, 그의 옷은 울트라마린 블루야. 이 색은 얼굴을 더 두드러지게 만들어서, 얼굴이 벽돌색인데도 더 창백하게 보이게 해. 그리고 그의 손, 마치 산파의 것 같아 보이는 그 손은 얼굴보다 더 창백하지.

빌에게, 1890년 6월 5일

이 편지는 빈센트가 미래를 내다보고 있음을 느끼게 한다. 그의 생각처럼 우리는 빈센트의 인물화에서 알 수 없는 강렬한 힘을 느낀다. 그 예가 바로 〈가셰 박사의 초상〉 첫 번째 버전의 유랑이라 할 수 있다. 두 번째 작품은 가셰 박사가 소장하고 있다가 루브르박물관에 기증했기에 별 탈이 없었다. 하지만 첫 번째 작품은 1897년 요한나가 300프랑에 판매하면서 유랑이 시작되었다. 이후 매매로 인해 소유주가 몇 차례 바뀌다가 1933년 프랑크푸르트의 슈테델미술관에 안착한다. 이렇게 되면 이후 이야기는 예측이 가능해진다. 퇴폐 미술이라고 나치에 압수된 이 초상화도 헤르만 괴링의 손에 넘어갔고, 빈센트가 오베르에서 도비니를 추앙하기 위해 3점이나 그린 〈도비니의 정원〉(1890년 7월 중순) 중 1점과 함께 은행가이자 컬렉터인 프란츠 쾨니히스(Franz Koenigs)에게 팔린다. 쾨니히스 컬렉션 역시 상당한 현대미술을 소장했는데 전쟁의 광기로부터 작품을 보호하기 위해 1930년대부터 네덜란드의 보이만스 반 뵈닝겐 미술관에 대여했고 쾨니히스는 네덜란드 시민권도 획득한다. 하지만 1941년 쾰른역의 플랫폼에서 기차에 치여 사고사를 당하는데 실은 나치에게 살해당했을 가능성이 높은 죽음이었다. 결국 네덜란드 역시 나치에 점령당하며 쾨니히스 컬렉션은 뿔뿔이 흩어진다. 그리고 상당수는 또 소련으로 넘어갔다가 일부만 네덜란드로 반환되고 대부분은 돌아오지 못하고 있다.

쾨니히스가 사망하기 전인 1939년, 재정 상태가 나빠지면서 〈가셰 박사의 초상〉과 〈도비니의 정원〉을 지크프리트 크라마르스키(Siegfried Kramarsky)라는 유대인 컬렉터에게 넘긴다. 크라마르스키는 그의 컬렉션을 가지고 나치를 피해 뉴욕으로 도피했고 덕분에 〈가셰 박사의 초상〉은 종종 뉴욕의 메트로폴리탄미술관에 대여되곤 했다. 이후 1990년 5월 15일 뉴욕 크리스티 경매에 등장했고, 당시로서는 경이로운 금액인 8250만 US달러에 일본의 제지 사업가인 사이토에게 낙찰된다(이틀 후 그는 르누아르의 작품 1점도 7810만 US달러에 추가로 낙찰받는다). 2025년 현재까지 미국 소비자물가지수를 기준 삼은 물가 상승률 2.9퍼센트만 적용해도 이 작품의 현재 가치는 2억 2438만 US달러가 된다. 빈센트는 정녕 미래의 사람들이 무엇을 원하는지 정확하게 알고 있었던 것이다.

사이토는 굉장히 어처구니없는 이야기를 해서 세상을 놀라게 했다. 자신이 죽으면 〈가셰 박사의 초상〉과 르누아르의 〈갈레트의 무도회〉를 함께 화장해달라고 한 것인데, 사실은 상속세를 피하기 위한 수단이었다고 한다. 결국 뇌물 등의 혐의로 기소되면서 1996년 뇌졸중으로 사망하고 〈가셰 박사의 초상〉을 채권으로 확보했던 일본의 은행은 오스트리아의 컬렉터에게 이 작품을 팔았다. 하지만 그 역시 재정 문제를 겪으면서 구매자를 밝히지 않는 조건으로 비밀리에 판매했다. 이후부터는 미스터리의 영역으로 들어가는데, 많은 사람이 이 작품을 찾고 있음에도 행방이 불명한 상태이며, 다만 이탈리아 기업가 가문에서 구매했다는 설이 있다. 그 사람은 사망했고, 상속자 중 한 명인 아내가 한국인 화가라고 한다. 하지만 현재, 모든 것은 풍문이다.

다시 돌아와서, 당시 테오는 건강이 매우 나빴던 것으로 보인다. 요한나도 첫아이 빌럼을 키우면서 지쳤을 것이고, 특히 젖이 모자라서 고생하는 이야기와 빌럼이 자주 앓았다는 내용이 편지에 나온다. 그렇기에 빈센트는 테오 가족과 오베르에서 함께 살고자 하는 마음이 강해진다. 그 외에는 언제나 그렇듯이 오로지 그림 생각뿐이었기에, 오베르에서 보낸 70일 동안 하루에 1점이 넘는 유화를 그렸고, 드로잉을 포함하여 총 100여 점이라는 믿기 힘든 작업량을 소화했다. 이로 인해 이 시기 작품은 위작 논란이 많았으며, 특히 가셰가 위작을 만든 것이 아니냐는 의심을 받기도 했다.

빈센트는 동생 부부에게 오베르 같은 시골 마을이 몸이 약한 아이를 키우기에 좋다는 것을 주장하기 위해 은근슬쩍 건강한 아이들의 그림을 그려 보내는 방법을 쓴 듯하다. 특히 〈오렌지를 든 어린이〉는 너무 사랑스럽게 그려져서 꼭 한번 보고 싶은 작품이다. 이 작품은 한때 20여 점에 달하는 빈센트의 작품을 소장했던 스위스의 한로저(Hahnloser) 컬렉션에 포함되어 있었는데 2008년 3월 유럽미술박람회(TEFAF)에서 1530만 파운드의 금액으로 시장에 나왔다. 하지만 구매자가 누구인지는 알려지지 않

⇡ 〈오렌지를 든 어린이〉(1890년 6월).

⇡ 〈두 어린이〉(1890년 6월).

았고 작품 역시 공개되지 않고 있다. 예술품은 인류가 공동으로 소유해야 한다고 생각하는 입장에서는 참 안타까운 일이다. 공공 미술관에 임대라도 하면 좋을 텐데 말이다.

작품 속 아기는 누구일까? 이는 빈센트가 오베르에서 매일 3.5프랑을 내면서 묵었던 라부 여관의 큰딸 아들린 라부(Adeline Ravoux)의 회고를 통해, 빈센트의 관을 짠 목수였던 르베르(Levert) 가족의 두 살배기 아기라는 것을 확인할 수 있다. 실제로 빈센트는 아이들을 좋아했다. 이는 아들린이 73세에 쓴 회고록에도 나온다. 1890년 당시 겨우 열세 살이었지만 빈센트는 그들 가족에게 평생 결코 잊을 수 없는 손님이었을 것이기에, 60년이 지나서 쓴 회고록일지라도 신뢰할 수 있을 듯하다. 내용이 길지만 빈센트가 어떤 사람인지 알 수 있는 중요한 내용이니 한번 살펴보자.

그는 체격이 건장하고, 다친 귀 때문에 어깨가 약간 한쪽으로 기울어 있었다. 눈은 매우 빛났다. 온화하고 차분했지만, 말이 많은 성격은 아니었다. 누군가 그에게 말을 걸면, 항상 상냥한 미소로 대답했다. 그는 프랑스어를 정확히 구사했지만, 때때로 단어를 찾는 듯 보였다. 그는 술을 전혀 마시지 않았다. 나는 이 점을 강조한다. 그가 자살한 날, 어떤 사람들의 주장과 달리 그는 전혀 취하지 않았다. 한참 후에 그가 남프랑스의 정신병원에 수용된 적이 있다는 이야기를 듣고 나는 매우 놀랐다. 그는 항상 차분하고 다정한 사람으로 보였기 때문이다. 그는 우리 가족들에게 존경받았다. 우리는 그를 비공식적으로 '므슈 뱅상(Monsieur Vincent)'이라 불렀다. 그는 여관의 다른 손님들과 어울리지 않았다. 그는 2명의 다른 하숙인과 식사를 했는데, 토미 히르쉬히흐(Tommy Hirschig, 우린 톰이라고 불렀다)와 마르티네즈 드 발디비엘세였다. (…)

빈센트는 내 어린 여동생 제르멘(지금은 마담 기요로, 나와 함께 살고 있다)에게 큰 애정을 보였다. 제르멘은 당시 두 살이었다. 매일 저녁 식사 후, 그 아이를 무릎에 앉히고, 칠판에 그림을 그려주었다. 그는 '모래 사나이'를 그렸는데, 모래를 가득 실은 마차 안에서 모래를 이리저리 던지는 모습을 담은 그림이었다. 그러고 나서 작은 소녀에게 굿나이트 키스를 하고 위층으로 올라가 잠자리에 들곤 했다.

빈센트는 내 초상을 그리기 전까지 나와 별다른 대화를 나누지 않았다. 예의상 몇 마디 주고받았을 뿐이다. 어느 날, 그는 내게 "네 초상을 그려도 괜찮겠니?"라고 물었다. 그는 정말로 그리고 싶어 하는 듯 보였다. 나는 승낙했고, 그는 부모님께도 허락을 구했다. 당시 나는 열세 살이었지만, 어떤 사람들은 열여섯 살로 보기도 했다. (…)

나는 파란 옷을 입고 의자에 앉았다. 머리에는 파란 리본을 묶었다. 내 눈도 파란색이다. 그는 초상의 배경에 파란색을 사용했다. 그래서 이 초상은 파란색의 교향곡 같은 그림이 되었다. 빈센트는 이 그림을 사각형으로 복사본을 만들어 동생에게 보냈다. 그의 편지에 이 사실이 언급되어 있다. 그러나 나는 그가 복사본을 그리는 모습을 보지 못했다. 나에 대한 세 번째 초상화도 있다고 하는데, 나는 그에 대해 아는 바가 없다.
여기서 내가 강조하고 싶은 것은 초상을 위한 포즈는 단 한 번만 취했다는 것이다. 나는 솔직히 내 초상화에 만족하지 못했다. 심지어 실망스러웠다. 닮았다고 느껴지지 않았기 때문이다. 그러나 작년에 어떤 사람이 나를 찾아와 반 고흐에 대해 이야기했는데, 처음 만났을 때 나를 보고 빈센트가 그린 초상화 속 인물임을 알아봤다. 그러고는 "빈센트가 본 것은 당시 소녀의 모습이 아니라, 훗날 여인의 모습이었다"고 덧붙였다. 부모님도 이 그림을 별로 좋아하지 않았다. 당시 이 그림을 본 누구도 높게 평가하지 않았다. 그 시절, 반 고흐의 그림을 이해하는 사람은 거의 없었다.
우리는 이 그림과 빈센트가 아버지에게 선물한 오베르 시청의 그림을 1905년쯤까지 소장했던 것 같다. 나는 그가 이 마지막 그림을 그리는 모습을 직접 보았다. 카페 앞 인도에서였다. 그날은 7월 14일이었고, 시청은 장식되어 있었으며, 나무들 사이에 등이 달린 화환이 걸려 있었다.
15년 후, 이 캔버스들에서 물감이 벗겨지기 시작했다. 당시 우리는 뫼랑에 살았다. 우리 카페 맞은편에는 호텔 팡송이 있었고, 몇몇 예술가가 묵고 있었다. 그중에는 파리의 마르셰오뵈르 2번지에 살던 해리 해런슨이라는 미국인과, 뫼랑에서 '작은아버지 샘'으로 불린 또 다른 미국인이 있었다. 또한 독일인과 반 고흐 가족이라고 주장하는 네덜란드인이 있었다. 그들은 아버지가 반 고흐의 그림 두 점을 가지고 있다는 것을 알고 있었다.

그들은 그림을 보고 싶다고 요청했고, 나중에는 자신들에게 달라고 요구했다. 그들은 "물감이 손상되어 특별한 관리가 필요하다"고 말했다. 그림이 망가질까 걱정한 아버지는 "흥! 그렇다면 각자 10프랑씩 줘라"라고 했다. 그렇게 해서 빈센트 반 고흐의 그림 2점, 〈파란 옷을 입은 여인〉과 〈1890년 7월 14일의 오베르 시청〉은 합쳐서 40프랑(두 사람이 두 작품에 대해 각각 10프랑씩 내라는 의미)에 팔려 나갔다.

아들린 라부의 회고는 빈센트에 대해 많은 것을 알려준다. 먼저, 빈센트의 성품이 이전보다 훨씬 성숙해졌다는 느낌이 전해진다. 실제로 그의 많은 편지를 읽다 보면 마지막에 가까워질수록 더욱 진중해지고 고뇌의 무게가 커져가는 것이 느껴진다. 특히 때 묻지 않은 아이의 눈으로 바라본 빈센트는 다정하고 상냥했으며 예의를 갖추는 사람이었다. 하지만 어른의 눈으로 볼 때 그는 이상한 사람이었다. 빈센트가 아를에서 사람들에게 상처를 받았던 것을 생각해보면 말이다. 빈센트가 세상을 뜨고 15년이 지난 상태면 이미 작품의 값어치가 올라가기 시작했을 때다. 심지어 빈센트 생전의 첫 작품 판매 가격도 400프랑이었다. 그런데 찾아온 사람들은 작품에 대한 정당한 보상 없이 사실상 강탈한 것이나 다름없는 파렴치한 같은 짓을 저질렀다.

아들린의 설명대로 빈센트는 그녀의 초상을 한 번 그렸다. "이번 주에 나는 열여섯 살 정도인 어린 소녀의 초상화를 그렸는데, 파란색 배경에 파란 옷을 입고 있어. 내가 묵는 곳 주인의 딸이었어(1890년 6월 24일)"라는 내용이 담긴 편지를 통해 이 작품이 그녀를 그린 것이라는 것을 확인할 수 있다. 빈센트는 이 그림이 마음에 들었던지 캔버스의 좌측 하단에 붉은색 글씨로 자신의 서명을 한다. 참고로 그의 서명이 들어간 작품은 생각보

⇡ 〈아들린 라부의 초상〉(1890년 6월).

⇡ 〈1890년 7월 14일의 오베르 시청〉(1890년 7월 11~20일).

다 많지 않다. 예를 들어 〈별이 빛나는 밤〉, 〈론강의 별밤〉, 〈밤의 카페테라스〉 같은 작품에도 서명은 없다.

빈센트가 오렌지를 든 아기를 그린 것은 6월 하순경으로 알려져 있다. 아마도 그달 초인 6월 8일 일요일에 테오 가족 모두가 빈센트를 만나러 오베르를 다녀갔기에 조카가 더 그리워졌기 때문일 것이다. 요한나는 《빈센트 반 고흐 서간집》에 그날에 대해 다음과 같이 설명한다.

> 빈센트는 기차역에서 우리를 맞이했고, 조카이자 자신의 이름을 딴 아이를 위해 새 둥지를 장난감으로 가져왔습니다. 그는 아기를 안고 마당에 있는 모든 동물을 보여줄 때까지 잠시도 쉬지 않았습니다. 수탉이 지나치게 크게 울어 아기를 놀라게 하고 울게 만들었을 때, 빈센트는 웃으며 말했습니다. "수탉이 코코리코 하고 운다!" 그러면서 조카에게 이 동물들을 소개한 것을 매우 자랑스러워했습니다.

그 시기 빈센트는 행복했던 것 같다. 오베르에 처음 왔을 때 빈센

↑ 피에르 세실 퓌비 드샤반의 〈예술과 자연 사이〉(1890~1895년).
↓ 빈센트 편지(1890년 6월 5일) 속 스케치.

트는 독립된 삶에 대한 고민을 조금씩 하고 있었다. 그림을 팔 수 있을 것 같다는 긍정적인 마음을 담은 편지에 그런 자세를 겉으로 드러내면서도, 돈 문제로 날카로워진 심정을 담은 부치지 않은 편지는 그의 조울 증세를 간접적으로 보여준다. 그러다가 이루어진 동생 가족의 방문은 모두 함께 모여서 즐겁게 살 수 있지 않을까 하는 희망으로 그를 다시금 이끌었다.

한편, 파리의 샹드마르스 공원에서 본 드샤반의 대형 작품은 빈센트에게 새로운 도전 의식을 일으킨다. 빈센트는 화가 조셉 야코프 아이작슨에게 부치지 않은 편지(1890년 5월 25일)에서 드샤반이 들라크루아만큼 중요한 인물로 여겨지며, 그의 작품 〈예술과 자연 사이〉에 대해 "아주 먼 고대와 거친 현대성이 만나는 기묘하고 섭리적인 교차를 암시하는 듯하다"라고 평한다. 빌에게 쓴 편지(1890년 6월 5일)에 그 작품을 스케치로 간략하게 묘사했는데, 빈센트의 기억력을 확인하기 좋다. 바닥에 앉은 여성의 자세가 반대임이 흥미롭다. 이 작품은 두 판본이 있는데, 빈센트를 매료시킨 것은 현재 루앙미술관에 소장된 가로 170.1cm, 세로 64.3cm 크기의 작품이다. 뉴욕 메트로폴리탄미술관에 있는 것은 좀 더 작고(113.7×40.3cm) 정

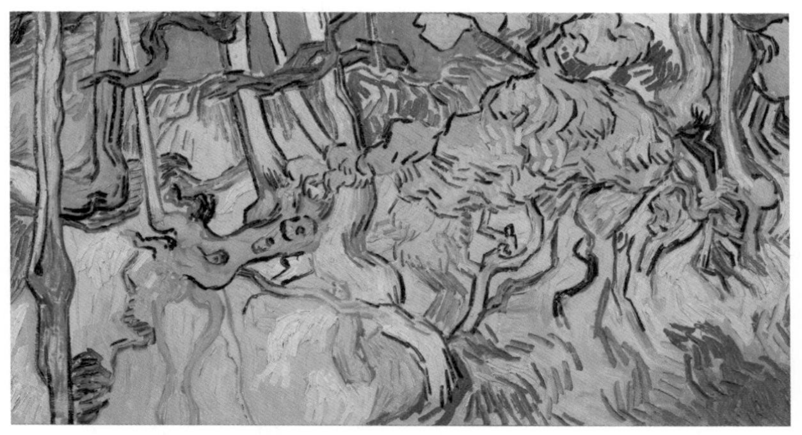

⇡ 〈나무뿌리들〉(1890년 7월 말).

교하다.

드샤반의 영향은 빈센트 캔버스의 판형을 2 대 1로 변형시켰다. 폭 50cm의 롤로 말린 캔버스를 폭의 2배인 100cm로 잘라서 만든 파노라마 캔버스에 총 12점을 그린다. 가장 많이 알려진 것은 〈밀밭을 나는 까마귀〉(1890년 7월 초반)와 그의 마지막 유작으로 알려진 〈나무뿌리들〉(1890년 7월 말)이다. 그 외 모든 작품 역시 판형이 주는 힘과 빈센트의 화풍이 합쳐져 압도적인 힘을 갖고 있다. 〈가셰 박사의 초상〉과 함께 팔렸던 〈도비니의 정원〉은 쾨니히스 컬렉션에 속해 있다가 최종적으로 일본 히로시마미술관에 안착한다.

〈밀밭을 나는 까마귀〉와 〈나무뿌리들〉은 모두 암스테르담의 반고흐미술관에 있다. 작품의 힘을 생각할 때 진작에 판매되었을 것으로 보이는데, 반고흐미술관에 전시되었다는 뜻은 요한나가 팔지 않고 빌럼에게 상속했음을 의미하므로 반 고흐 가족이 각별히 아끼는 그림이었을 것이다. 〈밀밭을 나는 까마귀〉는 어두운 느낌 때문에 빈센트의 마지막 작품으로 많이 오해받았으나 이는 사실이 아님을 편지로 증명할 수 있다. 만약

↑ 〈마차와 기차가 있는 풍경〉(1890년 6월).
↓ 〈비 내리는 오베르의 풍경〉(1890년).

빈센트가 오베르에서 잘 지내서 피카소처럼 5만여 점의 작품을 남기며 무병장수했다면, 이 그림은 젊은 날의 고통을 이겨내기 위해 몸부림친 위대한 화가의 기상을 담은 웅대한 작품으로 평가받았을 것이다. 아울러 2020년에 그림을 그린 장소가 발견된 〈나무뿌리들〉과 〈채석장 입구〉(1889년 7월 중순, 328쪽), 〈협곡〉(1889년 10월, 336쪽)을 함께 보고 있으면 추상화라는 방향의 한 축을 빈센트가 쥐고 있었구나 하는 생각이 든다. 그저 그가 일찍 세상을 뜬 것이 안타까울 뿐이다.

이제 오베르에서 남긴 그의 작품을 두 편 더 이야기해보자. 나는 비를 그린 빈센트 작품의 감성을 좋아한다. 〈마차와 기차가 있는 풍경〉은 러시아 푸시킨미술관에 있는데, 이 작품은 〈붉은 포도밭〉과 함께 모로조프 컬렉션에 포함되어 있다. 높은 곳에서 풍경을 내려다보는 구도로 저 멀리 초록빛 오베르강이 보이고 그 바로 아래 증기기관차가 수증기를 내뿜으며 달리고 있다. 따라서 지평선이 화면 밖으로 나가 있는 구도다. 처음에는 비와의 관련성을 몰랐지만 빌에게 보낸 편지(1890년 6월 13일)에 이 작품이 언급되어 유심히 보게 되었는데, 말과 마차 바퀴 아래 비에 젖은 반영을 간단한 몇 개의 선을 활용해 진창길로 표현한 아이디어가 돋보인다.

일본 히로시게 목판화의 영향을 받았다고 흔히 설명되는 〈비 내리는 오베르의 풍경〉은 비를 정통적인 방법으로 힘 있게 표현한다. 〈마지막 달〉 장을 준비하면서 오베르의 과거 기상을 분석하는데, '이곳은 무슨 비가 이렇게 많이 내리고, 맑은 날이 없을까' 싶을 정도로 우중충한 날이 많았다. 특히 6월 23일부터 7월 11일 사이에 닷새 정도를 빼고 내내 비 또는 강한 비가 내렸고, 7월 18일, 19일에도 다시 큰비가 내렸다. 따라서 그림을 그린 날짜를 특정하기가 어려울 듯싶다.

빈센트의 그림은 1890년의 발작을 기점으로 독특한 변화가 생긴다. 풍경화에 등장하는 사람이 동글동글해진다고 해야 할까? '타라스콩으로 가는 화가'가 작아지며 귀여워지는 느낌이다. 세간의 평판에 힘을 얻은 것일까. 그는 더 이상 다른 사람을 의식하지 않고 자신만의 스타일로 그려도 괜찮다고 스스로와 합의를 한 것 같다. 그는 그림에 빠져 고독과 우울을 잊고 자신의 병이 나을 수 있다고 믿었지만, 6월 말 테오는 상황을 반전시키며 불안의 씨앗을 심는다. 테오답지 않게 작성된 편지가 문제였다.

우리에게 정말 큰 걱정거리가 있었어. 사랑하는 우리 아이가 심각하게 아팠기 때문이야. (…) 지금은 아이에게 당나귀 젖을 먹이고 있는데, 그 덕분에 상태가 나아졌어. 그러나 며칠 밤낮 동안 계속 된 고통스러운 울음소리는 정말 듣기 괴로웠어. 어떻게 해야 할지 모르겠고, 하는 모든 일이 오히려 아이의 고통을 악화시키는 것처럼 느껴졌어. (…) 그녀는 진정한 엄마처럼 보살폈지만, 너무나 지쳤어. 그녀가 다시 힘을 회복하고 새로운 시련에 직면하지 않기를 바라. 지금 다행히 그녀는 잠들었지만, 자는 동안에도 고통을 호소하는데, 내가 해줄 수 있는 게 없어. (…)
우리는 뭘 해야 할지 모르겠어. 몇 가지 고민이 있거든. 같은 건물의 1층에 있는 다른 아파트로 옮겨야 할까? 아니면 오베르로, 네덜란드로 가야 할까? 내일을 걱정하지 않고 살아야 할까? 하루 종일 일을 하고도 여전히 조에게 돈 문제로 걱정을 안겨줘야 한다면 말이야. 그 생쥐 같은 부소&발라동의 인간들은 나를 마치 신입처럼 대하면서 항상 자금을 빡빡하게 관리해. 내가 아무리 절약하고 계획적으로 돈을 써도 여전히 부족하다면, 그 인간들에게 솔직히 상황을 털어놓아야 할까? 그리고 만약 그들이 거절한다면, 이렇게 말하는 건 어떨까? "신사 여러분, 저는 모든 걸 걸고 제 사업을 통해 판매를 시작하겠습니다."
지금 형에게 편지를 쓰면서 내린 결론은, 우리가 허리띠를 더 졸라매더라도 우리에게 별다른 이득이 되지 않을 것이라는 점이야. 오히려 우리 모두가 서로에게 의지하며 용기를 잃지 않고, 가난에 찌들지 않은 모습으로 세상 속에서 살아갈 때 훨씬 더 멀리 나갈 수 있어. 그래야 우리에게 주어진 의무와 과제를 훨씬 더 평온한 마음으로 완수할거야. 빵 한 조각을 아껴 먹는 것보다 말야. 어떻게 생각해, 형? 우리를 위해 너무 골머리를 앓지 마, 형. 내가 가장 기쁜 순간은 형이 건강하게 지내고, 훌륭한 일을 하는 것을 볼 때야. 이미 형은 충분히 많은 열정을 가지고 있고, 우리는 아직 오래도록 싸울 준비를 해야해. (…) 우리 머릿속에는 너무 많은 것이 담겨 있어. 데이지 꽃과 갓 뒤집힌 흙덩이, 봄에 싹트는 덤불, 겨울에 떨고 있는 나뭇가지, 투명하고 맑은 파란 하늘, 가을의 커다란 구름, 겨울의 단조로운 회색 하늘, 우리 어릴 적 정원 위로 떠오르던 태양, 스헤베닝헌 바다 위로 붉게 지던 해, 여름밤이든 겨울밤이든 아름다운 밤의 달과 별을 잊을 수가 없지. 아니, 무슨 일이 생기든, 그것들은 언제나 우리와 함께할 거야.
그것만으로 충분할까? 아니야. 나는 이미 이것들을 가지고 있고, 형도 언젠가 이 모든 걸 나눌 여인을 만나길 진심으로 바라. (…) 형, 형은 이미 자신의 길을 찾았어. 형의 마차는 이미 잘 잡혀 있고 견고해. 나도 사랑하는 아내 덕분에 나의 길이 보이기 시작했어. 그러니 형, 스스로를 다독이고 형의 말에게 무리하게 하지 않도록 해. 나는 가끔 채찍을 한 번 휘두르는 정도는 괜찮다고 생각해.

테오가 빈센트에게, 1890년 7월 1일

테오 스스로의 마음이 힘들어서 감정의 둑을 터뜨리고 형에게 쓴 편지(94쪽에도 인용되었다)는 빈센트에게 격정적인 충격으로 다가온다. 작품 해석에 보는 이의 마음이 투영되거나 편향이 반영되듯, 모든 것을 빈센트의 마음으로 읽어보면 '아이가 너무 아파서 형에게 신경을 쓰기 힘들어, 지금 회사를 그만두고 내 갤러리를 열 것이니 당분간 지원은 힘들지 않을까, 형은 잘하고 있으니 이제 나로부터 독립할 때가 되었어, 형도 이제 아내를 만나서 삶을 개척해, 형은 정말 잘할 수 있을 거야'가 되지 않았을까.

놀란 빈센트는 즉시 편지(1890년 7월 2일)를 쓴다. 요약하면 '즉시 네게 가고 싶지만 혼란만 키울까 봐 못 간다. 파리에서 태어난 병약한 아이와 여관에 있는 동네 사람들도, 오베르로 이주해서 아주 좋아졌다. 조도 여기로 오면 모유가 잘 나올 거다. 부소&발라동에서 네가 열심히 일하는 것은 잘 안다. 넌 충분히 헌신했다. 내 건강은 자신이 없다. 만약 다시 나에게 병이 찾아오면 넌 날 이해해줄 거라 믿는다. 그리고 나는 아내가 생길 것 같지는 않다. 내 인생이 마흔쯤 되면 나도 어떻게 될지 전혀 모르겠다. 아이에 대해 너무 걱정하지 말고, 맑은 공기가 있는 곳에서 시간을 보내는 게 아이에게 좋을 것이다'라는 내용이었다. 결론은 테오에게 가족들을 데리고 오베르로 오라는 것이었다. 테오는 그 편지를 3일에 받았을 것이고 답장은 5일에 쓴다.* 빈센트에게 일요일 오전에 오라고 초대하는 내용이었으나 빈센트 눈에는 다음 내용이 걸렸을 것이다.

> 형이 원하는 만큼 머물면서 새 아파트를 어떻게 정리하면 좋을지 조언도 해줘. 아마 드리스(안드리스를 말한다)와 애니가 1층으로 이사 올 거고, 작은 정원도 갖게 될 거야. 우리도 당연히 그 정원을 같이 쓸 수 있을 거고. 만약 두 여자가 잘 지낸다면 좋은 일이 될 거야. 어쩌면 드리스가 우리 집으로 올지도 모르겠어.
>
> 1890년 7월 5일

빈센트가 그토록 오베르로 오라고 권했지만 테오는 상의 없이 이사 갈 곳을 정해버렸다. 이 때문에 빈센트는 파리로 출발하기 전부터 마음이 상했을 것이다. 요한나는《빈센트 반 고흐 서간집》에서 7월 6일의 만남에 대해 이사 문제, 작품 보관 문제, 테오의 사업 문제로 걱정과 불안에 가

* 편지 상단에 7월 5일(토요일)로 적혀 있는데 일요일 첫 기차를 타고 오라는 내용이며, 실제로 일요일에 빈센트를 보러 손님들도 찾아왔다. 따라서 이 편지는 아침 일찍 발송되어 당일에 배송되었거나 날짜를 잘못 작성했을 가능성이 있다.

득 차 있었다고 말한다. 빈센트가 온다는 소식에 오리에와 로트레크가 방문했고 기요맹도 오기로 했는데 빈센트는 그를 기다리지 않고 바로 오베르로 떠났다고 회고한다. 더불어 요한나 또한 빈센트를 상당히 섭섭하게 만든 어떤 행동을 했던 것으로 보인다. 이는 7월 26일 및 8월 1일 암스테르담에 있던 요한나가 테오에게 보낸 편지(테오와 조의 서간집)에 각각 적힌 "빈센트에게 무슨 일이 있었을까? 그가 온 날 우리가 너무 지나쳤던 걸까? 사랑하는 사람(테오), 나는 절대 다시는 당신과 말다툼하지 않겠다고 단단히 결심했어요", "아, 그를 다시 만나 내가 지난번에 그에게 참을성을 잃었던 것에 대해 얼마나 미안했는지 말할 수 있다면 좋을 텐데"라는 말을 통해 짐작할 수 있다. 오베르로 돌아간 빈센트는 그다음 날인 7일, 극도의 섭섭함을 담아 편지를 쓴다. 그 내용은 아래와 같다.

> 내 생각에, 모두 조금은 혼란스러운 상태고, 또 각자 바쁜 상황이다 보니, 우리가 처한 위치를 너무 명확히 정의하려고 애쓸 필요는 없을 것 같아. 하지만 너희가 나를 좀 놀라게 한 건, 마치 상황을 억지로 밀어붙이려는 듯하면서 나와 의견이 맞지 않는 것 같은 모습을 보였기 때문이야.
> 내가 뭘 어쩔 수 있을까? 어쩌면 아무것도 못 할지도 몰라. 하지만 내가 잘못한 게 있는 걸까? 아니면 내가 너희가 원하는 다른 무언가를 할 수 있는 걸까? 이런저런 생각이 머리를 맴돌아.
>
> 1890년 7월 7일

하지만 편지를 발송하기 전, 요한나가 (현재는 전해지지 않는) 편지를 써서 빈센트에게 보낸다. 이에 앞의 편지는 쓰다 멈추고 새로운 편지를 10일에 써서 발송한다. 여기에서 빈센트가 말하는 작품 중 하나는 의심의

⇡ 〈밀밭을 나는 까마귀〉(1890년 7월 초반).

여지 없이 〈밀밭을 나는 까마귀〉다.

> 이곳으로 돌아왔을 때, 나 역시 깊은 슬픔에 잠겨 있었어. 그리고 동생과 조를 위협하는 그 폭풍이 내게도 느껴졌어. 어떻게 해야 할지 모르겠어. 나도 언제나 기운을 내려고 노력하지만, 나의 삶이 뿌리부터 흔들리고 있는 것 같아. 나의 걸음 역시 흔들리는 것 같고 말이야.
> 한편으로는 내가 너희에게 짐이 된다는 두려움이 조금은 있었어. 부담만 주고 있는 게 아닐까 걱정했거든. 하지만 조의 편지가 분명히 보여주었어. 내가 나름대로 일하고 애쓴다는 걸 너희가 이해하고 있다고 말이야.
> 그래도 여기로 돌아와 다시 붓을 들었어. 붓이 거의 손에서 떨어질 뻔했지만, 내가 원하는 것을 잘 알고 있었기에 그 후로 나는 커다란

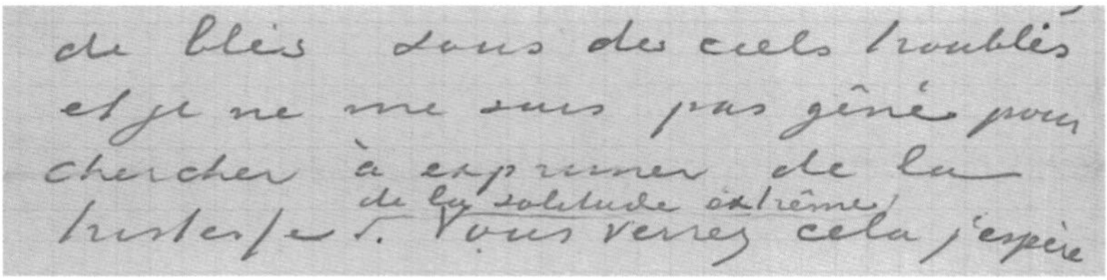

↑ 편지 밑줄 부분의 원본, 빈센트는 '극도의 외로움(de la solitude extreme)'을 추가로 적어 넣었다.

> 그림을 3점 더 그렸어. 흐린 하늘 아래 펼쳐진 밀밭들, 그리고 나는 주저 없이 깊은 슬픔과 극도의 외로움을 화폭에 담아내려 했어.
>
> 1890년 7월 10일

이즈음의 편지는 테오의 것은 물론 보내지 않은 것까지도 남아 있는데, 요한나가 보낸 편지는 왜 사라졌을까? 두 가지로 추측할 수 있다. 그 편지를 받고 마음이 좀 누그러지기는 했으나 해소될 정도는 아니기에 없애버렸거나, 요한나가 그날의 진실을 밝히기 싫어서 일부러 없앴을 가능성이다. 이러한 심증이 생긴 이유는 빈센트의 죽음 직전의 상황을 확인하기 위해 살펴본 테오와 요한나의 서간집에서도 7월 18일, 19일, 25일 등의 요한나의 편지가 빠져 있기 때문이다.

배우자가 생기면 삶은 방향이 바뀐다. 화가와 후원자로서 12년간 평형에 이른 형제 관계는 테오에게 불합리하더라도 잔잔한 상태였으니 깨고 싶지 않았을 것이다. 하지만 요한나가 빈센트와 친해지기 위해 생레미로 보낸 편지들을 생각하면, 반 고흐 형제의 암묵적 룰이 그녀로 인해 변화되는 것은 당연하다. 심지어 빈센트를 만나본 요한나는 테오보다 그가 더 건강해 보인다고 생각하지 않았는가. 따라서 그녀는 빈센트가 자립하거나 아내를 찾을 수 있게 돕자고 테오를 설득했을 수도 있다.

한편 오베르로 이주하라는 제안은 요한나의 개입 없이 테오 선에서 거절되었을 것이다. 그녀를 만나 가족을 꾸린 상황에, 파리에서 빈센트와 함께 살면서 겪어본 이상 테오가 내릴 선택은 분명하다. 아무튼 결과는 좋지 못하게 흘러갔다. 다음 편지는 10일에서 14일 사이의 어느 날, 빈센트가 어머니에게 쓴 편지다. 어떤 조짐이 느껴진다.

> 저는 끝없이 펼쳐진 밀밭 풍경에 완전히 매료되어 있습니다. 언덕을 배경으로 바다처럼 넓고 거대한 밀밭, 섬세한 노랑, 부드러운 연두, 갈아엎고 잡초를 뽑아낸 땅의 은은한 보랏빛이 어우러진 풍경 말입니다. 그 사이사이에는 꽃을 피운 감자의 초록빛이 고르게 점점이 놓여 있습니다. 이 모든 것이 부드러운 파란색, 흰색, 분홍색, 보랏빛 톤의 하늘 아래에서 빛나고 있습니다. 저는 지금 지나치게 평온하며, 모두 그림으로 옮기고 싶은 마음에 가득 차 있습니다.
>
> 1890년 7월 10~14일

테오와 요한나는 빈센트의 편지(1890년 7월 10일)를 받고 그가 평정심을 되찾았다고 생각한 듯하다. 그러나 테오는 매우 중요한 것을 말하지 않고 있었다. 테오는 14일에 다음의 편지를 쓴다.

> 비록 8일이 지났음에도, 그 신사들은 그들이 나와 관련해 무엇을 할 생각인지에 대해 아무 말도 하지 않았어. 반대로 드리스는 매우 비겁하게 행동했고, 아마도 그의 아내에게 휘둘리고 있는 것 같아. 그는 내가 그를 우리 아래층 아파트로 유인해서 그의 아내를 일종의 하녀처럼 부리려고 한다고 거침없이 말했어. 나는 그게 그에게서 나온 말이라고 믿을 수 없어. 하지만 나는 그의 아내가 그렇게까지 미쳤을 거라고는 생각하지 않았어. 결단의 순간에 그가 물러난 것

은 이번이 두 번째야. 그리고 형도 우리가 이 문제에 대해 이야기하는 자리에 있었고, 그는 내가 그를 신뢰할 수 있다고 분명히 대답했었어. 나는 이 망설임이 그의 아내 때문이라고 생각할 수밖에 없어.

빈센트에게, 1890년 7월 14일

이 편지에 관한 정황을 살펴보자. 테오는 급여를 올려주지 않으면 퇴사하겠다고 7월 8일경 부소&발라동에 이야기했으나 테오의 요구에 회사는 시큰둥했다. 게다가 동업을 하기로 약속한 안드리스는 이번에도 발을 뺐다. 따라서 테오는 어쩔 수 없이 회사에 굴복해야 하는 입장이었다. 편지에는 회사가 급여 인상 요구에 반응이 없다는 내용과 안드리스가 아내에게 휘둘려 비겁하게 행동했고 이번이 두 번째라고 적혀 있다. 아울러 이 편지는 지나치게 대명사를 남발하는 문제가 있다. 독자에게 느낌을 전달하기 위해 원문의 느낌으로 번역한 것인데 가독성이 떨어진다. 정신을 제대로 차리고 읽지 않으면 무슨 이야기를 하고 있는지 알 수 없다.

다음 날인 7월 15일 화요일, 테오는 요한나와 아들을 데리고 라이덴에 있는 어머니와 빌을 방문했다. 이후 테오는 업무차 헤이그와 안트베르펜을 거쳐 브뤼셀로 갔다 다시 파리로 돌아온다. 반면 요한나는 아들을 데리고 친정인 암스테르담으로 이동한다. 이때부터 부부는 계속 떨어져 있다가 빈센트의 사망 사건이 발생하면서 8월 중순에나 파리로 돌아올 수 있었다.

이번에는 정황상 있어야 할 빈센트의 편지 한 통이 또 사라진다. 이는 테오가 20일에 요한나에게 보낸 편지를 통해 추정이 가능하다. 빈센트는 16일 무렵에 요한나에게 쓴 편지를 어머니가 있는 라이덴으로 보낸 듯하다. 그것이 다시 암스테르담으로 갔다가 역시 유실된 요한나의 편지에 동봉되어 파리의 테오에게 도착한 것으로 보인다. 그래서 테오는 22일,

그 사라진 빈센트의 편지에 답장을 한다.

조가 형의 편지를 네덜란드에서 보내왔는데, 나는 그것을 좀 놀랍게 읽었어. 형이 말한 그 격렬한 가정불화를 어디서 본 거야? 우리 모두 미래에 대한 끊임없는 걱정으로 매우 지쳐 있었던 건 사실이야. 그리고 이 집 문제로 내가 무엇이 내 이익인지 잘 몰랐다는 것도 맞아. 하지만 정말로 형이 말하는 그런 심각한 가정불화는 없었어. 혹시 드리스와의 논쟁을 말하는 건가? 물론 나는 그가 뭔가를 시도하는 데 좀 더 대담했으면 좋겠다고 생각했지, 하지만 그게 그의 성격이고 그것이 드리스와 절교할 이유는 되지 않아.
혹시, 하지만 나는 이걸 믿기 어렵지만, 형이 프레보스트 작품을 걸고 싶어 하는 곳에 조가 걸지 말라고 한 것을 심각한 가정불화로 여긴 건 아니겠지? 그녀는 그걸로 형을 상처 주려고 한 게 아니야. 그리고 분명 형을 화나게 하느니 차라리 형이 그걸 거기 두길 바랐을 거야.

1890년 7월 22일

이어지는 내용에서는 최근 요한나와 아들을 데리고 어머니를 방문했던 일을 이야기하며, 어머니와 빌이 모두 잘 지내고 있다고 전한다. 요한나는 현재 암스테르담에 머물고 있으며, 그곳에서도 육아가 쉽지 않다는 내용을 담았고, 여러 일에 너무 걱정하지 말라고 다독이며 빠른 답장을 요구한다. 반면, 테오는 같은 날 어머니와 빌에게 보낸 편지에서 다음과 같은 내용을 전한다.

저는 제 자리를 무모하게 포기하고 불확실성 속으로 뛰어드는 게

> 매우 위험한 일이라는 것을 분명히 깨달았습니다. 제 사업을 시작할 자금을 찾을 수 있으리라는 희망은 있었지만, 확신은 전혀 없었거든요. (…) 다시 생각해보니 내가 남아 있는 것이 더 현명한 결론이라는 생각이 들었고, 그들이 내가 봉급 인상을 받을 자격이 없다고 생각하더라도 나는 그것을 받아들이고 어떻게든 해나갈 것이라고 했습니다.
>
> 테오가 안나에게, 1890년 7월 22일

왜 테오는 빈센트에게 이 내용을 쓰지 않았던 것일까? 안드리스가 결단의 순간에 두 번째로 물러나는 비겁한 행동을 했다는 말은 동업이 파기되었음을 의미하므로 빈센트에게는 전했다고 생각했던 것일까? 어쩌면 테오는 자신의 실수가 빈센트의 자살로 이어졌다는 생각에 크게 상처를 받아 그토록 빨리 세상을 뜬 것일까? 테오의 편지에 대한 답장은 편지를 받은 23일 바로 작성되었으며, 그 편지는 우체국의 소인이 찍힌 빈센트의 마지막 편지였다.

> 너에게 많은 이야기를 쓰고 싶었지만, 솔직히 말해서 이제는 그런 마음조차 거의 사라졌어. 그리고 그런 이야기를 해봤자 아무 소용이 없다는 생각이 들어.
> 네가 그 신사들(부소&발라동 임원들)로부터 호의적인 태도를 얻었길 바란다.
> 네 가정의 평화는 유지될 수 있다고 믿어. 하지만 동시에 그 평화를 깨뜨릴 수 있는 문제들도 항상 존재한다는 걸 알아야 해. (…)
> 나는 주문(물감을 말한다)은 아주 최소한으로 간소화했어.
>
> 1890년 7월 23일

어딘가 꼬여가는 느낌이 든다. 이쯤 되면 요한나가 빈센트에게 어떤 실수를 했다기보다는 테오와 요한나 그리고 안드리스 사이의 사소한 언쟁에서 빈센트가 망상에 가까운 가족 해체의 공포를 느낀 것일 수도 있다. 사라진 편지는 불필요한 오해를 없애기 위한 것일 수도 있다. 테오는 빈센트의 편지를 받고 문제가 생길 수 있음을 직감했다. 파리에 있던 테오는 암스테르담에 있는 요한나에게 25일 다음과 같은 편지를 쓴다.

> 형에게 편지가 왔는데, 또다시 이해하기 힘든 내용이었어. 우리와 형 사이, 또는 우리 서로 간에 갈등이 있었던 건 아니야. 형은 드리스가 공동 사업 제안을 거절했다는 사실조차 모르고 있었어. (…) 누군가 형의 작품을 몇 점 사주면 좋겠지만, 그 일이 일어나려면 아직 시간이 더 걸릴 것 같아 두려워. 하지만 그렇게 열심히, 훌륭하게 작업하고 있는데 형을 외면할 수는 없지. 형에게 행복한 시간이 언제쯤 찾아올까? 형은 정말로 선량한 사람이고, 내가 버틸 수 있도록 큰 힘이 되어주었어.
>
> 테오가 요한나에게, 1890년 7월 25일

테오가 7월 14일에 쓴 편지에서, "그리고 형도 우리가 이 문제에 대해 이야기하는 자리에 있었고, 그는 내가 그를 신뢰할 수 있다고 분명히 대답했었어"라는 부분을 보면 빈센트가 파리에서 그들과 함께 대화하던 자리에서는 동업 계획이 깨지지 않았던 것으로 보인다. 그렇기에 빈센트는 마지막까지도 부소&발라동의 신사들로부터 호의적 태도를 얻었길 바란다는 말을 했을 것이다. 만약 테오가 22일 어머니에게 보낸 편지의 내용을 빈센트에게도 말했다면 결과는 달라졌을까?

빈센트의 몸에 총알이 박힌 7월 27일, 자살을 암시할 만한 직접적

증거는 없었다. 유서나 이별의 편지도 없이 평상시와 똑같이 규칙적으로 집을 나섰다. 그날은 일요일이었다. 아침 일찍 그림을 그리러 짐을 챙겨 라부 여관을 나간 빈센트는 점심에 〈나무뿌리들〉을 그려 돌아왔고 시간에 맞춰 밥을 먹고 다시 나갔다가 그날 밤 9시쯤 피를 흘리며 돌아왔다. 총알은 몸을 관통하지 못하고 내부 어딘가에 박혔다. 빈센트는 총을 맞은 상태로 라부 여관에 있는 자신의 작은 방을 향해 생의 마지막 길을 힘겹게 걸어와 몸을 뉘었다.

이상한 소리에 놀란 여관 주인 라부는 빈센트에게 물었다. "무슨 일이오? 어디 아픈 건가요?" 빈센트는 대답 대신 심장 부근의 상처를 보여주었다. "불행한 사람! 도대체 무슨 짓을 한 거요?" 빈센트는 답했다. "나는 자살을 기도했습니다." 라부는 흥건한 피를 보고 놀라 의사를 불러오라고 외쳤다. 가셰 박사는 낚시를 갔기 때문에 밤늦게나 도착했고 근처에 있던 의사 조제프 장 마즈히가 그를 살폈다. 빈센트는 지독한 통증을 느꼈지만 밤늦은 시간, 시골에서 할 수 있는 치료는 별다른 게 없었다. 이미 두 의사는 총알을 빼낼 수도, 이송하기도 쉽지 않음을 알았을 것이다. 그렇게 빈센트는 홀로 극심한 통증으로 첫날 밤을 지새웠다.

다음 날인 월요일 아침 가셰 박사는 빈센트의 옆방에 머물던 히르쉬히흐에게 부탁하여 긴급히 파리에 가서 테오를 데려오라고 요청하고 빈센트에게 중요한 일이 생겼다는 편지를 들려 보낸다. 즉시 기차를 탄 테오는 그날 점심 무렵 도착한다. 그동안 형이 저지른 별별 일을 다 겪었기에, 누워 있긴 해도 대화가 가능했으므로 그가 살아 있다는 안도감을 느낄 수 있었다. 그런데 이번은 정말 심상치 않았다. 점차 심해지는 빈센트의 통증에 대해 해줄 수 있는 것은 정신이 돌아왔을 때 파이프 담배에 불을 붙여주고 대화하는 것뿐이었다. 빈센트는 그 상태로도 요한나와 조카에 대해 물었다.

마지막 날 밤, 거대한 고통이 빈센트를 감쌌다. 옆에서 홀로 빈센트를 지키던 테오는 무기력할 수밖에 없었다. 준데르트의 목사관에서, 파리의 르픽에서 형제가 함께 지냈던 수많은 밤은 오베르의 라부 여관에서 화요일 새벽으로 넘어가면서 끝이 난다. 빈센트는 테오에게 마지막으로 "슬픔은 영원히 지속될 거야"라고 말하고 얼마 후 숨을 거둔다. 임종 시간은 1890년 7월 29일 새벽 1시 30분이었다. 다시 깨어나지 않을 평온이 빈센트에게 찾아왔다.

베르나르는 빈센트의 사후에 가장 많은 역할을 한 동료다. 지난 1889년 11월 말 편지로 언쟁을 벌인 이후 연락을 하지 않았지만 빈센트의 장례식 소식에 탕기 영감 다음으로 빨리 오베르에 도착했다. 무더운 여름이었으므로 빈센트의 관을 빨리 닫아야 했기에 망자의 얼굴을 보지는 못한다. 그는 빈센트의 죽음을 목격한 것은 아니지만 현장에 도착해 중요한 기록을 남겼다. 가셰가 빈센트를 꼭 다시 살려놓겠다고 말하자 빈센트는 "그러면 처음부터 다시 해야겠군요"라고 말했다는 기록이 1890년 7월 31일, 베르나르가 오리에에게 보낸 편지의 내용이다. 그가 남긴 장례식의 묘사를 살펴보자. (일부 내용은 생략했다.)

> 7월 30일 수요일, 나는 아침 10시경 오베르에 도착했다. 그의 동생 테오도르 반 고흐, 가셰 박사가 참석해 있었고, 탕기 영감도 있었다. 관은 이미 닫혀 있었다. 나는 그를 다시 볼 수 있는 마지막 기회를 놓쳤다. 네 해 전, 모든 종류의 희망으로 가득 차 나를 떠났던 그 사람을 말이다. 여관 주인은 사고의 모든 세부 사항을 우리에게 이야기해주었다. 무례하게도 헌병들이 그의 병상에까지 찾아와, 그 스스로 책임져야 할 행동에 대해 그를 비난했던 일 등을 포함하여 말이다. (…)

빈센트의 시신이 놓여 있던 방의 벽에는 그의 마지막 캔버스들이 못으로 고정되어 있었으며, 이는 일종의 후광처럼 그를 둘러쌌다. 그 작품들에서 뿜어져 나오는 천재성의 광채는, 빈센트를 사랑했던 예술가들에게 그의 죽음을 더욱 고통스럽게 만들었다. 관 위에는 단순한 흰색 리넨이 덮여 있었고, 그 위로 해바라기, 노란색 달리아를 비롯해 온통 노란 꽃이 장식되어 있었다. 그것은 빈센트가 가장 사랑했던 색이자, 그가 그림과 마음속에서 꿈꿨던 빛의 상징이었다. 관 앞에는 그의 이젤, 접이식 의자, 붓 등이 놓여 있었다. 많은 사람이 장례식에 참석했는데, 특히 예술가가 많았다. 또한 빈센트를 본 적 있는 마을 주민들도 왔는데 그가 선하고 인간적이었기에 좋아했다고 했다. 관을 둘러싸고, 깊은 침묵 속에 친구를 가린 나무 상자를 바라보았다.

나는 그의 작품들을 보았다. 들라크루아의 마돈나와 예수를 그린 아름답고도 슬픈 작품, 높은 감옥 벽 아래서 반복적으로 도는 죄수들을 그린 도레의 캔버스가 눈에 띄었다. 그것은 그의 끝을 상징하는 작품이었다. 빈센트의 삶은 마치 그 높은 벽으로 둘러싸인 감옥과 같지 않았는가? 끊임없이 동굴 안을 맴도는 저 사람들은 운명의 채찍 아래 걸어가는 불쌍한 예술가들, 저주받은 영혼들이 아니었던가?

오후 3시, 그의 시신이 들어 올려졌다. 친구들이 관을 들어 운구차로 옮겼다. 모인 사람들 중 몇몇은 울음을 터뜨렸다. 예술과 독립을 위한 그의 투쟁을 언제나 지지해왔던 테오도르 반 고흐는 멈추지 않고 슬프게 흐느꼈다.

밖은 태양이 뜨겁게 내리쬐었다. 우리는 오베르의 언덕을 오르며 사람들은 빈센트에 대해, 예술에 끼친 그의 대담한 영향력과 항상 꿈꿨던 거대한 프로젝트들, 그리고 모두에게 준 그의 선물에 대해 이야기했다.

우리는 공동묘지에 도착했다. 새로 조성된 작은 묘지로, 새로운 묘비들 사이에 위치해 있었다. 그곳은 추수 들판을 내려다보는 언덕 위였고, 그는 여전히 사랑했을지 모를 푸른 하늘 아래에 있었다.

그가 무덤 속으로 내려갔다. 그 순간 누가 울지 않을 수 있었겠는가? 이날은 너무도 그에게 어울렸기에, 그것이 여전히 그를 행복하게 할 수 있었을지도 모른다는 생각을 하지 않을 수 없었다.

가셰 박사는 빈센트의 삶에 대해 몇 마디를 하려고 했으나, 그 역시 너무 많이 울어 흐릿한 인사밖에 하지 못했다. 그러나 그것이 가장 아름다운 작별 인사였다. 그는 이렇게 말했다. '그는 정직한 사람이었고 위대한 예술가였습니다. 그는 단 두 가지 목표를 가지고 있었는데, 그것은 인간성과 예술이었습니다. 그가 무엇보다도 사랑했던 예술은 그를 영원히 살아 있게 할 것입니다.'

그 후 우리는 돌아왔다. 테오도르 반 고흐는 비탄에 잠겨 있었다.

다음 편지는 빈센트가 세상에 남겨둔 마지막 편지다. 테오에게 보냈던 마지막 편지의 초안으로, 실제 그가 하고 싶었던 말은 여기에 담겨 있는 듯하다.

사랑하는 동생, 이것만은 꼭 말하고 싶구나. 나는 언제나 너에게 말했고, 지금도 다시 말한다. 나는 너를 단순히 코로* 그림을 파는 장사치로 여기지 않아. 너는 나를 통해 작품의 창작에 직접 관여한

* 그즈음 테오가 산 장바티스트 카미유 코로의 그림을 테르스테이흐가 5000프랑을 남기고 팔았다 (1890년 7월 1일 편지).

사람이고, 그 작품들은 혼란 속에서도 고요함을 잃지 않았어. 우리가 여기까지 왔고, 이것이 내가 너에게 전할 수 있는 모든 것이거나 적어도 가장 중요한 것이야. 그것은 이른바 상대적 위기의 순간이며, 죽은 예술가들의 그림과 살아 있는 예술가들의 그림을 거래하는 화상들 사이에서 긴장이 고조된 시점이다.

하지만 나는 내 작업을 위해 목숨을 걸었고, 그 과정에서 이성의 절반이 무너져버렸어. 그래도 괜찮아. 하지만 너는 사람을 사고파는 상인이 아니야. 내가 아는 한, 너는 진정으로 인간적이고 따뜻한 태도로 행동해왔어. 그렇다면, 내가 무엇을 더 바랄 수 있겠니?

1890년 7월 23일

이후의 이야기

빈센트가 떠난 후, 많은 화가의 관심이 그에게 쏠렸고 자신의 작품과 교환하기를 희망했다. 테오는 빈센트를 알리기 위해 사력을 다했고, 새로 이사한 몽마르트르의 넓은 아파트에 빈센트의 작품을 효율적으로 전시하기 위해 베르나르에게 도움을 받는다. 빈센트 장례식의 전시에 그가 큰 역할을 했기 때문이다. 베르나르는 그의 아파트 벽에 효율적으로 작품을 걸어주었다. 이후 테오는 빈센트가 원했던 탕부랭에 전시하고 싶어 했다. 하지만 그해 9월 테오도 발작을 일으킨다. 테오는 이성을 잃고 요한나와 빌럼을 공격하려 했다. 이에 정신병원에 입원했다가 다시 네덜란드의 병원으로 이송된다. 지독한 섬망을 겪었고 자아는 완전히 무너졌다. 그 이유는 〈국제도시 안트베르펜〉에 서술한 대로 매독이었다. 테오는 1891년 1월 25일, 병원에서 세상을 떠났다. 사망한 병원에서 적어놓은 병의 원인은 만성질환, 깊은 슬픔이었다. 요한나는 테오의 임종을 지킬 수도 없었다. 테오는 병원이 있던 위트레흐트의 묘지에 묻혔다.

테오와 요한나의 결혼 생활은 21개월 8일에 불과했다. 반 고흐 형제의 컬렉션은 이제 요한나와 빌럼에게 넘어갔다. 그녀는 그 모든 컬렉션과 편지, 테오의 문서를 들고 네덜란드의 부섬이라는 마을로 이주했고 그곳에서 하숙을 친다. 그때부터 요한나는 다시 일기를 쓰고, 그 기록은 빈센트가 어떻게 '불멸의 화가'라는 호칭을 얻을 수 있게 되었는지 알려주는 자료가 된다. (반고흐미술관에 들어가면 온라인에서 볼 수 있다.) 그녀는 생계를 위해 조금씩 그림을 팔았지만 가능한 한 임대 방식을 통한 전시로 컬렉션 자체를 유지했고, 판매된 그림들은 유수의 컬렉터에게 입수되면서 더욱 관심을 받게 된다. 각고의 노력을 통해 요한나는 네덜란드에서 대규모 빈센트 반 고흐 회고전을 열 수 있었다. 그의 명성이 어느 정도 올라가자 그녀는 1914년 3권으로 구성된 반 고흐 형제의 서간집을 출간한다. 그리고 같은 해, 테오의 유해를 빈센트의 곁으로 옮겨 온다. 결혼 전 영어 교사였던 요한나는 형제의 편지를 미국에서 출간할 필요성을 느꼈고, 1915년부터 1919년까지 뉴욕에서 지내며 영어로 번역을 시작했다. 그녀는 파킨슨병을 앓았으며 죽는 순간까지 빈센트의 편지를 번역하다가 1925년 세상을 떠났다.

요한나가 죽고 나서 200여 점의 반 고흐 컬렉션은 빌럼에게 상속되어 1962년까지 반 고흐 가문으로 전해진다. 그 뒤 빌럼은 이 컬렉션을 빈센트반고흐재단에 기증했고, 재단은 이를 1973년 개관한 반고흐미술관에 영구 대여한다.

***

빈센트의 생애를 다룬 원고가 마지막을 향해 가면서, 나는 설명하기 어려운 감정에 휩싸였다. 처음에는 도무지 이해할 수 없는 사람으로만 여겨졌지만, 그의 작업에 담긴 고뇌와 고통은 어느덧 내 안에 온전히 스며 있었다. 그리고 그가 세상과 이별한 순간에 다다를 때, 나의 눈은 붉어져 있었고 한동안 자리에서 일어날 수 없었다. 이미 세상에 없는 사람임에도 그의 죽음을 받아들이기가 버거웠다. 살아서 견뎌냈다면 얼마나 더 많은 사람의 가슴을 따뜻하게 할 작품을 창조했을까…. 스스로에게서 너무 많은 정기를 긁어내어 죽을힘을 다해 작품을 그렸으니 삶이 고될 수밖에 없었던 빈센트, 그럼에도 끊임없는 실패는 그의 희망을 허상으로 만들었다. 그의 작품이 받는 영광을 아는 미래의 우리는 그의 너무 이른 죽음이 안타깝다. 하지만 마흔이라는 나이를 상상하기 힘들어했을 만큼, 그에게 미래는 앞이 보이지 않는 절벽의 연속이었을 것이다.

그의 37년 인생 중 화가로서의 삶은 오직 10년이었고 그 기간 동안 다른 사람이 평생 걸려도 다 하지 못할 일을 세상에 남겼다. 그의 작품은 우리 모두에게 말을 걸어온다. 그것은 존재와 세상에 대한 치열한 투쟁의 흔적이며, 삶과 죽음의 경계에서 던져진 메시지다. 빈센트는 100년도 더 넘는 시간을 뛰어넘어, 우리에게까지 그 고통의 무게를 전달한다. 그가에서 테오에게 말했던 것처럼 빈센트는 죽어서 묻힌 뒤에도 다음 혹은 그 이후의 세대들과 대화를 나누고 있는 것이다. 빈센트 반 고흐가 그린 천체를 하나씩 분석해 나갔던 지난 6년의 시간은 정말 특별했다. 드디어 〈별이 빛나는 밤〉을 내 눈으로 직접 만나러 갈 시간이 온 것 같다.

| 참고 자료 |

빈센트에 대한 책은 국내외에 너무 많아서 필요한 부분만 발췌해 읽었고, 모두 다 들여다 보는 수준까지는 들어갈 수 없었다. 모든 빈센트 연구자에게 경의를 표하며, 특히 그의 생애를 깊이 알 수 있게 해준 다음 6권의 저자에게 큰 감사의 인사를 드린다.

나는 빈센트 반 고흐를 연구하는 연구자가 아니므로, 학습이 필요했다. 첫 번째로 선택한 책은《빈센트 반 고흐 서간집(The complete letters of Vincent van Gogh)》이다. 이 책은 빈센트를 세계적인 화가로 만든 장본인이라 할 수 있는 요한나 반 고흐 봉허(Johanna van Gogh-Bonger)가 직접 엮은 책으로, 1914년에 출판되었다. 요한나는 책이 영어로 출간되어야 함을 느끼고 직접 번역을 했으나 그녀의 생전에 작업은 마무리되지 않는다. 이후 번역된 책은 1958년에 3권의 책으로 미국에서 출판되었다. 나는 미국에서 출판된 판본 중 1978년에 나온 두 번째 판을 접했다.
비교적 최근인 2011년, 스티븐 네이페(Steven Naifeh)와 그레고리 화이트 스미스(Gregory White Smith)의 공저로 출판된 *VAN GOGH: THE LIFE*가 나의 교과서였다. 국내에서는 2016년《화가 반 고흐 이전의 판 호흐》라는 제목으로 번역되었으나 지금은 절판되었다. 내게 가장 큰 도움을 주었고 많은 충격을 선사했다. 나에게 빈센트에 대한 기본적인 줄기를 세워준 도서라 할 수 있었다. 이 책에서 빈센트의 생애에 대한 부분을 가장 많이 참고했다.
네덜란드에서 출판한 얀 휠스케르(Jan Hulsker, 1907~2002)의 책을 1990년 미국에서 번역 출판한 *Vincent and Theo Van Gogh A Dual Biography*는 빈센트와 테오의 삶을 교차하여 서술한 매우 중요한 자료였다.
마르크 에도 트랄보(Marc Edo Tralbaut, 1902~1976)가 1969년에 출판한 *Vincent Van Gogh*는 기본적인 설명이 매우 충실한 필독서라 할 수 있다. 하지만 빈센트 편지의 체계가 현재만큼 확실하지 않은 상태에서 쓰였기에 지금 시각에서는 오류가 있다.
빈센트가 사망하기 직전의 상황을 이해하기 위해 1999년 출간된 테오와 요한나의 서간집인 *Brief Happiness*를 확인하고 내용을 인용했다.
버나뎃 머피가 2016년에 출간한《반 고흐의 귀(Van Gogh's Ear)》는 저자의 집착적인 조사가 돋보이는 책이었다. 이 책을 통해 아를에서 있었던 상황을 상세히 알 수 있었다.

• 도서 및 정기 간행물

마틴 베일리, 박찬원,《반 고흐의 태양, 해바라기》, 아트북스, 2020

Johannes van der Wolk, 1987, *The Seven Sketchbooks of Vincent van Gogh*, Harry N. Abrams, Inc

마리엘라 구쪼니, 김한영,《빈센트가 사랑한 책》, 이유출판, 2020

라이너 메츠거, 하지은, 장주미,《빈센트 반 고흐》, 마로니에북스, 2018

Flammarion Camille, 1881, *Astronomie Populaire,* Livre papier

Flammarion Camille, *L'Astronomie 1882-1889*

Flammarion Camille, 1882, *Les Etoiles et les curiosit, Flammarion*

Sky&Telescope, 2021.04, American Astronomical Society
Sky&Telescope, 2023.07, American Astronomical Society
Donald W. Olson, 2014, *Celestial Sleuth*, Springer
Kenneth Wilkie, 1978, *The Van Gogh Assignment*, Paddington Press
Paul Gauguin, 1918, *Avant et après*, Independently published

• 논문 및 도록

Albert Boime, 1984, *Van Gogh's Starry Night: A history of matter and a matter of history*, Voyager
Charles A. Whitney, 1986, The Skies of Vincent Van Gogh, *Art History* 9(3)
Lauren Soth, 1986, Van Gogh's Agony, *The Art Bulletin* 68(2)
Bruno Postle, 2011, *The Perspective Machine of Vincent van Gogh*
Richard Thomson, 2008, *Vincent van Gogh The Starry Night* (MOMA 도록)

• 웹사이트 및 소프트웨어

vangoghletters.org
이 책을 쓰는 데 가장 많은 도움을 받은 웹사이트는 반고흐미술관에서 후원하여 레오 얀센(Leo Jansen), 한스 루이텐(Hans Luijten), 니엔케 바커(Nienke Bakker)가 집대성한 자료를 담고 있는 반고흐레터스였다. 이 책에서 빈센트의 편지를 한국어로 번역하기 위해 사용한 오리지널 텍스트는 모두 이곳의 자료를 사용했으며 편지 작성일 역시 마찬가지다. 웹사이트는 지속적인 업데이트가 있기 때문에 모든 편지는 날짜를 기준으로 명기했다. 내가 참고한 웹사이트의 버전은 2021년 10월이다.
빈센트 연구자들이 반고흐레터스에 명기한 편지 날짜는 작성한 날을 기준으로 기록된 것이 일반적이다. 빈센트는 편지를 쓰면서 대개 날짜를 직접 기입했으며, 이는 편지를 작성한 시점의 날짜를 나타낸다. 하지만 빈센트가 작성한 날짜를 기록하지 않았거나, 편지를 며칠 동안 보관한 후 발송했을 경우, 발송 날짜가 참고되었다. 따라서 이 책의 논리는 빈센트 편지에 적힌 날짜가 편지를 작성한 날이라는 기준으로 추론되며 작성일 또는 발송일에 대한 의구심이 들 경우 그 이유를 서술했다.

ssd.jpl.nasa.gov/horizons/
행성 데이터는 NASA의 JPL Horizons 시스템에서 제공받았으며 2025년 1월 23일 및 다수 날짜에 접근했다. 이 책에 사용한 19세기 금성의 궤도와 이각은 NASA 제트추진연구소의 태양계 동역학 그룹에서 제공한 호라이즌 시스템(ssd.jpl.nasa.gov)의 데이터를 이용해 계산했다. 이 시스템을 온라인에 공개하여 연구에 사용할 수 있게 허락한 연구 그룹에 감사를 전한다.

dateandtime.com
〈밤의 시작과 끝〉에서 쓴 박명에 대한 예제 이미지가 이곳의 자료로 만들어졌다. 한편 박명시간의 기준은 천문 소프트웨어 TheSky X의 데이터를 기본으로 하되, 천문, 항해, 시민박명의 지속 시간은 이곳의 데이터를 기반으로 정리했다.

소프트웨어 TheSky X
밤하늘 시뮬레이션은 주로 이 소프트웨어를 이용했다. 또한 항성, 행성 및 달의 일출몰 시각과 겉보기 광도 데이터 역시 이 소프트웨어의 데이터를 기준으로 했다.

소프트웨어 Stellarium
이 소프트웨어는 밤하늘 시뮬레이션을 여러 가지 도법으로 표현해준다. 이에 눈으로 볼 때 유사한 모습을 재현하기 위해 이 소프트웨어를 사용했다. 참고로 두 소프트웨어는 서로 사용하는 알고리즘이 달라 일출몰 시각이나 겉보기 등급이 다소 다르게 나타난다.

| 그림 목록 |

24.8cm)
142쪽 〈해골을 그린 스케치〉(F1361, 1886년 3~5월, 얇은 판지에 연필, 10.5×5.8cm)
147쪽 〈파리의 지붕 풍경〉(F341, 1887년 3월 말~4월 중순, 캔버스에 유채, 45.9×38.1cm)
149쪽 (왼쪽) 〈탕기 영감의 초상〉(F263, 1887년, 캔버스에 유채, 45.5×34cm)
149쪽 (가운데) 〈탕기 영감의 초상〉(F363, 1887년 가을, 캔버스에 유채, 92×75cm)
149쪽 (오른쪽) 〈탕기 영감의 초상〉(F364, 1887년 11~12월 겨울, 캔버스에 유채, 65×51cm)
150쪽 (위) 〈팬지 꽃바구니〉(F244, 1886년 봄, 캔버스에 유채, 46×55cm)
150쪽 (아래) 〈카페에서의 아고스티나 세가토리〉(F370, 1887년 2~3월, 캔버스에 유채, 55.5×47cm)
155쪽 〈구리 꽃병에 담긴 프리틸라리〉(F213, 1887년 5월경, 캔버스에 유채, 73.3×60cm)
158쪽 〈종달새가 있는 밀밭〉(F310, 1887년 7월경, 캔버스에 유채, 53.7×65.2cm)
161쪽 〈꽃피는 매화나무〉(F371, 1887년 9~10월, 캔버스에 유채, 55.6×46.8cm)
162쪽 (위) 〈해바라기〉(F377, 1887년 8월 중순~12월 중순, 직물에 유채, 21.2×27.1cm)
162쪽 (아래) 〈해바라기〉(F375, 1887년 7월 22일~12월 22일, 캔버스에 유채, 43×61cm)
163쪽 (위) 〈해바라기〉(F376, 1887년 7월 22일~12월 22일, 캔버스에 유채, 50×60cm)
163쪽 (아래) 〈해바라기〉(F452, 1887년 8~10월, 캔버스에 유채, 59.5×99.5cm)
167쪽 〈몽마르트르의 해 질 녘〉(F266a, 1887년 2~3월, 캔버스에 유채, 21.5×46.4cm)
168쪽 (위) 장프랑수아 밀레, 〈별이 빛나는 밤〉(1850년에 완성, 1865년에 수정, 캔버스에 유채, 65.4×81.3cm)
170쪽 샤를 앙그랑, 〈사고〉(1887년, 캔버스에 유채, 50.6×64cm)
171쪽 〈구애하는 연인들이 있는 정원: 생피에르 광장〉(F314, 1887년 5월, 캔버스에 유채, 75×113cm)
172쪽 루이 앙케탱, 〈클리시 대로: 오후 5시〉(1887년, 종이에 구아슈와 수채, 68.3×50.5cm)
173쪽 (위) 제임스 휘슬러, 〈야상곡: 청색과 은색-첼시〉(1871년, 패널에 유채, 50.2×60.8cm)
173쪽 (아래) 조르주 쇠라, 〈서커스: 사이드쇼〉(1887~1888년, 캔버스에 유채, 99.7×149.9cm)
175쪽 〈유리컵의 아몬드 꽃〉(F392, 1888년 3월 초, 캔버스에 유채, 24.5×19.5cm)
176쪽 〈랑글루아 다리와 빨래하는 여인들〉(F397, 1888년 3월 중순, 캔버스에 유채, 54×64cm)
180쪽 〈외젠 보흐의 초상(시인)〉(F462, 1888년, 캔버스에 유채, 60.3×45.4cm)
182쪽 (왼쪽) 〈해바라기〉(F453, 1888년 8월, 캔버스에 유채, 73×58cm)
182쪽 (오른쪽) 〈해바라기〉(F459, 1888년 8월, 패널에 유채, 98×69cm)
183쪽 (왼쪽) 〈해바라기〉(F456, 1888년 8월, 캔버스에 유채, 91×71cm)
183쪽 (오른쪽) 〈해바라기〉(F454, 1888년 8월, 캔버스에 유채, 93×73cm)

346쪽 〈아몬드 꽃〉(F671, 1890년 2월, 캔버스에 유채, 73.3×92.4cm)

349쪽 〈북쪽의 기억〉(F675, 1890년 3~4월, 패널에 붙인 캔버스에 유채, 29.4×36.5cm)

350쪽 〈오두막과 사람〉(F674, 1890년 4월, 캔버스에 유채, 52×40.5cm)

361쪽 〈생폴 요양소의 정원〉(F660, 1889년, 캔버스에 유채, 75×93.5cm)

370쪽 (위) 〈생레미의 알필산〉(F724, 캔버스에 유채, 59.2×73cm)

370쪽 (아래) 〈폭풍 후의 밀밭〉(F611, 1889년, 캔버스에 유채, 70.5×88.5cm)

372쪽 (위) 〈추수하는 사람〉(F617, 1889년 6월 말~9월 초, 캔버스에 유채, 73×92cm)

372쪽 (가운데) 〈추수하는 사람〉(F618, 1889년 9월 초, 캔버스에 유채, 73.2×92.7cm)

372쪽 (아래) 〈추수하는 사람〉(F619, 1889년, 캔버스에 유채, 59.5×72.5cm)

407쪽 (위 왼쪽) 〈사이프러스〉(F613, 1889년 6월, 캔버스에 유채, 95×73cm)

407쪽 (위 오른쪽) 〈사이프러스〉(F1525, 1889년 6월, 그물 무늬 종이에 검은색 분필, 검정 잉크 펜과 리드펜, 31.9×23.7cm)

408쪽 (오른쪽) 〈쟁기질하는 사람이 있는 밭〉(F625, 1889년 9월 초순, 캔버스에 유채, 49×62cm)

409쪽 〈올리브 나무들〉(F712, 1889년 6~7월, 캔버스에 유채, 72.5×92cm)

432쪽 〈달이 뜨는 풍경〉(F735, 7월, 캔버스에 유채, 72×91.3cm)

458쪽 (왼쪽) 〈황혼 속 산책〉(F704, 1889년 10월, 캔버스에 유채, 49.5×45.5cm)

458쪽 (오른쪽) 〈사이프러스와 별이 있는 길〉(F683, 1890년 5월경, 캔버스에 유채, 90.6×72cm)

468쪽 〈저녁의 하얀 집〉(F766, 1890년 6월, 캔버스에 유채, 59.5×73cm)

472쪽 〈두 농부가 있는 저녁 풍경〉(F1553, 1889년 6~8월, 종이에 펜과 리드펜, 붓, 63×48cm)

482쪽 (왼쪽) 〈가셰 박사의 초상〉(F753, 1890년 6월, 캔버스에 유채, 66×57cm)

482쪽 (오른쪽) 〈가셰 박사의 초상〉(F754, 1890년, 캔버스에 유채, 68.2×57cm)

485쪽 (왼쪽) 〈오렌지를 든 어린이〉(F785, 1890년 6월, 캔버스에 유채, 50×51cm)

485쪽 (오른쪽) 〈두 어린이〉(F784, 1890년 6월, 캔버스에 유채, 51.5×46.5cm)

489쪽 (왼쪽) 〈아들린 라부의 초상〉(F768, 1890년 6월, 캔버스에 유채, 67×55cm)

489쪽 (오른쪽) 〈1890년 7월 14일의 오베르 시청〉(F790, 1890년 7월 11~20일, 캔버스에 유채, 72×93cm)

490쪽 (위) 피에르 세실 퓌비 드샤반, 〈예술과 자연 사이〉(1890년경, 캔버스에 유채, 40.3×113.7cm)

491쪽 〈나무뿌리들〉(F618, 1889년 7월 말, 캔버스에 유채, 73.2×92.7cm)

492쪽 (위) 〈마차와 기차가 있는 풍경〉(F760, 1890년 6월, 캔버스에 유채, 72×90cm)

492쪽 (아래) 〈비 내리는 오베르의 풍경〉(F811, 1890년, 캔버스에 유채, 50.3×100.2cm)

498쪽 〈밀밭을 나는 까마귀〉(F779, 1890년 7월, 캔버스에 유채, 50.5×103cm)

천문학이 발견한
반 고흐의 시간

초판 1쇄 인쇄 2025년 3월 5일
초판 1쇄 발행 2025년 3월 12일

지은이 김정현
펴낸이 최순영

출판2 본부장 박태근
지식교양 팀장 송두나
편집 김예지
디자인 함지현

펴낸곳 ㈜위즈덤하우스 **출판등록** 2000년 5월 23일 제13-1071호
주소 서울특별시 마포구 양화로 19 합정오피스빌딩 17층
전화 02) 2179-5600 **홈페이지** www.wisdomhouse.co.kr

ISBN 979-11-7171-391-2 03440